工业和信息化高职高专“十二五”规划教材立项项目

21世纪高职高专机电工程类规划教材

21 SHIJI GAOZHIGAOZHUAN JIDIANGONGCHENGLEI GUIHUA JIAOCAI

AutoCAD 2008 机械图绘制(项目式)

■ 胡昊 编著

人民邮电出版社

北京

图书在版编目（CIP）数据

AutoCAD 2008机械图绘制 ：项目式 / 胡昊编著. -- 北京 ：人民邮电出版社，2012.2（2020.1重印）
21世纪高职高专机电工程类规划教材
ISBN 978-7-115-27078-8

Ⅰ. ①A… Ⅱ. ①胡… Ⅲ. ①机械制图－AutoCAD软件－高等职业教育－教材 Ⅳ. ①TH126

中国版本图书馆CIP数据核字(2011)第262479号

内 容 提 要

本书根据机械制图的基本知识，结合企业的实际需要，按项目教学的方式讲解了使用 AutoCAD 2008 绘图软件绘制二维平面图形、轴测图及标注尺寸，进行形体的三维建模及尺寸标注，绘制形体三视图、零件图及装配图等。

本书可作为高职高专机械类及近机类相关专业的教材，特别适合生产一线人员自学选用，也可作为参加 CAD 竞赛的辅导用书。

◆ 编　　著　胡　昊
　责任编辑　李育民
◆ 人民邮电出版社出版发行　　北京市丰台区成寿寺路 11 号
　邮编　100164　　电子邮件　315@ptpress.com.cn
　网址　http://www.ptpress.com.cn
　北京中石油彩色印刷有限责任公司印刷
◆ 开本：787×1092　1/16
　印张：15.5　　　　2012 年 2 月第 1 版
　字数：389 千字　　2020 年 1 月北京第 9 次印刷

ISBN 978-7-115-27078-8

定价：29.80 元

读者服务热线：(010)81055256　印装质量热线：(010)81055316
反盗版热线：(010)81055315

前　言

从产品的设计、制造到安装、调试，从零件的加工、检验到包装、运输，对操作者而言，都需要机械制图的知识和技能，而机械制图离不开AutoCAD绘图，同时，机械制图与AutoCAD绘图还是学习、掌握其他专业知识和技能的基础。熟练地掌握机械制图和AutoCAD绘图的知识和技能，对一名机械制造行业的操作者非常重要。为了满足实际需要，我们结合多年的企业工作经验及教学体会，编写了《AutoCAD 2008机械图绘制（项目式）》，本书具备以下特点。

1. 按制图知识结构编写

全书按机械制图的知识结构编写，突出机械制图的国家标准、表达方法、零件图、装配图等主要内容，对于机械制图的重点内容都做了精练的介绍，确保读者能使用AutoCAD绘制出高水平、高质量的工程图样。

2. 绘图命令与制图内容相结合

将绘图命令及各项设置的操作与机械制图相应内容相结合，非常好地安排在机械制图的各项内容中，在完成机械制图表达的同时，便于读者学习和掌握AutoCAD绘图命令的操作，使CAD绘图成为机械制图课程的继续和深入。

3. 以演示绘图操作示例讲述

本书始终以机械制图的表达为实例进行AutoCAD绘图的教学。在例题的引导下学习AutoCAD绘图的各项设置和命令的使用，AutoCAD绘图的操作由基本到一般再到较难，机械制图的实例由简单到复杂，培养读者分析、解决问题的能力。

4. 大量的CAD绘图习题

根据AutoCAD绘图必须多练习的特点，结合机械制图不同学习阶段的知识内容，本书编写了大量生产实践中适合练习操作的各类绘图习题。在自测题中编入了CAD绘图技能竞赛考题，通过绘图的操作练习，提高读者的AutoCAD绘图技能。

5. 适合自学及辅导使用

本书可作为教学用书，同时也适合从事机械制图工作的所有人群自学使用，特别适合上岗前的培训及国家职业技能培训辅导等使用。

本书由沈阳职业技术学院胡昊编著，参加编写的还有南京机电职业技术学院谢天、黄晓萍、杨淑琴、王强，沈阳职业技术学院的曾海红、张元军、王坤、赵慧、祝溪明，漯河职业技术学院的李绍鹏等。由于编者水平有限，书中不妥之处在所难免，恳请广大读者批评指正。

编　者

2012年1月

目　录

项目一

平面图形绘制

【能力目标】

通过绘制平面图形，掌握绘图命令的操作，具备图形的分析及使用制图标准绘制二维平面图形的能力。

【知识目标】

1. 使用 AutoCAD 2008 绘图界面完成基本的绘图环境的设置。
2. 掌握基本绘图命令的使用方法。
3. 使用编辑的方法绘制较复杂的平面图形。

一、项目导入

二维平面图形的绘制是 AutoCAD 2008 绘图基础命令的操作。本章根据实践中经常需要绘制的各种图形，选择适合实际需要、较复杂的平面图形作为该项目的题目，如图 1-1 所示。

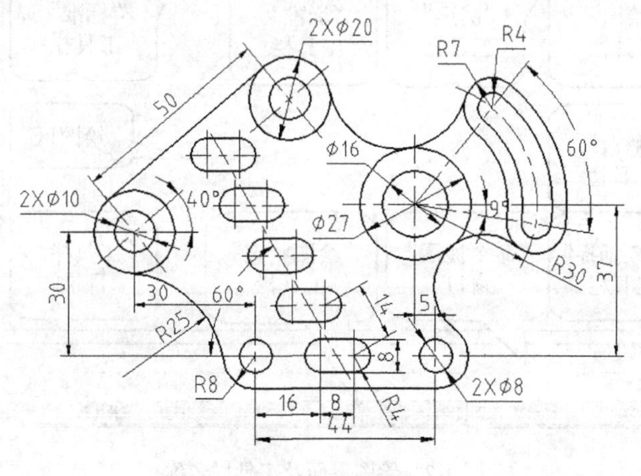

图 1-1　平面图形

二、相关知识

（一）界面、工具栏

使用 AutoCAD 2008 完成平面图形绘制，有多种操作方法，这就使得绘图的操作灵活多变，不可能将所有的方法都同时学习到。我们首先学习并掌握最简单、最易操作、最实用的绘图方法，其他的方法随着学习的深入逐渐了解并掌握。初次画图要进行必要的绘图环境的设置，设置完成后，在以后的绘图中就不需要设置可直接使用。使用 AutoCAD 2008 绘图时，相应的设置较多，需要了解的绘图工具栏及命令按钮也很多，我们将逐渐学习，现在只介绍必要的几项。

1. 绘图界面及工具栏的调出、关闭

（1）绘图界面。AutoCAD 2008 的绘图界面与其他应用软件的界面基本相同，主要由绘图区、“命令提示”窗口和多个工具栏组成，如图 1-2 所示。

① 绘图区。绘图区是界面中间的空白处，提供绘图的地方；绘图区左下角有 x、y 绝对坐标带方向显示；绘图区也可以“栅格”显示。

② “命令提示”窗口。“命令提示”窗口在绘图区的下方，在没有操作时，窗口的左端有“命令:”显示，提示操作者选取命令。此窗口非常重要，画图操作就是通过窗口的提示完成的。初学者需要特别注意，每次的操作都要看清楚此窗口的提示内容。

③ 工具栏。AutoCAD 2008（中文版）绘图软件将同类命令放在一个栏内，并将命令的操作内容很形象地用按钮表示出来，如“绘图”工具栏集中了画图线、画图形的所有操作命令，其中，“直线”、“多边形”、“圆”等命令按钮一目了然。移动鼠标指针至命令按钮上，会显示该命令的中文提示。

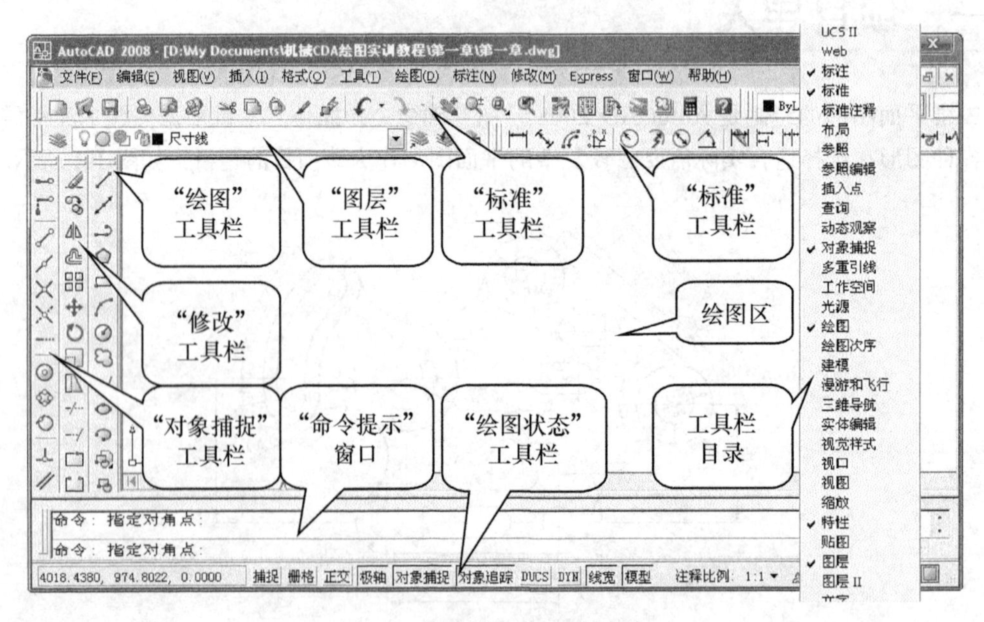

图 1-2 绘图界面及工具栏名称

（2）命令工具栏的调出及关闭。使用 CAD 绘图时，必须掌握命令工具栏的调出和关闭。不同的操作需要调出相对应的命令工具栏，为了保持绘图界面的整洁，应及时关掉暂时不用的命令工具栏。关闭及移动命令工具栏的操作方法如下。

① 弹出命令工具栏。移动鼠标指针至任意工具栏上，单击鼠标右键，弹出“命令工具栏目录”窗口，用鼠标左键选取需要的工具栏，即可弹出命令工具栏窗口。

② 关闭命令工具栏。单击命令工具栏的“标题栏”中的“×”关闭；也可单击“命令工具栏目录”已经调出的命令工具栏前面的“√”符号。

③ 移动命令工具栏。移动鼠标指针到工具栏左端的“2 条竖线”上，按住鼠标左键，命令工具栏随鼠标指针移动；或将鼠标指针移到命令工具栏中上方的“标题栏”上，按住左键移动鼠标，将命令工具栏放至合适的位置。

“绘图”工具栏、“修改”工具栏、“对象捕捉”工具栏是绘制二维图形所需要的命令工具栏，集中放置在绘图区的左侧（另一边放三维绘图需要的工具栏）。命令工具栏放置的位置被系统保存，下次操作便可直接使用，因此，命令工具栏放置的位置合理、固定不变，有利于熟练操作，提高绘图速度。

2. 鼠标、键盘

在 CAD 中，代替手工绘图工具的就是鼠标和键盘。使用 CAD 绘图进行操作就是鼠标和键盘的操作，熟练掌握鼠标和键盘的使用，是 CAD 绘图的关键。

（1）鼠标。鼠标是 CAD 绘制操作的最基本的工具，鼠标有“左键”、“右键”和中间的“中键”，操作这 3 个键完成图形的绘制。

① 鼠标的左键。鼠标的左键是选择和拾取键，可快速、准确地进入到需要的位置。单击前一定要看清楚“命令提示”窗口的提示内容，确定准确无误方可按动鼠标左键，一定不要随便按动以免死机。

② 鼠标的右键。鼠标的右键主要是确定键和结束键，如同键盘上的“回车”键，按动前一定确认是否结束。

③ 鼠标中间的滚轮和中键。鼠标中间的滚轮和中键是绘图窗口显示控制键，在绘图情况下，向前、向后滚动滚轮和中键，窗口显示的图形被放大、缩小；按住滚轮和中键移动鼠标，窗口的图形显示被移动（“标准”工具栏中也有调整图形显示的命令按钮）。

（2）键盘。对于初学者键盘主要用于输入参数及文字，熟练的操作者可以用快捷键选择绘图命令，可以大大提高绘图速度。读者应注意快捷键的学习和积累，如输入“L”回车，可绘制直线；输入“Z”回车，再输入选项“A”回车，则全屏显示；输入“ED”回车，编辑标注尺寸。

（二）图线与图层

1. 图线

图形是由各种图线组成的，图线的不同则图形表达的内容不同，机械制图对图形的图线有标准规定，如图 1-3（a）所示，如平面图形的对称中心线用点画线表达，并且要求点画线超出轮廓线 3～5mm，太长、太短都不符合标准规定，如图 1-3（b）所示。

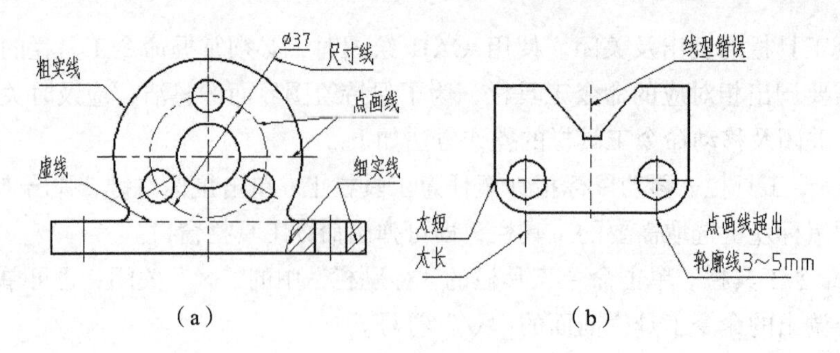

图 1-3 图线的表达规定

2. 图层的创建及设置

（1）图层。我们可以将图层想象成透明的薄片，把图形的各个元素画在不同的薄片上，再将薄片叠加在一起，获得的图形如图 1-4（a）所示；通过对图层进行控制即可实现对图形的控制，当关闭尺寸层后，获得的图形如图 1-4（b）所示。

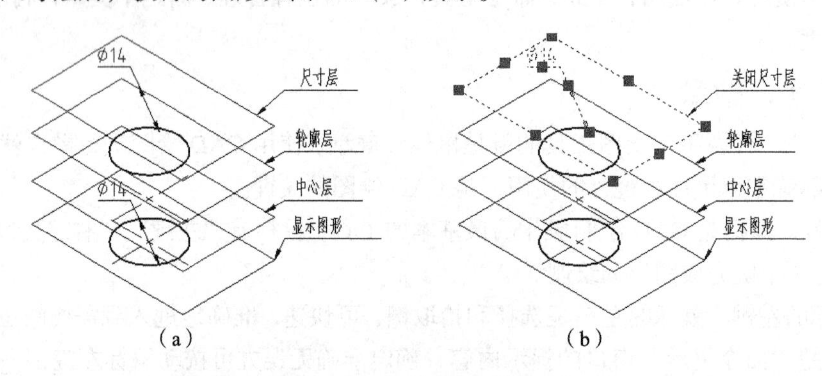

图 1-4 图层原理示意图

在一个图层中可以绘制任何图线，并可以对图层的开关、冻结、锁定、颜色、线型、线宽、打印等进行控制。CAD 绘图一般用图层控制图线。图层的创建及内容的设置直接关系到所画图形的图线是否符合国家制图标准。

（2）常用图层的设置。图层的设置主要是设置图线的线宽及线型，根据制图标准及 CAD 绘图的特点，粗实线选择 0.5mm，细线选择 0.25mm；线的颜色没有统一规定，我们所使用的是国产绘图软件“电子图版”及“制造工程师”的颜色。

一般可以用“0 层”作为粗实线层（轮廓线），但不能改图层名称；图层“Defpoints”是系统设定的，不能打印，不能选用此图层作为图线层。图层的其他选项现在不要变动，都处在打开状态。

（3）图层的创建。创建图层在“图层特征管理器”窗口内完成，例如“点画线”图层的创建如图 1-5 所示，操作方法如下。

① 调出“图层特征管理器”。用鼠标左键单击“图层”工具栏中最左边的“图层特征管理器”按钮，弹出“图层特征管理器”窗口。

② 创建图层。用鼠标左键单击“图层特征管理器”窗口中的“新建图层”按钮，在“图层特征管理器”窗口中增加一个新的图层，并显示新建图层的名称。

③ 设置图层参数。用鼠标左键分别单击“图层特征管理器”窗口中的“颜色”、“线宽”，

输入参数内容，完成后单击“确定”按钮，在“图层特征管理器”窗口中显示所选定的内容。

④ 改变线型。改变“线型”需要进行“加载”操作。

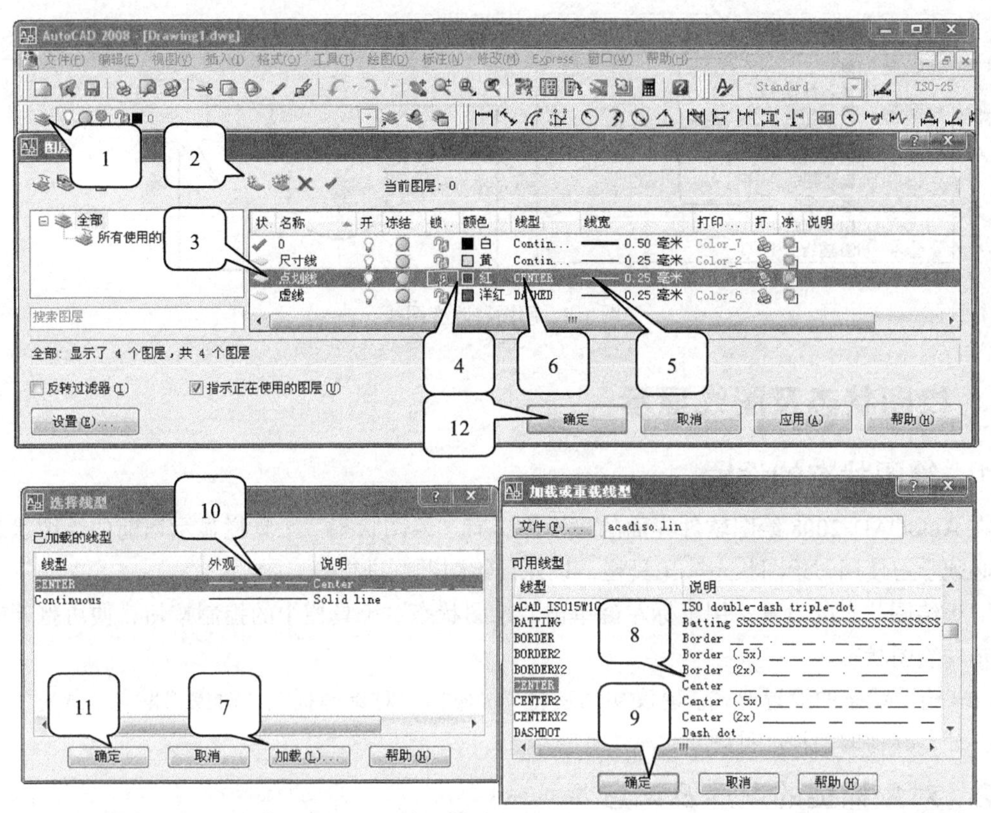

注：图中的数字序号为操作顺序号，以后各图同此。

图 1-5 “点画线”图层的创建过程

3. 图层的使用

（1）绘图前选定图层。在绘图前用鼠标左键在“图层”工具栏的窗口中选定需要的图层，“图层”工具栏的窗口显示当前的图层及该图层的状态，所绘制的图线即在该图层中，如图 1-6 所示。

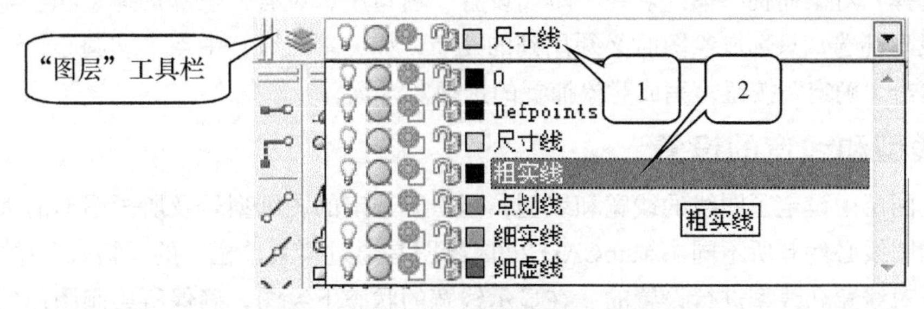

图 1-6 图层的选定

（2）绘图后改变图层。在图线画完后，通过改变图线的图层改变图线，如图 1-7 所示，操作方法如下。

① “命令提示”窗口显示“命令:”，即没有选择命令，用鼠标拾取要改变的图线（可以多条），该图线“变虚”，同时图线中有“亮点”出现。

② 用鼠标左键单击“图层”工具栏的窗口，选定需要的图层，按键盘上的“空格”键结束，即完成图线的修改。

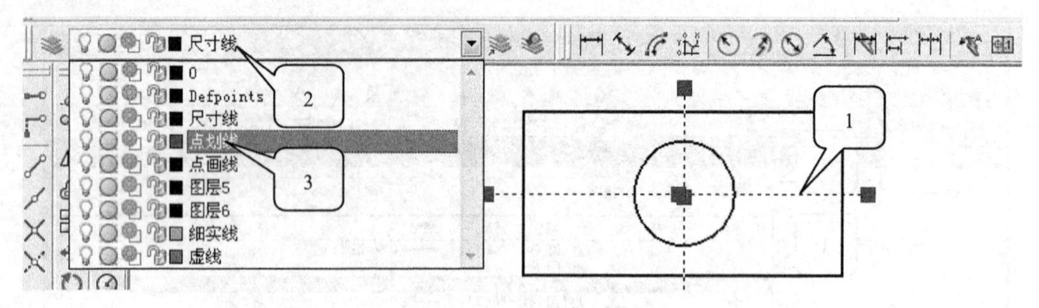

图 1-7　用图层改变图线

（三）绘图状态及图线显示

1. 绘图状态的设置

在 AutoCAD 2008 绘图软件界面的最下方，有“绘图状态”工具栏显示当前的绘图状态，读者必须学习使用“绘图状态”工具栏，以保证绘图顺利进行。

（1）绘图状态的设置。用鼠标左键单击“绘图状态”工具栏中的控制按钮，便可打开或关掉指定的绘图状态。

（2）绘图状态的设置形式。建议初学者将“极轴”、“对象捕捉”、“对象追踪”、“线宽”、“模型”打开，其他的关掉，见图 1-2。

2. 对象捕捉的选择及设置

对象捕捉是在绘图过程中自动捕捉图形上的点。绘图过程中，打开“绘图状态”工具栏的“对象捕捉”，当需要拾取点的时候，将鼠标指针在图形上移动，图形上有“亮点符号”显示，可以用鼠标左键直接选用。设置对象捕捉点的操作方法如下，具体步骤如图 1-8 所示。

（1）调出“草图设置”窗口。移动鼠标指针至“绘图状态”工具栏窗口的“对象捕捉”按钮上，单击鼠标右键，弹出快捷菜单，选择“设置（S）”，即弹出“草图设置”窗口。

（2）选择“对象捕捉”模式。在“草图设置”窗口中，设有“全部选择”和“全部删除”按钮，一般不都选，只选取绘图时必须用到的几项，如“端点”、“中点”、“圆心”、“象限点”、“交点”，单击“确定”按钮，完成对象捕捉的选择及设置。

3. 线型和线宽的设置

尽管在图层中设定了图线的线宽和线型，但由于选定的图纸型号及所画图形的大小不同，需要显示的图线必然有所不同。AutoCAD 2008 绘图是通过“菜单栏”的“格式”中的“线型”和“线宽”对线宽和线型进行设置的。在显示线宽的状态下绘图，确保所绘制图形的图线符合制图标准，同时保证打印出图的图形符合制图标准。“菜单栏”的“格式”中的其他设置以后用到时再进行学习。

（1）图线的线型设置。绘制图形的大小不同，需要的线型“全局比例因子”（虚线短画长度）不同，通过设置线型比例，使图线达到制图标准。设置线型的步骤如图 1-9 所示。

① 调出“图线管理器”。选择“菜单栏”中的“格式”/“线型”，弹出“图线管理器”窗口。

② 设置线型系数。在“线型管理器”中，选择“线型过滤器”中的“显示所有线型”；单击“隐藏细节”按钮，调整“全局比例因子”为0.3～0.4（根据机械图的尺寸），单击“确定”按钮完成线型的设置。

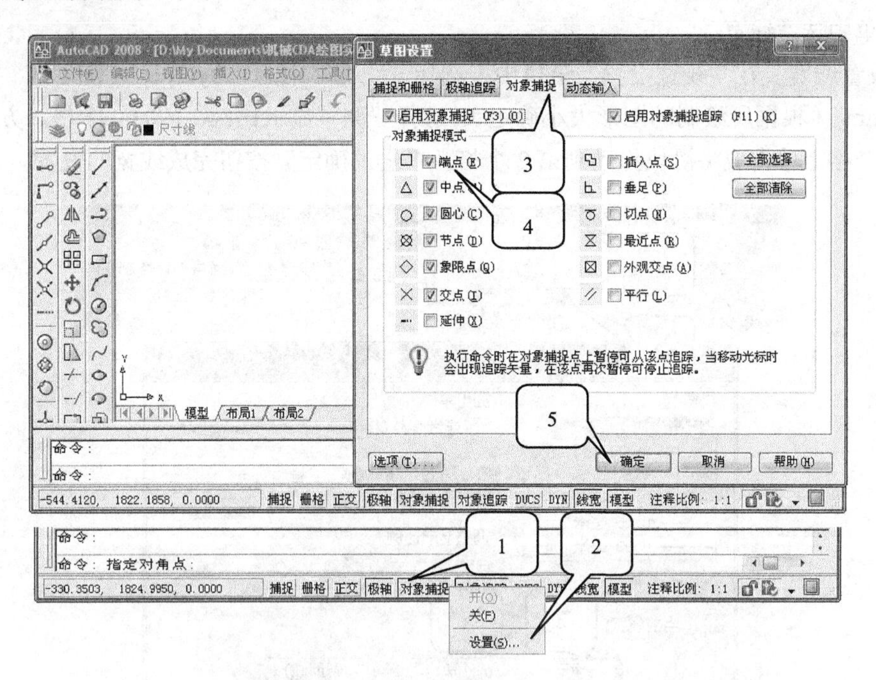

图1-8 状态栏中“对象捕捉”的设置

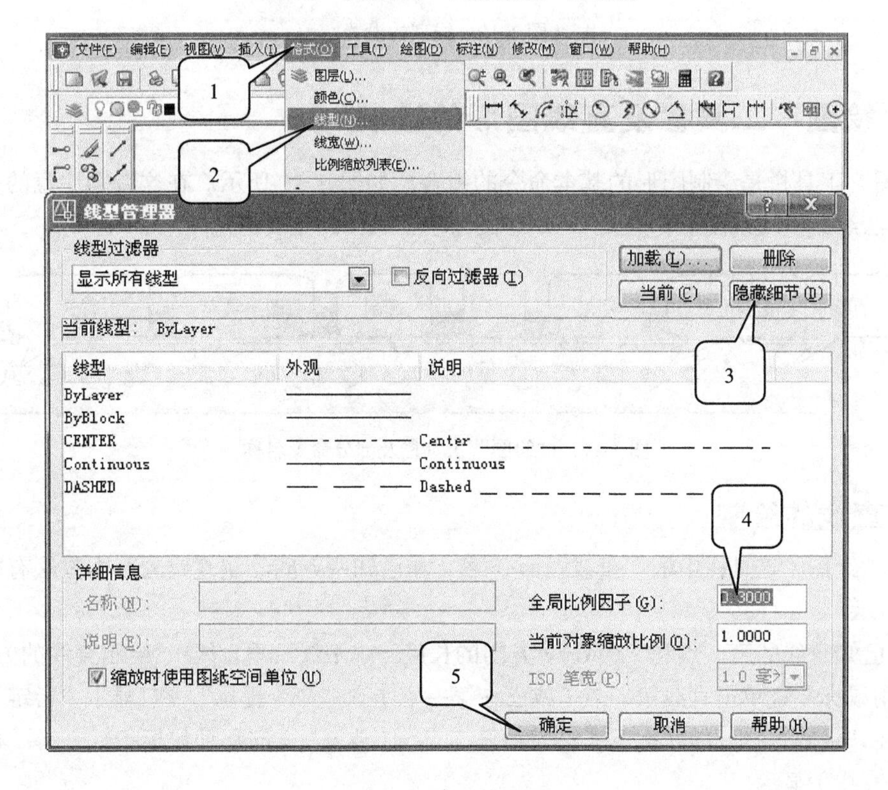

图1-9 线型的设置

（2）图线的线宽设置。与图层的线宽设置相对应，调整“格式”中的“线宽”，可以使图线的显示及打印达到标准要求。设置线宽的步骤如图 1-10 所示。

① 调出“线型管理器”。调出“线型管理器”的方法是选择“菜单栏”中的“格式”选项，在下拉菜单中选“线宽”。

② 设置线宽。在“线宽设置”窗口中，选择“线宽”中的“Bylayer”（随层）；“默认”选择“0.25mm”（根据所绘制的图形大小确定）；选择“调整显示比例”的第 2 个格，方法是用鼠标在第 2 个格上单击或将滑块拖动到第 2 个格；单击“确定”按钮完成线宽的设置。

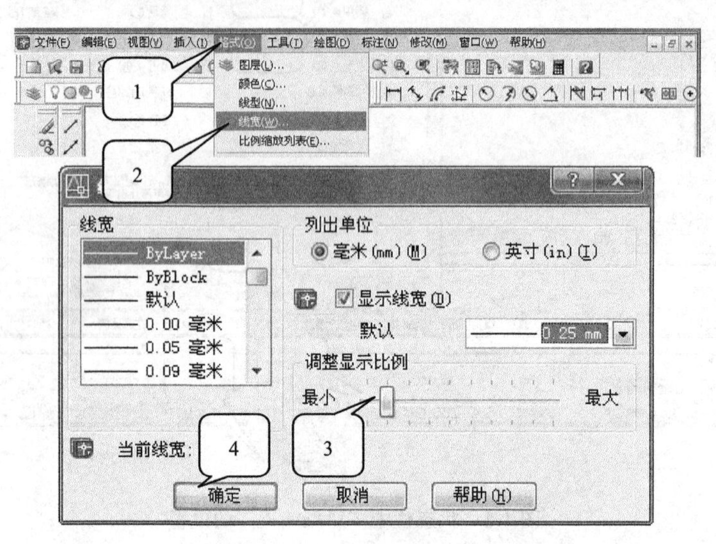

图 1-10 线型的设置

（四）“绘图”工具栏及直线图形的绘制

“绘图”工具栏是绘制图形的基本命令的组合，如图 1-11 所示。在这特别注意的是不能用目测的方法绘制图线及图形，这是 CAD 绘图与手工绘图的主要区别。

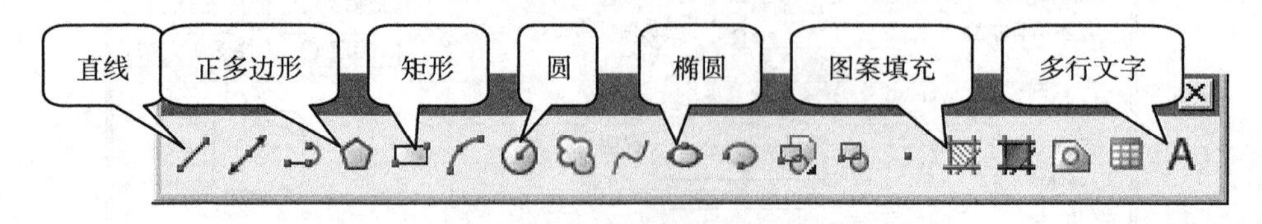

图 1-11 “绘图”工具栏及部分命令名称

1. 直线的绘制

使用“绘图”工具栏中的“直线”命令 ⁄，在已知两点间绘制直线的基本方法有 3 种，如图 1-12 所示。

（1）已知直线的第一点和 x（或 y）方向的长度（水平线、垂直线），绘制直线的方法如下。

① 用鼠标左键单击直线第一点（或已在第一点上），“命令提示”窗口显示“指定下一点”。

② 在“极轴”打开的状态下，沿直线第二点 x（或 y）方向移动鼠标指针，有“极轴”追踪（一条直线）显示。

③ 用键盘（小键盘）输入直线的长度，↙（回车）。

（2）已知直线的 x、y 坐标（或坐标差），绘制直线的方法如下。

① “命令提示”窗口显示“指定下一点”时，移动鼠标指针至直线的下一点处。

② 用键盘输入直线下一点的坐标“@Δx，Δy”，↙（回车）。(@表示相对坐标)

（3）已知直线长度和倾斜角度（极轴线），绘制直线的方法如下。

① “命令提示”窗口显示 “指定下一点”时，移动鼠标指针至直线的下一点处。

② 用键盘输入直线下一点的极坐标“@长度<角度”，↙（回车）。

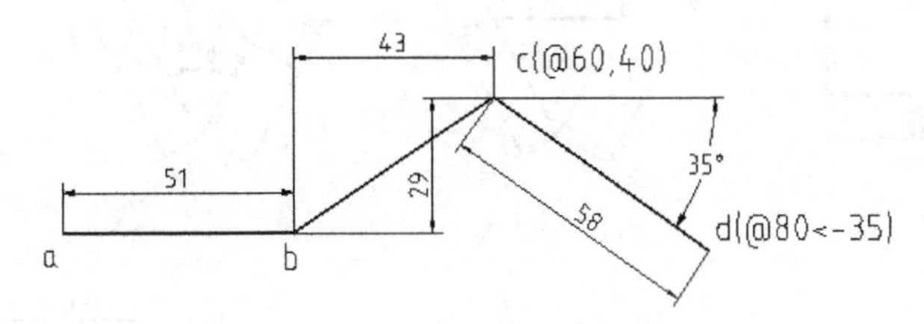

图 1-12　直线的 3 种画法

（4）绘制直线应注意的事项如下。

① 在 AutoCAD 2008 绘图中使用键盘时，输入法一定要切换到“英文”状态，否则键盘不起作用。

② 键盘输入的“@”表示对上一点的相对坐标，没有“@”表示绝对坐标。用键盘输入的“<”表示直线的角度，与数轴相同，3 点钟位置为零，逆时针为正。

③ 鼠标的左键用来选择，右键用来结束，相当于“回车”键，滚轮和中键用来控制图形显示的大小及移动。

④ 绘图操作时，移动鼠标要稳，要敢于移动鼠标，按动鼠标的左、右键时，一定要看准，切忌盲目按动。

⑤ 按键盘的“Esc”键在任何情况下都能回到起点，按“空格”键重复上次命令。

例题 1-1　按尺寸绘制平面图形，如图 1-13 所示。

绘图步骤如下。

① 图形分析。分析已知图形，选择所画的第一条线段，一般选择不标尺寸的线段开始，如图 1-13（a）所示。

② 绘制直线段。在空白处选一点 a，分别绘制：到 b 点极轴线(@50<18)，到 c 点垂直线 30，到 d 点水平线 46，到 e 点坐标差线(@−24,5)，到 f 点垂直线−15，到 g 点水平线−40，到 h 点垂直线 10，如图 1-13（b）所示。

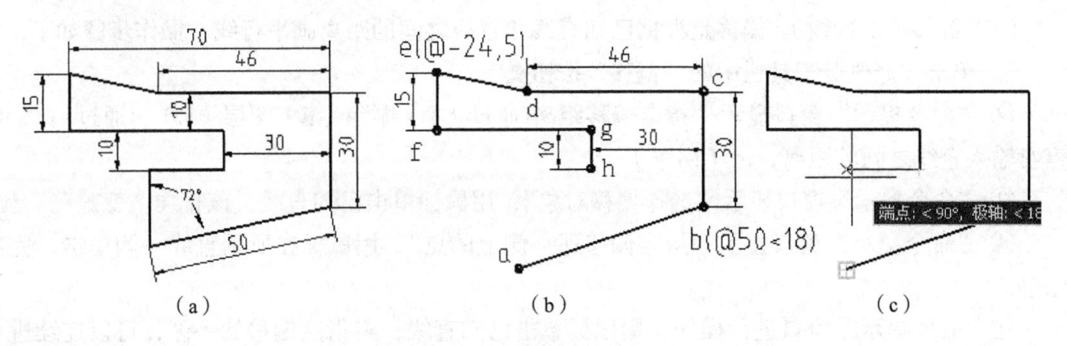

（a）　　（b）　　（c）

图 1-13　直线图形的画法

③ 极轴追踪画图。将“绘图状态”工具栏的“极轴”和“对象追踪”打开，选择直线第一点 *h*（或 *a* 点），移动鼠标指针到 *a* 点（或 *h* 点），再回到交点处，显示极轴追踪（直线），同时在 *a* 点（或 *h* 点）出现亮点，即可选择直线第二点，如图 1-13（c）所示。

（5）直线平面图形习题，如图 1-14 所示。

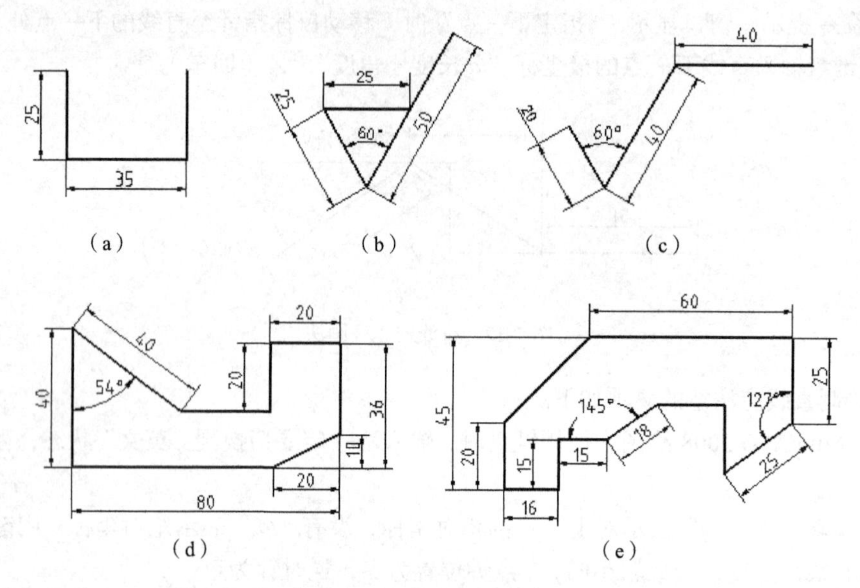

图 1-14　直线平面图形

2. 修改工具栏中的偏移、修剪及镜像

“修改”工具栏是最重要的工具栏之一，绘图中尽可能多采用“修改”工具栏的命令绘图，这里只讲述最基本的几个目录的使用，其他的以后逐步学习。“修改”工具栏及部分命令名称如图 1-15 所示。

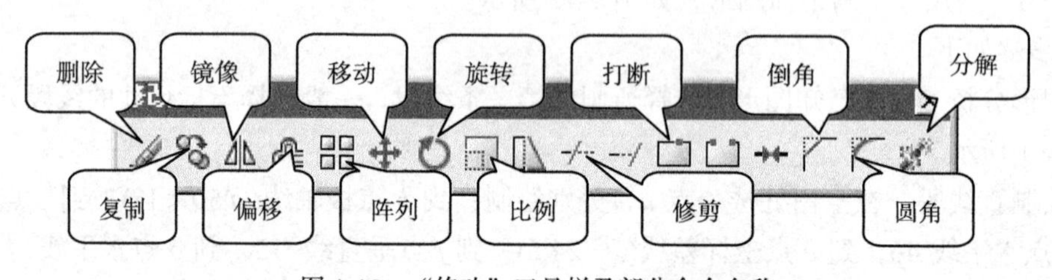

图 1-15　“修改”工具栏及部分命令名称

（1）偏移（平行线）。偏移是根据已知直线和直线之间的距离画平行线，操作步骤如下。

① 单击“修改”工具栏中的“偏移”按钮。

② “命令提示”窗口显示“指定偏移距离[通过（T）删除（E）图层（L）]<通过>:”，用键盘输入直线之间的距离，↙（回车）。

③ “命令提示”窗口显示“选择偏移对象”，用鼠标单击已知直线，该直线“变虚”。

④ “命令提示”窗口显示“指定偏移那一侧上的点”，用鼠标在所画直线一侧单击，完成绘制。

按“命令提示”窗口进行操作，用鼠标单击已知直线，再指定偏移的一侧，可以连续进行指定距离的偏移操作。

（2）修剪（部分删除）。图线绘制完成后要去除部分图线的操作称为修剪，操作步骤如下。

① 单击“修改”工具栏中的“修剪”按钮。

② “命令提示”窗口显示“选择对象或<全部选择>”，用鼠标选择修剪的边界，↙（回车）。

③ “命令提示”窗口显示“选择要修剪的对象”，用鼠标选取要去除的图线部分，即可完成图线的修剪。

不选择修剪边界直接↙（回车），表示图面中的图线都是边界，可用鼠标连续拾取要去除的图线部分。

（3）镜像（对称图形）。对称图形一定要用此命令操作，先绘制出对称图形的一半，再进行镜像的复制，操作步骤如下。

① 单击“修改”工具栏中的“镜像”按钮。

② “命令提示”窗口显示“选择对象”，用鼠标选择要镜像的图形，↙（回车）。

③ “命令提示”窗口显示“指定镜像线的第一点”，单击对称线上任意一点。

④ “命令提示”窗口显示“指定镜像线的第二点”，单击对称线上的另一点，也可移动鼠标指针在极轴显示下按鼠标左键。

⑤ “命令提示”窗口显示“要删除源对象吗？[是（Y）/否（N）]<N>”，↙（回车）即可完成镜像的操作。

命令提示窗口中括弧内的字母用键盘输入进行选择，“〈 〉”内的字母表示当前默认的选项，直接↙（回车）即可选用。

3. 拾取及夹点

发现所画图线不符合要求，一般可以用“标准”工具栏中的“放弃”或“修改”工具栏中的“删除”，然后重新绘制，但更好的方法是进行修改。在对图形及图线进行修改编辑时，首先就要对需要修改的图形及图线进行拾取，快速、准确的拾取非常重要。

（1）图线及图形的拾取。在对图线进行修改时，“命令提示”窗口显示“选择对象”，此时，“十字光标”变成“拾取框”，通常用鼠标左键进行选择，方便快捷，方法有以下3种。

① 直接拾取图线。移动“拾取框”到要拾取的图线上，用鼠标左键直接单击图线。

② 包容拾取图线及图形。用鼠标左键在图线或图形的左上角的空白处单击，将鼠标指针向右、向下移动拉出窗口，将要选取的图线或图形包容在窗口内，再按一下鼠标左键，即完成包容拾取。

③ 相交拾取图线及图形。用鼠标左键在空白处单击，将鼠标指针向左、向上移动拉出窗口，将图线及图形与窗口相交或被包容，再按一下鼠标左键，此时，与窗口接触到的图线及图形全部被拾取。

（2）图线中的“夹点”。利用“夹点”编辑是一种快捷的修改图线的方法。在“命令提示”窗口显示“命令：”即没有选择命令的情况下，用鼠标拾取图线，图线“变虚”同时图线的两边和中间有“亮点”出现（称为“夹点”），此时的操作方法具体如下。

① 拖动“夹点”修改图线。用鼠标左键分别拾取两端的“夹点”并将其拖动到需要的位置，再按一下鼠标左键，图线被修改，可连续操作；用鼠标左键单击中间的“亮点”并将其移动到需要的位置，再按一下鼠标左键，可移动图线。此方法调整图线非常好用，用“极轴”和键盘输入数值可以定量地改变图线的长度和位置。

② 变换图层改变图线。选择需要编辑的图线，再选择“图层”工具栏中设定的图层，可以将选择的图线换到需要的图层，从而改变图线。

③ 用工具栏修改图线。选择需要编辑的图线后，再选择“修改”工具栏中的相应命令，可对图线进行修改。

④ 用“编辑窗口”修改图线。选择需要编辑的图线后单击鼠标右键，弹出关于对选择的图线进行操作的全部内容的窗口。

例题 1-2 按尺寸绘制对称的直线平面图形，如图 1-16 所示。

绘图步骤如下。

① 图形分析。分析图形可知，该图形是以中心线左右对称，如图 1-16（a）所示。

② 按尺寸绘制直线段。绘制垂直线 35，水平线 30，垂直线 20，水平线画大致长度，如图 1-16（b）所示；绘制水平线 20，极轴线(@大致长度＜60)，如图 1-16（c）所示。

③ 修剪（编辑）图线。按图线修剪或编辑的过程进行操作，修剪两段任意长度的图线，改变 35 图线为点画线并拉长至出头 3～5mm，如图 1-16（d）、图 1-16（e）所示。

④ 镜像。按镜像的操作完成图形的绘制，注意图线拾取的应用，如图 1-16（f）所示。

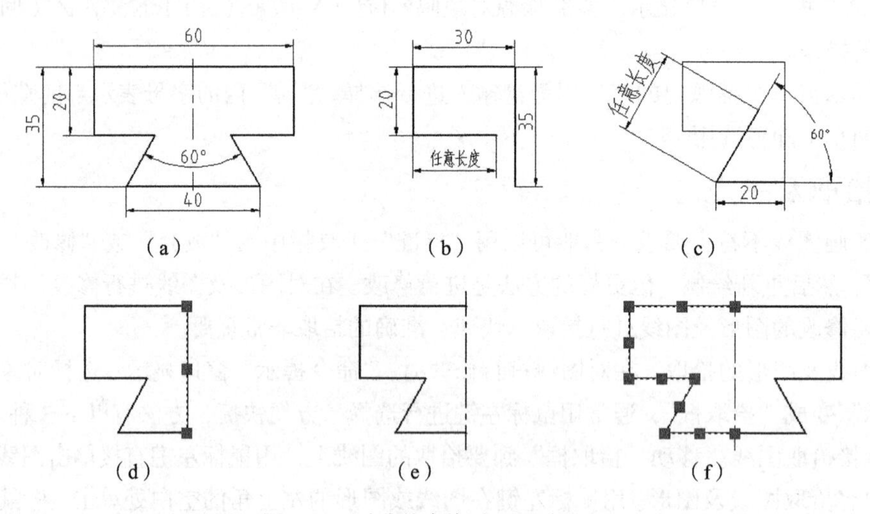

图 1-16 对称的直线平面图形画法

4. 直线平面图形习题

选择合理的直线绘制及修改操作命令，按尺寸绘制直线平面图形，不标注尺寸。

（1）完成简单直线图形的绘制，如图 1-17 所示。

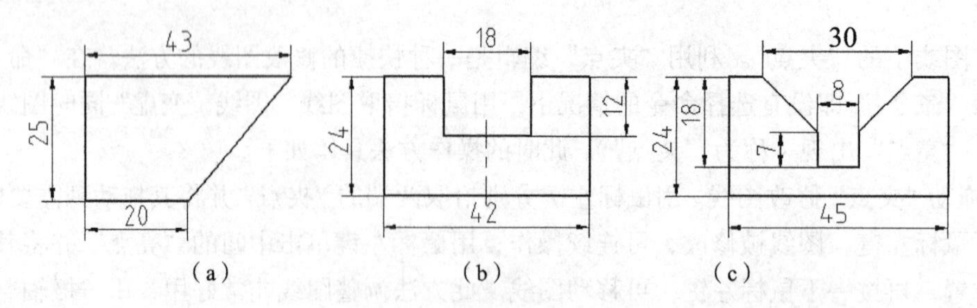

图 1-17 简单的直线图形

（2）完成直线平面图形的绘制，如图 1-18 所示。

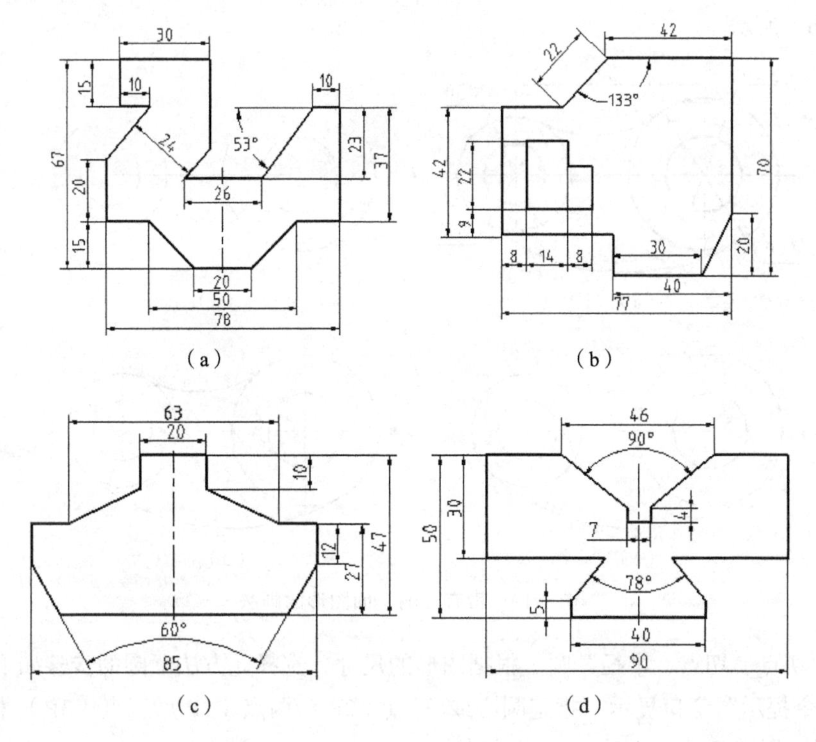

图 1-18　直线平面图形

（五）圆弧图形绘制

平面（二维）图形一般是由圆弧和直线组成的。CAD 绘图与手工绘图的区别是，手工绘图是笔尖（用直尺、圆规或徒手）在纸面上运动留下的痕迹，CAD 绘图只要满足图形的条件，便可以生成图形。因此，抛开手工绘图的思维习惯，灵活运用 AutoCAD 2008 绘图命令，将会获得奇妙的绘图效果。

1. 圆、圆弧及圆角

（1）圆的绘制。只要能满足圆的条件，CAD 都可以绘制出圆。默认画圆方法是“圆心和半径（直径）”，操作步骤如下。

① 单击“绘图”工具栏中的“圆”按钮。

② “命令提示”窗口显示“指定圆心或[三点（3P）/两点（2P）/三点（3P）/相切、相切、半径（T）]”，用鼠标左键在“绘图区”单击确定圆心。

③ “命令提示”窗口显示“指定圆的半径或[直径（D）]”，用键盘输入半径并↙（回车）（用键盘输入“D”，↙（回车），再输入直径）完成圆的绘制。

此时，按“空格”键重复绘制圆的命令。

例题 1-3　按尺寸绘制带有圆的平面图形，如图 1-19 所示。

绘图步骤如下。

① 图形分析。图形两边为两组同心圆，圆心距离为 50，上下为圆弧连接，如图 1-19（a）所示。

② 画直线和圆。按尺寸绘制直线段 50，在直线的两端分别画 R20、R10 和 R15、R8 的圆，如图 1-19（b）所示。

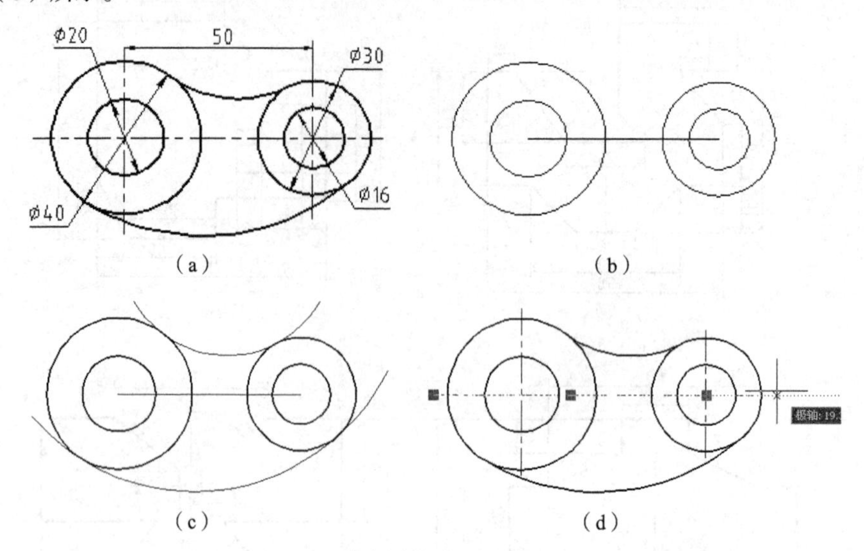

图 1-19　带有圆的平面图形的画法

③ 画“切点、切点、半径”圆。根据图形的尺寸，选择此方法画圆的步骤如下。

- “命令提示”窗口显示“指定圆心或[三点（3P）/两点（2P）/三点（3P）/相切、相切、半径（T）]”，用键盘输入“T”，↙（回车）。
- “命令提示”窗口显示“指定圆的第一个切点”，用鼠标左键在圆的大致相切位置上单击（在圆上单击时有相切符号显示，单击位置决定圆相切的形式）。
- “命令提示”窗口显示“指定圆的第二个切点”，用鼠标左键在另一个圆的大致相切位置上单击。
- “命令提示”窗口显示“指定圆的半径”，用键盘输入相应的半径值，↙（回车），即完成圆的绘制。

④ 修剪及画点画线。按修剪的操作剪切掉多余的部分；画出点画线，出头 3～5mm，一定不要过长。

（2）圆弧的绘制。CAD 绘制圆弧的方法最多，只要能满足条件，都可以绘制圆弧。默认的方法是“三点绘制圆弧（或弧心和起始点）”，其他的方法在“绘图”/“圆弧”中选择。

① 三点绘制圆弧的方法。三点的顺序是起点、中点、终点。三点绘制圆弧的步骤如下。

- 单击“绘图”工具栏中的“圆弧”命令按钮。
- “命令提示”窗口显示“arc 指定圆弧起点或[圆心（C）]”，用鼠标指定圆弧的第一点。
- “命令提示”窗口显示“指定圆弧的第二点或[圆心（C）/端点（E）]”，用鼠标指定圆弧的中点。
- “命令提示”窗口显示“指定圆弧的端点”，移动鼠标指针有圆弧显示，用鼠标指定圆弧的端点，即完成三点绘制圆弧。

② 弧心和起始点绘制圆弧的方法。按逆时针方向确定绘制圆弧的起始点。弧心和起始点绘制圆弧的操作步骤如下。

- 单击“绘图”工具栏中的“圆弧”命令按钮。

● “命令提示”窗口显示“arc 指定圆弧起点或[圆心（C）]”，用键盘输入“C”，↙（回车）。

● “命令提示”窗口显示“指定圆弧起点”，用鼠标指定圆弧的起点，移动鼠标指针，圆弧按逆时针方向显示。

● “命令提示”窗口显示“指定圆弧的端点或[角度（A）/弦长（L）]”，用鼠标指定圆弧的端点，即完成弧心和起始点绘制圆弧。

（3）圆角的绘制。圆角（倒圆）的绘制在 CAD 绘图中应用较多，将不在一条直线上的两段直线（或圆弧）以指定圆角的方式进行连接，操作方法如下。

① 单击“绘图”工具栏中的“圆角”命令按钮。

② “命令提示”窗口显示“当前设置：模式=修剪，半径=0.000”，下行显示“选择第一个对象或[放弃（U）/多段线（P）/半径（R）/修剪（T）/多个（M）]:”，用键盘输入“R”，↙（回车）。

③ “命令提示”窗口显示“指定圆角半径<0.000>”，用键盘输入半径数值，↙（回车）。

④ “命令提示”窗口显示“选择第一个对象”，用鼠标拾取圆角的一条图线。

⑤ “命令提示”窗口显示“选择第二个对象”，用鼠标拾取圆角的另一条图线（拾取圆角的图线没有先后顺序），即完成圆角的绘制。

2. 捕捉点的拾取

在绘图过程中，“命令提示”窗口提示拾取点时，一定要移动鼠标指针到图形的已知点处，利用捕捉的“亮点”或键盘输入点的坐标拾取点，不能像手工绘图用目测的方法拾取图形上的点及画线。用鼠标捕捉点常用的方法有以下两种。

（1）利用“绘图状态”工具栏中的“对象捕捉”捕捉点。按前面学过的设置“绘图状态”工具栏中的“对象捕捉”模式捕捉点。

（2）利用“对象捕捉”工具栏的命令按钮捕捉点的方法如下，如图 1-20 所示。

① 调出“对象捕捉”工具栏，并将其放在“修改”工具栏的左边。平面图形绘制用“对象捕捉”工具栏拾取点比较方便。

② 在绘图过程中，当“命令提示”窗口显示需要指定点时，用鼠标左键选取“对象捕捉”工具栏中所需要的捕捉点类型，移动鼠标指针到图形上，将出现所选定的捕捉点符号，如“捕捉切点”。

③ 在大致的位置上按动鼠标左键拾取切点（拾取点的位置确定相切的方式），即完成选定模式的捕捉点的捕捉。利用“对象捕捉”工具栏中的“切点”绘制直线与圆相切的方法。

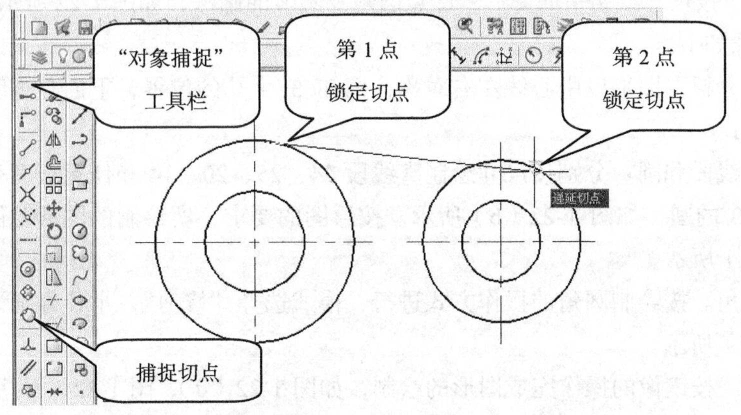

图 1-20　利用“对象捕捉”工具栏绘制直线与圆相切

例题 1-4　分析平面图形的错误，完成图形的绘制，并认真比较（a）与（d）的不同，在以后的绘图过程中不犯类似的错误，如图 1-21 所示。

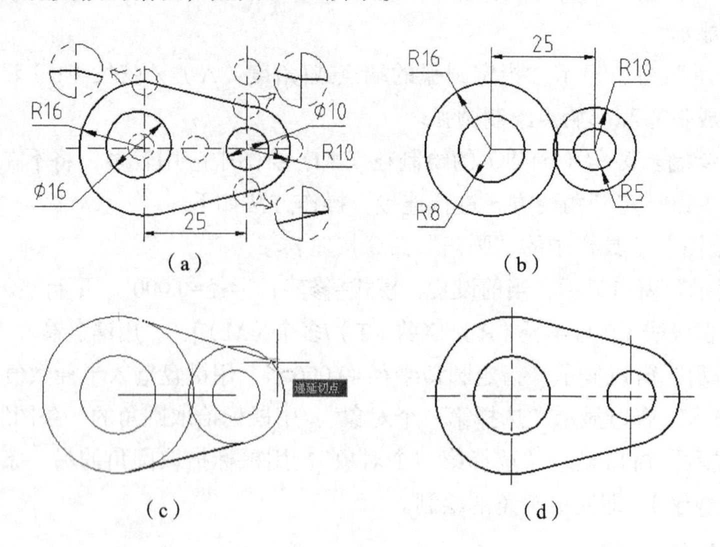

图 1-21　分析图中的错误并完成绘图

操作过程如下。

① 图形分析。图形由两组同心圆组成，圆心距离为 25，由两条直线与外圆相切连接；图中错误有 3 种：直线不与圆相切，大圆的点画线错误，点画线出头不是 3～5mm，如图 1-21（a）所示。

② 画同心圆及中心距。按尺寸半径和中心距 25 绘制同心圆，如图 1-21（b）所示。

③ 绘制切线。按直线与圆相切的方法完成，操作过程中有 4 次切点捕捉，每条直线的起点、落点各捕捉一次，如图 1-21（c）所示。

④ 修剪。按修剪的操作进行。可以在“命令提示”窗口显示“选择对象”时，用鼠标选择两条直线为修剪的边界，按↙（回车）键，再用鼠标选择修剪的对象。

⑤ 绘制点画线，检查，完成绘制（后画中心线是与手工绘图的区别之一，可使图面较清晰，修剪方便）。画中心线时要使用对象捕捉的“亮点”、极轴的显示画线，注意点画线超出轮廓线的出头为 3～5mm，如图 1-21（d）所示。

例题 1-5　按尺寸绘制平面图形，注意圆角及圆弧的画法，如图 1-22 所示。

绘图步骤如下。

① 图形分析。图形以中心线左右对称，已知 3 个孔的位置，下面是直线圆角过渡，如图 1-22（a）所示。

② 画直线段和圆。分别按尺寸绘制直线段 24、25、20、14 和任意长度垂直线，在对应的位置上画 $\phi20$ 的圆，如图 1-22（b）所示。按绘图的要求，所绘制的图形要保持清晰、标准，如图 1-22（c）所示。

③ 画圆角。按绘制圆角的操作方式进行，模式选择“修剪”，半径分别设成 R=5、R=25，如图 1-22（d）所示。

④ 镜像。按镜像的操作完成图形的绘制，如图 1-22（d）、图 1-22（e）所示。注意在镜像前一定要将镜像的内容画完、画标准，免得镜像后增加两倍的工作量来修改。

⑤ 画圆弧。选择圆弧的圆心和起落点画圆弧，方法如下，如图 1-22（f）所示。

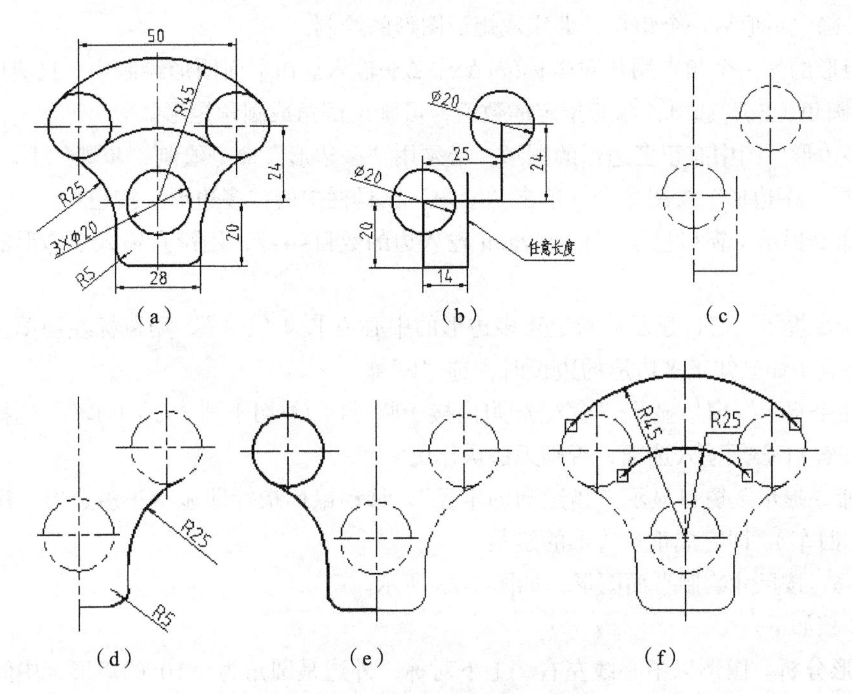

图 1-22　圆弧连接的平面图形绘图过程

- “命令提示”窗口显示“_arc 指定圆弧起点或[圆心（C）]”，用键盘输入“C”↙（回车）。
- “命令提示”窗口显示“指定圆弧的圆心”，用鼠标左键单击确定圆弧的圆心。
- “命令提示”窗口显示“指定圆弧的起点”（规定圆弧逆时针转动），用鼠标捕捉右边圆的垂足点。
- “命令提示”窗口显示“指定圆弧的端点或[角度（A）/弦长（L）]”，重复上面操作捕捉左边圆的垂足点，即完成了圆心和起落点画圆弧。
- 用同样的方法绘制另一条圆弧，按平面图形进行修剪，完成绘制。

⑥ 按制图的标准进行检查。

- 检查所画的图形是否多线、漏线。
- 检查所画的线型是否正确。
- 特别要检查所画的点画线的出头是否为 3～5mm。

3. 矩形、多边形

绘制矩形和多边形的方法与绘制直线、圆等基本相同，都是根据“命令提示”窗口的提示进行操作，应注意总结，一旦掌握了与“命令提示”窗口的对话操作，便可迅速地掌握 AutoCAD 2008 绘图的技巧。

（1）矩形。图中的长方体图形除了可以用“直线”命令绘制外，还可以用“矩形”命令绘制，操作步骤如下。

① 单击“绘图”工具栏中的“矩形”按钮□。

② “命令提示”窗口显示“指定第一个角点或[倒角（C）/标高（E）/圆角（F）/厚度（T）/宽度（W）]”，用鼠标左键单击确定矩形的一个角点。

③ “命令提示”窗口显示“指定另一个角点或[面积（A）/尺寸（D）/旋转（R）]”，用鼠标左键单击确定矩形另一个角点，即完成矩形图形的绘制。

一般矩形的另一个角点用相对坐标(@Δ*x*，Δ*y*)输入。在平面图形绘制中，只能用到“倒角（C）”和“圆角（F）”选项，输入指定的数值，可画出倒角或圆角矩形。

（2）多边形。图中有正多边形的图形，必须用“多边形”命令绘制，步骤如下。

① 选择“多边形”绘图命令。单击“绘图”工具栏中的“多边形”按钮⬠。

② “命令提示”窗口显示“_polygon 输入边的数目<4>”，用键盘输入多边形的边数，↙（回车）。

③ “命令提示”窗口显示“指定正多边形的中心或［边（E）]”，用鼠标左键单击确定正多边形的中心点（如已知正多边形的边长时，选“E”）。

④ “命令提示”窗口显示“输入选项[内接于圆（I）/外切于圆（C）]<I>”，选择需要的选项后↙（回车）（必须输入选项，否则无法操作）。

⑤ “命令提示”窗口显示“指定圆的半径”，移动鼠标指针即显示正多边形，用键盘输入半径，↙（回车），即完成正多边形的绘制。

例题 1-6 按尺寸绘制平面图形，如图 1-23 所示。

绘图步骤如下。

① 图形分析。图形以中心线左右、上下对称，外边是圆角为 *R*10 的矩形，中间由正六边形及圆组成，如图 1-23（a）所示。

② 绘制矩形。按绘制矩形的方法操作，输入选项“F”，↙（回车），输入半径 *R*=10；另一点输入“@70¯ 40”，如图 1-23（b）所示。

③ 绘制正六边形。按画正多边形的方法操作，在“输入边的数目”的选项中输入“6”，↙（回车）；在“输入选项”中输入“I”，↙（回车）；选项“指定圆的半径”输入“16”，↙（回车），如图 1-23（c）所示。

④ 画圆。分别画出 $\phi10$ 及 $\phi17$ 的圆，$4\times\phi10$ 的圆一定要用“修改”中的命令绘制，如图 1-23(d)所示。

⑤ 检查，完成绘图。检查图形是否正确，图线及点画线等是否符合绘图标准。

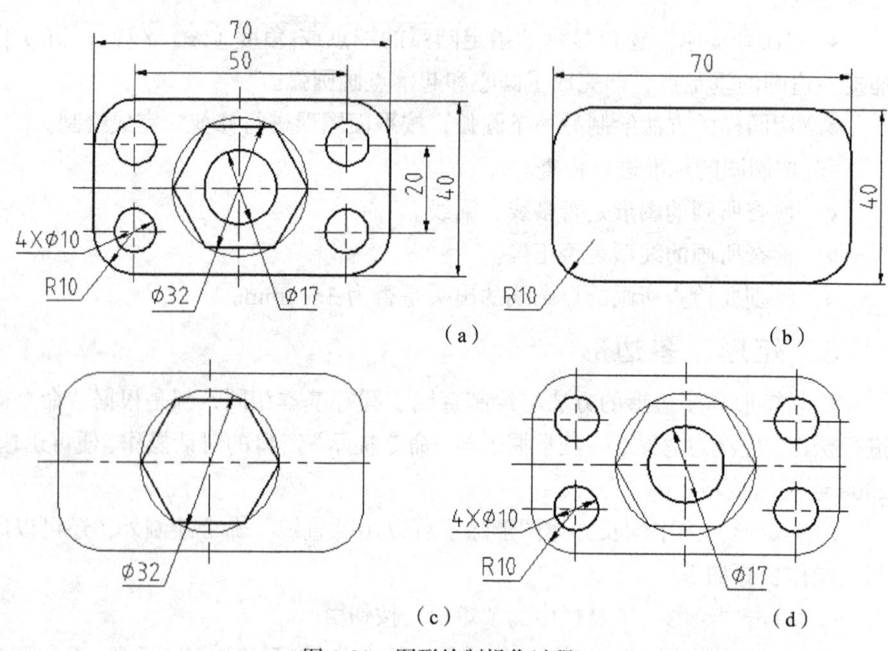

图 1-23 图形绘制操作过程

4. 复制、移动、旋转及阵列

在绘图过程中，尽可能选用“修改”命令绘图，在提高绘图效率的同时又保证绘图的质量。我们已经学习了镜像和偏移操作，复制、移动旋转及阵列的操作方法基本与镜像和偏移的操作相同，必须按照“命令提示”窗口的对话显示进行操作。

（1）复制。图中相同的图形不要重复绘制，一定要用“复制”命令完成，操作步骤如下。

① 单击“修改”工具栏中的“复制”按钮。

②“命令提示”窗口显示“选择对象”，用鼠标拾取要复制的图形，按鼠标右键或↙（回车）结束。

③“命令提示”窗口显示“指定基点”，用鼠标选取复制图形上的一点。

④“命令提示”窗口显示“指定第二点”，移动鼠标指针，图形会跟着移动，用鼠标选取要复制图形的定位点，即完成图形复制。

（2）移动。绘图过程中需要移动图形时，用“移动”命令完成，操作方法与“复制”基本相同，步骤如下。

① 单击“修改”工具栏中的“移动”按钮。

②“命令提示”窗口显示“选择对象”，用鼠标拾取需要移动的图形，按鼠标右键或↙（回车）结束。

③“命令提示”窗口显示“指定基点”，用鼠标选取移动图形的参考点。

④“命令提示”窗口显示“指定第二点”，移动鼠标指针，图形会跟着移动，用鼠标选取要移动图形的定位点，即完成图形的移动。

（3）旋转。绘图过程中图形需要转动位置时，用“旋转”命令完成，操作步骤如下。

① 单击“修改”工具栏中的“旋转”按钮。

②“命令提示”窗口显示“选择对象”，用鼠标拾取要旋转的图形，按鼠标右键或↙（回车）结束。

③“命令提示”窗口显示“指定基点”，用鼠标选取旋转的中心点。

④“命令提示”窗口显示“指定旋转角度，或[复制（C）参照（R）]<0>”，输入旋转角度（逆时针为正），即完成图形的旋转（旋转后保留原图形，则输入“C”，↙(回车)）。

例题 1-7 用复制、旋转的方法绘制平面图形，如图 1-24 所示。

绘图步骤如下。

① 图形分析。图形由 3 组同心圆组成，圆心距离为 40、25，夹角为 120°，如图 1-24（a）所示。可以用多种方法完成绘图，这里介绍两种方法的操作。

② 画同心圆及点画线。按尺寸绘制 $\phi 8$、$\phi 16$ 的同心圆，用“对象捕捉”捕捉圆心的“亮点”以保证同心；画点画线时要用“象限点”或“圆心”的“亮点”及“对象追踪”操作，注意点画线的长度符合标准，如图 1-24（b）所示。

③ 复制圆。按复制的方法操作完成。沿 x 方向移动鼠标指针，显示极轴时输入“40”，↙（回车），极轴坐标输入“<@25<120>”，↙（回车），如图 1-24（c）所示。也可以沿 y25 方向复制，如图 1-24（d）所示。

④ 绘制直线。画直线一定要注意直线的起落点，用“对象捕捉”的“亮点”显示操作；画 25、120° 的斜线段，保证与两个圆相切，必须用“对象捕捉”工具栏的“捕捉切点”的命令操

作，画一条直线要进行两次捕捉操作，如图 1-24（e）、图 1-24（f）所示。

⑤ 旋转图形上部，将图 1-24 中的（e）旋转成（f）。按旋转图形的方法操作，选择左下角的圆心为基点，输入角度为 30°。

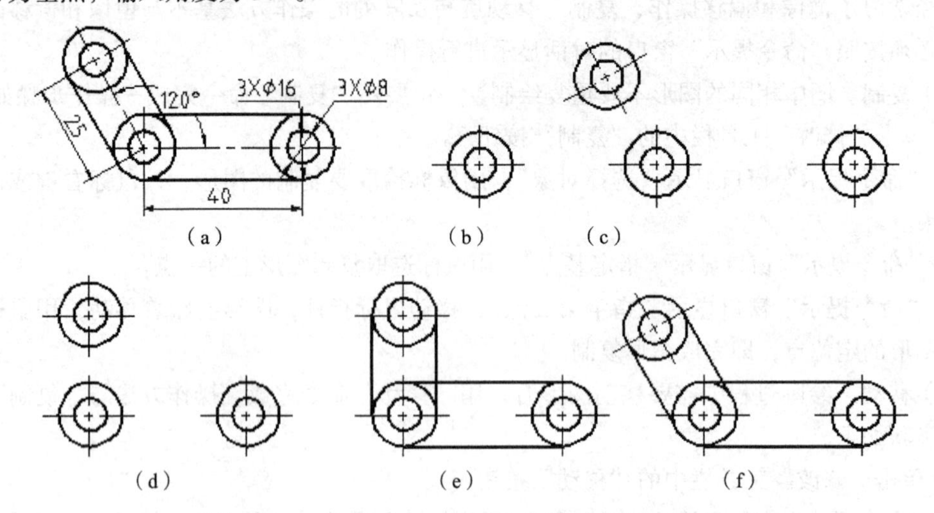

图 1-24　通过复制、旋转绘制平面图形的步骤

（4）阵列。阵列有矩形和环形两种形式的操作，以满足图形的需要，操作步骤如下。

单击“修改”工具栏中的“阵列”按钮，弹出“阵列”窗口，在窗口的上方有“矩形阵列”和“环形阵列”选项。

① 矩形阵列的操作如下，如图 1-25 所示。

● 选择“阵列”命令，在“阵列”窗口中选择“矩形阵列”。

● 在“矩形阵列”窗口中按需要输入数值，数值的正负控制偏移的方向，在窗口右上方有图形效果显示。

● 单击“选择对象”按钮，“阵列”窗口关闭，拾取要阵列的对象，按鼠标右键或↙（回车）。

● “阵列”窗口恢复，单击窗口中的“确定”按钮，即完成操作。

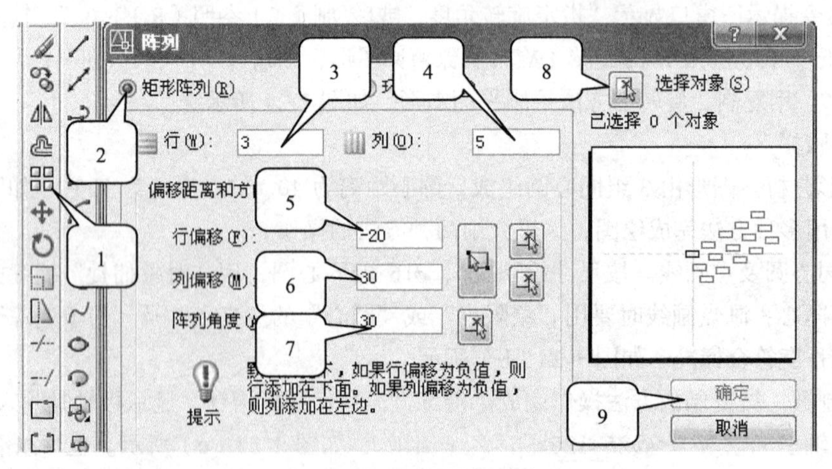

图 1-25　矩形阵列的操作步骤

② 环形阵列的操作如下，如图 1-26 所示。

● 选择“阵列”命令，选择“阵列”窗口中的“环形阵列”。

- 输入环形阵列的数量，在窗口内有效果显示（如需要在一定角度内对阵列和对象转动角度有要求时，可调整“填充角度”和“项目间角度”来实现）
- 选择阵列中心点。单击“中心点”，“阵列”窗口关闭，拾取要阵列的中心点，按鼠标左键，“阵列”窗口恢复。
- 选择阵列对象。单击“选择对象”按钮，“阵列”窗口关闭，拾取要阵列的对象，按鼠标右键或↙（回车）。
- “阵列”窗口恢复，单击窗口中的“确定”按钮，即完成操作。

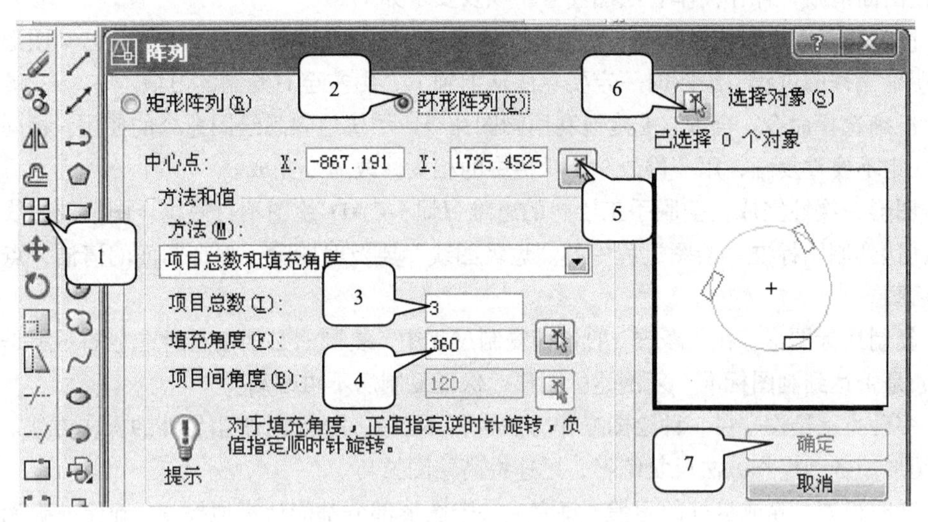

图 1-26　环形阵列的操作步骤

例题 1-8　用环形阵列的方法绘制平面图形，如图 1-27 所示。

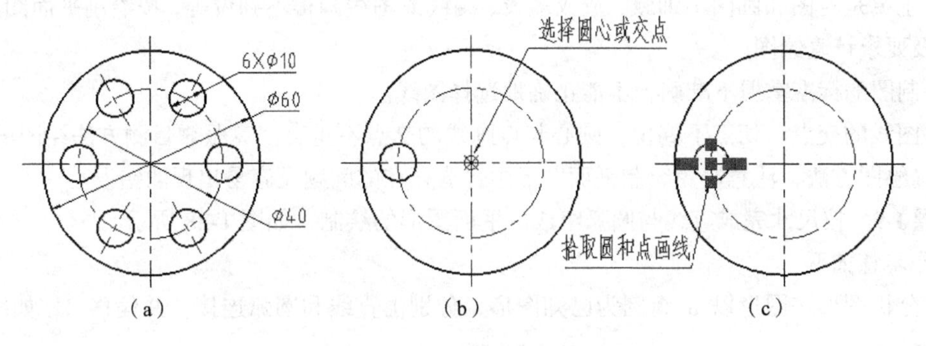

图 1-27　环形阵列绘图过程

绘图步骤如下。

① 图形分析。图形由 $\phi60$ 圆和 6 个 $\phi10$ 圆组成，用“环形阵列”完成绘图，如图 1-27（a）所示。

② 画基本图形。绘制 $R30$、$R20$ 的同心圆及点画线；在象限点或交点的位置上画 $R5$ 圆和点画线，如图 1-27（b）所示。

③ 环形阵列。按环形阵列的操作方法进行，注意拾取对象是圆和点画线（注意点画线出头），如图 1-27（c）所示。

（六）绘图示例及习题

1. 平面图形绘图示例

通过画各种平面图形的实际操作训练，熟练应用“绘图”工具栏、“修改”工具栏和“对象捕捉”工具栏等命令按钮，为后续课程的学习打下扎实的基础。

（1）绘制平面图形的注意事项及要求。选择合理、科学的绘图过程，可以大大地提高绘图速度，使图面清晰，操作简单。绘图注意事项及要求如下。

① 图形分析。绘图前必须分析所画图形，了解所画图形的定位尺寸，清楚已知图形和主要图形，明确操作的过程。绘图时一定要克服从上到下、由左至右绘制的习惯。

② 准确选择命令。合理、准确地利用画图命令，尽快地熟悉绘图命令的使用。相同或相似的图形一定不要重复画，用“修改”工具栏中的相关修改命令完成。

③ 图形一次性完成。摆脱手工绘图的思维习惯，CAD 绘图不打底稿，图形及图线要一次性完成，达到制图标准。绘图过程中的“垃圾图线”要及时删除，保证图面的清洁，点画线、圆弧要后画。

④ 复制达标图形。在“修改”的各种复制过程中，复制前必须检查所选定的对象是否多线或漏线，是否达到制图标准，复制达标图形，保证复制后不再改动。

⑤ 多种方法绘图。在一种绘图操作方法进行不下去时，及时改用另外的操作方法。选择代表性的图形用各种操作方法反复练习，迅速提高绘图技巧。

⑥ 随时检查。养成良好的习惯，每完成一个图形部分都能认真地检查，确保准确无误后再往下面进行，避免大面积的返工重画，培养认真细致的能力。

（2）平面图形容易出现的错误。在平面图形的绘图中，经常容易出现以下错误。

① 主要是看图和画图不细致，造成多线、漏线或图线画得不到位等，按绘制平面图形的注意事项及要求认真绘图。

② 制图的标准掌握不准确，不能正确地选择图线。

③ 图线的交点、切点不到位，圆心与点画线的交点不重合。克服靠目测方法绘图的习惯，选择正确绘图方法，注意避免绘制平面图形中普遍存在的问题及容易出现的错误。

例题 1-9 按尺寸完成直线与圆弧组成的平面图形的绘制，如图 1-28 所示。

操作步骤如下。

① 分析图形。图形以 3 组圆为已知图形，分别由直线和圆弧连接，并偏移 4，如图 1-28（a）所示。

② 画圆。先画 $\phi22$ 的圆，再画上面 $\phi16$ 的圆。绘制上面 $\phi16$ 圆的方法为：选择“圆”命令后，移动鼠标指针到 $\phi22$ 的圆心上，有圆心点显示，此时不要点取，向上移动鼠标指针，有极轴“虚线”显示，用键盘输入“40”，↙（回车），完成 $\phi16$ 圆的圆心选定，再按提示用键盘输入半径 8，↙（回车），即完成上面 $\phi16$ 圆的绘制。

画右下 $\phi16$ 圆的方法为：用“对象捕捉”工具栏中的“捕捉自”命令按钮操作，选取“圆”命令后，选取“捕捉自”命令，“命令提示”窗口显示“from 基点”，用鼠标拾取 $\phi22$ 的圆心；“命令提示”窗口显示“<偏移>”，用键盘输入“@50，−16”，↙（回车），再用键盘输入半径 8，↙（回车），即完成右下 $\phi16$ 圆的绘制，如图 1-28（b）所示。

③ 画直线。分别画下面和左上的直线，画下面的直线，选择“直线”命令后，移动鼠标指针到 ϕ22 圆的正下面，有象限点“亮点”显示，选取第一点，向左移动鼠标指针，有极轴“虚线”显示，选取第二点，长度与给出的图形大致相同即可。

画左上面的直线，用“对象捕捉”工具栏中的“捕捉切点”命令操作，用两次“捕捉切点”命令操作，如图 1-28（c）所示。

④ 画平行线。画平行线用“修改”工具栏中的“偏移”命令按钮操作，偏移 4，连续操作 4 次，如图 1-28（d）所示。

⑤ 修剪。用快速修剪的操作方法将图线断开，为圆角作准备，如图 1-28（e）所示。

⑥ 圆角。用“修改”工具栏中的“圆角”命令按钮操作，选择半径 *R*7，检查并完成全图。画出点画线，出头 3～5mm，检查全图是否符合制图标准。

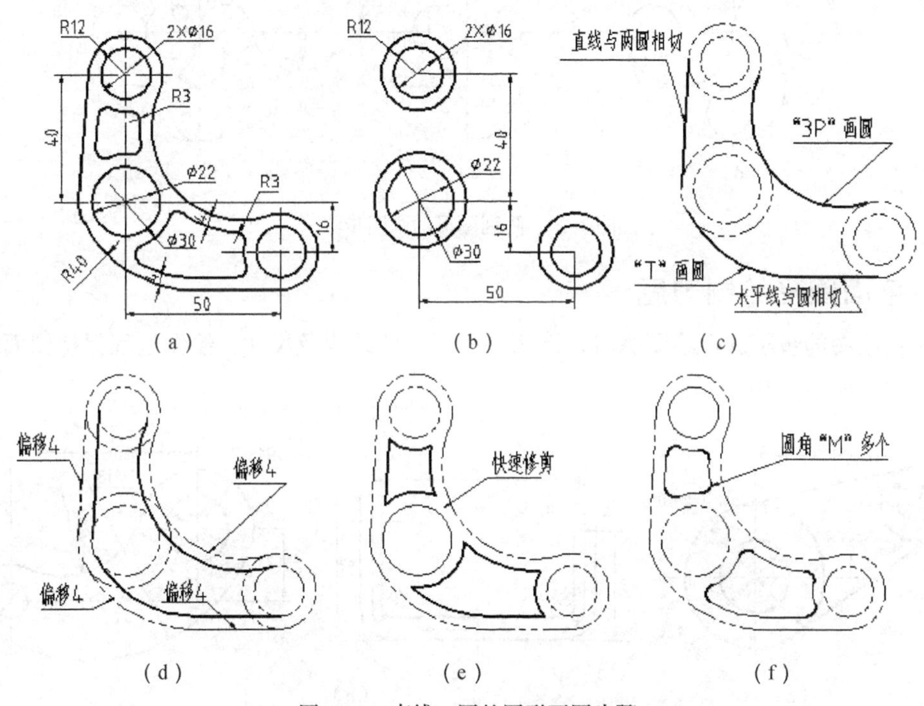

图 1-28　直线、圆的图形画图步骤

（3）阵列绘制平面图形。平面图形中相同的图形成规律分布，可以用“阵列”的方法绘制。下面以“环形阵列”为例，练习阵列绘图的方法。

例题 1-10　用环形阵列的方法绘制平面图形，如图 1-29 所示。

操作步骤如下。

① 分析图形。阵列图形的绘制关键是找到阵列的基本图形及阵列的次数。该图形为“环形阵列”，“项目总数”为 4，应进行两次阵列，如图 1-29（a）所示。

② 绘制基本图形。绘制基本图形时，小圆用“2P”的选项绘制，修剪完成第一次阵列的基本图形如图 1-29（b）和图 1-29（c）所示。

③ 第一次阵列。按环形阵列的操作方法完成第一次阵列，如图 1-29（d）所示。

④ 第二次阵列。用“2P”绘制小圆，修剪成第二次阵列要求的形状，如图 1-29（e）所示，完成第二次阵列操作，如图 1-29（f）所示。

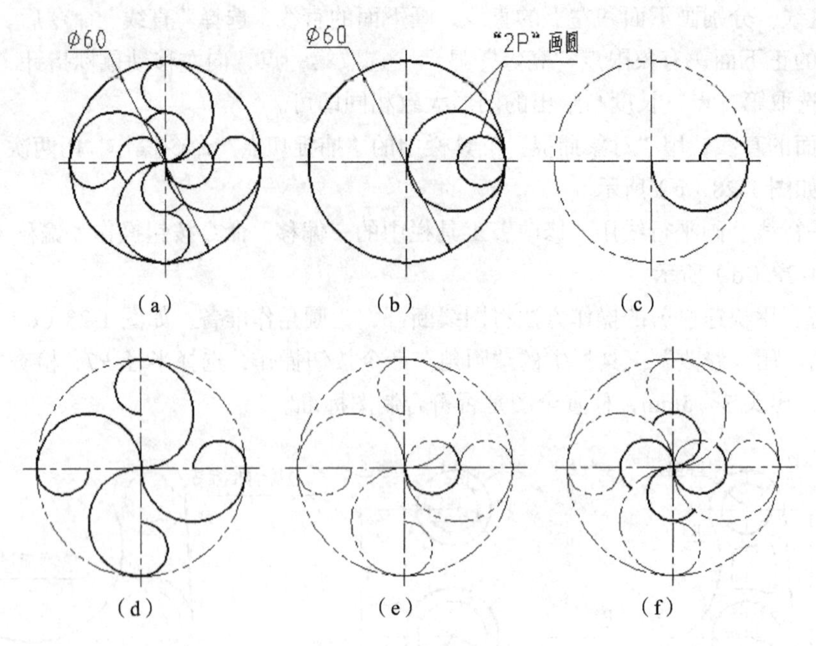

（a）（b）（c）

（d）（e）（f）

图 1-29　阵列图形的画图步骤

2. 平面图形绘制习题

（1）按绘图的步骤进行绘图练习，读懂平面图形的结构及尺寸，绘图过程保持图面清晰，不标注尺寸，如图 1-30 所示。

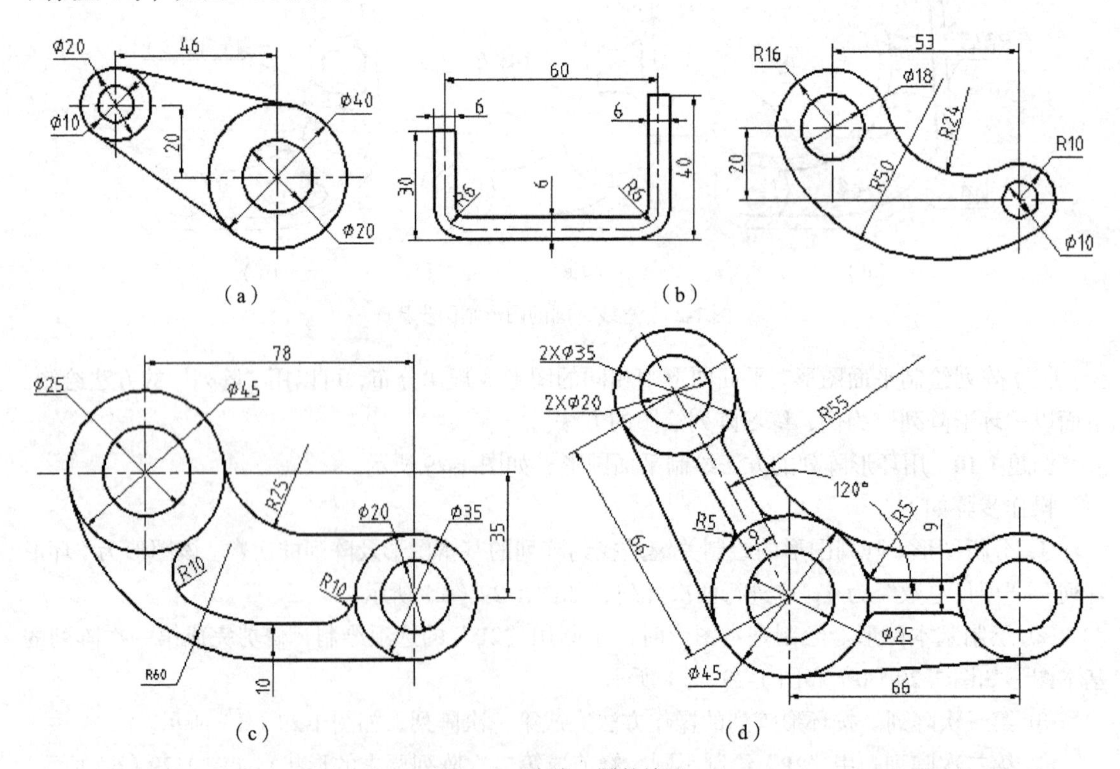

（a）（b）

（c）（d）

图 1-30　直线、圆的练习

（2）图中带“○”的位置均存在错误，分析错误原因，检查自己绘图过程中是否也存在类似错误。按尺寸参照正确的图形完成图形绘制，不标注尺寸，如图 1-31 所示。

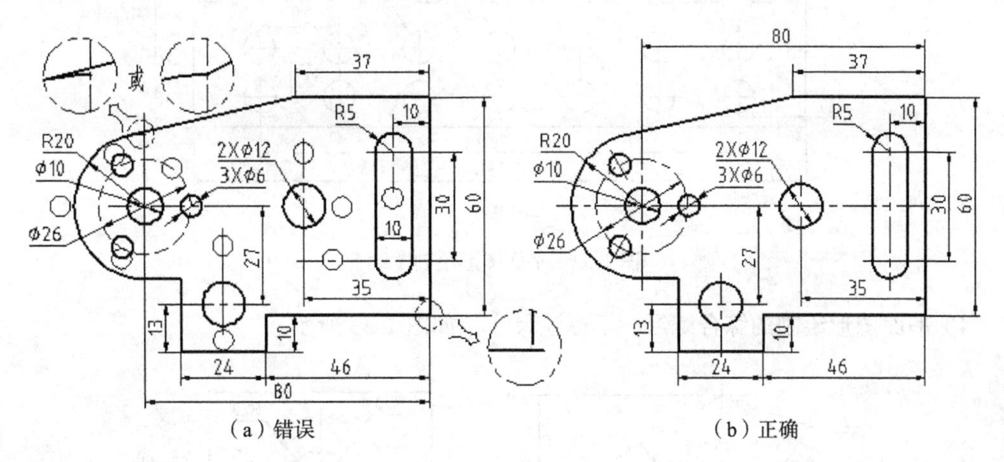

（a）错误　　（b）正确

图 1-31　平面图形中表达错误与正确的比较

（3）分析平面图形的组成，多采用修改的方法完成图形的绘制，不标注尺寸，如图 1-32 所示。

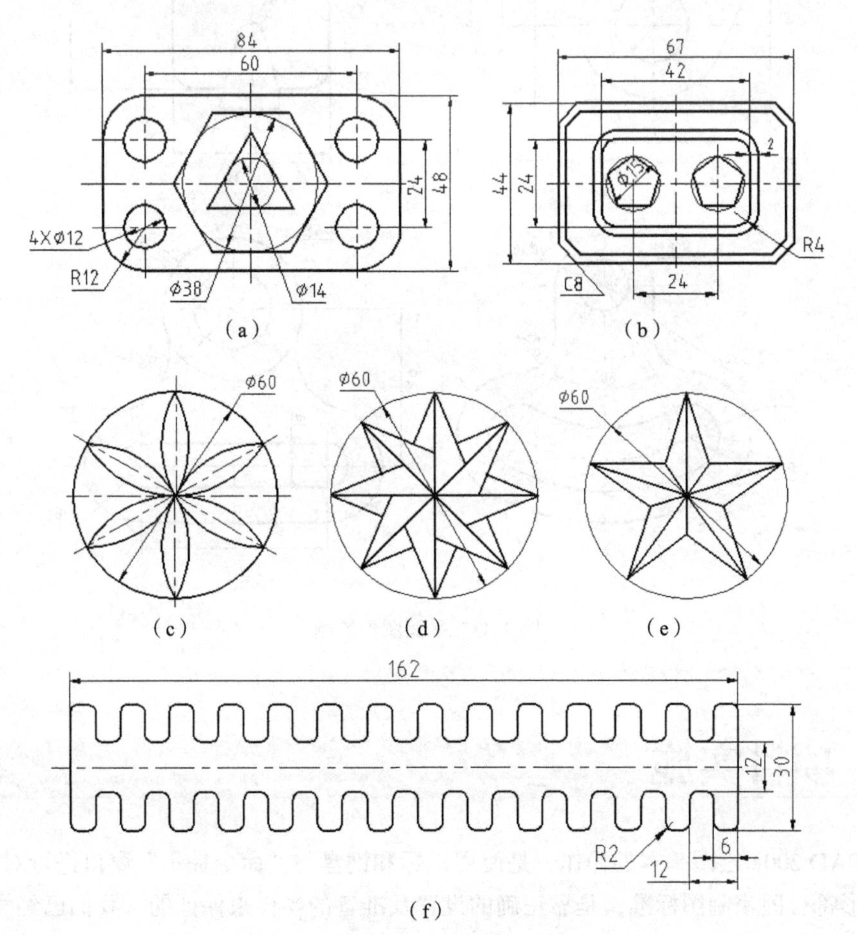

（a）　（b）

（c）　（d）　（e）

（f）

图 1-32　平面图形绘制

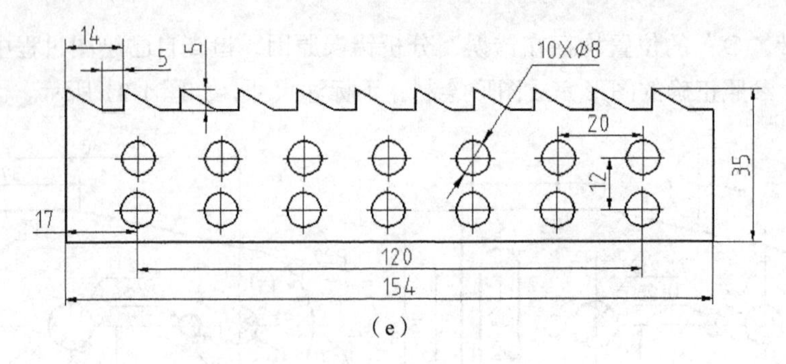

（e）

图 1-32　平面图形绘制（续）

（4）平面图形绘制的综合练习，不标注尺寸，如图 1-33 所示。

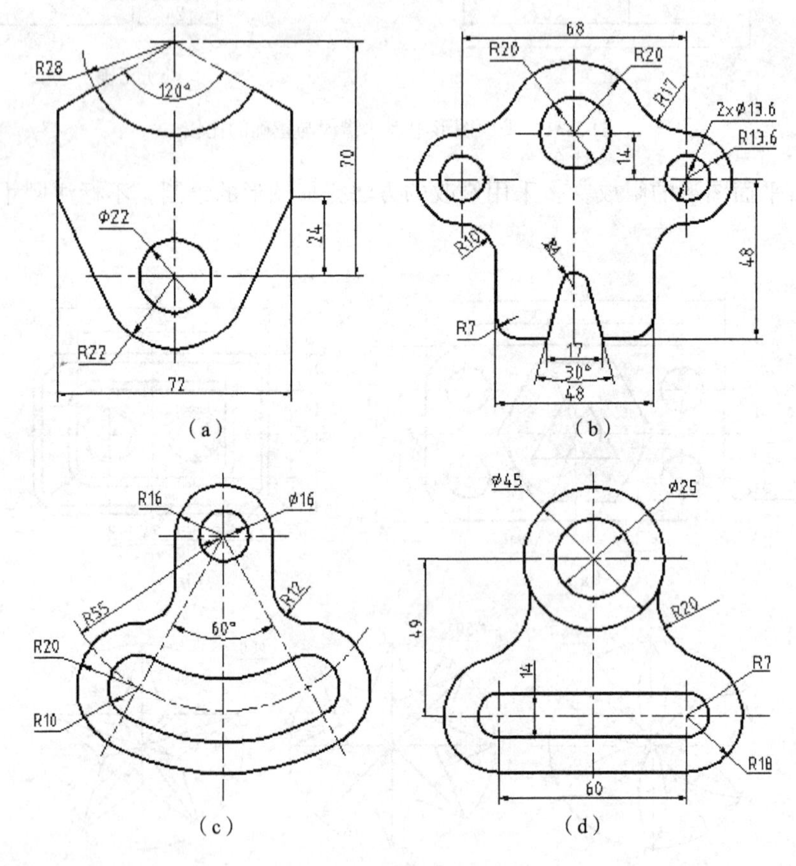

图 1-33　平面图形绘制

三、项目实施

AutoCAD 2008 绘图基本的操作，是使用鼠标和键盘与“命令提示”窗口进行对话的过程。绘制的图形符合国家制图标准，是靠正确的设置及准备的操作来保证的。我们已经学习了绘图命令的使用并进行了绘图方法的练习，下面就来完成本项目图形的绘制。

(一)平面图形分析

1. 分析图形

使用 AutoCAD 2008 的绘图命令，按尺寸标准、快捷地完成平面图形的绘制，首要的就是图形的分析。如图 1-1 所示，图形是由左上、右上、下方和中间的结构组成的。

(1) 左上部分。两个同心圆与连接直线段相切，与水平线成 40° 夹角，可以采用水平绘制后旋转 40° 的方法，如图 1-34(a)所示。

(2) 下方部分。两个同心圆与水平直线段相切连接，如图 1-34(b)所示。

(3) 右上部分。形状最为复杂，是平面图形的核心部分，由两个同心圆和同心的圆弧——“腰形”组成，如图 1-34(c)所示。

(4) 中间部分。由 6 个成 60° 角倾斜排列的“腰形”图形组成，如图 1-34(d)所示。

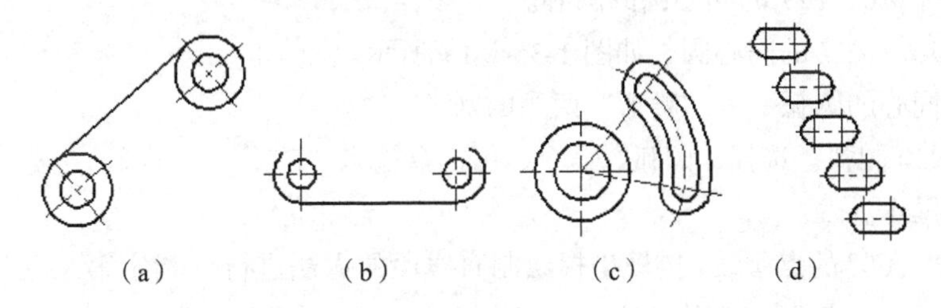

图 1-34 平面图形的结构分析

2. 分析尺寸

分析尺寸是绘制平面图形的关键，绘图是按定形和定位尺寸来判断是已知图形还是连接、过渡图形的，画图必须先从已知图形画起，因此，清楚地了解尺寸是绘制平面图形的先决条件。

(1) 定位尺寸。确定孔及基本图形位置的尺寸，即在绘图时最先用到的尺寸，如 44、30、37、5、50、40°、*R*30 等。

(2) 定形尺寸。确定圆及基本图形大小的尺寸，即在绘图时需要输入数值的尺寸，如 2×ϕ10、2×ϕ8，*R*8、*R*25 等。

(二)绘制平面图形

按尺寸 1:1 绘制平面图形，具体绘制的步骤很多，无法都涉及，不采用平面图形逐个部分绘制的方法，但是绘图的原则是不变的，即先画出已知圆，再画出连接圆弧，最后画出中间的结构、按绘图的基本要求完成一部分图形的绘制，保证所绘制的图形达到制图标准，保持绘图过程图面清晰。

1. 绘制已知图形——圆

(1) 绘制 ϕ8、ϕ16 的同心圆。选择“复制”将 ϕ8、ϕ16 的同心圆沿水平方向按定位尺寸 44 复制，如图 1-35(a)所示。

(2) 绘制 ϕ10、ϕ20 的同心圆，具体步骤如下。

① 选择“绘图工具栏”的【圆】命令。

② “命令提示”窗口显示“_circle 指定圆的圆心或[三点(3P)/两点(2P)/相切、相切、

半径（T）]”，用鼠标左键单击“对象捕捉”工具栏中的“捕捉自”。

③“命令提示”窗口显示“_circle 指定圆的圆心或[三点（3P）/两点（2P）/相切、相切、半径（T）]：_from 基点：”，用鼠标左键单击 $\phi8$、$\phi16$ 的同心圆的圆心。

④“命令提示”窗口显示“_circle 指定圆的圆心或[三点（3P）/两点（2P）/相切、相切、半径（T）]：_from 基点：_cen<偏移>：”，用键盘输入“@-30，30”，↙（回车）。显示圆的位置输入半径完成 $\phi10$、$\phi20$ 的同心圆的绘制。如图 1-37（b）所示。

⑤ 复制 $\phi10$、$\phi20$ 的同心圆。按复制的操作方法进行，“指定第二点”输入“@50 < 40”，↙（回车），即完成 $\phi10$、$\phi20$ 的同心圆绘制，如图 1-35（c）所示（也可以向右 50 水平复制，然后转动 40°）。

（3）绘制 $\phi16$、$\phi27$ 的同心圆。用绘制中心线的方法确定圆心，操作步骤如下。

① 确定右侧 $\phi8$、$\phi16$ 的同心圆的圆心。用绘制中心线的方法确定圆心，按尺寸向上画 37，向左画 5，得到 $\phi16$、$\phi27$ 的同心圆的圆心。

② 绘制 $\phi16$、$\phi27$ 的同心圆，如图 1-35（d）所示。

（4）绘制同心的圆弧——“腰形”两头的圆。

① 绘制 $R30$ 圆弧。选择“圆弧”命令，用键盘输入“C”，↙（回车），按“指定圆弧圆心”的画圆弧方法操作。

② 绘制 9°、60° 的点画线。按极坐标绘制直线段的方法进行，“指定第二点”分别输入“@40 < -9”、“@40 < 51”；圆弧与直线的交点就是圆心，如图 1-35（e）所示。

③ 绘制 $R4$、$R7$ 的同心圆，完成同心的圆弧——“腰形”两头圆的绘制，如图 1-35（f）所示。

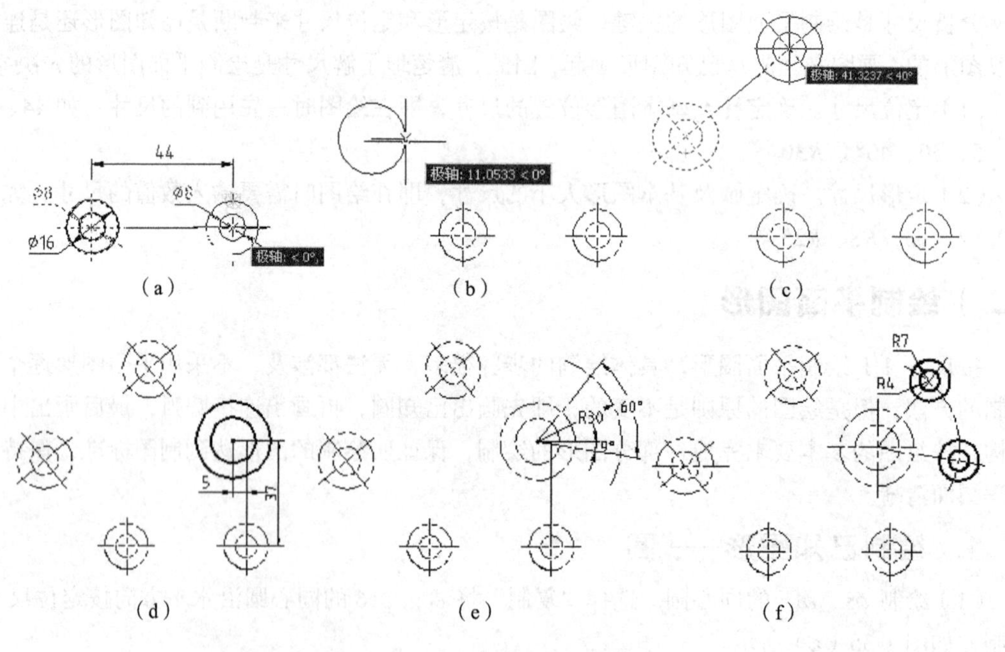

图 1-35　平面图形已知圆的绘制

2. 绘制连接线段

连接圆弧是在已知图形的基础上绘制的，大部分连接图线（圆弧）没有尺寸。

（1）绘制连接直线段和圆角，如图 1-36（a）所示，操作方法如下。

① 分别绘制直线，注意直线与圆相切。

② 绘制 R25 的连接圆弧。绘制连接圆弧的方法有以下两种。

- 选择“圆角”命令，半径 *R* 输入 5，分别拾取 ϕ16、ϕ20 圆，注意拾取切点的位置。
- 选择“圆”命令，选项输入“2P”，分别拾取 ϕ16、ϕ20 圆，同样注意拾取切点的位置，修剪掉多余的图线。

（2）绘制中间的两个连接圆弧，按平面图形的结构分析，连接圆弧没有半径尺寸，是通过分别与 3 个圆相切确定的，如图 1-36（b）所示。操作方法如下。

① 选择“圆角”命令，选项输入“3P”，↙（回车）。

② “命令提示”窗口显示“指定圆心的第一点:”单击“对象捕捉”工具栏中的“捕捉切点”命令按钮。

③ “命令提示”窗口显示“指定圆心的第一点：_cen 到”，将鼠标指针移动到圆上，有切点符号显示，在切点位置单击。

④ “命令提示”窗口显示“指定圆心的第二点:”，单击“对象捕捉”工具栏中的“捕捉切点”命令按钮；

⑤ “命令提示”窗口显示“指定圆心的第二点：_cen 到”，将鼠标指针移动到另一个圆上，有切点符号显示，在切点位置单击。

⑥ “命令提示”窗口显示“指定圆心的第三点:”，单击“对象捕捉”工具栏中的“捕捉切点”。

⑦ “命令提示”窗口显示“指定圆心的第三点：_cen 到”，将鼠标指针移动到最后一个圆上，有切点符号显示，在切点位置单击（单击的 3 个切点无先后顺序），即显示与 3 个圆同时相切的圆。

（3）绘制圆弧——“腰形”的圆弧连接。圆弧连接可以选择画圆和绘制圆弧两种方法，建议采用圆弧的方法（这是以绘制圆弧为例）。注意边画图，边修剪成标准图形。操作步骤如下。

① 选择“圆角”命令，选项输入“C”，↙（回车）。

② “命令提示”窗口显示“指定圆弧圆心:”，用鼠标选取 ϕ27 圆的圆心。

③ “命令提示”窗口显示“指定圆弧的起点:”，用鼠标选取下方 *R*7 与点画线的交点，移动鼠标指针有圆弧显示，由第一点到第二点逆时针方向画圆弧，如图 1-36（c）所示。

④ “命令提示”窗口显示“指定圆弧的终点:”，用鼠标选取上方 *R*7 与点画线的交点，即完成圆弧的绘制。

⑤ 用相同的方法绘制另外 3 条圆弧，也可以用“偏移”命令绘制，选项输入“T”“通过点”，操作简单、快捷，如图 1-36（d）所示。

（4）绘制中间的“腰形”结构。按定位尺寸绘制一个“腰形”，再阵列绘制完成。操作步骤如下。

① 在孔的水平中心线上按尺寸 16、8，*R*4 绘制“腰形”基本图形，如图 1-36（e）所示。

② 选择“阵列”命令。矩形阵列，行数为 5，列数为 1，阵列角度为 30°，单击“确定”按钮即完成中间“腰形”结构的绘制，如图 1-36（f）所示。

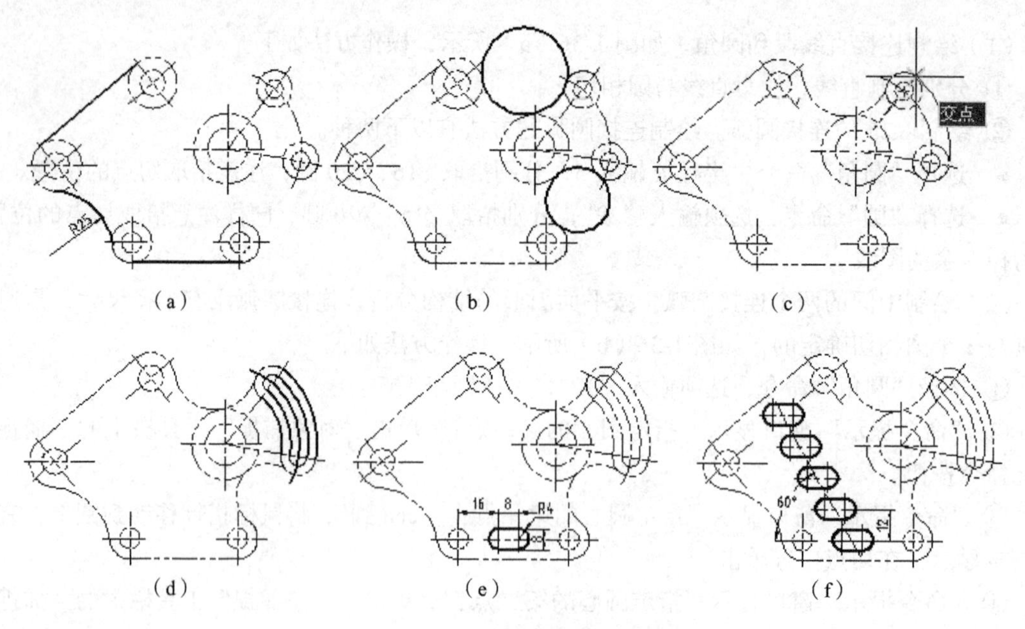

图 1-36　平面图形连接图线的绘制

3. 检查

检查是绘图及任何操作所必需的环节，绘图过程中的每个阶段都应当及时检查，绘制完成后还有总的检查，养成及时检查的良好习惯非常重要。

（1）检查图形是否正确。重点检查如下内容：交点处绘制是否正确，特别注意检查相切点、圆心点绘制是否正确，是否还有“垃圾”图线没有删除掉。

（2）检查图形是否标准。重点检查线型选用是否正确，点画线是否漏画，出头是否为 3～5mm。

四、拓展知识

（一）使用面域绘制平面图形

面域是指二维的封闭图形，图形可以由线段、多段线、圆、弧及样条曲线等组成，但图形必须连续不间断、不重复，相邻图线共享连接的端点，否则将不能创建面域。面域是单独的实体，具有面积、周长及形心等几何特征。使用面域绘制二维平面图形的方法是，采用并集、差集和交集的运算构造不同形状的图形（关于“面域”、“并集”、“差集”及“交集”命令的使用，在项目四“形体的三维建模”中将详细讲解），如图 1-37 所示。

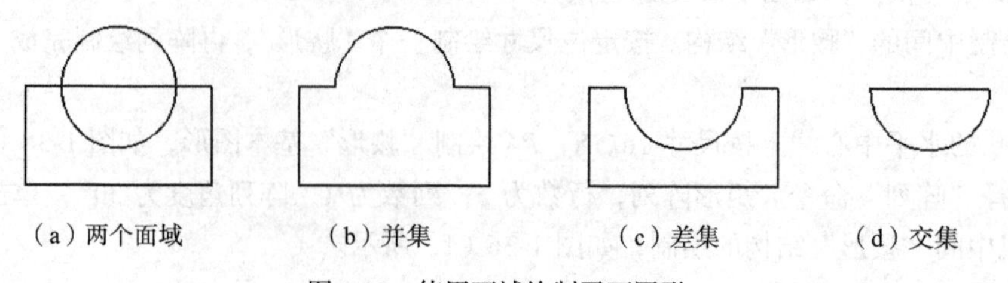

图 1-37　使用面域绘制平面图形

1. 创建面域

创建面域的操作方法如下。

- 单击“绘图”工具栏中的“面域”命令按钮。
- “命令提示”窗口显示“选择对象”，用鼠标拾取面域图形，单击鼠标右键或↙（回车）结束。

一次可完成多个图形的面域，面域后的图形是一个整体。

2. 运算构件图形

图形被面域后可以用并集、差集和交集布尔运算获得新的面域，显示运算后的形状图形。操作中需要调出“实体编辑”工具栏。

（1）并集。按尺寸绘制图形，将图形进行面域，操作步骤如下。

- 单击“实体编辑”工具栏中的“并集”命令按钮。
- “命令提示”窗口显示“选择对象”，用鼠标拾取面域图形，单击鼠标右键或 ↙（回车）。

并集对象的选择没有顺序要求，只要拾取并集的面域便可，“命令提示”窗口显示拾取并集面域的数量。并集的结果如图 1-37（b）所示。

（2）差集。差集是面域进行相减的运算，面域图形有“正”、“负”之分，即保留面域图形为“正”，减去面域图形为“负”。差集的操作方法如下。

- 单击“实体编辑”工具栏中的“差集”命令按钮。
- “命令提示”窗口显示“选择对象”，用鼠标拾取面域图形（为“正”），单击鼠标右键或 ↙（回车）。
- “命令提示”窗口显示“选择对象”，用鼠标拾取面域图形（为“负”），单击鼠标右键或↙（回车）。

差集对对象的选择有顺序要求，先拾取保留面域图形，再拾取减去面域图形。差集的结果如图 1-37（c）所示。

（3）交集。交集的操作方法如下。

- 单击“实体编辑”工具栏中的“交集”命令按钮。
- “命令提示”窗口显示“选择对象”，用鼠标拾取面域图形，单击鼠标右键或↙（回车）。

交集保留面两个面域共有的图形，结果如图 1-37（d）所示。

例题 1-11 用面域的方法绘制平面图形，如图 1-38 所示。

操作步骤如下。

① 分析图形。面域绘制图形的关键是找到基本面域图形及面域的运算关系。该图形中有 4 个基本面域图形，其中有两个面域图形需要阵列 6 个，如图 1-38（a）所示。

② 创建两个环形面域。操作方法如下。

- 绘制同心圆 ϕ48、ϕ58、ϕ80、ϕ90。
- 按创建面域的方法创建 4 个面域。
- 按差集的方法创建两个新的环形面域，如图 1-38（b）所示。

③ 创建面域后阵列面域（也可以两个环形面域并集后进行阵列）。方法如下。

- 按尺寸绘制 ϕ14 圆及 40 × 5 矩形，如图 1-38（c）所示。
- 按创建面域的方法创建两个面域。

- 按环形阵列的操作完成面域的阵列，如图 1-38（d）所示。

④ 并集完成图形绘制。按并集的操作方法将图中所有的面域进行组合，完成平面图形的绘制。

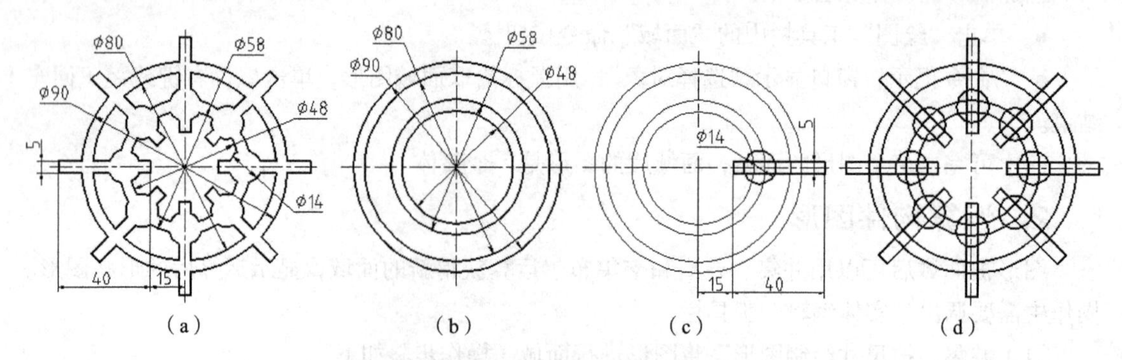

图 1-38　通过面域的并集绘制平面图形

小 结

本项目通过平面图形的绘制，主要讲述如下内容。

1. 基本绘图环境的熟悉和设置，如“图层”、“状态”、“线型”及“线宽”等的设置；保证所绘制平面图形的质量符合制图的标准规定，为以后的绘图打下基础。

2. 使用“绘图”工具栏、“修改”工具栏和“对象捕捉”工具栏中的命令，快速、准确地绘制较复杂的平面图形。

3. 由易到难，以示例的方法讲解绘制平面图形的操作方法，在每项内容结束后都提供难易程度合适的练习题。

自测题

一、选择题（请将正确的答案序号填写在题中的括号内）

1. 制图标准规定，图样中表示对称图形的中心线用（　　）画出。

   A. 虚线　　B. 点画线　　C. 细实线　　D. 波浪线

2. 使用 AutoCAD 2008 绘图软件绘图时，绘制正多边形时默认的边数是（　　）。

   A. 3　　B. 4　　C. 5　　D. 6

3. 在 AutoCAD 2008 中，被锁死的图层（　　）。

   A. 不显示本层图形　　B. 不能修改本层图形

   C. 不能增画新的图形　　D. 以上全不能

4. 使用 AutoCAD 2008 绘制圆，命令的默认方法是（　　）。

   A. 二点　　B. 圆心、半径　　C. 圆心、直径　　D. 起点、圆心、端点

5. 使用 AutoCAD 2008 绘制圆弧时，默认的方法是（ ）。

A. 二点　B. 三点　C. 圆心、半径　D. 起点、圆心、端点

6. 使用 AutoCAD 2008 绘制圆时，选择“相切、相切、半径”方法需要输入的字母是（ ）。

A. R　B. T　C. W　D. 2P

7. 下面的操作中不能实现复制操作的是（ ）。

A. 阵列　B. 镜像　C. 偏移　D. 分解

8. 移动对象为圆，使其圆心移动到线段的中点，需要应用（ ）。

A. 正交　B. 捕捉　C. 栅格　D. 对象捕捉

9. 拉伸命令“stretch”拉伸对象时，不能（ ）。

A. 把圆拉伸为椭圆　B. 把正方形拉伸成长方形

C. 移动对象特殊点　D. 整体移动对象

10. 在 AutoCAD 2008 中，对两条直线使用圆角命令，则两线必须（ ）。

A. 直观交于一点　B. 延长后相交

C. 位置可任意　D. 共面

二、判断题（将判断结果填写在括号内，正确的涂“√”，错误的填“×”）

（ ）1. 在默认状态下，当鼠标指针位于菜单或者工具栏上时，状态栏显示相应命令提示信息。

（ ）2. 在操作 AutoCAD 2008 绘图时，可以使用“ESC”键来取消和中断命令。

（ ）3. AutoCAD 默认的线型是实线，Center 表示中心线。

（ ）4. AutoCAD 选择倒角、圆角命令时，圆角半径及倒角距离不可设为零。

（ ）5. 正交线指的是在正交方式下绘制的直线。

（ ）6. 使用编辑图形命令（如移动、阵列等）时可以先点命令，再选图形，也可先选图形，再点命令。

（ ）7. 在矩形阵列过程中，行间距为正值时，所选对象向下阵列。

（ ）8. 在 AutoCAD 中绘图，当前点为(100,100)，则点的坐标输入：110，110 或@10. 10 或@10<45，表示同一个点。

（ ）9. 在 AutoCAD 中绘图，若要顺时针转动图形 30°，可以选择基点后输入“30”。

（ ）10. AutoCAD 是美国 AuTodesk 公司的计算机制图软件。

三、操作题（按尺寸绘制平面图形，不标注尺寸）

1. 用阵列的方法，按尺寸绘制平面图形，如图 1-39 所示。

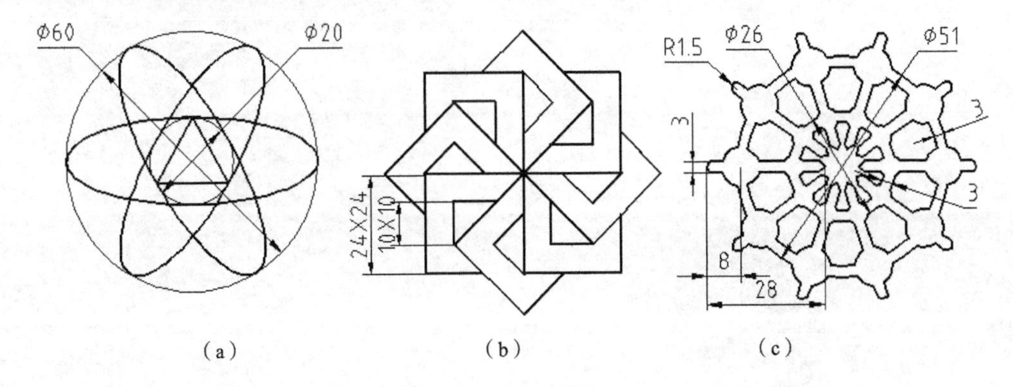

图 1-39　阵列绘制图形

2. 按尺寸绘制平面图形，如图 1-40 所示。

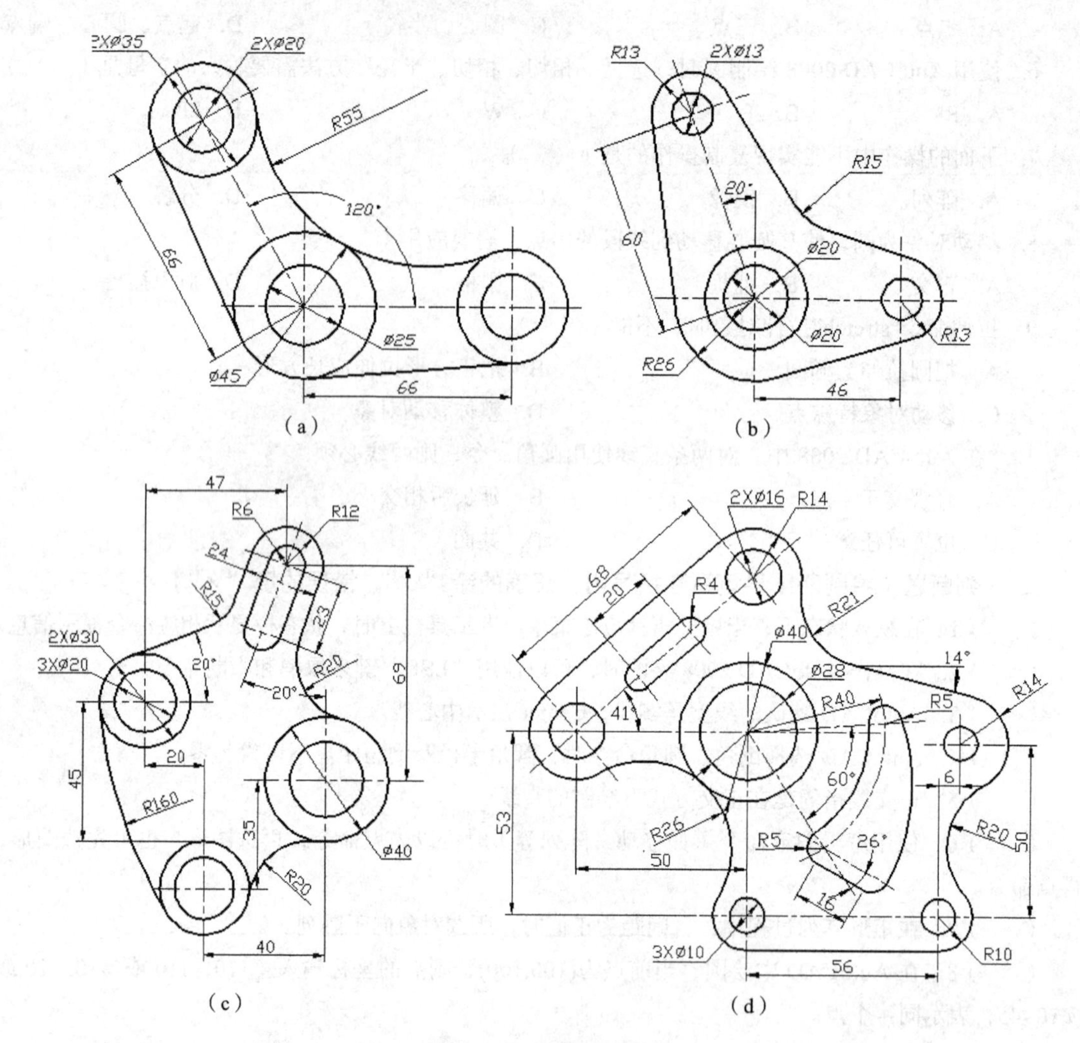

图 1-40 平面图形

项目二

平面图形绘制及尺寸标注

【能力目标】

通过平面图形的绘制及尺寸标注，掌握应用制图标准绘制平面图形及标注尺寸的操作技能。

【知识目标】

1. 根据需要完成尺寸样式等设置，能够使用尺寸标注命令完成规定的尺寸标注。
2. 掌握圆弧连接作图，能绘制较复杂的平面图形。
3. 按指定比例绘制平面图形并完成尺寸标注。

一、项目导入

二维平面图形的绘制及尺寸标注是机件图样表达的基础，也是经常使用的一种表达方式，因此，学习平面图形绘制及尺寸标注非常重要。

该项目在完成项目一“平面图形绘制”的基础上，根据实际工作的需要，选择具有一定代表性的平面图形绘制（指定比例、圆弧连接、尺寸标注），如图 2-1 所示，按 1:5 绘制二维平面图形。

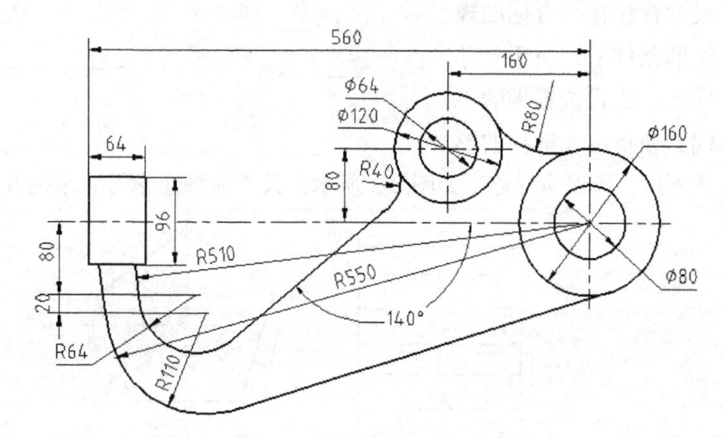

图 2-1 按 1 : 5 绘制平面图形及尺寸标注

二、相关知识

平面图形的绘制和尺寸标注是 AutoCAD 2008 绘图软件二维平面图形绘制的基本操作，熟练地应用“绘图”、“修改”、“标注”等工具栏的各项命令，完成二维平面图形的绘制及标注尺寸，为更好地完成 AutoCAD 2008 工程图样的绘制打下良好的基础。

（一）尺寸标注样式的设置

使用 AutoCAD 2008 绘图软件，一般通过设置尺寸样式达到标注尺寸的要求。机械制图对尺寸标注中的尺寸界线、尺寸线（箭头）、尺寸数字等都作了详细的规定，在标注尺寸前必须了解其标准规定才能进行尺寸样式设定，保证标注的尺寸符合制图标准。

1. 尺寸标注的标准及要点

（1）尺寸组成。一个完整的尺寸一般由尺寸线（箭头）、尺寸数字和尺寸界线 3 部分组成（尺寸三要素），如图 2-2 所示，在尺寸样式设置时要用到此知识。

① 尺寸线。尺寸线由细实线与箭头（或其他规定的符号）组成，移动鼠标指针选择放置尺寸线的位置。尺寸线必须单独画出，不能与其他任何线“重复”使用。

② 尺寸数字。尺寸数字在尺寸线的上、左位置，数字高度相同。标注尺寸时自动测量并显示数值，移动鼠标指针选择放置数字的位置并使其符合标准规定。

标准规定数字及字体的高度（即字号）分为 1.8、2.5、3.5、5、7、10、14、20 种，单位为 mm（毫米），字号之间相差 $\sqrt{2}$ 倍，优先选择 3.5 字号。

③ 尺寸界线。尺寸界线表示尺寸的两个端点，可以用其他线代替，也可以是圆或斜线等。

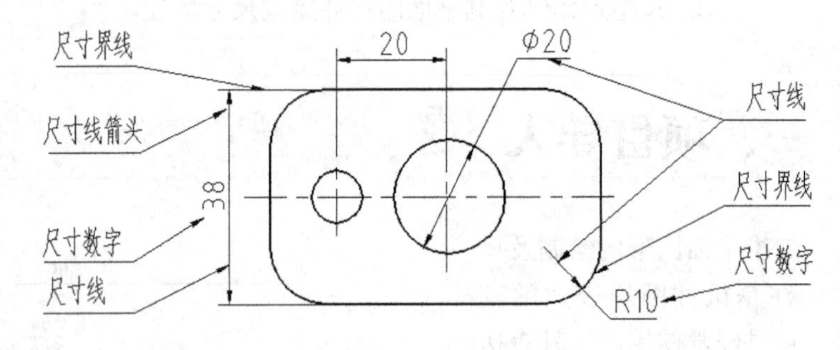

图 2-2 尺寸的组成

（2）尺寸标注形式。尺寸标注在符合标准规定的条件下，由于尺寸样式、放置位置等的不同，使得尺寸标注的形式不同，可以多样化，如图 2-3 所示，读者应注意学习、掌握并合理使用。

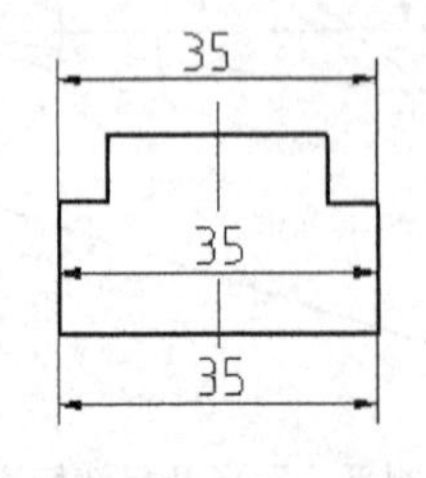

（a）尺寸线的位置不同

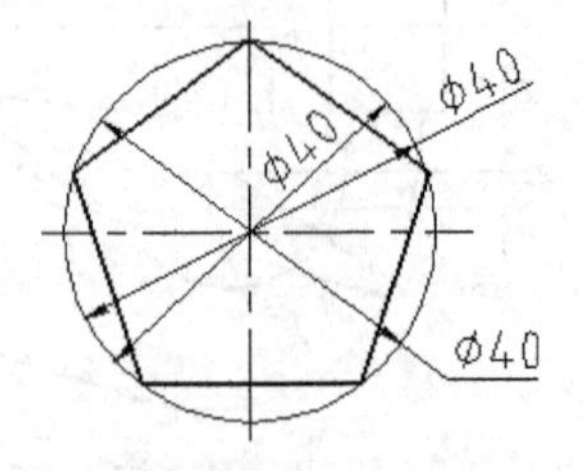

（b）尺寸数字位置不同

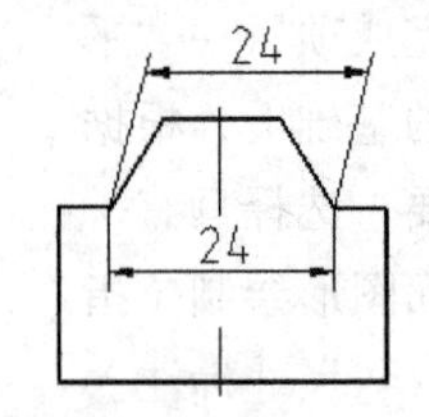

（c）尺寸界线的变化

图 2-3 尺寸的标注形式

（3）尺寸标注的参数。尺寸标注参数在制图标准中有严格规定，标注尺寸必须按标准进行设置及操作，标注的尺寸必须符合制图标准规定。尺寸标注参数的名称及数值在尺寸样式设置中还要用到，必须清楚各尺寸标注参数的含义，如图 2-4 所示。

① 尺寸样式。按标准规定设置尺寸样式并正确使用，可以获得需要的尺寸样式，如尺寸数字、箭头类型、尺寸界线的超出、数字从尺寸线偏移等。

② 移动鼠标指针控制。标注尺寸时需要靠移动鼠标指针放置尺寸的位置，保证尺寸标注符合标准、清晰等要求，如尺寸线间距相等（为 $\sqrt{2}$ 倍的字高）、数字在尺寸线的中间等。

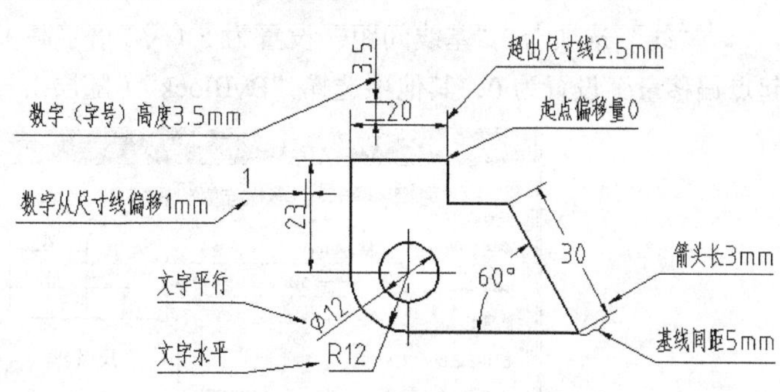

图 2-4　尺寸标注参数名称及数值

2. 设置尺寸标注样式

在 AutoCAD 2008 绘图的尺寸标注过程中需要设置不同的标注样式（设置及使用方法与图层的操作基本相同），一旦创建了标注样式，在以后的画图中可以继续使用，因此，样式的名称要清楚准确，便于长久使用，如文字水平、文字平行、半标注、比例放大或缩小等。

（1）创建“文字平行”的尺寸标注样式。“文字平行”的标注样式是尺寸标注的基本样式。创建“文字平行”尺寸标注样式的操作方法如下。

① 调出“标注样式管理器”。选择“格式”/“标注样式”菜单命令或单击“标注”工具栏中的“标注样式”命令按钮，即显示“标注样式管理器”窗口。

② 创建“文字平行”标注样式。在“标注样式管理器”中，单击“新建”，在“新样式名”中填写“文字平行”（也可以用系统给出的“ISO-25”作为“文字平行”样式，再选择“修改”进行操作），如图 2-5 所示。

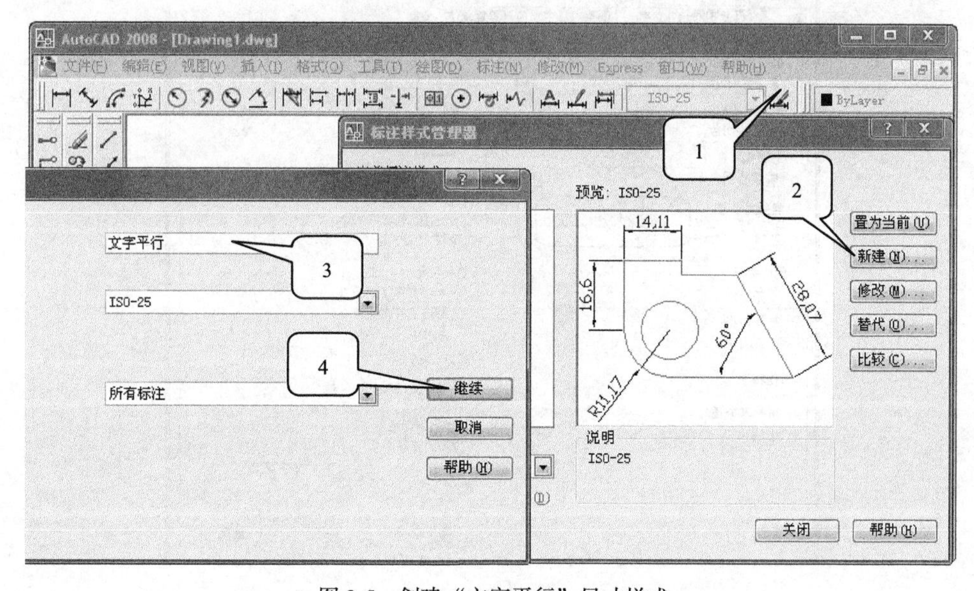

图 2-5　创建“文字平行”尺寸样式

③ 设置“文字平行”标注样式的参数。在“新建标注样式：文字平行”窗口中，共有 7 个选项卡，我们将逐项地进行设置。在设置的过程中，图线等的内容是随图层变化的（以下简称“随层”），不需要设置，同样有些内容是我们用不到的，也不需要设置，所以不要随便地改动。

- “线”选项卡：“基线间距”设置为 5（$\sqrt{2}$ 倍字高），“超出尺寸线”设置为 2（或 3），“起点偏移量”设置为 0，其他项选择“ByBlock”（随层），如图 2-6 所示。

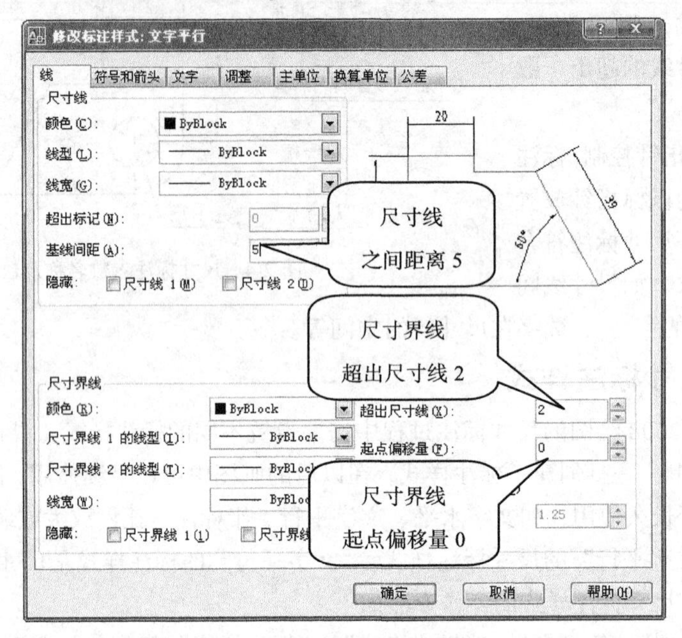

图 2-6　标注样式“线”的设置

- “符号和箭头”选项卡：箭头选择“实心闭合”，“箭头大小”输入“3”（或 2.5），如图 2-7 所示。

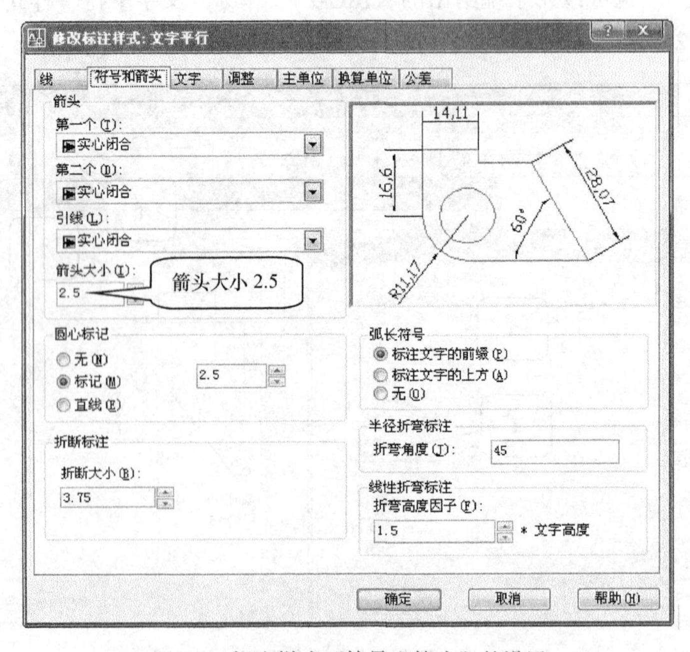

图 2-7　标注样式“符号和箭头”的设置

● “文字”选项卡：“文字高度”输入“3.5”，“文字位置”选取“上方”、“居中”，“从尺寸线偏移”输入“1”（或 1.2），“文字对齐”选择“与尺寸线对齐”，如图 2-8 所示。

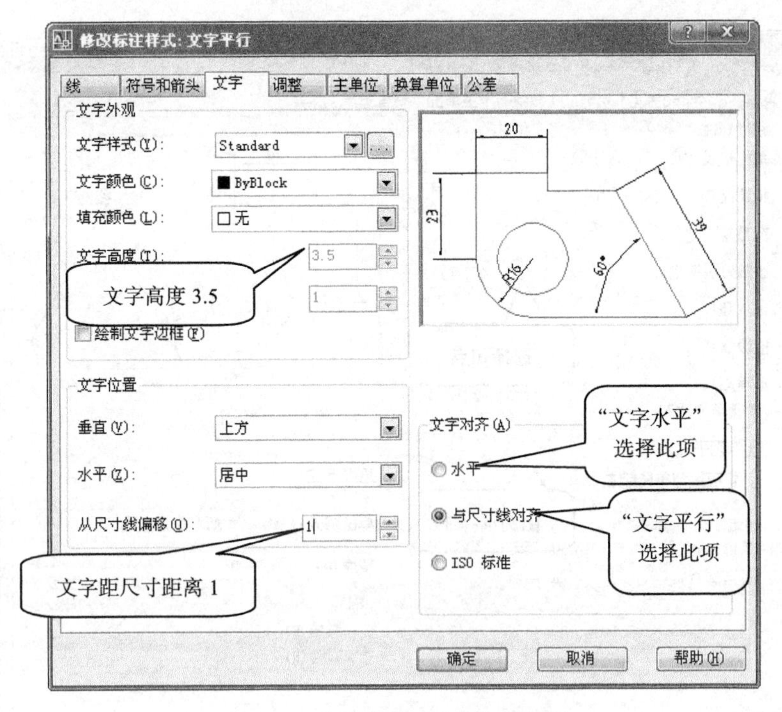

图 2-8　标注样式“文字”的设置

● “调整”选项卡：“调整选项”选择“文字”，“优化选项”选择“手动放置文字”，如图 2-9 所示。

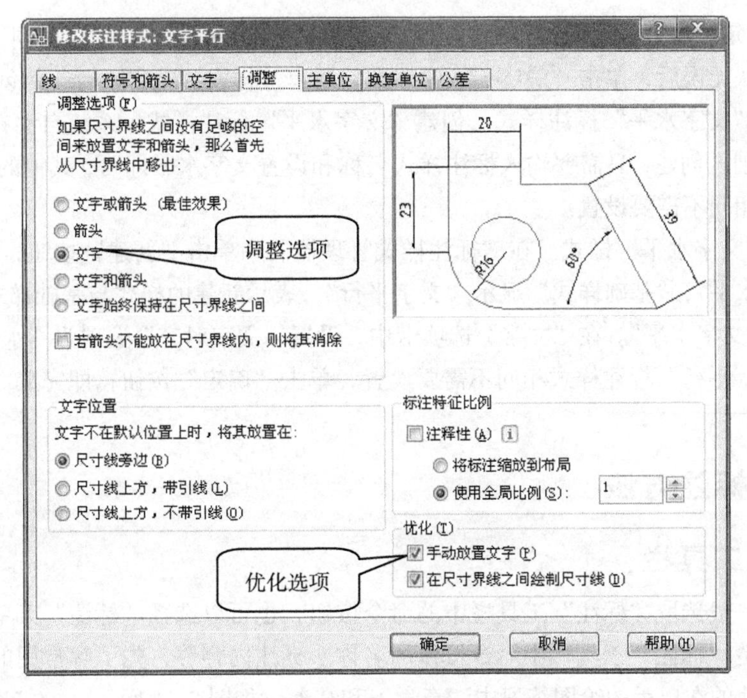

图 2-9　标注样式“调整”的设置

● “主单位”选项卡：“小数分隔符”选择“句点”，“比例因子”选择“1”（当用放大或缩小比例画图时，可通过此设置标注），如图 2-10 所示。

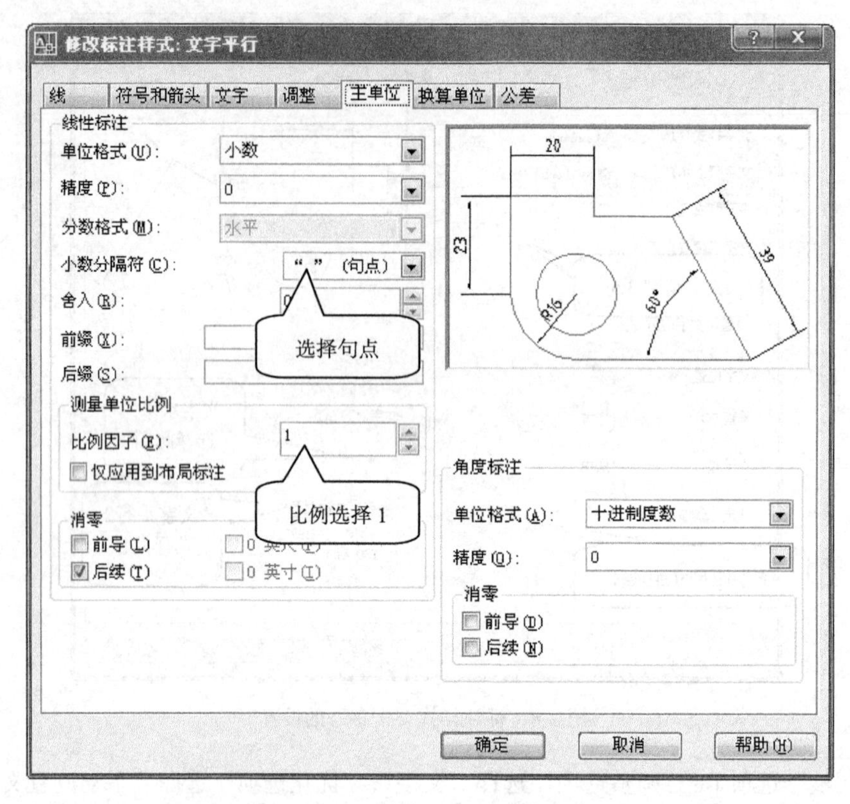

图 2-10　标注样式“主单位”的设置

④ 检查确定。检查各选项卡中的内容是否正确，单击“确定”按钮，回到“标注样式管理器”窗口，确认无误后，单击“确定”按钮，即完成尺寸样式“文字平行”的创建及设置。

（2）创建“文字水平”标注样式。创建“文字水平”标注样式，系统自动在“文字平行”标注样式的基础上创建，只需要输入标注样式名称和设置文字水平即可，其他的与“文字平行”标注样式完全相同不需要设置。

① 创建“文字水平”样式。在“标注样式管理器”中单击“新建”按钮，在“新样式名”中填写“文字水平”，“基础样式”显示“文字平行”，表示新建的样式与基础样式相同。

② 设置“文字水平”。在“文字”选项卡中，设置“文字对齐”选项为“水平”，见图 2-8，其他的与“文字平行”标注样式相同不需要设置，单击“确定”按钮，即完成“文字水平”标注样式的创建。

（二）尺寸标注方法

1. 标注工具栏

标注尺寸一般选取“标注”工具栏中的命令按钮，也可以选择“标注”菜单中的命令。标注尺寸必须清楚“标注”工具栏中命令按钮的名称、标注内容等，先了解常用的标注命令的名称及使用，其他的在以后的绘图练习中注意学习和掌握，如图 2-11 所示。

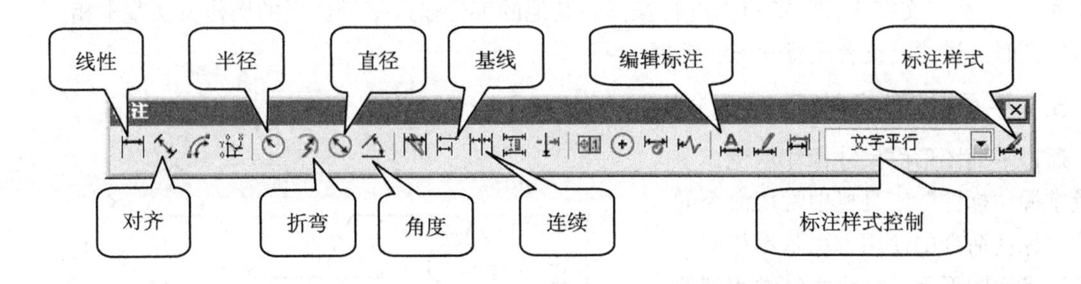

图 2-11 “标注”工具栏及常用按钮名称

2. 尺寸标注的基本方法

AutoCAD 2008 的尺寸标注可以自动测量，按精度保留小数点的位数，也可通过键盘输入任何数字。“标注”工具栏中的各项命令按钮很形象地描述了尺寸标注的功能，尺寸标注命令丰富，操作简单易学。

（1）选择尺寸样式。一般尺寸标注前要选择标注样式，也可以在尺寸标注完成后，改变标注尺寸的样式，其操作方法与图层操作相同。

（2）标注尺寸的基本步骤。各种标注操作的方法大致相同，注意按“命令提示”窗口的提示进行操作，便可完成尺寸标注，基本步骤如下。

① 单击“标注”工具栏中相应的尺寸标注命令按钮。

②“命令提示”窗口提示选择要标注尺寸的对象，用鼠标左键拾取图形上需要的点或线。

③ 移动鼠标指针选取放置尺寸线和尺寸数字的位置，选取好后单击鼠标左键确定。

尺寸线及数字放置位置正确与错误的对比如图 2-12 所示。

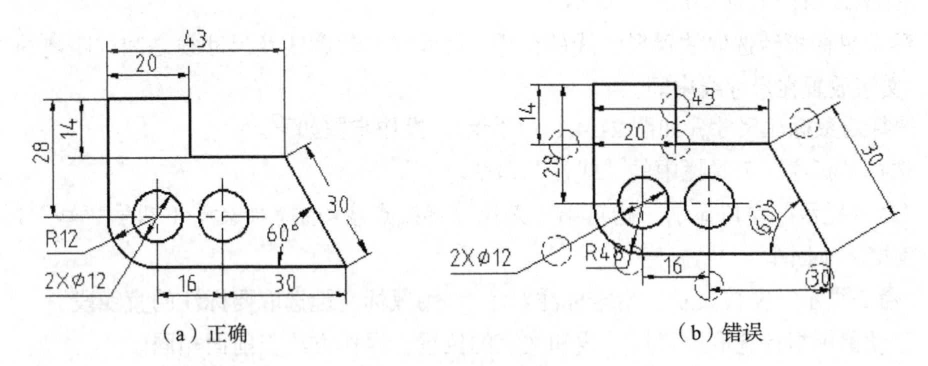

（a）正确　　（b）错误

图 2-12 尺寸线及数字放置位置正确与错误的比较

（3）标注时尺寸数字的改写。在选择标注命令后，移动鼠标指针选取尺寸线和尺寸数字的位置，“命令提示”窗口显示“[多行文字（M）/文字（T）/角度（A）/（水平）/（垂直）/（旋转）]”的选项提示，需要对尺寸的数字（文字）进行改动，用键盘输入相应的字母（大小写均可），↙（回车）。输入的尺寸数字不因图形大小的改变而变化，这是与自动测量的尺寸数字的区别。

① 在“命令提示”窗口改写。在“命令提示”窗口改写，用键盘输入“T”↙（回车），用键盘输入简单的数字和字母，↙（回车）。

② 在“文字格式”窗口改写。在“文字格式”窗口可输入复杂文字，用键盘输入“M”，

↙（回车），在“文字格式”窗口内进行操作。其他的字母输入字母选项的操作方法基本相同，以后用到时再讲述，读者注意学习和掌握。

3. 平面图形标注尺寸示例

通过平面图形的尺寸标注示例，了解及掌握“标注”工具栏中常用命令的操作。标注命令的使用方法基本相同，先学习平面图形尺寸标注中经常用到的基本命令，余下的命令在以后的操作中用到时再学习。下面分别介绍“线性”、“对齐”、“基线”、“继续”、“角度”、“半径”和“直接”尺寸标注的操作方法，平面图形的尺寸标注如图 2-13 所示。

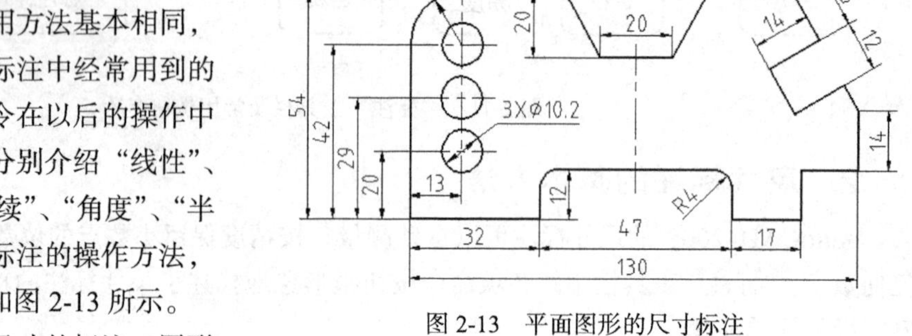

图 2-13　平面图形的尺寸标注

（1）水平、垂直尺寸的标注。图形中水平、垂直尺寸的标注选择“文字平行”标注样式，操作方法有以下两种。

① 指定尺寸界线的两个原点标注尺寸。一般采用此方法，如图 2-14（a）所示，操作步骤如下。

- 选择“标注”工具栏中的“线性”命令。
- “命令提示”窗口显示“指定第一条尺寸界线点或<选择对象>”，用鼠标左键选取线性尺寸的端点（在捕捉条件下有“亮点”显示）。
- “命令提示”窗口显示“指定第二条尺寸界线原点”，用鼠标左键选取线性尺寸的另一个端点（在捕捉条件下有“亮点”显示）。
- 移动鼠标指针选取放置尺寸线的位置，尺寸线与轮廓线及尺寸线之间的距离约等于 $\sqrt{2}$ 倍字高，文字放置在尺寸线中间。

② 选择对象标注尺寸，如图 2-14（b）所示，操作步骤如下。

- 选择“标注”工具栏中的“线性”命令。
- “命令提示”窗口显示“指定第一条尺寸界线点或<选择对象>”（括号“<>”内为默认选项），直接↙（回车）。
- “命令提示”窗口显示“指定标注对象”，用鼠标左键选取要标注的直线段。
- 移动鼠标指针选取放置尺寸线和文字的位置，操作方法与前面相同。

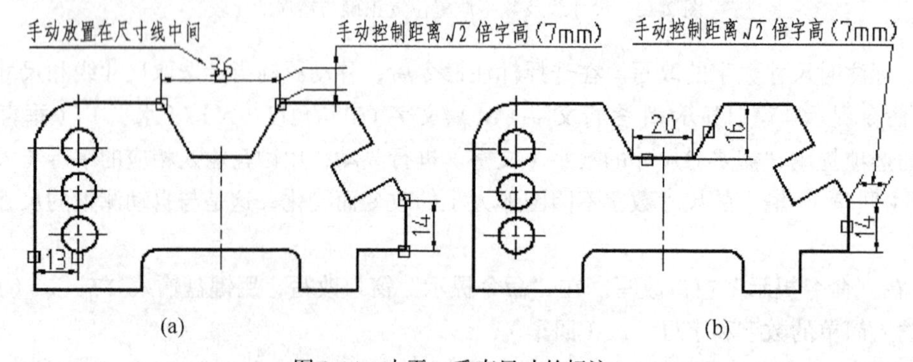

图 2-14　水平、垂直尺寸的标注

（2）“倾斜”尺寸的标注。图形中“倾斜”尺寸的标注使用“标注”工具栏中的“对齐”命令按钮，操作方法有以下两种，与“线性”尺寸的标注完全相同。

① 指定尺寸界线原点标注尺寸。一定是选定对象的两个端点，如图 2-15（a）所示，操作步骤如下。

- 用鼠标左键选择“对齐”命令。
- “命令提示”窗口显示“指定第一条尺寸界线点或<选择对象>”，用鼠标左键选取线性尺寸的端点（在捕捉条件下有“亮点”显示）。
- “命令提示”窗口显示“指定第二条尺寸界线原点”，用鼠标左键选取线性尺寸的另一个端点（在捕捉条件下有“亮点”显示）。
- 移动鼠标指针选取放置尺寸线的位置，尺寸线与轮廓线及尺寸线之间的距离约为$\sqrt{2}$倍字高，文字放置在尺寸线中间。

② 选择对象直接标注尺寸，如图 2-15（b）所示，操作步骤如下。

- 用鼠标左键选择“标注”工具栏中的“对齐”命令。
- “命令提示”窗口显示“指定第一条尺寸界线点或<选择对象>”，直接↙（回车）。
- “命令提示”窗口显示“指定标注对象”，用鼠标左键选取要标注的直线段。

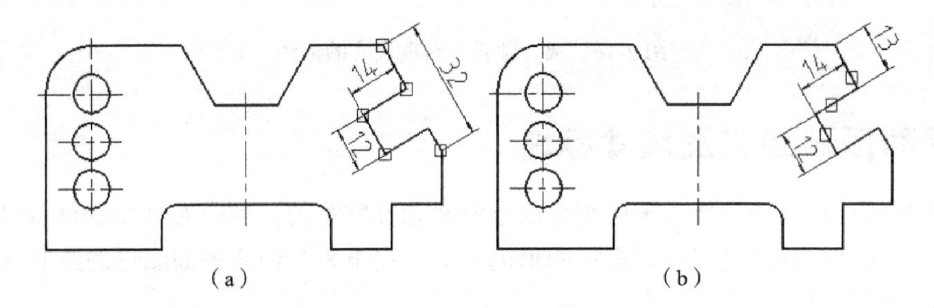

图 2-15　倾斜尺寸的标注

（3）圆尺寸的标注。圆的标注使用“标注”工具栏中的“直径”命令，选择圆时自动在直径数字前面加“ϕ”，相同圆用数字改写的方法在ϕ前面加数量；尺寸标注在圆内填写不下时，可以移动鼠标指针将尺寸标注放在轮廓线外，尺寸数字距轮廓线的距离不易太长或太短，同样是$\sqrt{2}$倍字高；圆尺寸标注样式有“文字平行”和“文字水平”两种。圆尺寸的标注步骤如下。

- 单击“标注”工具栏中的“直径”命令按钮。
- “命令提示”窗口显示“选择圆弧或圆”，用鼠标左键选取圆（或圆弧）。
- “命令提示”窗口显示“指定尺寸位置或<多行文字（M）/文字（T）/角度（A）>”（当需要增加或改写文字时输入“M”），移动鼠标指针确定尺寸线和数字的位置，如图 2-16（a）所示。

（4）圆弧尺寸的标注。圆弧的标注在半径数字前加“*R*”（圆弧 *R* 不标注数量）；在圆弧内填写不下时可标注在轮廓线外，尺寸数字距轮廓线的距离不易太长或太短，同样是$\sqrt{2}$倍字高；标注样式有“文字平行”和“文字水平”两种。圆弧尺寸的标注步骤如下。

- 单击“标注”工具栏中的“半径”命令按钮。
- “命令提示”窗口显示“选择圆弧或圆”，用鼠标左键选取圆弧（或圆）。
- “命令提示”窗口显示“指定尺寸位置或<多行文字（M）/文字（T）/角度（A）>”，

移动鼠标指针确定尺寸线和数字的位置，如图 2-16（b）所示。

（5）角度尺寸的标注。标准规定角度标注的数字方向一定向上，必须使用“文字水平”的标注样式进行标注，操作方法如下。

- 单击“标注”工具栏中的“角度”命令按钮△。
- “命令提示”窗口显示“选择圆弧、圆、直线<指定顶点>”，用鼠标左键选取角度的第一条直线（或圆、圆弧）。
- “命令提示”窗口显示“选择第二条直线”，用鼠标左键选取角度的第二条直线，移动鼠标指针确定角度的尺寸线和角度数字的位置，如图 2-16（b）所示。

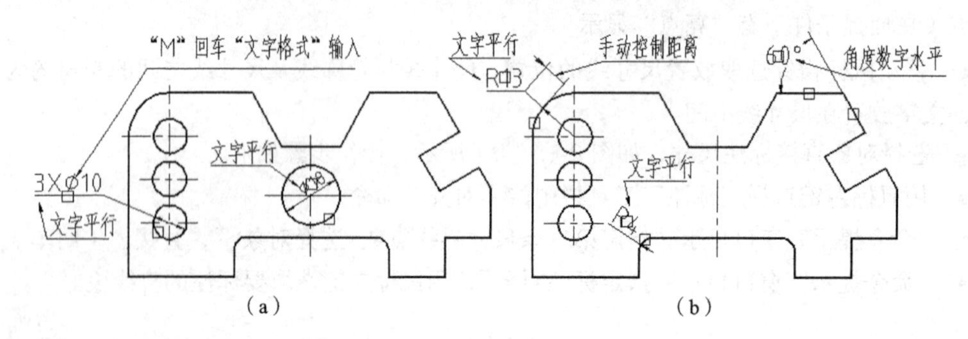

图 2-16　圆、圆弧及角度尺寸的标注

（三）平面图形绘制及尺寸标注

平面图形标注尺寸的操作与平面图形的绘制是相互联系的，画图的过程就是读尺寸、用尺寸的过程，而尺寸标注的过程就是表达图形的继续。接下来我们将平面图形的绘制与尺寸标注联系在一起讨论学习。

1. 绘图及标注尺寸的要求

在绘图及尺寸标注过程中，了解图形绘制及尺寸标注的要求及注意事项，确保所绘制的平面图形符合标准要求；了解如何按指定的比例绘制图形和尺寸标注中“打断”等的操作。

（1）图形及尺寸的分析。绘图及标注尺寸前要对平面图形及尺寸标注进行分析，了解图形的全部信息。对图形的分析非常重要，是能否正确、快速完成绘图及注尺寸的关键，现从以下几方面分析和了解平面图形。

① 分析外形尺寸。根据平面图形的外形尺寸及图形的复杂程度，选用合适的标准比例及需要的标注样式，保证绘图及标注清晰。

② 分析图形结构。用分析的方法了解图形的结构特征、主要形状、组合形式等，确定画图及尺寸标注的方法和步骤，保证绘图及标注快速、标准。

③ 分析结构尺寸。分析结构，了解图形的定形、定位尺寸，为绘图作好准备；根据平面图形结构尺寸标注的需要，选择合适的尺寸标注样式，使尺寸标注正确、标准。

（2）绘图及标注尺寸的注意事项。根据图形的分析结果进行画图操作，画图及标注尺寸操作过程中应注意的事项如下。

① 绘图前的准备。根据平面图形的内容确定创建图层及标注样式的内容，并合理地完成绘图界面工具栏的布局，作好绘图前的准备。

② 先画已知图形。在已知图形中先画主要形状，再画出其他已知图形，一定用图形中给出的尺寸画图，一般不计算；后画连接图形和次要的图形，不重要和单独的图线可最后画出，如圆角、中心线等。

③ 保持图面清晰。画图过程中一定要保持图面清晰，不打底稿，画一处图形就合格一处，不要留“尾巴”，没有用的图线和用过的辅助线等及时删除。

④ 相同或相似的图形不重复绘制。尽可能用“修改”工具栏的命令绘图，在进行复制前一定检查图形是否完整，是否有“垃圾”图线，这是快速画图的关键。

⑤ 在图形绘制完成后标注尺寸。平面图形的尺寸标注一定在图形绘制完成并检查图形绘制准确无误后才能进行。尺寸标注要与图形的分析和画图过程相对应，标注一处就完成一处，一般先标注主要形状的定形、定位尺寸，再标注次要形状的尺寸。

⑥ 随时检查。养成每完成一步都要随时检查的好习惯，主要检查所画的图形是否符合制图标准，图面的“垃圾”图线是否及时删除（保证图面的清晰便于检查）。全部尺寸标注完成后还要全面地进行检查，一定养成认真细致、一丝不苟的工作作风。

（3）尺寸数字不能有线通过。尺寸标注过程中放置尺寸数字的位置要避开图中的任何图线，如有图线通过尺寸数字时，需要剪去穿过尺寸数字的图线部分，如图 2-17（a）所示。

① 断开线段。将一条线段打断变成两条线段，选择“打断于点”命令（圆不能打断）具体操作方法如下。

- 单击“修改”工具栏中的“打断于点”命令按钮□。
- “命令提示”窗口显示“选择对象”，用鼠标左键选取需要打断的图线。
- “命令提示”窗口显示“指定打断点”，用鼠标左键选取需要打断的点，即图线从该点被打断，如图 2-17（b）所示。

② 剪掉线段。将一条图线在中间去掉一段，选择“打断”命令操作完成。圆“打断”的第一点到第二点逆时针圆弧被修剪掉。剪掉线段的操作方法如下。

- 单击“修改”工具栏中的“打断”命令按钮□。
- “命令提示”窗口显示“break 选择对象”，用鼠标左键选取需要打断的图线上的一点（该点为打断的第一点）。
- “命令提示”窗口显示“指定第二个打断点”，用鼠标左键选取需要打断图线的另一点，即图线两点间被打断并被修剪掉，如图 2-17（c）所示。

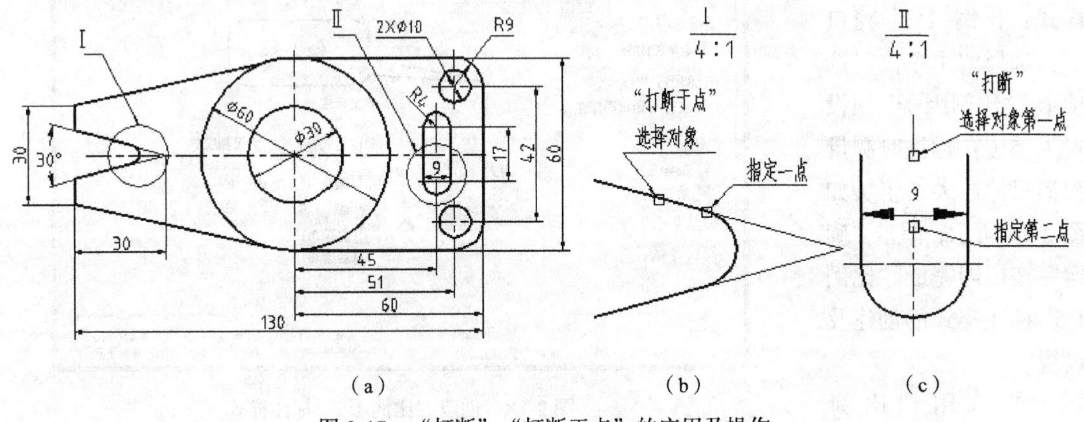

图 2-17　“打断”、“打断于点”的应用及操作

2. 按比例绘图及标注

按指定的比例绘制平面图形及标注尺寸的基本方法是，先按原值比例绘制图形，再进行放大或缩小，用指定的标注样式标注尺寸。以绘制“缩小 5 倍”平面图形为例进行讲解。

（1）“缩小 5 倍”平面图形的绘制。放大或缩小的比例系数在制图中有标准规定。“缩小 5 倍”平面图形的绘制步骤如下。

① 按尺寸 1:1 绘制图形。先按 1:1 原值比例绘制图形，可能图形会很大，滚动鼠标滚轮中键缩放图形进行显示；注意在界面中选择合适的位置画图，画完后再用移动的方法将图形放置在指定的位置。

② 按比例缩小至 1/5。将按 1:1 比例绘制的图形缩小至 1/5，操作方法如下。

- 单击“修改”工具栏中的“比例”命令按钮。
- “命令提示”窗口显示“选择对象”，用鼠标左键拾取图形，然后单击鼠标右键或↙（回车）。
- “命令提示”窗口显示“指定基点”，用鼠标左键选取基点（图形缩放时该点不动）。
- “命令提示”窗口显示“指定比例因子”，用键盘输入指定的比例系数“0.2”（0 < 比例系数 < 1 缩小，比例系数 > 1 放大），即完成比例缩放的操作。

（2）“缩小 5 倍”图形的尺寸标注。要先缩放图形后标注尺寸，否则尺寸的位置错乱，因为缩放时尺寸的大小不改变（改变尺寸的大小只能通过设置标注样式的参数实现）。

① 创建“比例 1:5”标注样式。创建“比例 1:5”标注样式与创建“文字平行”和“文字水平”标注样式相同，只进行“名称”和“主单位”的改变，其他各项不需要变动，操作方法如下。

- 按创建标注样式的方法在“新样式名”中填写“比例 1:5”（尺寸样式名称一定填写清楚，注明缩放系数，便于今后长期使用）。
- 在“新建标注样式：比例 1:5”窗口中，用鼠标左键单击“文字”选项卡，选择“ISO 标准”对齐方式（可以获得圆的水平标注）。
- 在“新建标注样式：比例 1:5”窗口中，选择“主单位”选项卡，“比例因子”项设置为 5（在标注时测量图形尺寸放大 5 倍），如图 2-18 所示，单击“确定”按钮即完成“比例 1:5”标注样式的创建及设置。

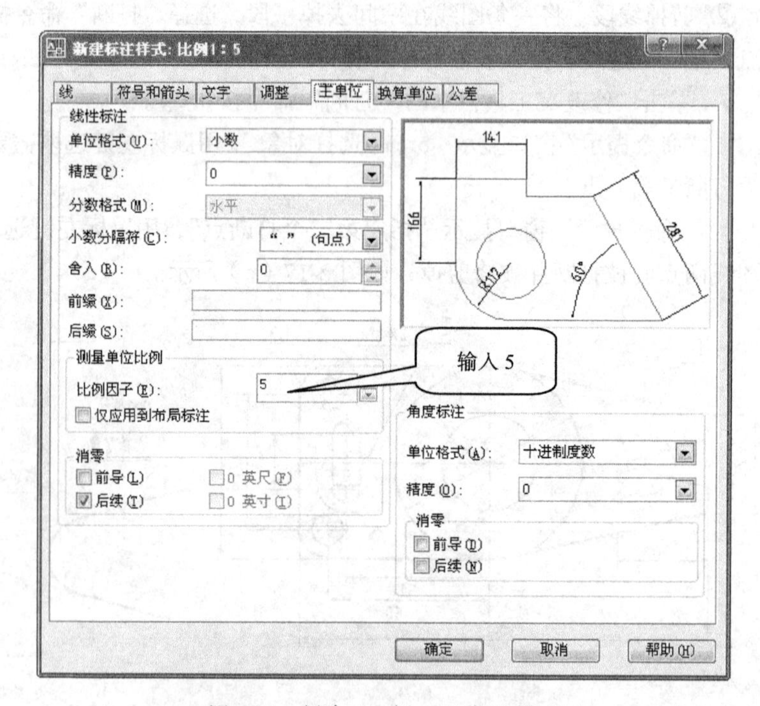

图 2-18　创建“比例 1:5”标注样式

② 选用“比例

1:5”标注样式进行尺寸标注（也可将 1:1 比例标注的尺寸换为 1:5 的比例尺寸，但尺寸线的位置要重新编辑）。用不同比例因子的标注样式标注尺寸大小相同的平面图形，可获得不同大小的平面图形，如图 2-19 所示。

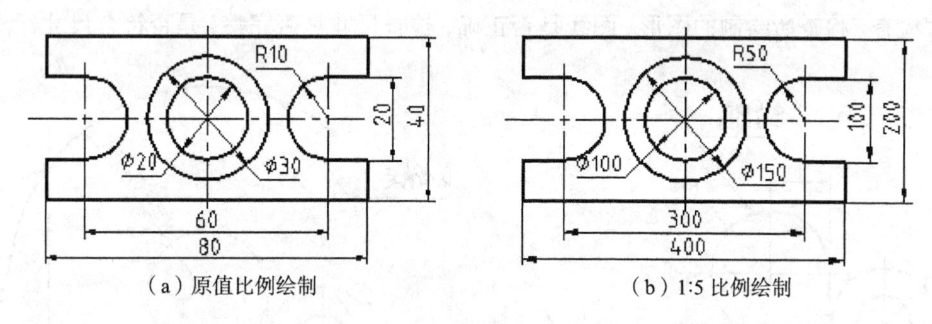

（a）原值比例绘制　　（b）1:5 比例绘制

图 2-19　比例缩放的画图及标注

3. 圆弧连接的绘制

平面图形中的圆弧连接是二维绘图的一个难点。与手工画图不同，CAD 绘图将许多圆弧连接变得极其简单，但有的圆弧连接还是需要求出圆心和半径才能完成绘制。通过平面图形圆弧连接绘制的例题，讲述操作步骤与方法。

例题 2-1　用圆弧连接的方法绘制平面图形，如图 2-20 所示。

操作步骤如下。

① 分析图形。画有圆弧连接的图时，一定清楚是已知圆弧，还是连接圆弧（图中已标出），圆弧是否需要求圆心。

② 已知圆。按定位尺寸 14、18，画出 ϕ32、ϕ16 和 R18 的圆，如图 2-21（a）所示。

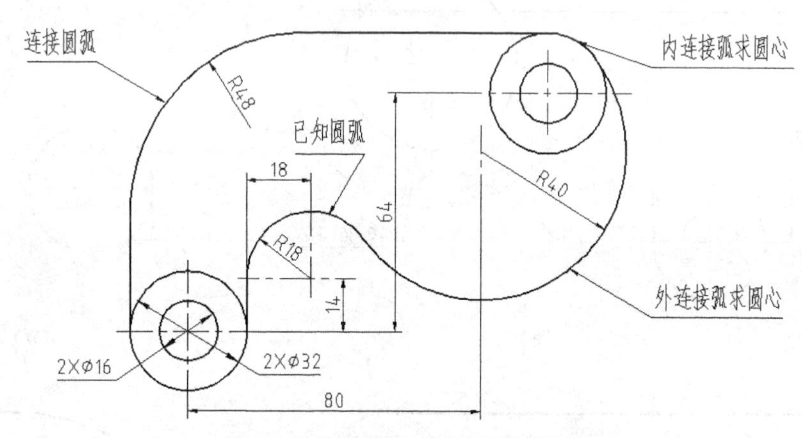

图 2-20　圆弧连接平面图形及图线分析

③ 画出 R40、ϕ32 的连接弧（圆）。

- 以 R(18+40)为半径画圆，画出 R40 圆弧的圆心轨迹。
- 用尺寸 80 作出圆弧的圆心 O_1，如图 2-21（b）所示。
- 以 O_1 为圆心、R40 为半径，画出与 R18 圆弧外切的圆。
- 以 O_1 为圆心、R(40−16)为半径，画出 ϕ32 圆的圆心轨迹。
- 用尺寸 64 作出 ϕ32 圆的圆心 O_2，如图 2-21（c）所示。
- 以 O_2 为圆心，分别画出与 R40 圆弧内切的 ϕ32、ϕ16 的圆，如图 2-21（d）所示。

④ 完成平面图形的绘制。

- 分别过两处 ϕ32、圆的“象限点”画水平和垂直的直线段（长度不限），如图 2-21（e）所示。

● 选择“修改”工具栏的“圆角”命令，模式设置为“修剪”，半径=48，完成 *R*48 连接圆弧的绘制，如图 2-21（f）所示。

⑤ 标注尺寸。按平面图形的尺寸标注的方法操作，完成尺寸标注。

⑥ 检查。检查所绘制的图形、图线是否正确，检查尺寸是否完整、是否符合尺寸标注标准。

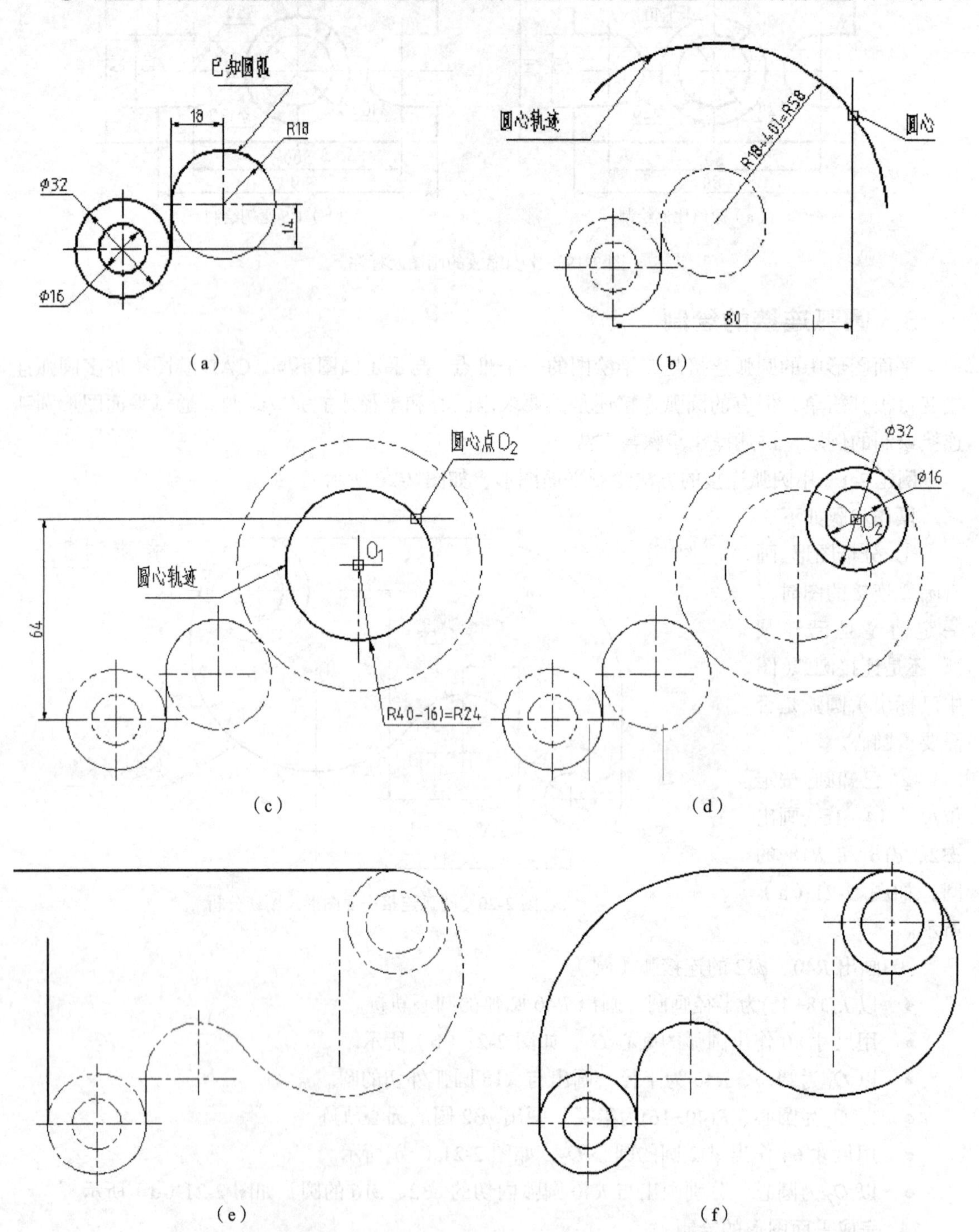

图 2-21 平面图形圆弧连接绘制的过程

4. 平面图形绘制及注尺寸习题

分析并读懂给出的平面图形及尺寸标注，按平面图形的绘制及尺寸标注的要求，完成以下平面图形的绘制及尺寸标注的操作练习。

（1）分析图中带“○”尺寸标注的错误，按尺寸完成画图及正确的尺寸标注。

① 对比图中的尺寸标注，分析带“○”的尺寸，读懂后绘制图形及完成正确的尺寸标注，如图 2-22 所示。

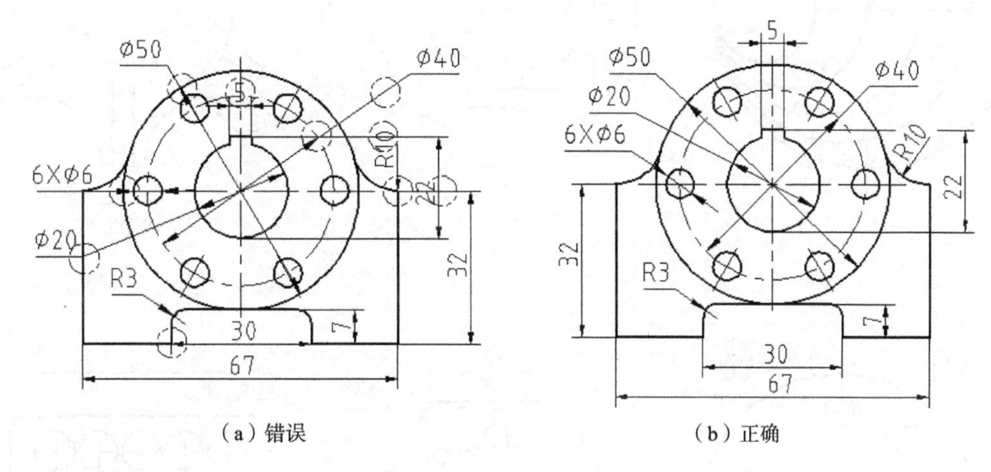

（a）错误　　（b）正确

图 2-22　分析错误的尺寸标注完成绘图及注尺寸

② 分析图形及图形中带“○”的尺寸标注的错误，完成图形绘制及正确的尺寸标注，如图 2-23 所示。

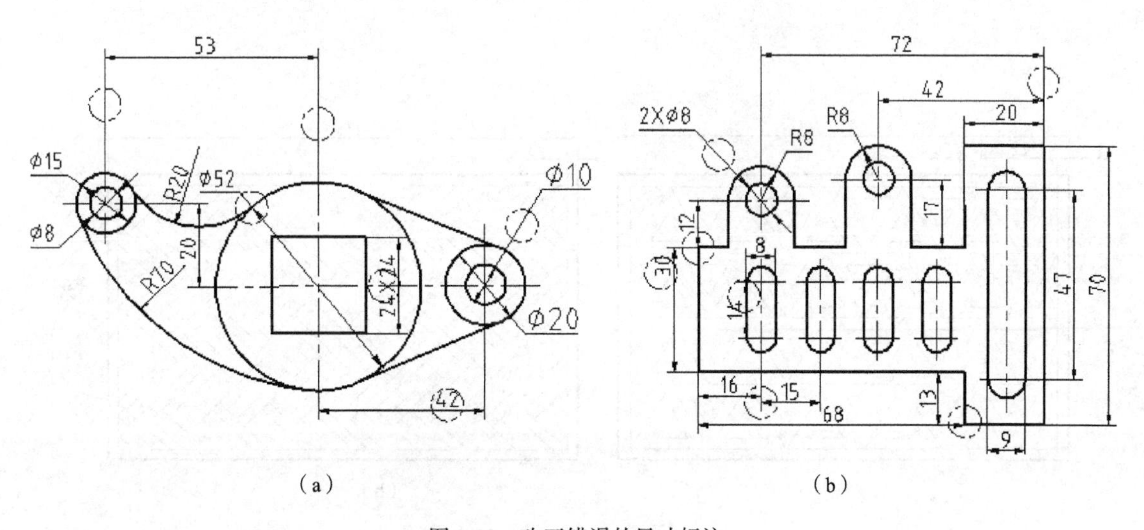

（a）　　（b）

图 2-23　改正错误的尺寸标注

（2）使用阵列的方法绘制平面图形，并完成尺寸标注，如图 2-24 所示。

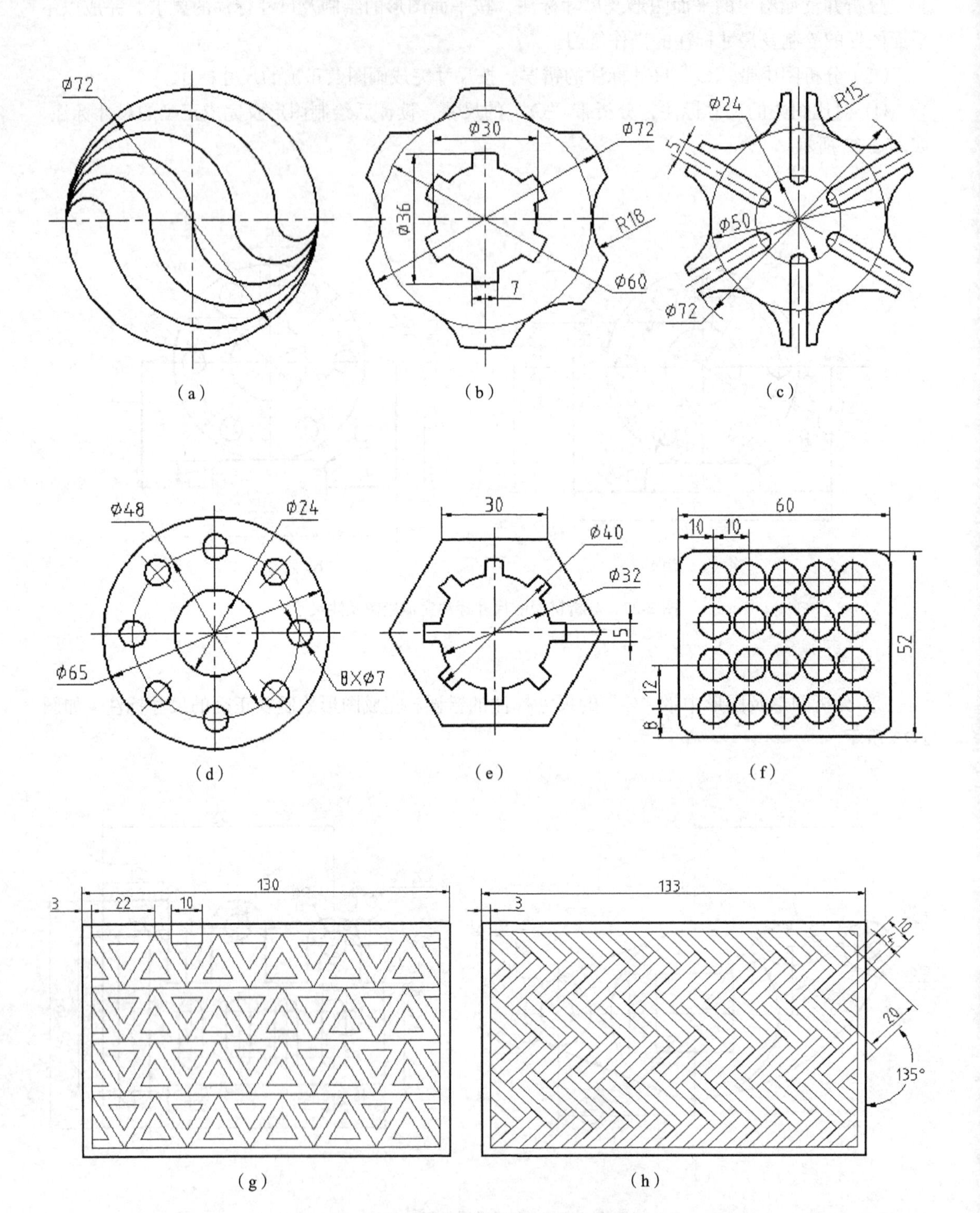

图 2-24　用阵列的方法绘制平面图形及标注尺寸

（3）按尺寸 1:1 绘制平面图形及标注尺寸，如图 2-25 所示。

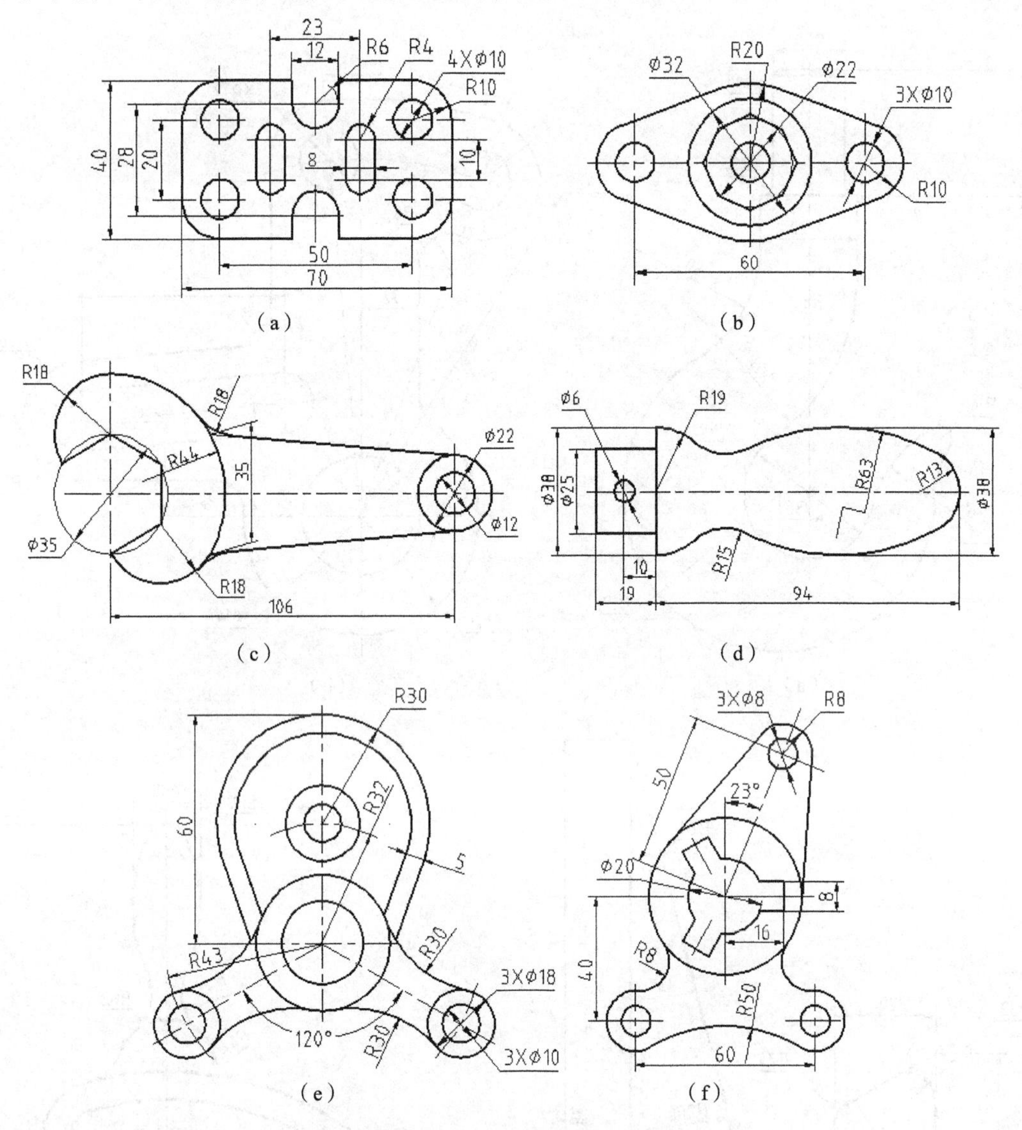

图 2-25　平面图形的绘制及尺寸标注

（4）按指定比例绘制平面图形，并标注尺寸。

① 按 2:1 的比例绘制平面图形，并完成尺寸标注，如图 2-26 所示。

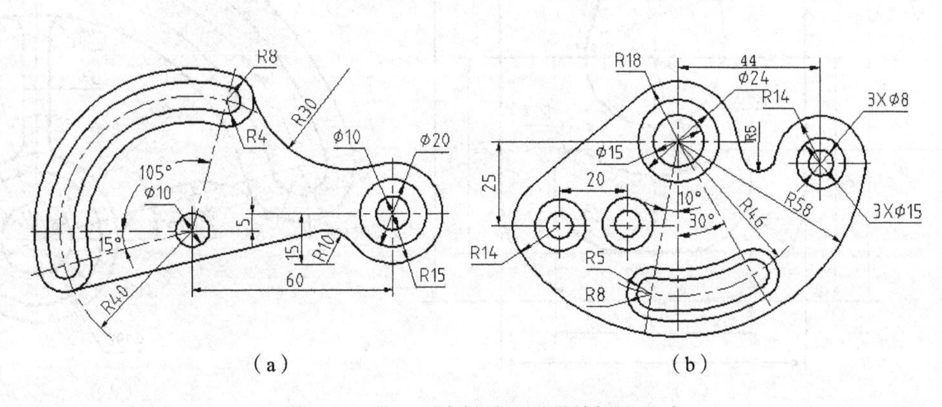

图 2-26　按 2:1 绘制平面图形并标注尺寸

② 按 1:4 的比例绘制平面图形，并完成尺寸标注，如图 2-27 所示。

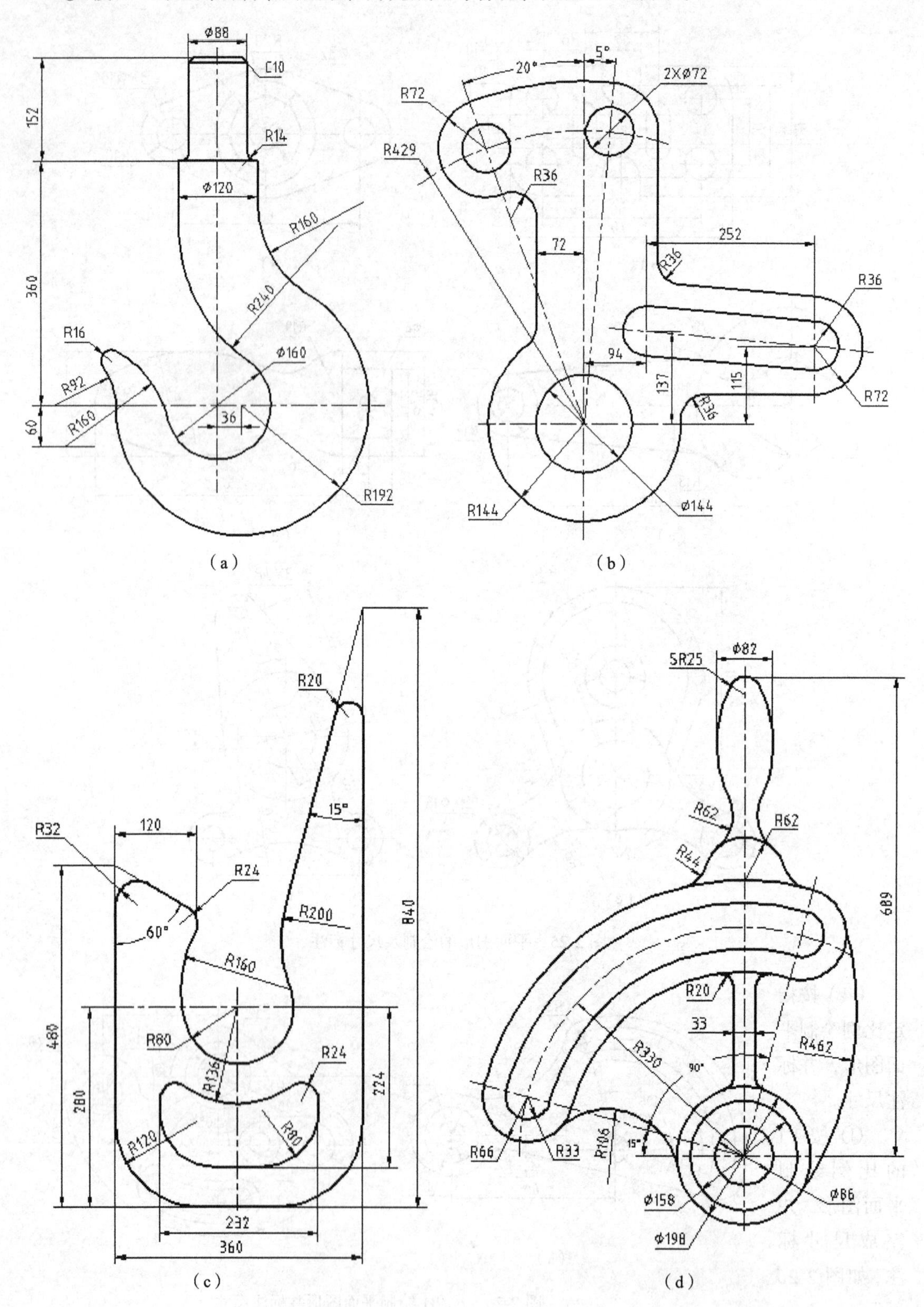

图 2-27　按 1:4 绘制平面图形并标注尺寸

三、项目实施

使用平面图形绘制及尺寸标注的方法，按照分析、操作、检查的基本步骤，按 1:5 的比例完成平面图形的绘制及尺寸标注，如图 2-1 所示。

（一）图形及尺寸分析

绘制平面图形前的图形分析，可以培养读图能力，训练及提高综合能力；标注尺寸的系统分析，是确定画图方案及选用绘图命令的关键，同时也培养了对机件加工工艺的操作技能。

1. 分析图形

（1）图形的比例。平面图形较大，总体长度是 640mm，按指定比例 1:5 绘制。

（2）图形的组成。平面图形主要有左、右和左下 3 部分组成。

① 左、右部分结构。左、右部分为已知图形。左边是 64×96 的矩形，右边是两组同心圆用 *R*80 圆弧连接，两部分的定位尺寸为 560，如图 2-28（a）和图 2-28（b）所示。

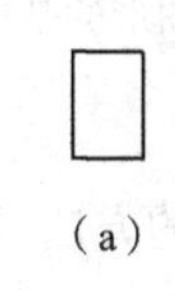
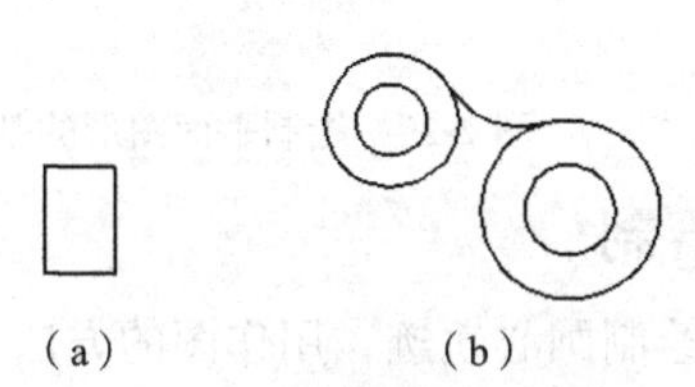
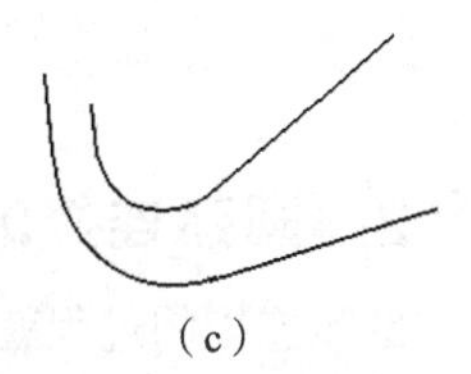

（a）（b）（c）

图 2-28 平面图形的结构分析

② 左下部分结构。左下部分的结构比较复杂，由圆弧与圆弧连接和圆弧与直线相切组成，需要用圆弧连接的绘制方法，如图 2-28（c）所示。

2. 图形的尺寸分析

尺寸分析是绘图的关键，明确定位、定形尺寸，按尺寸的内容绘制平面图形。

（1）主要定位尺寸。确定两组同心圆的定位尺寸是 160×80；矩形与两组同心圆的定位尺寸是 560 和点画线；尺寸 80 是确定 *R*64 的定位尺寸；尺寸 20 是确定 *R*110 的定位尺寸；角度 140° 是确定直线方向的尺寸。

（2）定形尺寸。确定圆和矩形大小的尺寸，在绘图时需要输入数值确定图形的大小，如矩形 64×96、ϕ80、ϕ160，ϕ64、ϕ120、*R*510、*R*550 等。

（二）绘制平面图形

按尺寸 1:1 绘制平面图形，一般不需要进行尺寸换算，保证绘图的精度和速度。

1. 绘制基本图形

（1）绘制左、右部分基本图形，如图 2-29（a）所示。

① 绘制矩形。选择“绘图”工具栏中的“矩形”命令完成矩形的绘制。

② 绘制右边的两组同心圆。也可以先绘制两组同心圆，再绘制矩形。

- 用极轴追踪的方法（快速绘图方法），选择“圆”命令。
- “命令提示”窗口显示“指定圆心或……”，将鼠标指针放置在矩形左边线的中点，有对象捕捉的中点（亮点）显示，沿 *X* 方向水平移动鼠标指针（不按动鼠标），距离不限只确定方向。

- 用键盘输入“560”，↙（回车），即在矩形左边线的中点沿 X 方向水平 560 处获得圆心。
- 按圆的绘制方法完成 $\phi80$、$\phi160$ 圆的绘制，也可以画一条 560 的直线，确定 $\phi80$、$\phi160$ 的圆心。
- 用“对象捕捉”工具栏中的“捕捉自”命令，绘制 $\phi64$、$\phi120$ 的同心圆。

（2）绘制左下部分已知的 R510、R550 圆弧。该圆弧与 $\phi80$、$\phi160$ 的圆同心，绘制圆后再修剪成需要的圆弧，如图 2-29（b）所示。

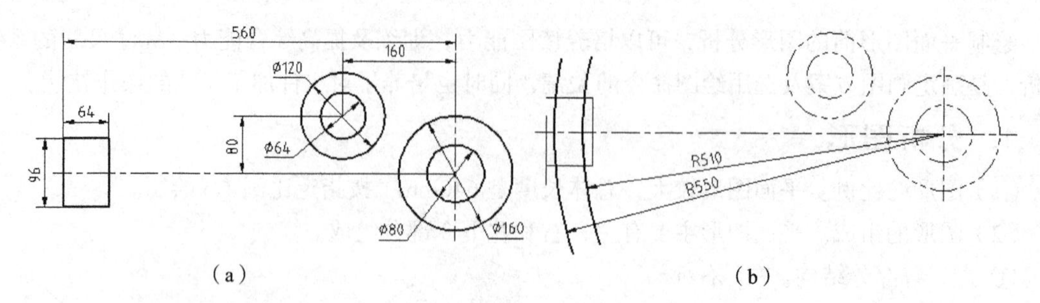

（a）　　　　（b）

图 2-29　绘制平面图形的基本图形

2. 圆弧连接的绘制

圆弧连接的过程就是绘制圆心轨迹，用作图的方法求连接圆弧的圆心；平面图形中的 80、20 尺寸就是 R64、R110 水平方向的圆心轨迹。

（1）绘制 R110 的圆弧。

① 求与 R550 圆弧相切的圆心轨迹。该圆弧与 R550 的圆弧相切，其圆心轨迹是与 R550 圆弧同心的圆，半径等于 550−110，如图 2-20（a）所示。

② 绘制 R110 的圆。尺寸 20 与 R（550−110）的圆弧的交点即是 R110 圆弧的圆心，完成 R110 圆弧绘制（修剪掉多余的图线），如图 2-30（b）所示。

（2）绘制 R64 圆弧的方法与绘制 R110 圆弧的方法完全相同，如图 2-30（c）、图 2-30（d）所示。

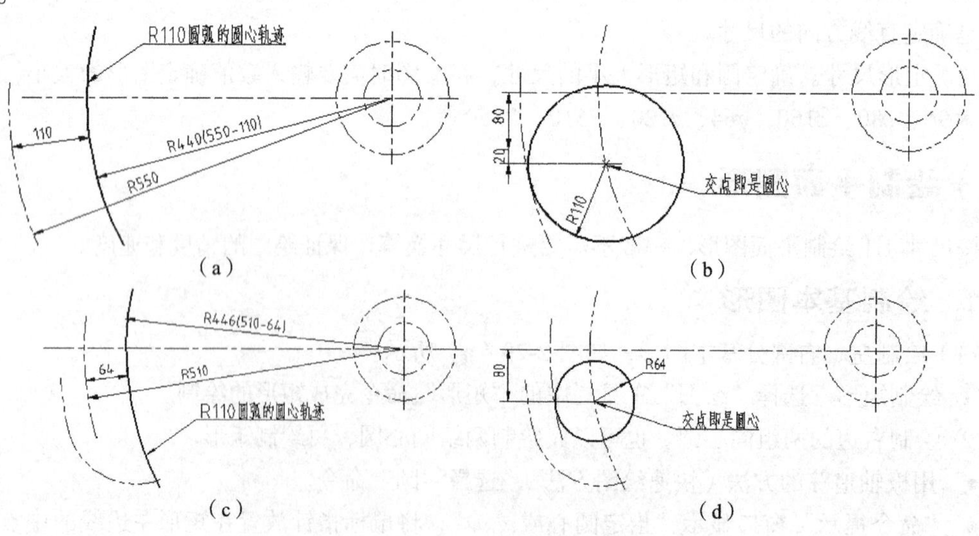

（a）　　　　（b）

（c）　　　　（d）

图 2-30　绘制平面图形的连接圆弧

3. 绘制直线及连接弧

分别按两点和角度直线的绘制方法完成，*R*40 的圆弧连接在 140° 的角度线之后绘制。

（1）绘制 140° 的角度线，如图 2-31（a）所示。

① 选择“绘图”工具栏中的“直线”命令。

② “命令提示”窗口显示“line 指定第一点:”，选择“对象捕捉”工具栏中的“捕捉切点”。

③ “命令提示”窗口显示“line 指定第一点：tan 到”，移动鼠标指针至 *R*64 圆弧上，有切点符号显示，选择圆弧与直线相切的位置，移动鼠标指针有与圆弧相切的直线显示。

④ “命令提示”窗口显示“指定下一点或[放弃（U）]:”，用键盘输入“@200<140”（任意长度取 200，180−140=40，逆时针为正），↙（回车）。

（2）绘制两点直线，如图 2-31（b）所示。

① 选择“绘图”工具栏中的“直线”命令。

② “命令提示”窗口显示“line 指定第一点:”，选择“对象捕捉”工具栏中的“捕捉切点”。

③ “命令提示”窗口显示“line 指定第一点：tan 到”，移动鼠标指针至 *R*110 圆弧上，有切点符号显示，选择圆弧与直线相切的位置，移动鼠标指针有与圆弧相切的直线显示。

④”命令提示”窗口显示“指定下一点或[放弃（U）]:”，选择“对象捕捉”工具栏中的“捕捉切点”。

⑤ “命令提示”窗口显示“line 指定第一点：tan 到”，移动鼠标指针至 ϕ160 的圆上单击，即完成两点直线绘制。

（3）绘制 *R*80、*R*40 的圆弧连接。选择“修改”工具栏中的“圆角”命令，选择“修剪”模式，半径=80（或 40），完成连接弧的绘制，如图 2-31（c）所示。

（4）检查并完成图形的绘制。完成点画线的绘制及出头长度的修改，为图形缩小至 1/5 作好准备，如图 2-31（d）所示。

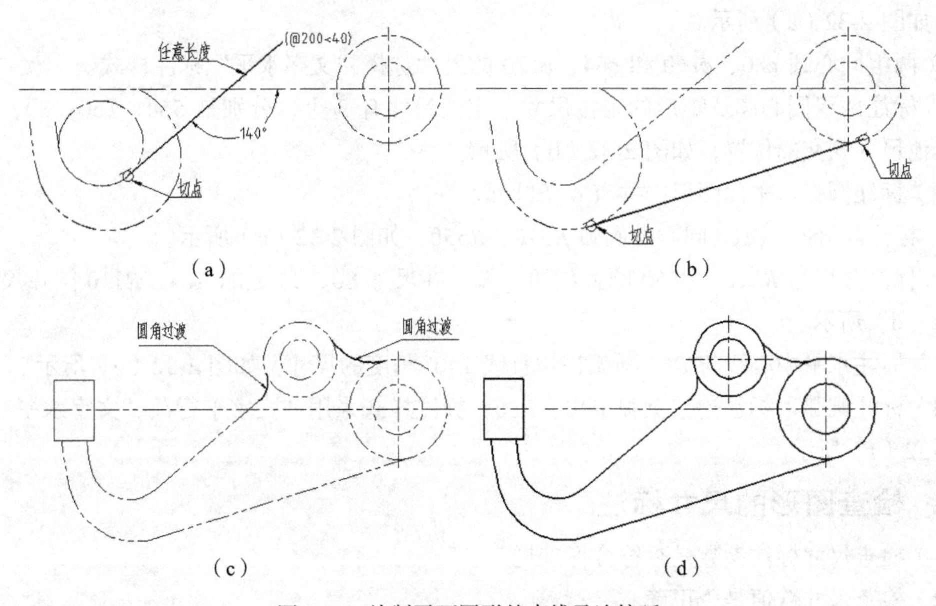

（a）　（b）

（c）　（d）

图 2-31　绘制平面图形的直线及连接弧

4. 检查及图形缩小至 1/5

一般要先缩放图形再标注尺寸，否则尺寸线之间的距离无法保证。图形的比例缩放不影响图形的检查，因为图形的显示与图形的大小无关。

（1）检查图形。在每完成一部分图形绘制后都应认真地进行检查，在全部图形绘制完成后要进行总的检查，检查图线是否标准，有无漏线、多线，点画线出头是否在 3～5mm 之间，为尺寸标注及缩小平面图形作好准备。

（2）图形缩小至 1/5。选择“修改”工具栏中“比例”命令，按“命令提示”窗口的显示操作，“比例因子”输入“0.2”，将图形缩小至 1/5。

（三）标注尺寸

标注尺寸与图形绘制的过程相同，都是从分析开始，按图形的结构特征进行绘图和标注尺寸；一般按绘图过程标注尺寸，对绘制的图形进行复查是标注尺寸的很好的方法。

1. 设置标注样式

设置标注样式进行比例缩放图形的尺寸标注，是最简单的方法，其他表达平面图形比例缩放的操作方法以后再讲述。

（1）创建“1:5”标注样式。按创建尺寸标注样式的操作方法进行，创建“1:5”标注样式，在“主单位”选项卡中，将“比例因子”设置为“5”。

（2）将“1:5”标注样式设置为当前标注样式。用鼠标左键单击“标注”工具栏中的“标注样式控制”，即出现标注样式目录，选择“1:5”，在“标注样式控制”窗口中显示“1:5”。

2. 标注尺寸

（1）标注两组同心圆及矩形的形状尺寸。

① 按尺寸标注矩形 64×96 的尺寸，尺寸 96 不能有线通过，要用“打断”命令去掉一段点画线，如图 2-32（a）所示。

② 两组同心圆 ϕ80、ϕ160 和 ϕ64、ϕ120 的尺寸选择“文字水平”标注样式。

③ 标注两组同心圆及矩形的定位尺寸，定位尺寸有 3 个，分别是 560、160、80，标注在不与其他尺寸相交的位置，如图 2-32（b）所示。

（2）标注圆弧。平面图形中共有 4 条圆弧。

① 标注与 ϕ80、ϕ160 同心的圆弧 R510、R550，如图 2-32（c）所示。

② 标注分别与 R510、R550 圆弧相切，弧心在尺寸 80、20 上的 R64、R110 圆弧尺寸，如图 2-32（d）所示。

（3）标注水平中心线与 R64 圆弧相切直线 140° 角度的尺寸，如图 2-32（e）所示。

（4）标注圆弧。标注连接圆弧 R40、R80，标注样式采用“文字平行”、“文字水平”均可，如图 2-32（f）所示。

3. 检查图形的尺寸标注

（1）检查尺寸标注参数是否符合标准规定。

（2）检查尺寸数值是否正确。

（3）检查尺寸标注是否符合清晰要求。

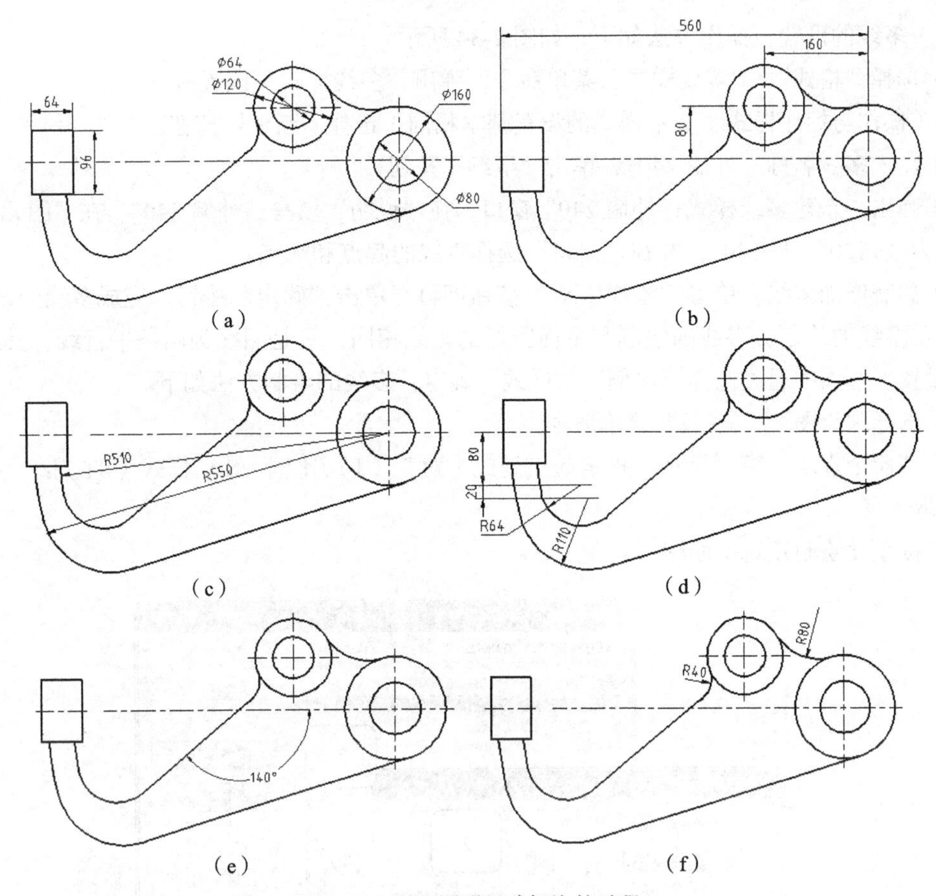

图 2-32　平面图形尺寸标注的过程

四、拓展知识

（一）绘制建筑平面图

1. 多线的设置及使用

多线由多条平行的线构成，它具有起点和终点，同时还具有构成多线的单条平行线元素属性，一般用于建筑制图的墙体、窗户等的绘制，如图 2-33 所示。

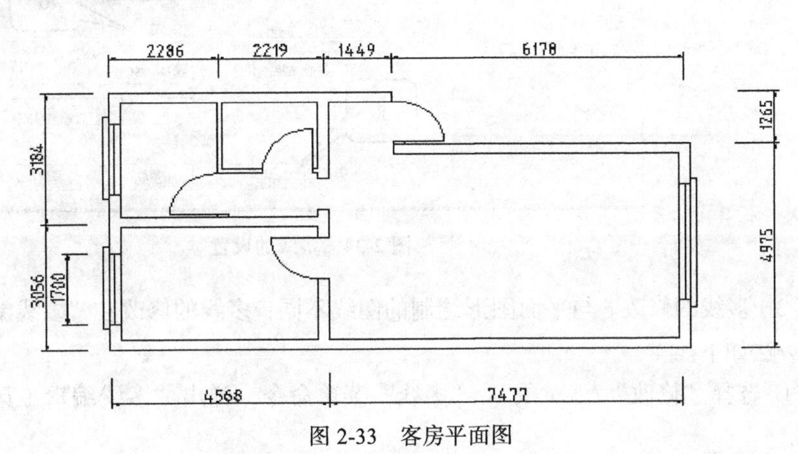

图 2-33　客房平面图

（1）多线的设置。操作方法如下，如图 2-34 所示。

① 选择“格式”/“多线样式”菜单命令，弹出“多线样式”设置窗口。

②（操作与标注样式、文字样式的设置基本相同）选择“新建”按钮。

③ 输入多线名称“外墙 240”，单击“继续”按钮。

④ 弹出“新建多线样式：外墙 240”窗口，在“说明”填写“外墙 240”，在“图元”中改变偏移为“+120”、“-120”，并在“封口”选择直线的起点和端点。

⑤ 如需增加多线，单击“添加（A）”按钮即可，单击“确定”按钮，完成多线的设置。

（2）多线的绘制。多线的绘制与平面图形的画线相同，只是图线为两条平行线，其距离在“当前设置”选项中通过选择“比例”、“样式”确定。多线的绘制方法如下。

① 选择“绘图”/“多线”菜单命令。

② “命令提示”窗口显示“指定起点到或〔对正（J）/比例（S）/样式（ST）〕:”、按需要进行选取。

③ 按尺寸绘制建筑平面图形。

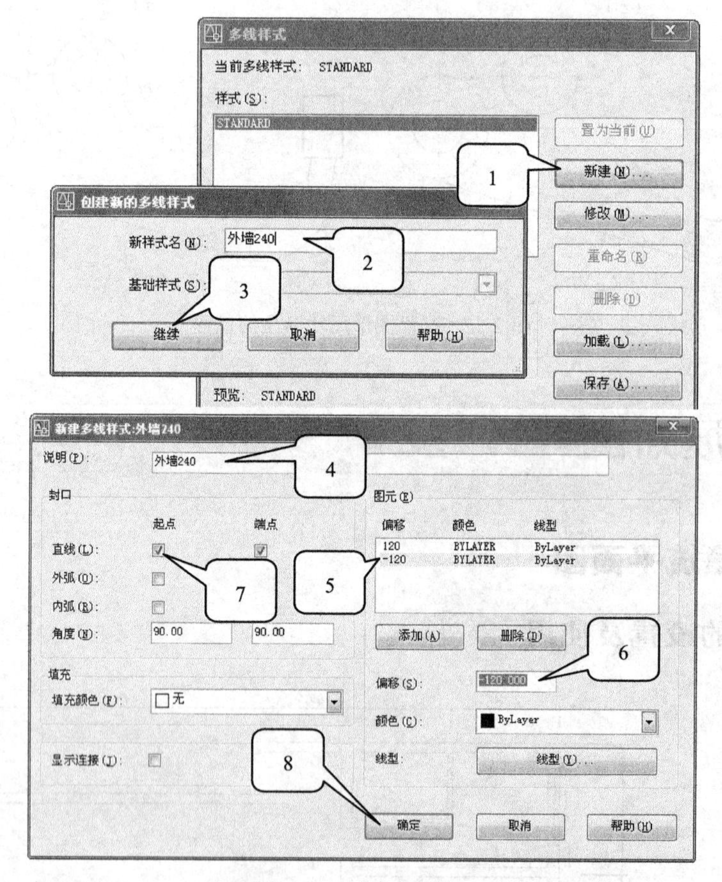

图 2-34　多线的设置

（3）多线的修改。与平面图形绘制的图线不同，多线的修改在“多线编辑工具”窗口完成，操作方法如下。

① 选择“修改”/“对象”/“多线”菜单命令，弹出“多线编辑工具”窗口，如图 2-35 所示。

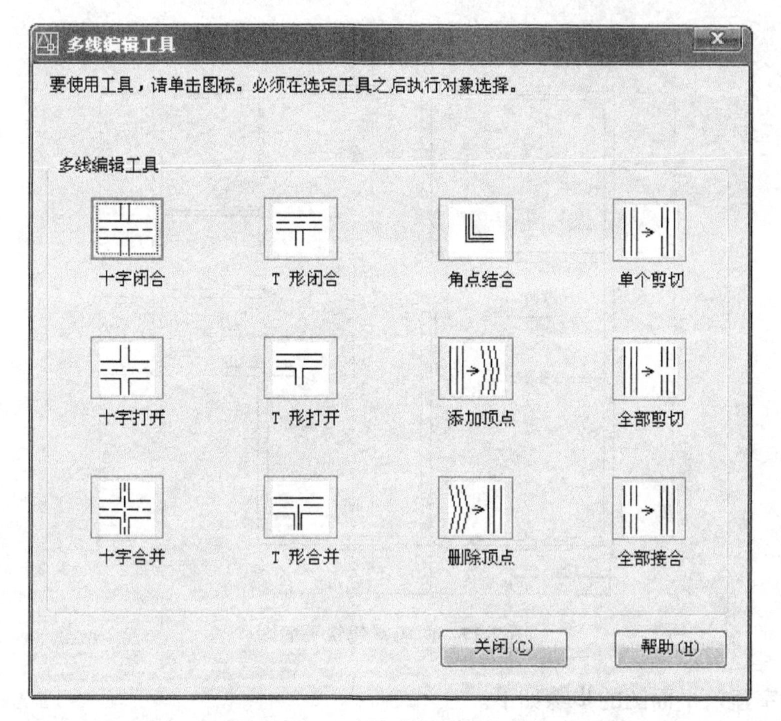

图 2-35　“多线编辑工具”窗口

② 选择对应的多线编辑工具对所绘制的多线图形进行修改，如图 2-36 所示。

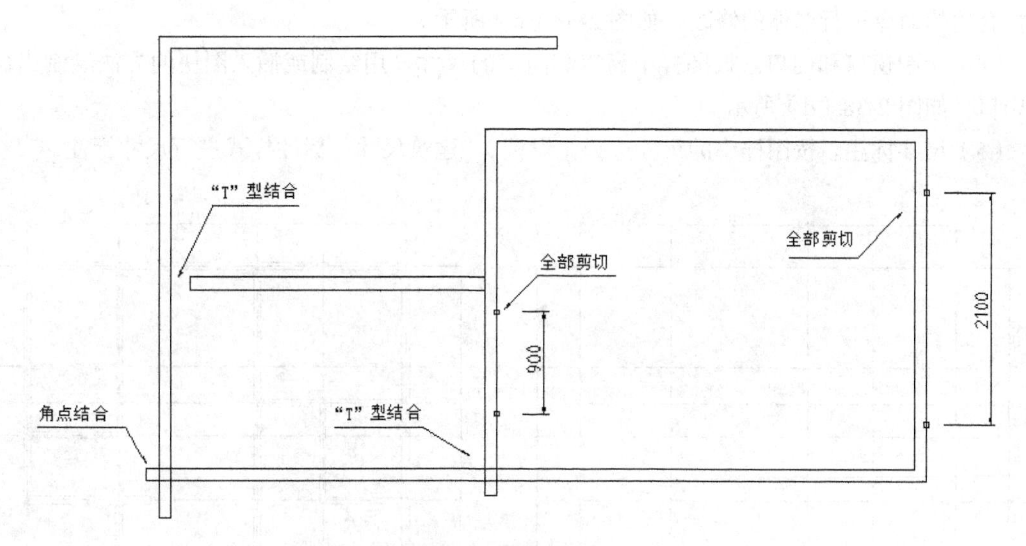

图 2-36　多线的编辑

2. 建筑平面图的绘制

建筑平面图的尺寸比较大，绘图环境与平面图形绘制有一定的区别，需要设置建筑图绘制环境。两居室建筑平面图如图 2-37 所示。

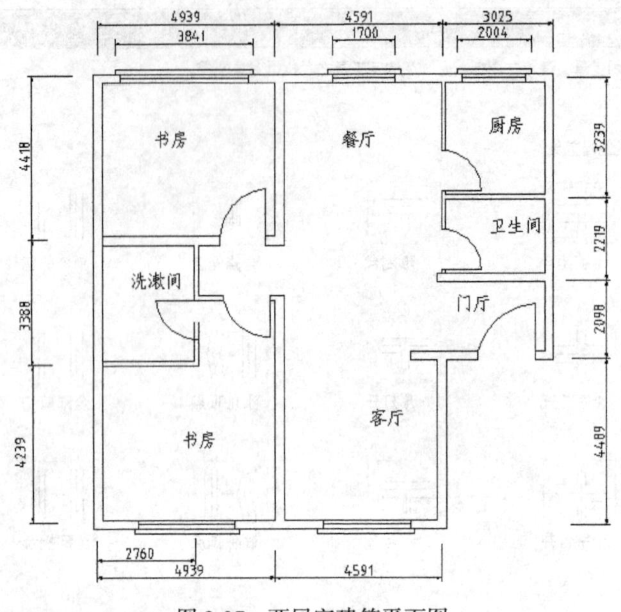

图 2-37　两居室建筑平面图

绘制两居室建筑平面图的步骤如下。

（1）绘制轴线。选择“点画线”，按尺寸绘制建筑平面图的轴线，如图 2-38（a）所示。

（2）绘制墙体。选择“绘图”/“多线”菜单命令，按多线绘制的方法绘制墙体，如图 2-38（b）所示。

（3）修剪墙体。选择“修改”/“对象”/“多线”菜单命令，在“多线编辑工具”窗口内选择合适的命令进行墙体的修改，如图 2-38（c）所示。

（4）绘制窗口和门口。按图样中窗口和门口的尺寸，用绘制或插入图块的方法绘制出窗口和门口，如图 2-38（d）所示。

（5）尺寸标注。按图样中的尺寸选择（设置）“建筑尺寸”标注样式进行尺寸标注。

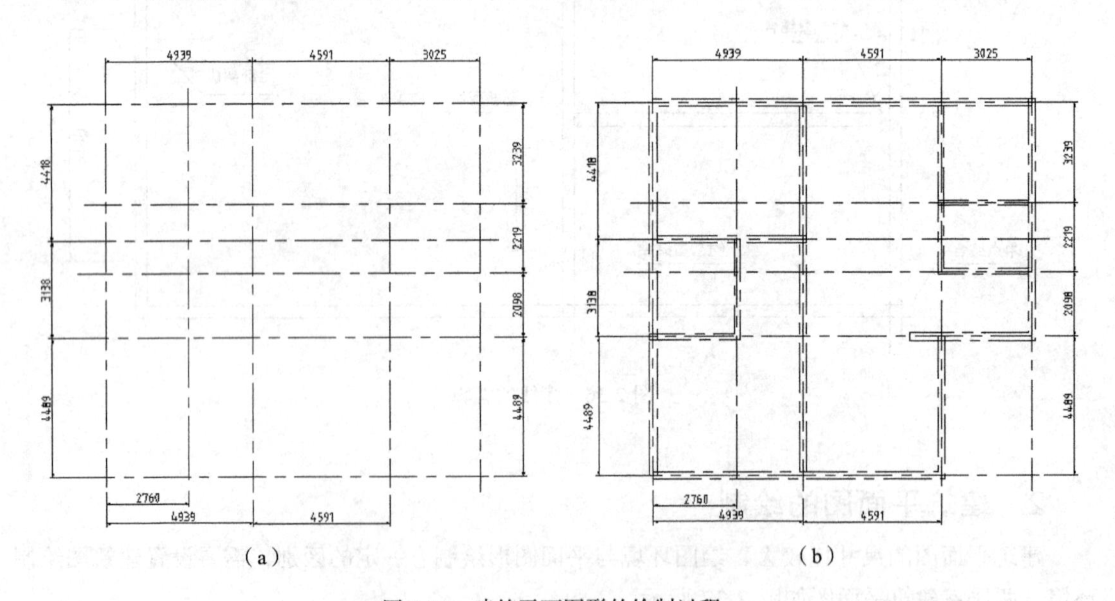

图 2-38　建筑平面图形的绘制过程

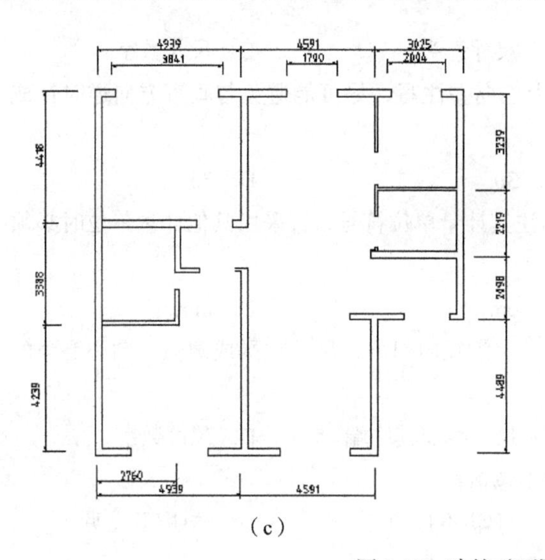

(c)

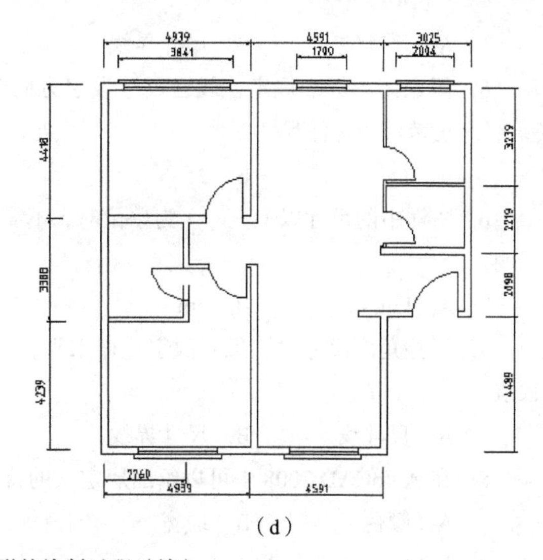

(d)

图 2-38 建筑平面图形的绘制过程（续）

小结

1. 本项目讲述了标注尺寸的基本知识及制图标准；尺寸标注样式的创建、设置及使用；尺寸标注的方法及注意事项。

2. 用示例讲述了平面图形绘制中的圆弧连接（圆弧连接是绘制平面图形的唯一难点）的作图方法。

3. 介绍了按指定的缩放比例绘制平面图形及标注尺寸的方法，给出了平面图形绘制及尺寸标注的习题。

自测题

一、选择题（请将正确的答案序号填写在题中的括号内）

1. 使用“stretch”（拉伸）命令拉伸对象时，不能（　　）。

A. 拉伸圆为椭圆　　B. 拉伸正方形为长方形

C. 移动对象特殊点　　D. 整体移动对象

2. 在已知半径 R 的条件下绘制两个圆的圆弧连接，选择 “绘图” / “圆” 命令中的（　　）子命令绘制连接弧。

A. 三点　　B. 相切、相切、半径　C. 相切、相切、相切　　D. 圆心、半径

3. 国家制图标准对绘图比例作了规定，在规定中又确定了“优先选择系列”，下面的放大比例中，（　　）为“优先选择系列”。

A. 3:1　　B. 4:1　　C. 5:1　　D. 6:1

4. 对圆弧标注半径尺寸时，尺寸线应由圆心引出，（　　）指到圆弧上。

A. 尺寸线　　B. 尺寸界线　　C. 尺寸箭头　　D. 尺寸数字

5. 国家制图标准规定，线性尺寸数字方向向上、向左注写，尽可能避免与垂直方向逆时针成（　　）度范围内标注尺寸。

A. 15　　B. 25　　C. 30　　D. 35

6. 图样中的尺寸以（　　）为单位时，不需标注其计量单位符号，若采用其他计量单位时必须标明。

A. km　　B. dm　　C. cm　　D. mm

7. 标注角度尺寸时，尺寸数字一律水平，（　　）沿径向引出，尺寸线画成圆弧，圆心是角的顶点。

A. 尺寸线　　B. 尺寸界线　　C. 尺寸线及其终端　　D. 尺寸数字

8. 在 AutoCAD 2008 中可以给图层定义的特性不包括：（　　）。

A. 颜色　　B. 线宽　　C. 打印/不打印　　D. 透明/不透明

9. 按规定标注正确的是（　　）。

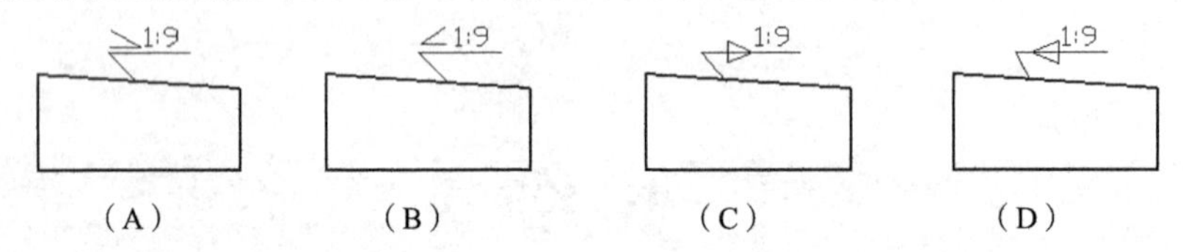

（A）　　（B）　　（C）　　（D）

10. 标注不正确的是（　　）。

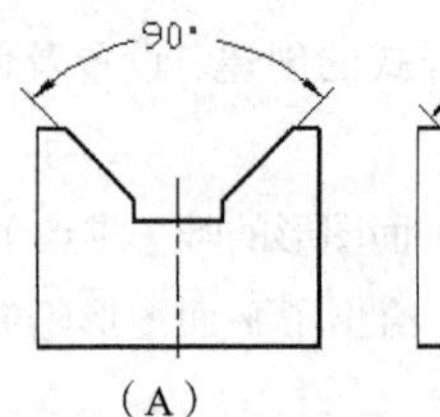

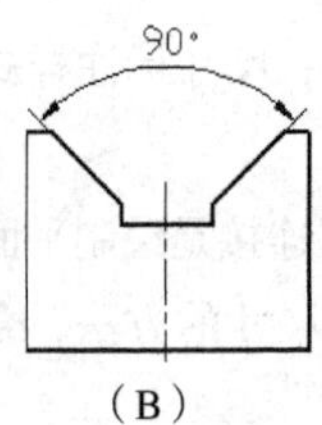

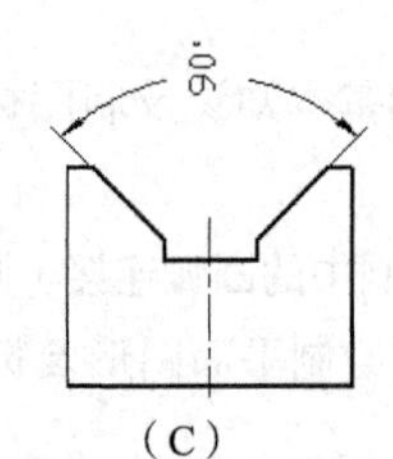

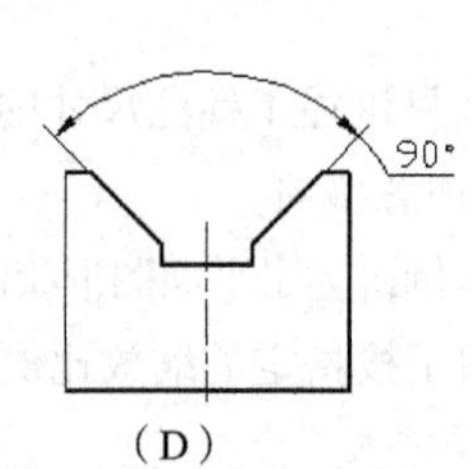

（A）　　（B）　　（C）　　（D）

二、判断题（将判断结果填写在括号内，正确的填“√”，错误的填“×”）

（　　）1. 尺寸线终端形式有箭头和圆点两种形式。

（　　）2. 定形尺寸尽量标注在反映该部分形状特征的视图上。

（　　）3. 球标注半径尺寸时，应在尺寸数字前加注符号“*SR*”。

（　　）4. 在机械制图中，2:1 的比例为放大的比例，如实物的尺寸为 10mm，那么图中图形应画 5mm。

（　　）5. 在 AutoCAD 2008 中，可采用鼠标滚轮键的操作代替图标菜单中的“缩放”和“移动”操作。

（　　）6. AutoCAD 2008 使用缩放功能能改变的只是图形的实际尺寸。

（　　）7. AutoCAD 2008 默认情况下正角度测量按逆时针方向进行。

（　　）8. 图中相同尺寸的圆只标注一个，在“ϕ”前标出圆的数量，相同尺寸的圆弧也只标注一个，但不标注圆弧的数量。

（　　）9. AutoCAD 2008 标注尺寸的所有内容及形式可以在“特性”中修改。

（　　）10. 徒手绘图的基本要求是画图速度要快、目测比例要准、能定性表达图形、标注要全。

三、操作题

1. 按 1:1 的比例绘制平面图形并标注尺寸，如图 2-39 所示。

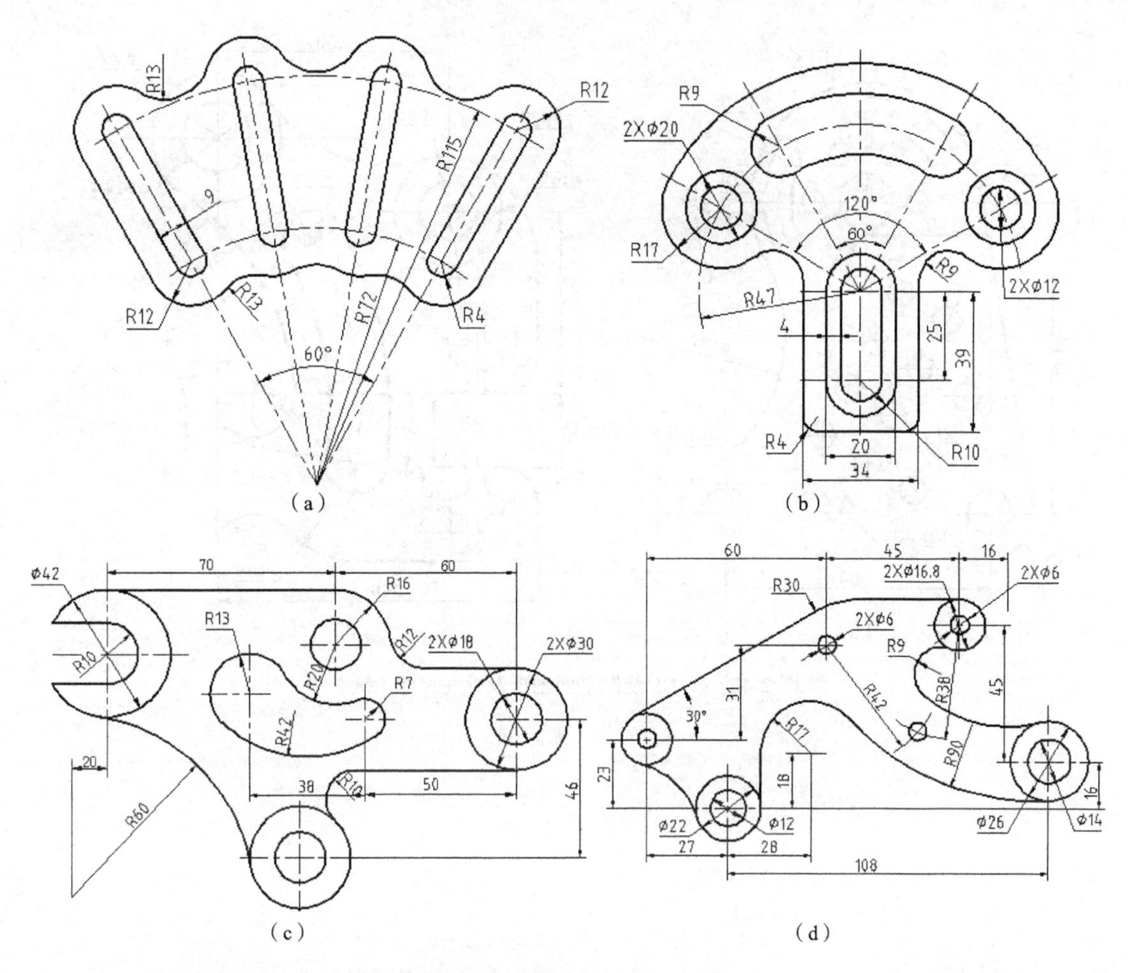

图 2-39　按 1:1 绘制平面图形及标注尺寸

2. 按 1:5 的比例绘制平面图形并标注尺寸，如图 2-40 所示。

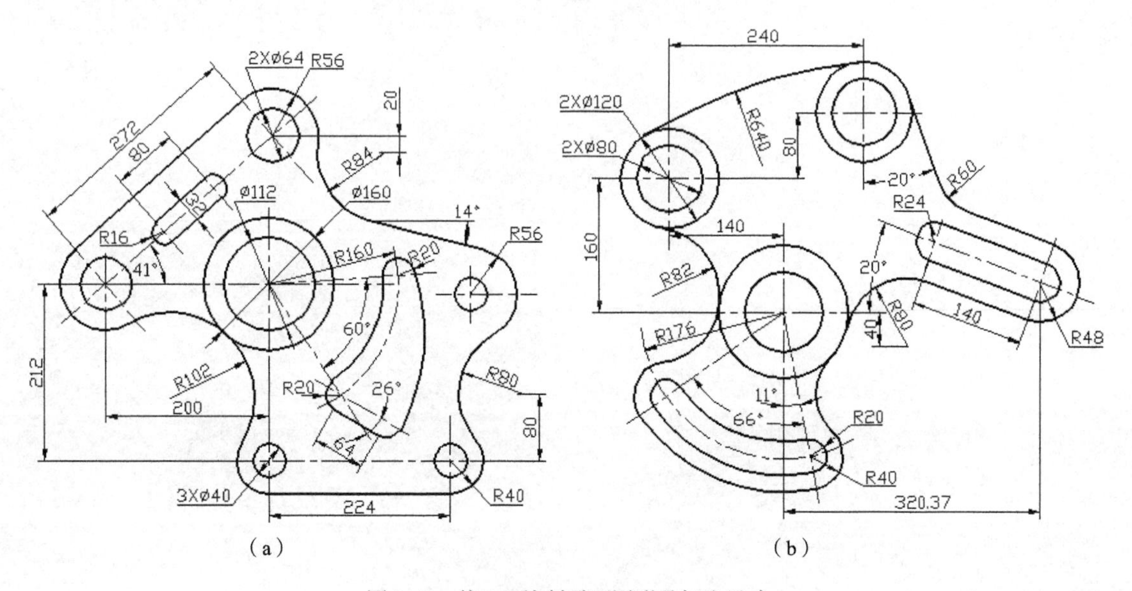

图 2-40　按 1:5 绘制平面图形及标注尺寸

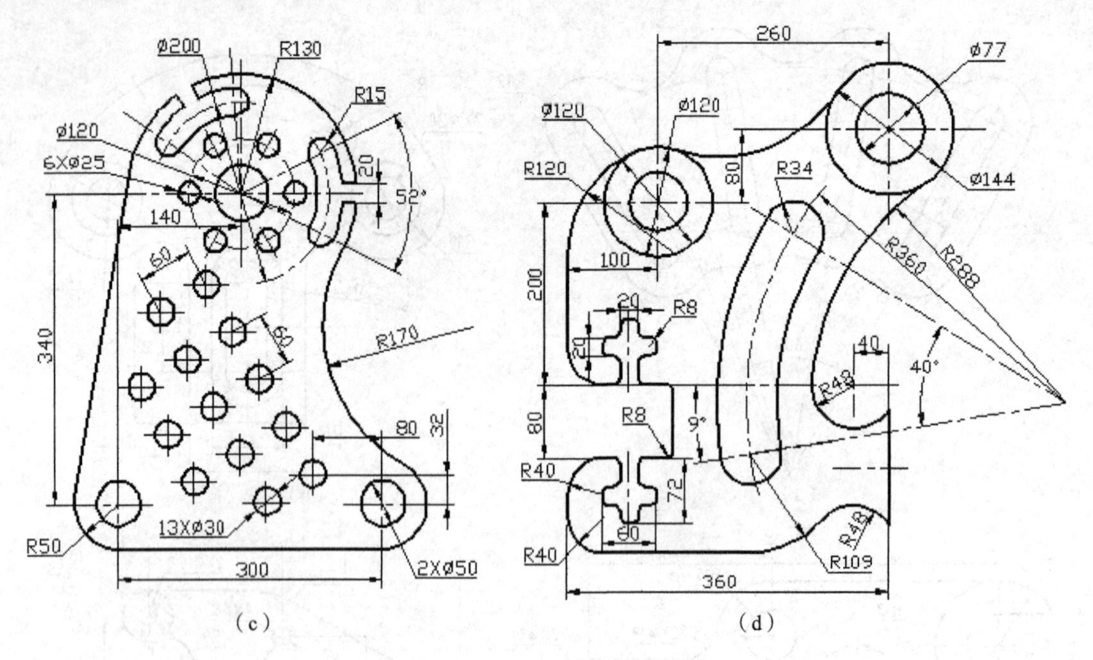

（c）　　（d）

图 2-40　按 1:5 绘制平面图形及标注尺寸（续）

项目三

轴测图的绘制

【能力目标】

掌握使用 AutoCAD 2008 绘制轴测图（二维图形）表达形体的方法；提高 AutoCAD 2008 绘图、尺寸标注及文字书写的操作技能；培养形体分析和图形绘制的综合能力。

【知识目标】

1. 使用 AutoCAD 2008 绘图的“等轴测捕捉”方法完成轴测图的绘制。
2. 掌握轴测图的剖切及使用“图案充填”绘制轴测图剖面的方法。
3. 熟练应用尺寸样式和文字样式的设置完成不同形式的尺寸标注和文字书写，实现使用轴测图表达形体的各项标注。

一、项目导入

轴测图是表达形体的直观图，是按照平面图形绘制的方法绘制的二维图形。本项目通过使用 AutoCAD 2008 绘制轴测图提高操作技能，培养对三维空间立体的分析及表达能力。根据实践中对轴测图表达的需要，选择适当复杂程度的正等轴测图的绘制作为该项目的任务，如图 3-1 所示。

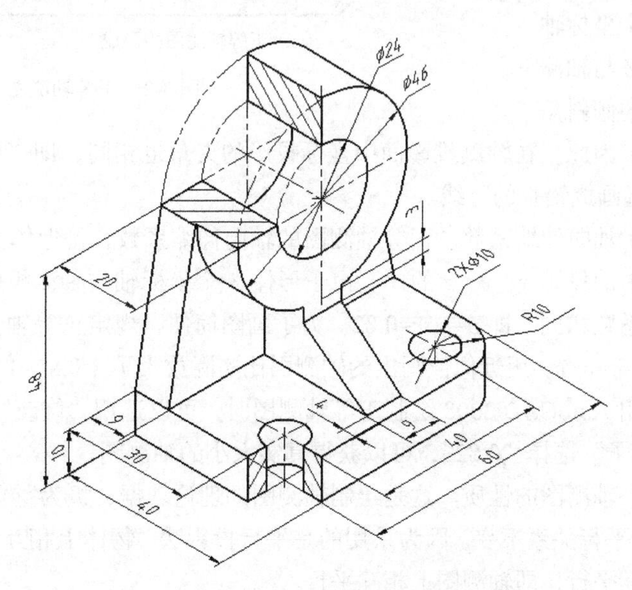

图 3-1　形体剖切的正等轴测图及尺寸标注

二、相关知识

（一）正等轴测图的绘图环境

正等轴测图的绘制是根据正等轴测图基本知识（按轴测图的性质），在“等轴测捕捉”及“追踪角”30°的环境下绘制的。

1. 轴测图绘制的基本知识

轴测图是形体在一个投影面上投影的图形，也称直观图，是采用二维绘图方法表示形体立体形状的平面图形。

（1）正等轴测图的形成及轴间角，如图 3-2 所示。

① 正等轴测图的形成。用平行投影法将形体（连同直角坐标系）投射在一个投影面上的视图，看到的形体的轮廓线用粗实线表示，看不见的线省略不画。

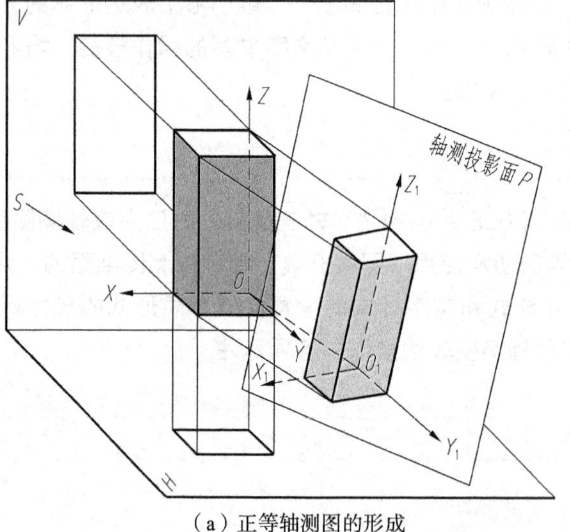

（a）正等轴测图的形成

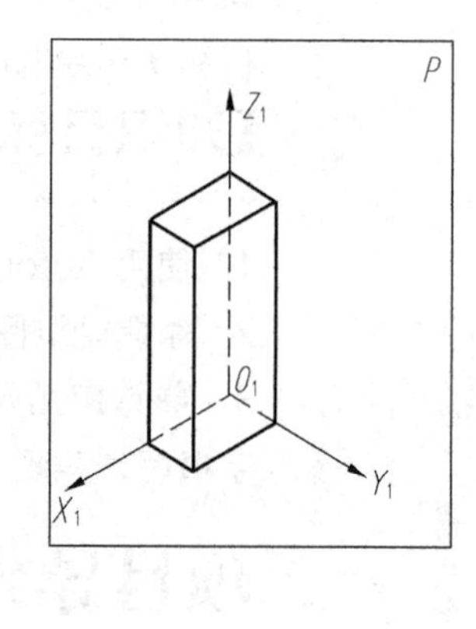

（b）正等轴测图轴间角

图 3-2　正等轴测图的形成

② 正等轴测图的轴间角。由于 3 个坐标轴 X、Y、Z 与轴测投影面的倾斜角度相同，因此，在轴测投影面中坐标投影的夹角也相同，即 3 根轴测轴之间的夹角均为 120°，Z 轴永远画成铅垂的竖线。

（2）轴向伸缩系数。正等轴测图的轴向伸缩系数，是形体上的 3 个坐标轴 X、Y、Z 与轴测投影面上的投影 x、y、z 的比。由于形体 3 个坐标轴与轴测投影面的倾斜角度相同，因此，轴向伸缩系数相同，即 $p=q=r=0.82$。为了画图简便，规定正等轴测图的轴向伸缩系数可以近似取 1，即 $p=q=r=1$。用近似值画出的轴测图比实际放大了 1/0.82=1.22 倍。

使用 AutoCAD 2008 绘制正等轴测图时，可以选用“修改”工具栏中的“比例”命令缩小，“比例因子”选择“0.82”，可以获得真实大小的轴测图。

（3）轴测图的性质。这是绘制轴测图的理论依据，极为重要。

① 平行关系不变。因为采用的是平行投影法，物体上相互平行的线段，在轴测投影面上的投影相互平行，即轴测图上相互平行。

② 轴方向尺寸“不变”。物体上平行于坐标轴方向的线段（轴方向尺寸），在轴测图中按轴

向伸缩系数变化，当伸缩系数为 1 时，轴方向尺寸不变。

轴测图是按平行投影法绘制的，因而它具有平行投影的特性。绘制轴测图的基本方法，就是熟练应用“两个不变”的性质绘图。

（4）轴测图的种类。轴测图的种类有很多，机械制图中常用的是正等轴测图和斜二轴测图，如图 3-3 所示。

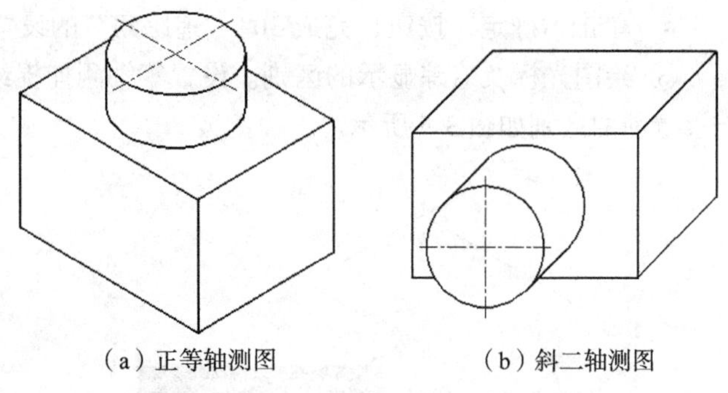

（a）正等轴测图　　（b）斜二轴测图

图 3-3　形体轴测图表达

用 AutoCAD 2008 绘制轴测图，其作图原理与平面图形的绘制方法相同。正等轴测图和斜二轴测图的相关知识及绘图方法在机械制图中已经讲述过，注意在绘图中使用。斜二轴测图是采用“斜轴”尺寸缩小 1 倍，“极轴角设置”中“增量角”选择 45° 的方法绘制的，在该项目中不进行讲述。

2. 正等轴测图的绘图环境

绘制正等轴测图必须设置绘图环境，并需要不断地切换轴测平面。

（1）设置正等轴测图绘图环境。绘制正等轴测图需要设置“等轴测捕捉”和 30° “增量角”，设置过程如下。

① 设置“等轴测捕捉”绘图环境。操作步骤如下。如图 3-4 所示。

- 用鼠标右键单击“绘图状态”工具栏的“对象捕捉”按钮，弹出快捷菜单，选择“设置”选项。
- 在“草图设置”窗口中选择“捕捉与栅格”选项卡，选择“等轴测捕捉”，“矩形捕捉”自动关闭，单击“确定”按钮完成设置。

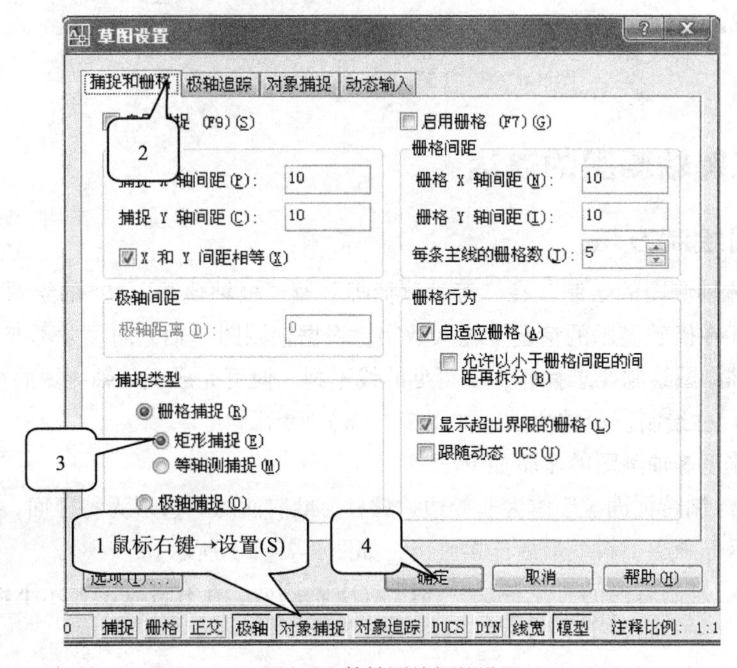

图 3-4　等轴测捕捉的设置

② 设置 30° 追踪角。

- 选择“极轴追踪”选项卡，“极轴角设置”的“增量角”选择“30°”。
- “对象捕捉追踪设置”选择“用所有极轴角设置追踪”。
- 单击“确定”按钮，完成 30°“追踪角”的设置。

③ 绘图光标及追踪显示的区别。设置等轴测捕捉绘图环境后，光标显示（轴测面为 *XOY*）与设置前的区别如图 3-5 所示。

（a）等轴测捕捉　　（b）矩形捕捉

图 3-5　等轴测捕捉光标的变化

（2）等轴测平面的切换。在投影的模式下，有 3 个等轴测平面，分别绘制 3 个等轴测平面内的图形，只有在规定的等轴测平面内才能完成正等轴测图的绘制。

等轴测平面切换的简单方法：在绘图的过程中，每按键盘上的“F5”键一下，等轴测平面切换一次，直到选定需要的等轴测平面，如图 3-6 所示。

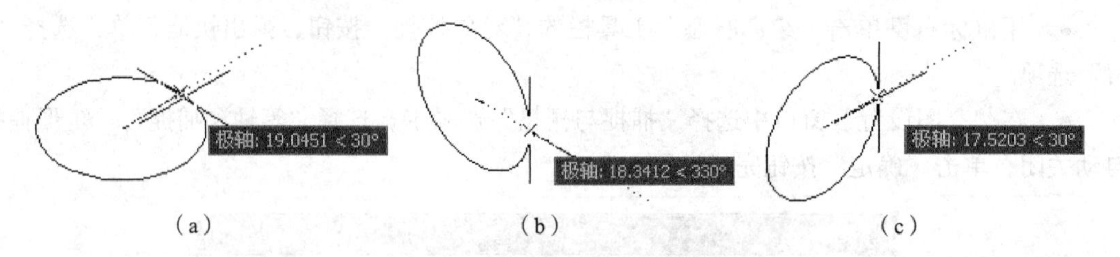

（a）　　（b）　　（c）

图 3-6　按“F5”键切换的等轴测平面

（二）形体正等轴测图的表达

1. 轴测图绘制方法

（1）平面形体轴测图的绘制。在“等轴测捕捉”及“极轴追踪”30° 的绘图条件下，如同平面图形的绘制，在极轴显示的情况下输入数字，根据轴测图“轴方向尺寸不变，平行关系不变”的性质，按轴测图绘制要求操作，不可见的线不画，便可完成正等轴测图的绘制。

例题 3-1　按尺寸绘制正等轴测图，如图 3-7（a）所示。

绘制平面形体正等轴测图的步骤如下。

① 分析形体绘制特征面。形体为非等边六棱柱，最前面的六边形为特征面，按尺寸在极轴及极轴追踪的显示下画图，斜线最后连接画出，如图 3-7（b）所示。

② 复制后面。复制后面的可见棱线，选择 *XOY* 轴测面，在有极轴的显示下输入“37”，↙（回车），如图 3-7（c）所示。

③ 连线完成绘图。对应连线完成形体正等轴测图的绘制，不可见的轮廓线不画，如图 3-7

（d）所示。

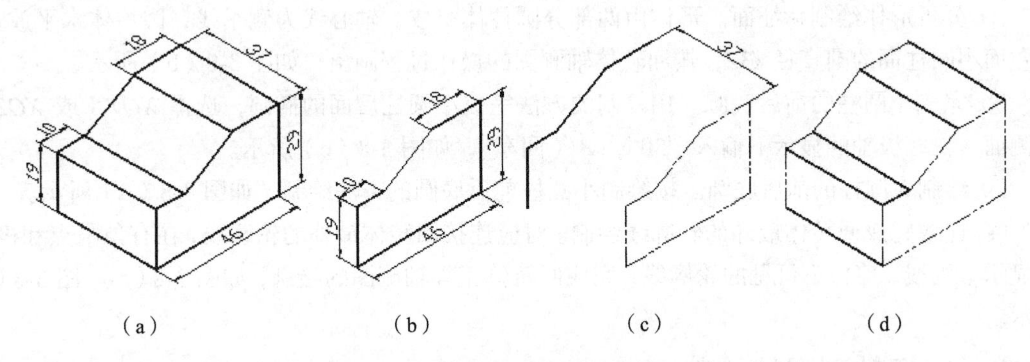

（a）　（b）　（c）　（d）

图 3-7　平面体正等轴测图的绘制

（2）回转体轴测图的绘制。正等轴测图回转体的绘制就是椭圆的绘制。

① 分析形体，绘制特征椭圆面。先绘制特征面，一般在最前、最左、最上的回转平面为特征面，在“等轴测捕捉”及“30°极轴追踪”的条件下，选择“绘图”工具栏中的“椭圆”命令。

② “命令提示”窗口显示“指定椭圆轴的端点或〔圆弧（A）/中心点（C）/等轴测圆（I）〕”，输入“I”，↙（回车）。

③ “命令提示”窗口显示“指定等轴测圆的圆心”，用鼠标拾取正等轴测图回转体的中心，↙（回车）；

④ 移动鼠标指针显示等轴测圆（椭圆），同时“命令提示”窗口显示“指定等轴测圆的半径或〔直径（D）〕”，用键盘输入回转体的半径或指定半径上的点，↙（回车），即完成回转体正等轴测图的绘制。

例题 3-2　按尺寸绘制回转体正等轴测图，如图 3-8（a）所示。

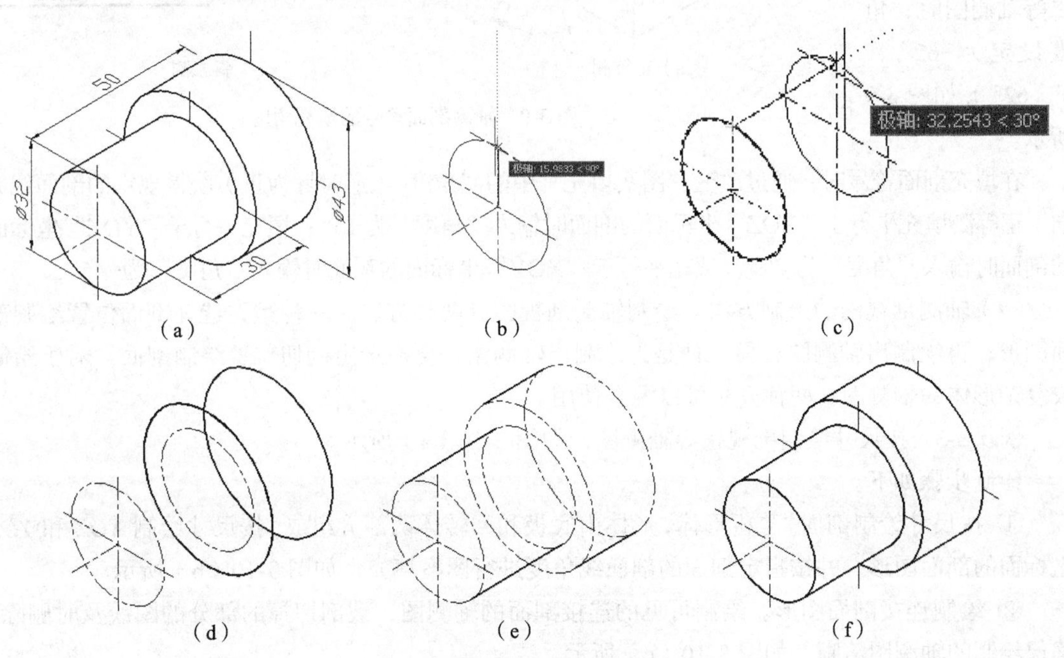

（a）　（b）　（c）

（d）　（e）　（f）

图 3-8　回转体正等轴测图的绘制

绘制回转体正等轴测图的步骤如下。

① 分析形体绘制特征面。形体由两部分圆柱体组成，轴心线为侧垂线，圆柱体水平放置；最左面小圆柱面的圆直径 $\phi32$，按回转体轴测图的操作过程画出，如图 3-8（b）所示。

② 完成小圆柱的前后底圆。用复制的方法完成小圆柱后面的椭圆，选择 *XOY*（或 *XOZ*）轴测面，在有极轴的显示下输入“30”，↙（回车），如图 3-8（c）所示。

③ 绘制大圆柱的前后底圆。按绘制小圆柱前后底圆的方法绘制，如图 3-8（d）所示。

④ 连线完成回转体最外的轮廓线绘制。对应连接回转体最外的轮廓线，在有象限点和极轴的显示下画线，剪掉不可见的轮廓线，完成回转体正等轴测图的绘制，如图 3-8（e）、图 3-8（f）所示。

2. 剖切轴测图的绘制

为了表达机件的内部结构，沿机件的内部结构的中心切开，移开前面的部分，绘制完成的轴测图为剖切轴测图。根据零件内部结构的不同，剖切的方式也不同。

（1）轴测剖面符号。选择剖切机件的剖面，一般是平行于 *XOY*、*XOZ* 和 *YOZ* 组成的坐标面。绘制轴测剖面符号（剖面线）的规定。

绘制正等轴测图剖面符号时，使用“图案填充”命令，在“图案填充”窗口中，图案选择“ANST31”,“角度”分别设定为−45°、15°和 75°（绘制斜二等轴测图时，角度设定为−62°、0°、62°），如图 3-9 所示。

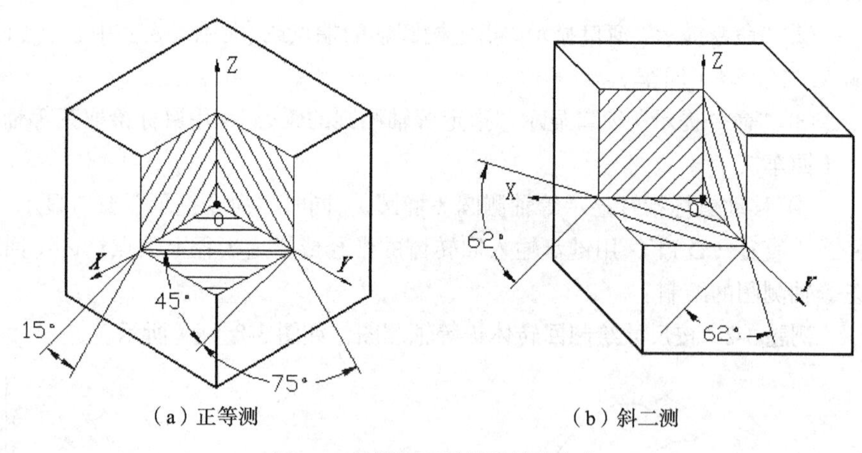

图 3-9 轴测剖面符号的填充角度

在填充剖面符号时，通过改变“图案填充”中的“角度”（逆时针为正）获得规定的剖面线方向。正等测填充平行于“XOZ”坐标面的剖面时输入“角度”为 15°；填充平行于“YOZ”坐标面的剖面时输入“角度”为 75°；填充平行于“XOY”坐标面的剖面时输入“角度”为−45°。

（2）轴测剖视图的绘制方法。绘制轴测剖视图有两种方法：一种是先选择剖面位置绘制剖面图形，再绘制出轴测图；另一种是先绘制出轴测图，再沿选定剖切位置绘制剖面。对于绘制较复杂形体的轴测图，两种方法可以混合使用。

例题 3-3 按尺寸绘制剖视正等轴测图，如图 3-10（a）所示。

绘制步骤如下。

① 按尺寸绘制剖面。分析形体，形体由底板和回转体两部分组成，按尺寸绘制 *XOZ* 和 *YOZ* 坐标面的剖面图形，并按指定剖面的剖面线角度进行图案填充，如图 3-10（b）所示。

② 绘制连接剖面图形。绘制可见的连接剖面的轴测图，被剖切掉的部分的图线及时删除，确保绘制的轴测图清晰，如图 3-10（c）所示。

③ 检查并完成剖切轴测图。检查剖切后的轴测图是否完整，是否漏线、多线，画出必要的点画线表示中心面和轴心线，如图 3-10（d）所示。

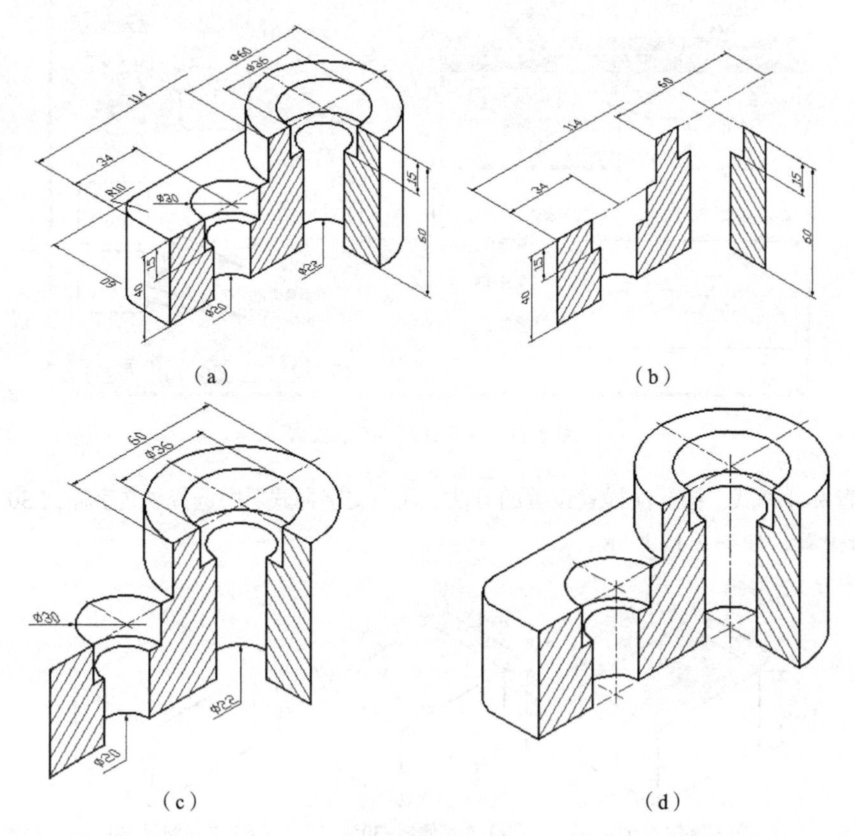

图 3-10　绘制剖视正等轴测图的步骤

3. 轴测图的尺寸标注

轴测图与其他视图相同，只能定性地表达形体，形体大小的定量表达必须依靠尺寸标注。轴测图的尺寸标注参照机械制图尺寸标注的规定，根据投影视图与立体之间的关系，即投影视图的尺寸标注与轴测图尺寸标注相对应，进行轴测图的尺寸标注。

（1）标注的基本要求。轴测图的尺寸标注要保证能准确、清晰地表达形体的尺寸大小，同时，还要保证所标注的尺寸符合制图对尺寸标注的规定。

① 选择标注尺寸的位置。选择轴测图上标注尺寸的位置是轴测图尺寸标注的关键，一般要选择表达形状明显的位置，选择轴测图的上、左、前面的形状标注尺寸；尺寸线及尺寸数字尽量放在轴测图的外边，尺寸数字不能有线通过。

② 尺寸线及尺寸界线。与图样的尺寸标注相同，尺寸线及尺寸界线平行于轴测图的轴测轴。

③ 尺寸数字。尺寸数字倾斜 30（或−30°），保证字头方向为轴测轴方向。

（2）轴测图尺寸标注方法。轴测图的尺寸标注通过改变文字的倾斜角度、编辑尺寸的倾斜角度达到轴测图尺寸标注的效果。

① 倾斜文字样式。在不同的轴测图表面上，文字的倾斜方向不同，分别为顺时针 30° 或逆时针 30° 两种，用文字样式的设置完成。可分别设置“文字样式+30°”和“文字样式−30°”，文字样式的创建及设置在项目六“绘制零件图”中有详细讲述，如图 3-11 所示。

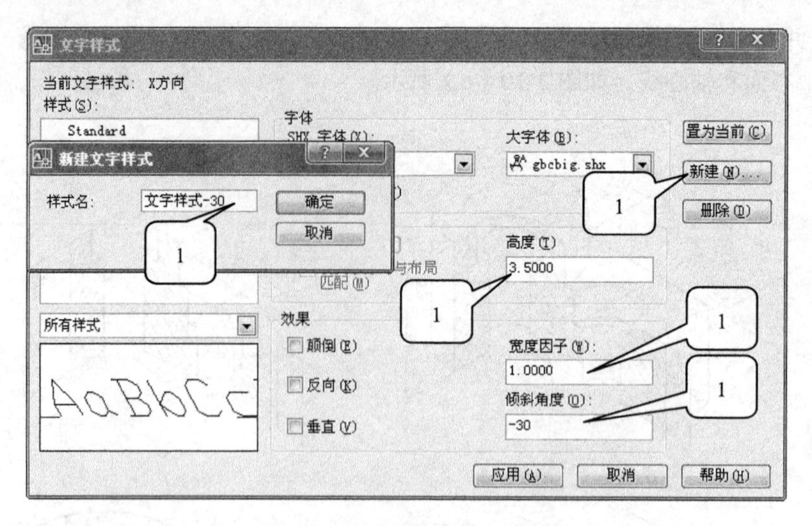

图 3-11 文字倾斜 30°的设置

② 设置标注样式。按标注样式设置的方法，在“文字样式”中选择“文字样式 30°（−30°）”的样式进行设置，如图 3-12 所示。

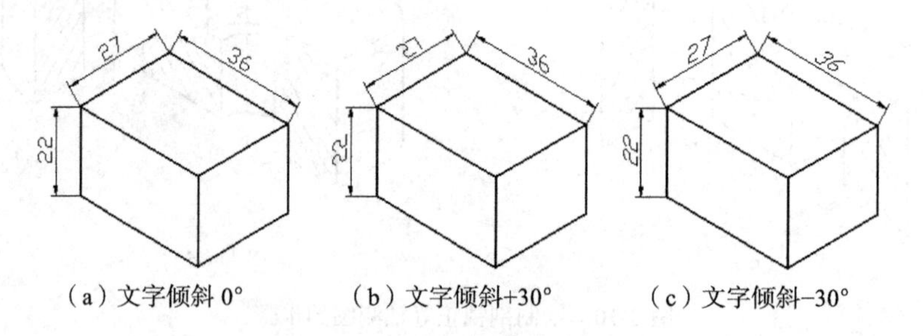

（a）文字倾斜 0°　　（b）文字倾斜+30°　　（c）文字倾斜−30°

图 3-12 文字倾斜的标注

③ 编辑倾斜尺寸。选择尺寸数字倾斜的标注样式标注尺寸后，需要进行尺寸的“编辑标注”，使尺寸倾斜，方法如下。

- 选择“标注”/“倾斜”菜单命令或“标注”工具栏中的“编辑标注”。
- “命令提示”窗口显示“选择对象”，用鼠标拾取需要倾斜的尺寸（可选择多个），↙（回车）。
- “命令提示”窗口显示“输入倾斜角度”，用键盘按尺寸的倾斜方向输入尺寸倾斜的角度 30°（或−30、90°），↙（回车），如图 3-13 所示。

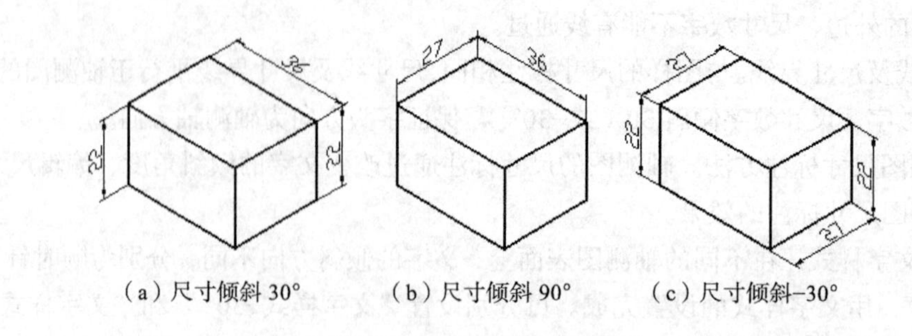

（a）尺寸倾斜 30°　　（b）尺寸倾斜 90°　　（c）尺寸倾斜−30°

图 3-13 尺寸倾斜的编辑

例题 3-4 绘制正等轴测图并标注尺寸，如图 3-14（a）所示。

操作步骤如下。

① 分析形体。形体由两部分组成，选择 *XOY* 坐标面绘制椭圆及 37×40 矩形，向下复制 10；选择 *YOZ* 坐标面绘制 22×40 和 15×15 矩形，向右复制 10；完成轴测图的绘制，如图 3-14（b）所示。

② 标注尺寸。选择文字倾斜标注样式，选择“标注”工具栏中“线性”或“对齐”命令，如图 3-14（c）所示。

③ 编辑倾斜尺寸。按尺寸的倾斜角度编辑倾斜尺寸，如图 3-14（d）所示。

④ 绘制尺寸线填写数字。一些尺寸不能直接标出，需要用“多重引线”的样式标注，也可以用“多行文字”填写尺寸数字。如 ϕ20、*R*20 的标注需要画出尺寸线后填写尺寸数字，如图 3-14（e）、图 3-14（f）所示。

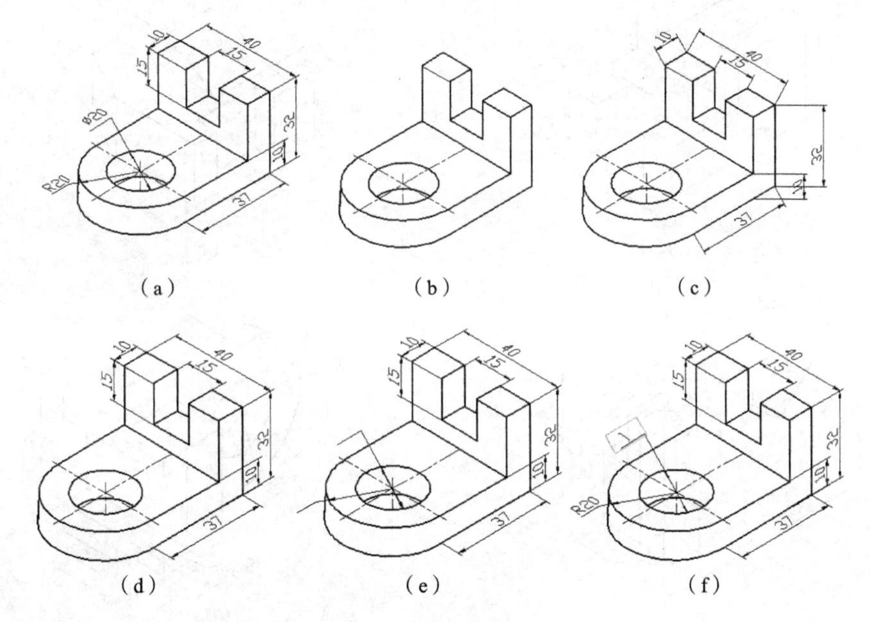

图 3-14 轴测图标注尺寸的步骤

4. 正等轴测图绘制习题

（1）按尺寸绘制形体的正等轴测图，不标注尺寸，如图 3-15 所示。

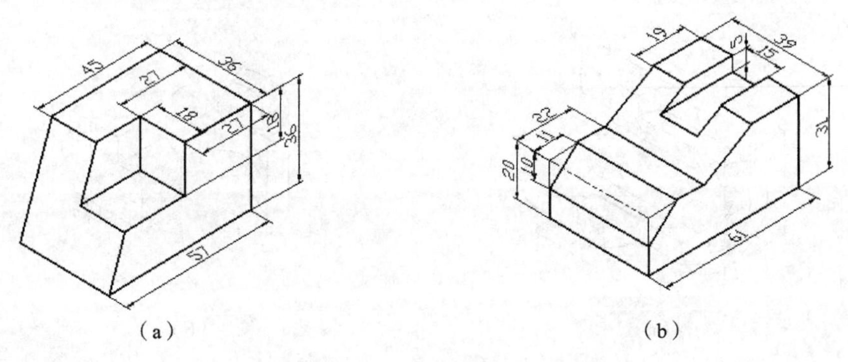

图 3-15 正等轴测图的绘制

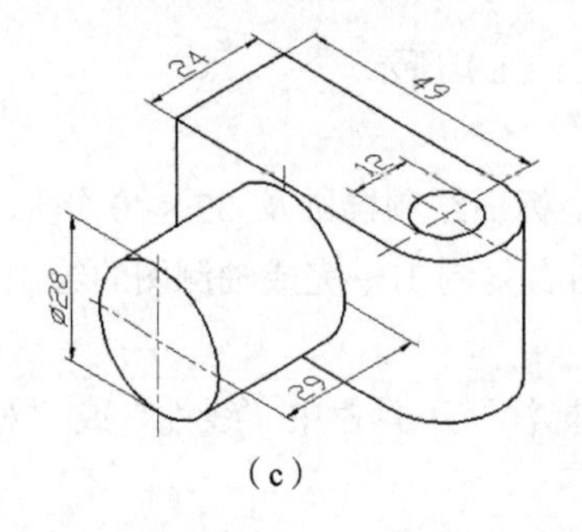

（c）

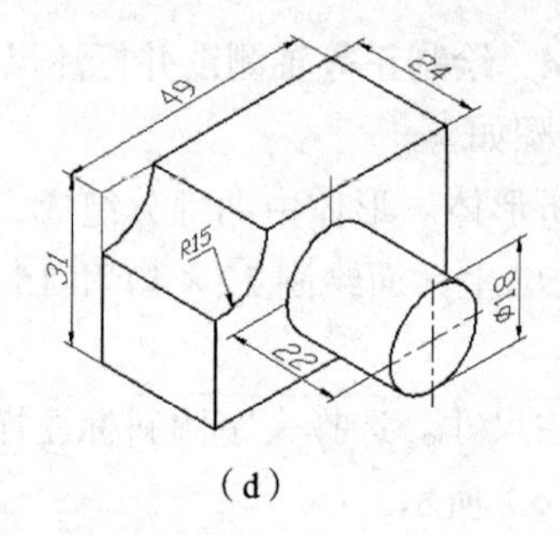

（d）

图 3-15　正等轴测图的绘制（续）

（2）按尺寸绘制平面形体的正等轴测图并标注尺寸，如图 3-16 所示。

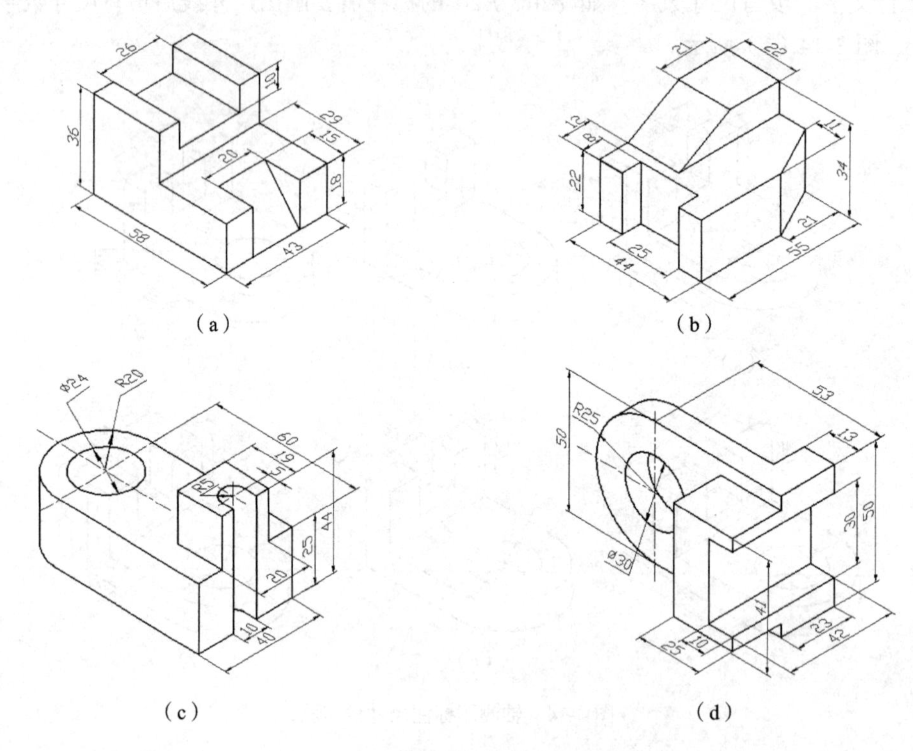

（a）　（b）

（c）　（d）

图 3-16　正等轴测图绘制及尺寸标注

（3）按尺寸绘制剖切体的正等轴测图并标注尺寸，如图 3-17 所示。

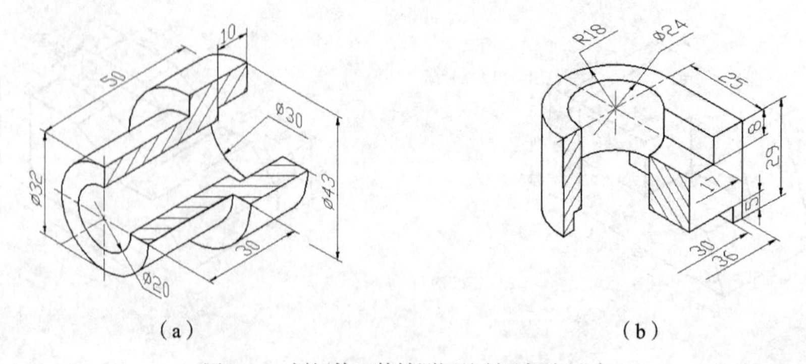

（a）　（b）

图 3-17　剖切体正等轴测图绘制及标注尺寸

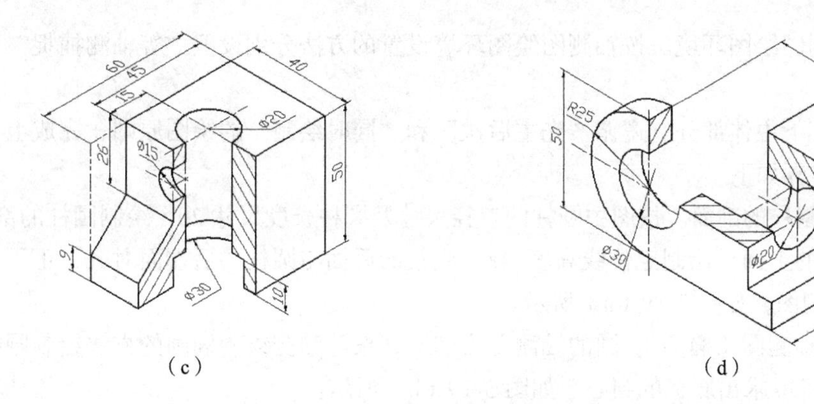

（c）　　（d）

图 3-17　剖切体正等轴测图绘制及标注尺寸（续）

三、项目实施

（一）正等轴测图的剖切绘制

绘制轴测图的目的是直观地表达形体的结构形状，对于有内部结构的形体，需要采用剖切的方法表示形体的内部结构。要实现准确表达形体，必须有尺寸标注以定量地表示形体。该项目的目的就是采用轴测图准确表达形体，如图 3-1 所示。

1. 形体结构分析

该项目的形体特征是支架结构的复杂程度一般，形体共由 3 部分组成。

（1）上方圆筒结构。圆柱长 20，圆柱外径 ϕ46，圆柱内径 ϕ24，如图 3-18（a）所示。

（2）下面底板结构。底板的主体结构为长方体 60 × 40 × 10，前面的圆角为 R10，在底板的正前方开有两个 ϕ10 的孔，孔的定位尺寸为 40 × 30，如图 3-18（b）所示。

（3）中间筋板结构。中间由两块厚度为 9 的筋板组成，后面的筋板与圆柱相切，前面的筋板在圆柱下方 3mm 处、底板上面朝后 4mm，如图 3-18（c）所示。

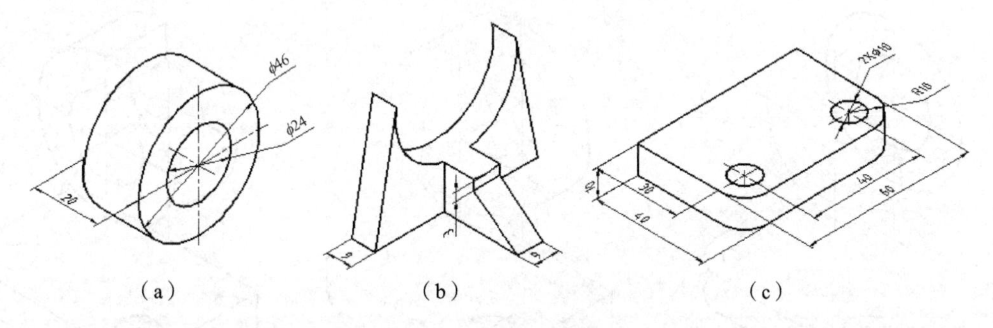

（a）　　（b）　　（c）

图 3-18　形体结构分析

2. 绘制剖切轴测图

绘制该轴测剖视图的方法很多，为了利于学习、方便讲授及演示，采取先画轴测图的剖面和先画轴测图外形两种方法混合使用的方法。

（1）设置轴测图绘图环境。按轴测图绘图环境设置的方法分别设置“等轴测捕捉”和 30°“增量角”。

（2）绘制上、下主体部分。遵循“先主后次”和“同时绘制”的绘图原则，完成上、下主体的绘制。操作步骤如下。

① 直接绘制圆柱的剖面。按图中圆柱的直径尺寸及圆柱长度尺寸 20，绘制圆柱的剖面。

② 绘制底板的上面。绘制定位线高度 48，底板的后面与圆柱的后端面对齐，正下方绘制 60×40 矩形的轴测图，如图 3-19（a）所示。

③ 绘制圆的轴测图（椭圆）。圆的轴测图为椭圆，按等轴测绘制椭圆的方法绘制圆柱的椭圆，先按尺寸 40×30 求出底板的圆心，如图 3-19（b）所示。

④ 修剪多余的图线。多余的图线及使用过的辅助线等统称为垃圾图线，必须及时删除，保证复制后的图形简单、准确，如图 3-19（c）所示。

⑤ 复制可见图形的图线。底板按厚度 10 向下复制，圆柱的前面向后复制，如图 3-19（d）所示。

⑥ 连接轴测图最外的轮廓线。在“极轴追踪”和“多线捕捉”的条件下绘图，有“亮点”显示，如图 3-19（e）所示。

⑦ 检查并删除垃圾图线，完成上、下主体部分形体的绘制，如图 3-19（f）所示。

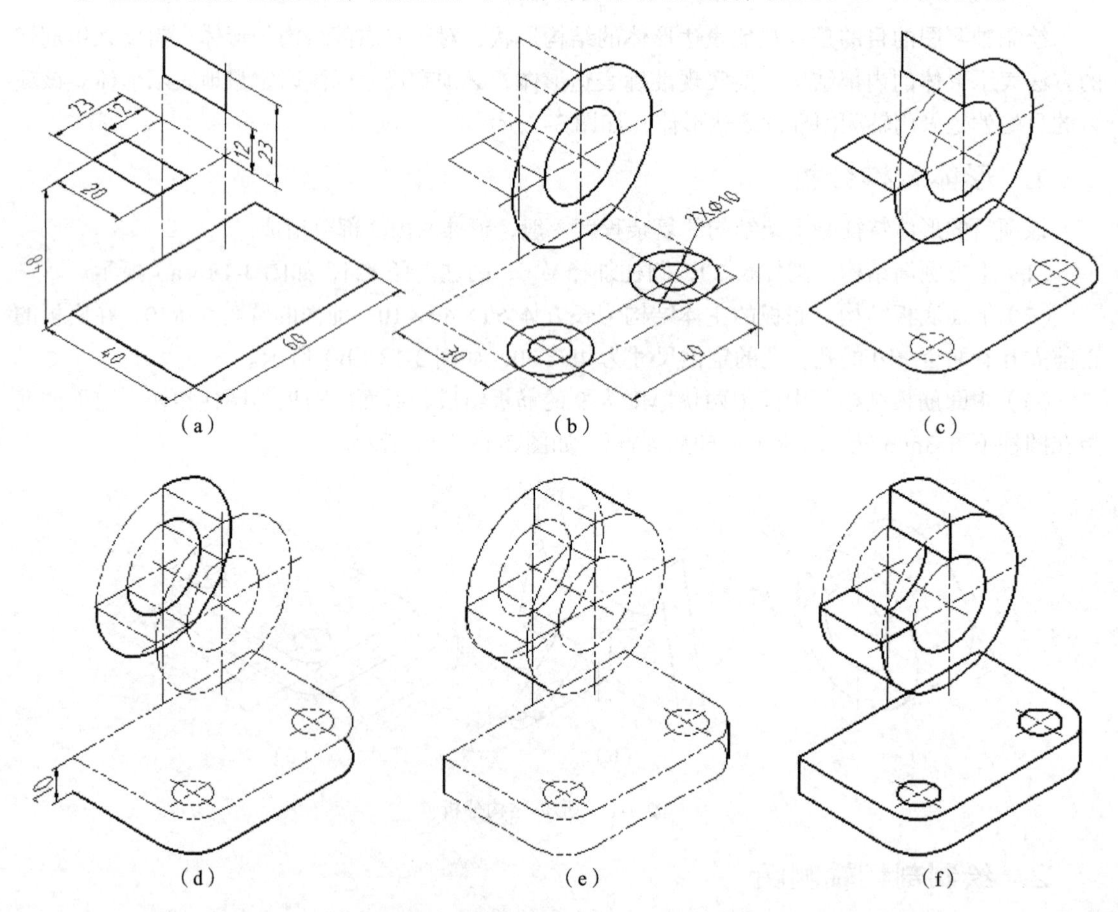

图 3-19　形体上、下部分轴测图的绘制过程

（3）绘制中间的筋板结构，操作步骤如下，如图 3-20 所示。

① 分别在底板上和圆柱的下方绘制筋板的已知图线。按筋板的厚度 9、距底板前端 4 绘制筋板在底板上面的图线；在圆柱的正下方按尺寸 3 绘制筋板形状，如图 3-20（a）所示。

② 对应连线。按图形对应连线，一定注意与圆柱相切的关系，画线时“点”的拾取要选择“对象捕捉”工具栏中的“捕捉切点”操作，如图 3-20（b）所示。

③ 检查并删除不可见图线。及时删除垃圾图线保证画图清晰，检查并完成中间筋板结构的绘制，如图 3-20（c）所示。

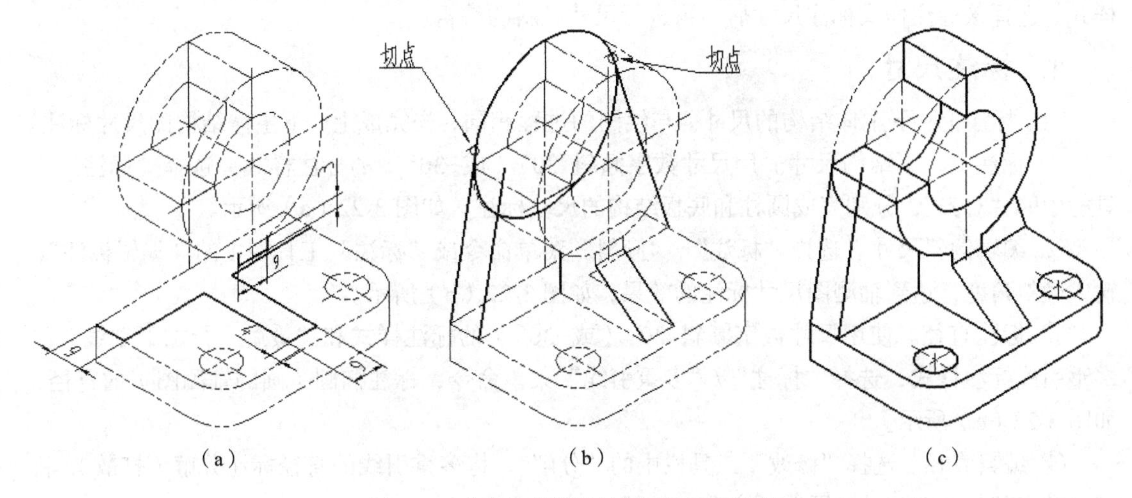

图 3-20 中间连接部分轴测图的绘制过程

3. 绘制剖面及剖面符号填充

形体采用剖切表达，上、下各剖切一处，可以分别完成绘制及剖面符号填充。

（1）绘制筋板与圆筒的剖面图形。在上面的剖面中，圆柱的剖面形状最开始已经画完，主要绘制水平剖面剖切筋板的图形。

① 滚动鼠标滚轮键放大图形显示。筋板左侧的表面不在圆柱最左的素线上，如图 3-21（a）所示。

② 绘制水平剖面剖切筋板的图形。在“等轴测捕捉”和 30°“增量角”的环境下完成水平剖面图形的绘制，如图 3-21（b）所示。

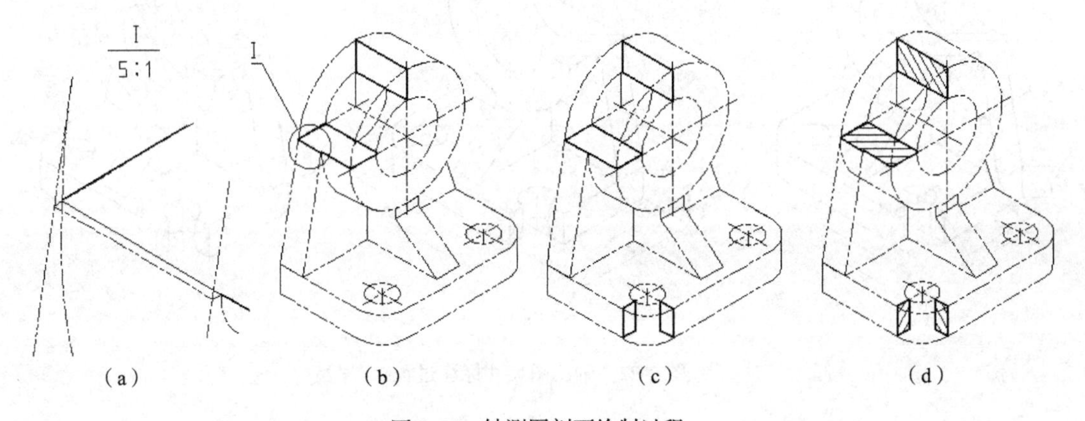

图 3-21 轴测图剖面绘制过程

（2）绘制底板上的剖面图形。在轴测图上进行剖切，采用先绘制轴测图后绘制剖面的方法完成底板上的剖面图形的绘制如图 3-21（c）所示。

（3）剖面线的填充。选择细实线层，按轴测图剖面线的填充方法，“角度”分别选择 75°、−45°、15°，“比例”选择“0.7”，完成轴测图剖面线的填充绘制，如图 3-21（d）所示。

（二）正等轴测图的尺寸标注

按创建轴测图尺寸数字倾斜 30°（或−30°）的标注样式的方法，分别创建数字倾斜的标注样式。选择该标注样式标注尺寸后，再进行尺寸倾斜的编辑。

1. 标注尺寸

（1）标注上、下主体结构的尺寸。与绘图的过程相同，先完成上、下主体结构的尺寸标注。

① 标注上、下结构尺寸。用尺寸数字倾斜 30°（或−30°）的标注样式，选择“标注”工具栏中的“对齐”，分别完成圆柱和底板结构的尺寸标注，如图 3-22（a）所示。

② 编辑倾斜尺寸。选择“标注”/“倾斜”菜单命令或“标注”工具栏中的“编辑标注”，输入倾斜角度，达到轴测图尺寸标注的效果，如图 3-22（b）所示。

③ 标注直径。使用尺寸数字倾斜 30°（或−30°）的标注样式和“最后一行加下划线”的多重引线标注样式，选择“标注”/“多重引线”菜单命令，标注椭圆（圆的轴测图）的直径，如图 3-22（c）所示。

④ 编辑直径。选择“修改”工具栏中的“分解”，将多重引线的直径标注分解（打散），将直径数字部分转动到轴测图轴的方向，如图 3-22（d）所示。

（2）标注其他结构尺寸。中间筋板部分的尺寸标注方法与前面的操作相同，先标注文字倾斜的尺寸，再使用编辑的方法将尺寸转到轴测图轴的方向上，如图 3-22（e）所示。

2. 检查尺寸标注

检查标注的尺寸是否正确，是否符合轴测图尺寸标注的要求；检查尺寸标注是否完整；检查尺寸标注是否清晰，尺寸尽可能标注在轴测图轮廓线外侧，尺寸数字是否有线通过，如图 3-22（f）所示。

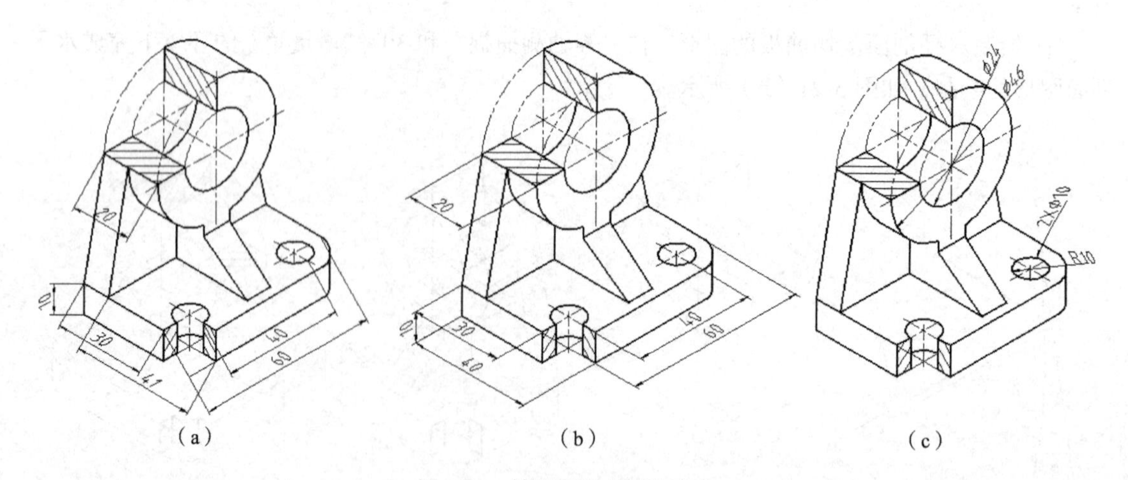

图 3-22　轴测图尺寸标注过程

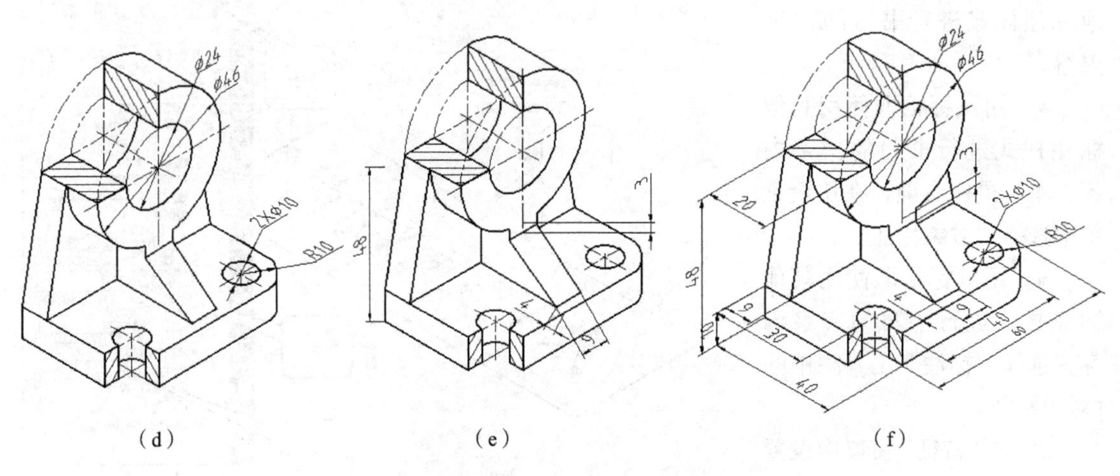

图 3-22　轴测图尺寸标注过程（续）

四、拓展知识

轴测面上文字书写

轴测图的表面按投影关系分为上下表面、前后表面和左右表面。使用 AutoCAD 在投影面上书写文字与尺寸标注相同，需要通过文字“倾斜”和“旋转”的设置，达到文字在不同的轴测投影面上按不同的轴测轴方向书写的效果。

文字的书写

（1）多行文字倾斜书写。设置“文字样式+30°”和“文字样式−30°”文字样式，通过转动 30° 的方法，使文字的字头方向和书写方向都与轴测轴方向相同。此方法简单易懂，操作方法如下。

① 选择“绘图”工具栏中的“多行文字”命令。

② “命令提示”窗口显示“指定第一点:”，用鼠标拾取尺寸数字对角线的一点，↙（回车）。

③ “命令提示”窗口显示“指定对角点或[高度（H）/对正（J）/行距（L）/旋转（R）/样式（S）/宽度（W）]:”，用键盘输入“R”，↙（回车）。

④ “命令提示”窗口显示“输入旋转角度<0>:”，用键盘输入文字需要旋转的角度 30°（或 −30°），↙（回车）。

⑤ 在“文字样式”窗口中选择“文字倾斜−30°”的样式进行多行文字的书写，即可以获得轴测图表面的文字书写。

（2）使用“特征”修改书写。在“特征”窗口中，可以对已经写完的文字进行修改，操作步骤如下。

① 调出“特征”窗口。调出“特征”窗口的方法有以下 3 种。

● 用鼠标双击使用其他标注样式进行书写的文字内容。

● 用鼠标拾取使用其他标注样式进行书写的文字内容，单击鼠标右键，在快捷菜单中选择“对象特征”。

● 用鼠标拾取使用其他标注样式进行书写的文字内容，选择“标注”工具栏中的“对象特征”。

② 在“特征”窗口中设置需要的“文字样式”和“旋转角度”等参数，即可完成文字的修改，如图 3-23 所示。

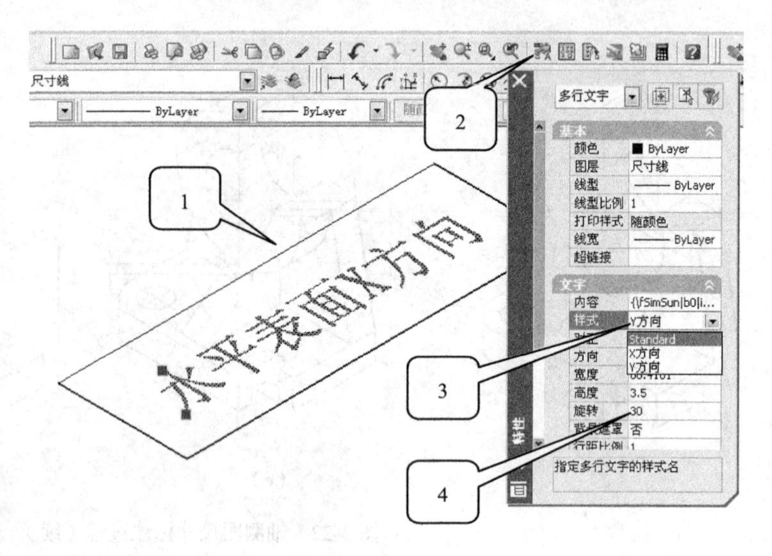

图 3-23 使用“特征”修改书写水平面 *X* 轴方向文字

例题 3-5 在正等轴测图的表面书写仿宋体 5 号字，如图 3-24 所示。

文字的书写方向与轴测图表达的 *X*、*Y*、*Z* 轴的方向一致，在一个表面中，可以有两种书写形式，分别可以通过在“特征”窗口修改文字的倾斜角度和旋转角度实现。

① 水平面文字。文字在轴测图的上、下表面，文字的书写沿 *Y* 轴方向（即与 *Y* 轴方向平行），选择文字样式倾斜 30° 或旋转−30°。

② 侧面文字。文字在轴测图的左、右侧表面，文字的书写沿 *Y* 轴方向（即与 *Y* 轴方向平行），选择文字样式倾斜−30° 或文字旋转−30°。

③ 正面文字。文字在轴测图的前、后表面，文字的书写沿 *X* 轴方向（即与 *X* 轴方向平行），选择文字样式倾斜 30° 或文字旋转 30°。

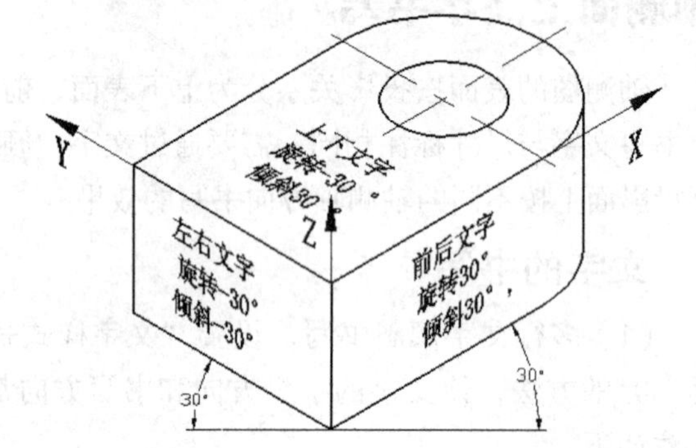

图 3-24 正等轴测图表面的文字书写

小 结

本项目以操作、演示为主要的讲述方式，对于必要的理论知识也作了精简的介绍，使读者能在掌握轴测图表达的同时，提高 AutoCAD 2008 绘图的操作技能。

1. 讲述了轴测图的基本知识、绘制轴测图的要求及方法；应用形体分析的方法绘制轴测图；确保绘制的轴测图正确，符合制图标准。

2. 讲述了使用 AutoCAD 2008 绘图软件的相关命令绘制轴测图的基本操作方法，采用剖切的表达方法表达机件的内部结构。

3. 通过“文字样式”、“标注样式”及“编辑尺寸”的操作，实现了轴测图的尺寸标注。

自测题

一、选择题（请将正确的答案序号填写在题中的括号内）

1. 用（　　）沿物体不平行于直角坐标平面的方向投影到轴测投影面上所得到的投影称为轴测投影。

A. 平行投影法　B. 中心投影法　C. 透视投影法　D. 标高投影法

2. 绘制正等轴测图时，可用（　　）功能键切换 3 个轴测平面来绘制轴测图。

A. F4　B. F5　C. F6　D. Enter

3. 在正等轴测图中，轴向伸缩系数为（　　），简化系数为 1。

A. 0.75　B. 0.82　C. 0.95　D. 1.22

4. 在等轴测捕捉的条件下绘制回转体正等轴测图的椭圆，使用“椭圆”命令后选择（　　）。

A. 中心点（C）　B. 等轴测圆（I）　C. 圆弧（A）　D. 指定椭圆轴的端点

5. 绘制正等轴测图时，需要启动极轴追踪，设置“增量角”为（　　）。

A. 15°　B. 30°　C. 45°　D. 60°

6. 剖切轴测图水平剖面图案填充时，剖面线的“角度”选择（　　）。

A. 0°　B. 45°　C. 60°　D. 90°

7. 在水平面上标注 X 轴方向的尺寸，文字倾斜（　　）符合投影关系。

A. 45°　B. 30°　C. −30°　D. 90°

8. 轴测图剖面线正确的是（　　）。

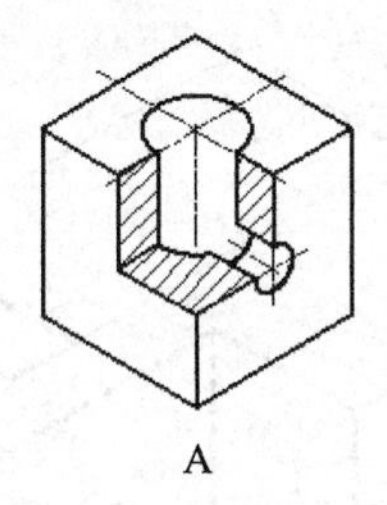
A

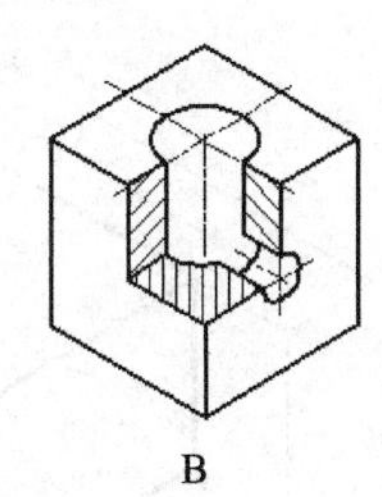
B

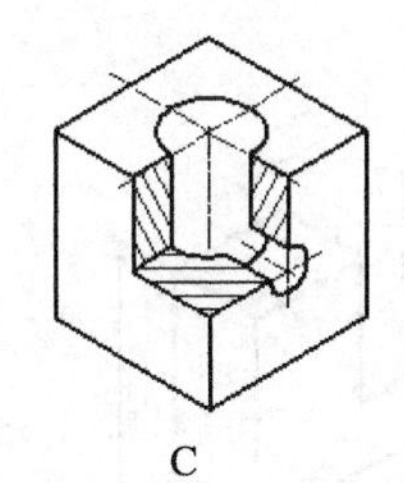
C

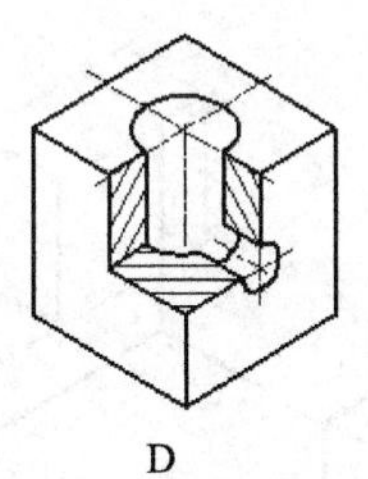
D

9. 轴测图尺寸标注不正确的是（　　）。

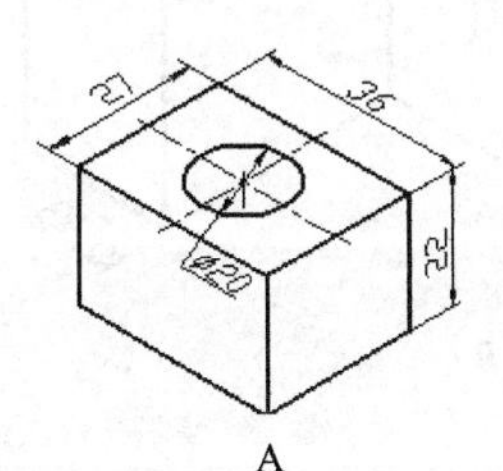

A

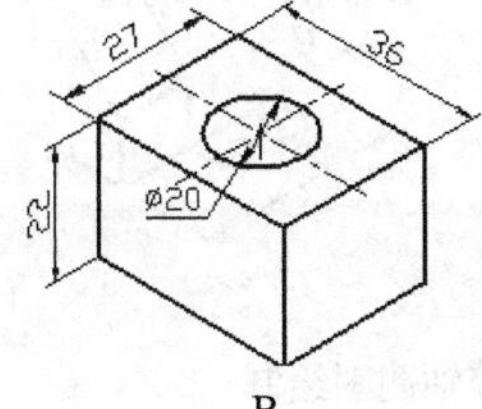

B

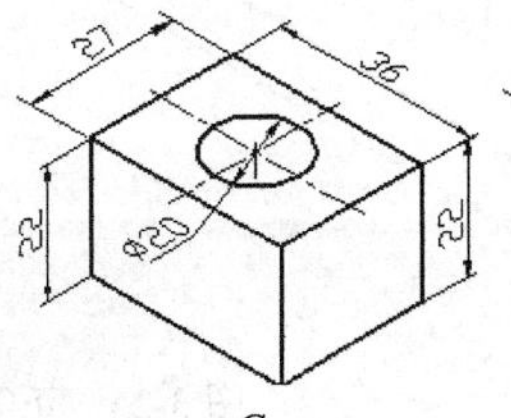

C

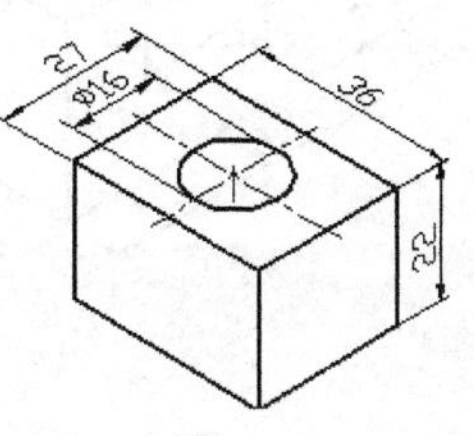

D

10. 轴测图尺寸标注正确的是（　　）。

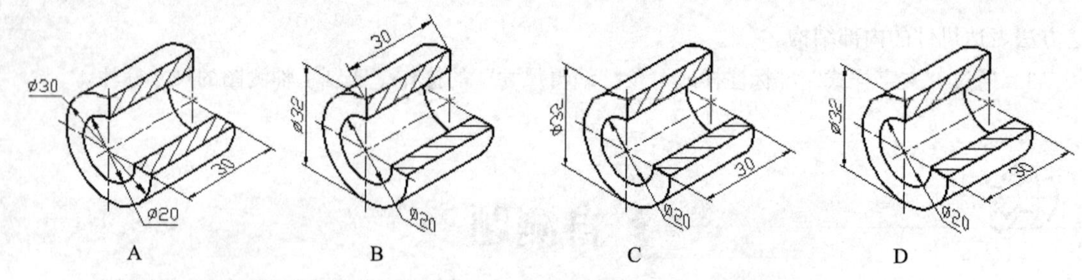

二、判断题（将判断结果填写在括号内，正确的填“√”，错误的填“×”）

（　　）1. 因为轴测图表达形体的立体形状，所以轴测图属于三维立体图形。

（　　）2. 绘制轴测图时，只能沿着轴向度量尺寸，并保证平行关系不变。

（　　）3. 在斜二轴测图中，取 *XOY* 为 90°时，*XOZ* 和 *YOZ* 的两个轴间角分别为 135°。

（　　）4. 在 AutoCAD 中，可以通过组合键“Ctrl + F6”和“Ctrl + Tab”在已经打开的不同图形文件之间切换。

（　　）5. 在 AutoCAD 中，只能通过设置和改变“文字样式”获得文字标注的字型和字号。

（　　）6. 机件表达规定同一个零件的剖面线方向相同，所以，同一个零件轴测图各轴测面上的剖面线方向也相同。

（　　）7. 绘制轴测图时，*Z* 轴的方向永远是垂直方向。

（　　）8. 设置极轴追踪增量角时，只能选择 5 的倍数，附加角只能设置两个任意角度值。

（　　）9. 在使用 AutoCAD 的“正等测捕捉”绘图时，需要按“F5”键切换当前的轴测面，必须在绘图前选定，绘图过程中不能切换。

（　　）10. 在水平面上标注 *Y* 轴方向的尺寸，“文字样式”的文字转动 30°，“编辑尺寸”输入的角度也是 30°。

三、操作题

1. 按尺寸绘制轴测图并标注尺寸，如图 3-25 所示。

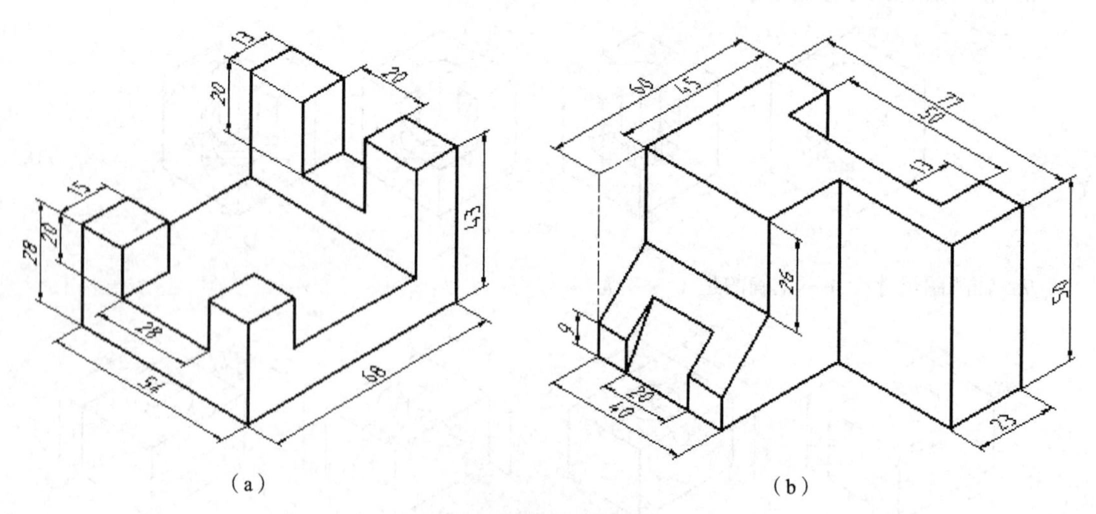

图 3-25　正等轴测图绘制

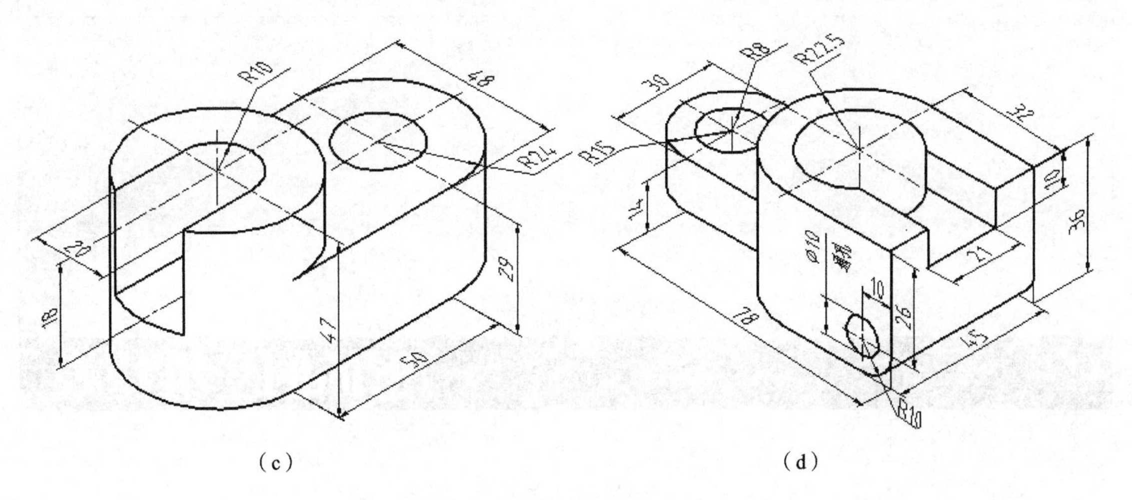

（c）　　　　　　　　　　（d）

图 3-25　正等轴测图绘制（续）

2. 按尺寸绘制剖切正等轴测图并标注尺寸，如图 3-26 所示。

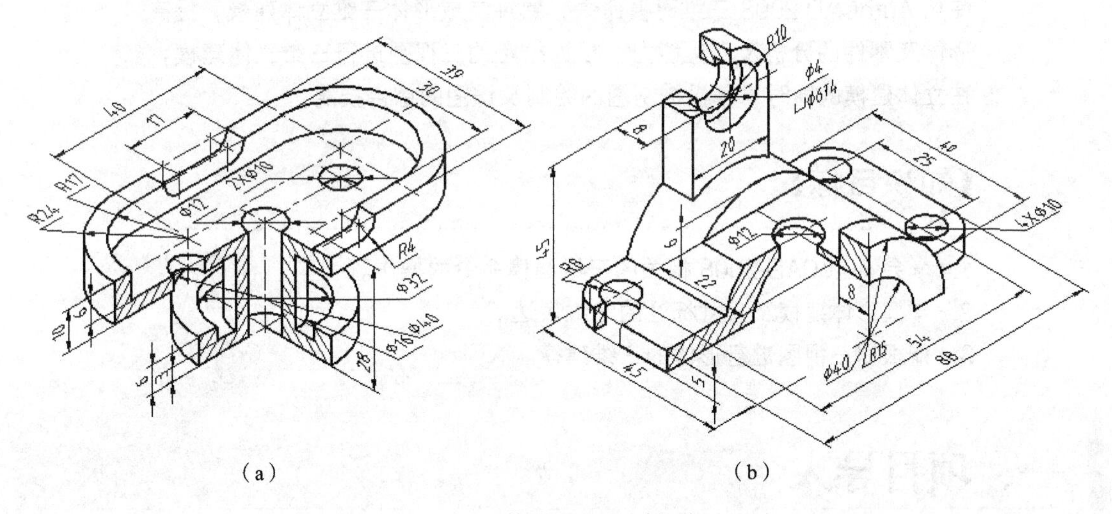

（a）　　　　　　　　　　（b）

图 3-26　剖切正等轴测图的绘制及标注尺寸

项目四

形体的三维建模

【能力目标】

使用 AutoCAD 2008 三维建模命令，熟练完成形体三维立体建模，提高形体及零件的分析及表达能力；根据给定的三视图进行三维立体建模，在立体建模的同时培养机械制图的绘制及识图的综合技能。

【知识目标】

1. 学会 AutoCAD 2008 相关的三维建模命令的操作。
2. 掌握形体建模及尺寸标注的三维表达。
3. 能根据三视图进行形体的三维建模。

一、项目导入

根据实际工作中对三维形体表达的需要，选择具有代表性的形体进行三维建模，掌握 AutoCAD 2008 三维建模命令的使用，完成三维立体建模及尺寸标注，如图 4-1 所示。

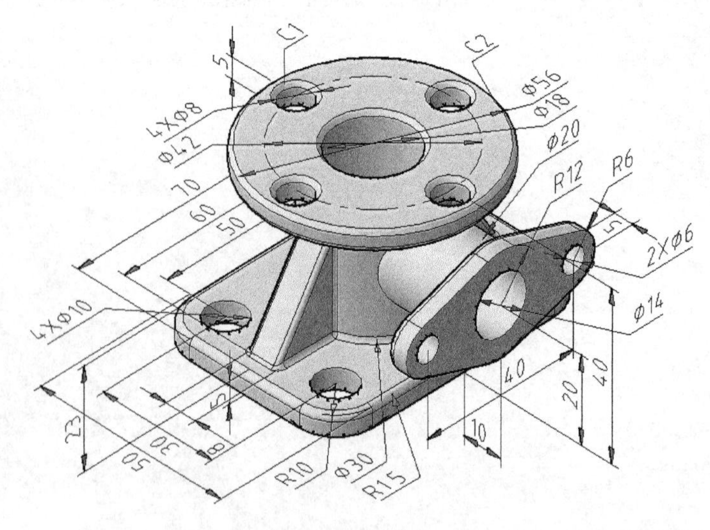

图 4-1　形体的三维表达

三维建模的软件较多，学习使

用 AutoCAD 2008 进行三维建模，增强形体的空间意识，提高形体三视图及零件图表达的能力。

二、相关知识

使用 AutoCAD 2008 进行三维建模，完成形体的立体表达，需要掌握的知识内容主要是建模绘图环境的设置及使用、相关命令的操作等。

（一）三维绘图环境

三维立体绘制的操作与二维图形操作的最大不同是绘图坐标面的变换，二维图形的绘制都是在水平面中操作的，绘图过程不需要变换坐标面，而三维立体的绘制根据形体的具体结构形状要不断地变换绘图坐标面，绘制图形并完成立体建模。

1. 建模命令工具栏

为了确保三维立体绘制操作的方便快捷，在“命令工具栏目录”中，调出一系列与三维立体绘制相关的命令工具栏。为了绘图时操作方便，我们将与三维立体绘制相关的一系列命令工具栏放置在绘图界面的右侧，按使用的主次关系摆放，如图 4-2 所示。

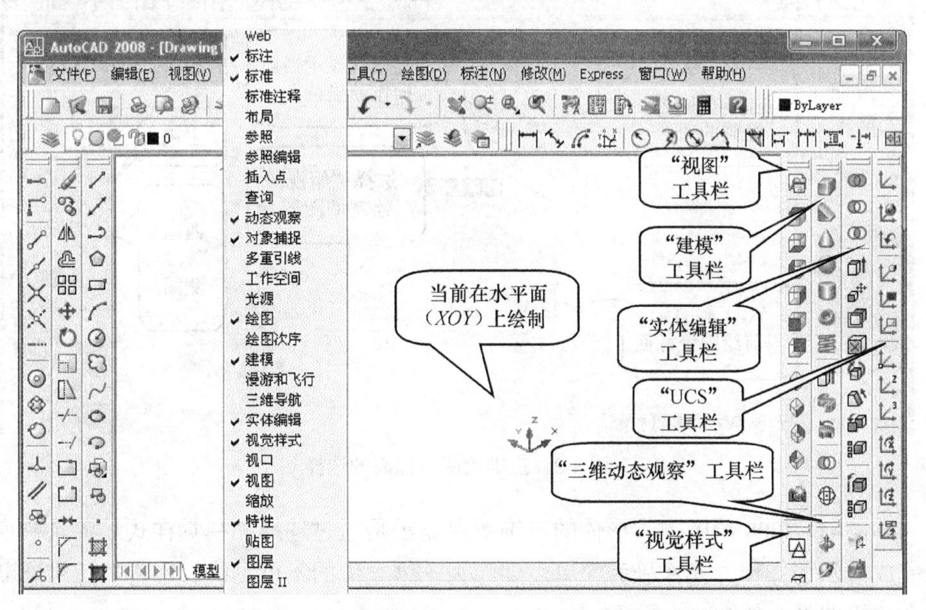

图 4-2 三维绘图命令工具栏及界面的布置

常用三维建模命令工具栏的名称及用处如下。

（1）“视图”工具栏。“视图”工具栏用来变换绘图坐标面（投影面），即选定当前绘制图线的空间投影面。“视图”工具栏主要分上下两部分，上部分是选定绘图投影面，下部分是将选定的当前坐标显示为不同方向的立体。

（2）“视觉样式”工具栏。“视觉样式”工具栏用于变换立体表面各种视觉样式的显示。

（3）“建模”工具栏。“建模”工具栏主要用于三维立体图形的绘制（与二维图形操作的“绘图”工具栏相似）。

（4）“实体编辑”工具栏。“实体编辑”工具栏用于编辑形体（与二维图形操作的“修改”工具栏相似）。

（5）“UCS”工具栏。“UCS”工具栏用于改变当前绘图坐标，可以通过“移动”、“旋转”等命令来变换当前的绘图坐标。

（6）“三维动态观察”工具栏。“三维动态观察”工具栏主要用于转动所绘制的立体，对绘制的立体进行观察。

2. 绘图坐标面

根据投影理论可知，形体在三维坐标系中有 6 个相互垂直的投影面，也称为坐标面。6 个坐标面由“视图”工具栏中的前 6 个命令按钮控制，用鼠标左键单击命令按钮便可切换坐标面（一般只需要俯、左、主 3 个视图），选择需要的绘图坐标面进行绘图操作。

选择“视图”工具栏中下部分的相应命令按钮，可以将所选择的当前绘图坐标面从 4 个不同的方向显示为立体；界面中的 *XOY* 轴表示当前绘图操作的坐标面，与光标的 *X*、*Y* 轴显示对应，*Z* 轴方向不能画线，如图 4-3 所示。

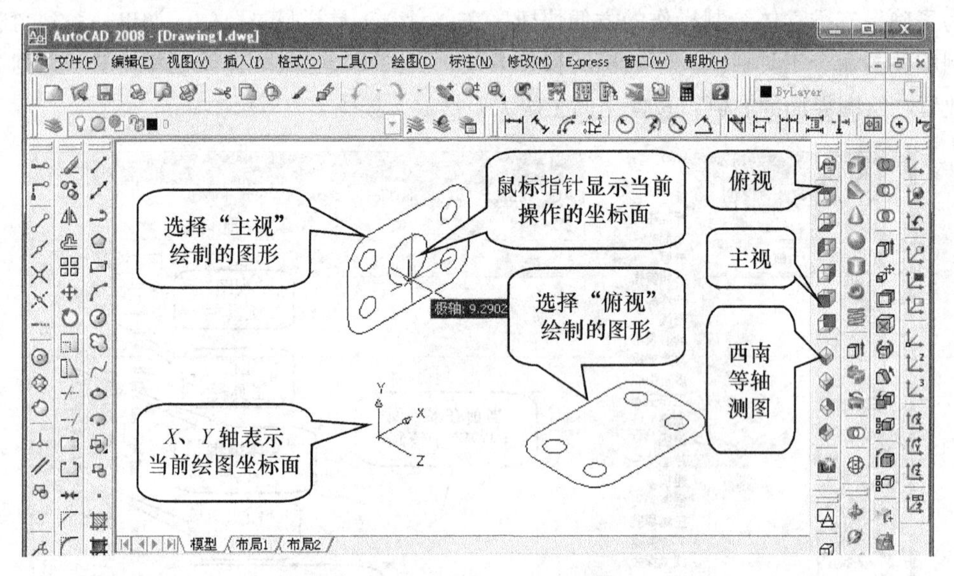

图 4-3 三维绘图坐标面的选择

在 AutoCAD 2008 绘图中，形体的三维效果显示是通过选择“视觉样式”工具栏窗口中的命令来完成显示的操作，操作极为简单。如隐去三维立体的不可见线，单击“三维隐藏视觉样式”命令按钮即可，如图 4-4 所示。

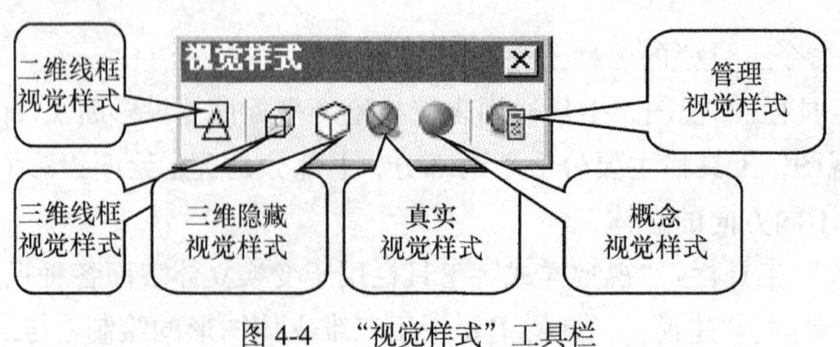

图 4-4 “视觉样式”工具栏

使用 AutoCAD 2008 进行三维建模，只能在 *X*、*Y* 轴表示的坐标面上绘图及标注尺寸，*Z* 轴方向不能画线，因此，选择绘图坐标面是三维建模的关键。下面介绍两种选择绘图坐标面的方法。

（1）选择视图确定绘图坐标面。选择“视图”工具栏中的视图确定绘图的坐标面（投影面），如图 4-5 所示。操作步骤如下。

① 选择绘图坐标面。选择“视图”工具栏中的“主视”、“俯视”或“左视”，确定需要的绘图坐标面。

② 三维立体显示绘图坐标面。选择“视图”工具栏中的“西南等轴测”（或另外两个命令）获得绘图坐标面的三维立体显示。

③ 放大显示。滚动鼠标滚轮键，将窗口内的图形放大显示。

④ 视觉效果。选择“视觉样式”工具栏中的“三维隐藏视觉样式”（或根据需要选择其他命令）调整视觉效果。

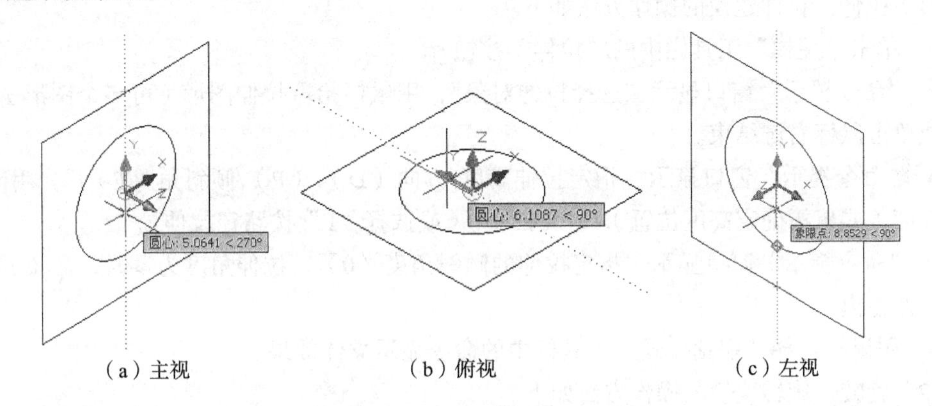

（a）主视　　（b）俯视　　（c）左视

图 4-5　三维显示下不同绘图轴测面 *XY* 轴的显示

（2）转动坐标获得坐标面。选择“USN”工具栏中的“X”、“Y”、“Z”命令，使绘图坐标系统指定坐标轴转动 90°，获得绘图坐标面。在绘图操作中可以连续使用此方法完成绘图坐标面的选择，图形显示并不发生变化。

（二）建模基本方法

调出与三维建模相关的命令工具栏，完成绘图界面的布局；设置立体图形的图层，线宽设置为 0.25mm 或默认，颜色选择“9 号色”。

1．基本形体建模

在 AutoCAD 绘图软件中，“建模”工具栏中有基本形体的建模命令，可以根据指定的参数直接完成需要的基本形体建模。操作的基本方法如下。

（1）基本形体的空间位置。选择视图确定绘图坐标面，当前绘图的坐标面即是基本形体的空间位置。

（2）选择建模命令。根据需要，用鼠标左键选择“建模”工具栏中前 7 个命令按钮中的一个。

（3）输入基本形体的参数。按“命令提示”窗口的提示进行操作，输入基本形体的指定参数。

选择“俯视”绘图坐标面，长方体、楔体、球体、圆锥体、圆柱体、圆环体、螺旋 7 种基本形体的建模如图 4-6 所示。

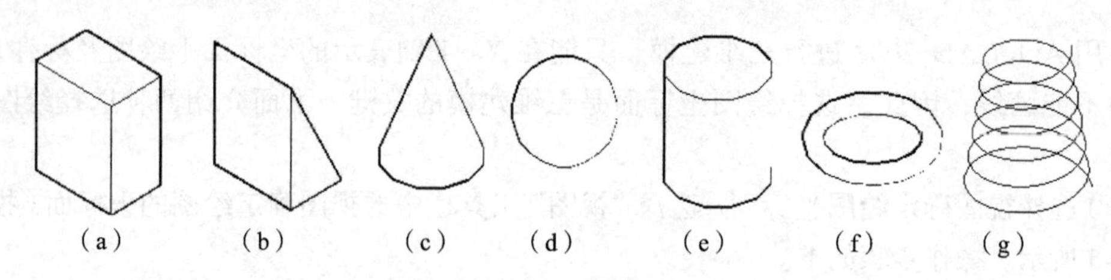

图 4-6　基本形体的建模

2. 拉伸及旋转建模

拉伸、扫掠及旋转是建模的基本方法，操作方法为：分析形体结构，确定拉伸、扫掠或旋转的基本平面图形及该图形的形状和所在的坐标面；选择“视图”工具栏中的视图确定绘图坐标面；在坐标面中采用与二维画图相同的方法绘制图形；选择拉伸、扫掠及旋转命令，按“命令提示”窗口的提示操作。

（1）拉伸。拉伸建模的操作方法如下。

- 单击“建模”工具栏中的“拉伸”按钮。
- “命令提示”窗口显示“选择拉伸对象”，用鼠标拾取拉伸图形（可多个图形），↙（回车）或单击鼠标右键结束。
- “命令提示”窗口显示“指定拉伸高度[方向（D）/（P）/倾斜角（T）]”，用键盘输入拉伸高度（或鼠标确定高度位置），↙（回车）（或选择“P”按路径拉伸）。
- “命令提示”窗口显示“指定拉伸的倾斜角度〈0〉”，拉伸角度为零时，↙（回车），即完成拉伸建模。
- 用鼠标选择“视觉样式”工具栏中的命令显示立体效果。

（2）旋转。旋转建模的操作方法如下。

- 单击“建模”工具栏中的“旋转”按钮。
- “命令提示”窗口显示“选择旋转对象”，用鼠标拾取旋转图形，↙（回车）或单击鼠标右键结束。
- “命令提示”窗口显示“指定轴起点或根据以下选项之一定义轴［对象（O）/X/Y/Z］<对象>”，用鼠标拾取轴的第一点。
- “命令提示”窗口显示“指定轴的端点”，用鼠标拾取轴的第二点。
- “命令提示”窗口显示“指定旋转角度或[起点角度（ST）]〈360〉”，用键盘输入旋转角度，↙（回车）（回转体旋转一周直接回车），即完成旋转建模。
- 选择“视觉样式”工具栏中的命令显示立体表面效果。

3. 并集、差集

使用“实体编辑”工具栏中的“并集”和“差集”命令，用“加”或“减”的方法，将通过拉伸或旋转等方法建模的形体进行组合操作。

（1）并集。将形体用“加”的方法进行形体组合，操作步骤如下。

- 单击“实体编辑”工具栏中的“并集”按钮。
- “命令提示”窗口显示“选择对象”，用鼠标左键连续拾取合并的形体，单击鼠标右键或↙（回车）结束，则所选定的所有形体合并成一个形体。

（2）差集。将形体用“减”的方法进行形体组合，操作步骤如下。

- 单击“实体编辑”工具栏中的“差集”按钮。
- “命令提示”窗口显示“选择对象”，用鼠标左键连续拾取并集后保留的形体（被减的形体为“+”），单击鼠标右键结束。
- “命令提示”窗口显示“选择对象”，用鼠标左键连续拾取并集后去掉的形体（减掉的形体为“-”），单击鼠标右键结束。即完成所选定形体的并集。单击“视觉样式”工具栏中的相应按钮，可以调整立体表面的显示效果。
- 单击“三维动态观察”工具栏中的“三维动态观察器”按钮，单击形体并按住鼠标左键不放转动形体，可检查形体是否组合正确。

4. 倒角、圆角

三维立体的倒角和圆角的操作方法与二维平面作图基本相同，所使用的命令按钮为二维平面作图使用的“倒角”和“圆角”命令按钮，按“命令提示”窗口的提示操作即可完成。

（1）倒角。用斜面代替形体的棱边，操作步骤如下。

- 单击“绘图”工具栏中的“倒角”按钮。
- “命令提示”窗口显示“选择第一条直线或……（选项）”，用鼠标拾取要进行倒角操作的立体的棱线，倒角所在的平面变成“虚线”显示。
- “命令提示”窗口显示“输入曲面选择选项〔下一个（N）/当前（OK）〕<当前>”，↙（回车）。
- “命令提示”窗口显示“指定基面的倒角距离〈0.0000〉”，用键盘输入倒角与基面的距离，↙（回车）。
- “命令提示”窗口显示“指定其他曲面的倒角距离〈显示上一个数值〉”，用键盘输入倒角距离，↙（回车）或直接↙（回车）。
- “命令提示”窗口显示“选择边或〔环（L）〕”，用鼠标拾取将要进行倒角操作的棱线，倒角所在的平面变成“虚线”显示，↙（回车），即完成规定的倒角。

（2）圆角。用圆角代替形体的棱边，操作步骤如下。

- 单击“绘图”工具栏中的“圆角”按钮。
- “命令提示”窗口显示“选择第一个对象或……（选项）”，用鼠标拾取要进行圆角操作的立体的棱线，该棱线变成“虚线”。
- “命令提示”窗口显示“输入圆角半径〈0.0000〉”，用键盘输入圆角半径，↙（回车）。
- “命令提示”窗口显示“选择边或〔链（C）/半径（R）〕”，用鼠标分别拾取将要进行圆角操作的立体的棱线，棱线变成“虚线”显示，↙（回车），即完成指定半径的圆角。

（三）形体的三维建模

对已知形体进行三维建模，是根据形体的尺寸使用相关命令完成形体的建模。此操作简单直观，不需要制图中的视图投影知识。

1. 形体建模的注意事项

使用AutoCAD绘图完成形体的三维立体建模的操作方法与二维的绘图操作方法基本相同，只要注意“命令提示”窗口的提示，按提示进行操作便可完成三维立体建模。建模操作的注意事项如下。

（1）分析形体。建模前对形体的结构进行分析，了解组成形体的各个基本形体（形体分析法）之间的关系，确定建模操作方案。

（2）选择坐标面。确定所画图形所在的坐标平面，选择正确的视图、等轴测，界面显示的*X*、*Y*坐标轴表示当前绘图坐标面，“Z”轴方向不能画线。

（3）单一封闭图线。建模的图形一定是独立的一条封闭图线，尽可能用“多段线”命令绘制图线，否则图形要用“修改”工具栏中的“面域”命令或“编辑多段线”命令进行操作。

（4）差集的操作。差集是形体组合的挖切方式建模，是相减的关系，选择“差集”命令后要进行两次拾取操作，第一次拾取的是被减的主体（为“+”），第二次拾取的是减掉的形体（为“-”），两次拾取操作之间一定要↙（回车）或单击鼠标右键。

（5）及时检查。形体一旦组合就不能分开，一旦操作错误及时使用“撤销”返回，或用“实体编辑”进行修改。因此，在进行并集或差集等操作后，一定用“三维动态观察器”进行检查，确认正确无误后再继续进行建模。

2. 三维建模的操作示例

（1）形体建模的操作示例，可以在“三维隐藏视觉样式”显示下完成。

例题 4-1 按尺寸完成形体的建模，如图 4-7（a）所示。

操作步骤如下。

① 形体分析。图形由上、下两部分组成，基本图形在水平面内。

② 绘制基本图形。基本图形是由圆柱和长方体组成的。

- 选择“视图”工具栏中的“俯视”和“西南等轴测”，在三维显示下绘图。
- 绘制矩形，选择圆角“F”选项（圆角 *R*5），完成 40×30 圆角 *R*5 的矩形的绘制。
- 用“对象捕捉”中的“捕捉中点”及“极轴”、“对象追踪”，完成矩形中心的 ϕ20 圆的绘制，如图 4-7（b）所示。

③ 拉伸建模。按拉伸的方法进行操作，圆柱向上拉伸 15，与 z 轴方向相同；矩形向下拉伸-5，与 z 轴方向相反，如图 4-7（c）、图 4-7（d）所示。

④ 并集组合。按并集的方法进行操作，完成形体的建模。

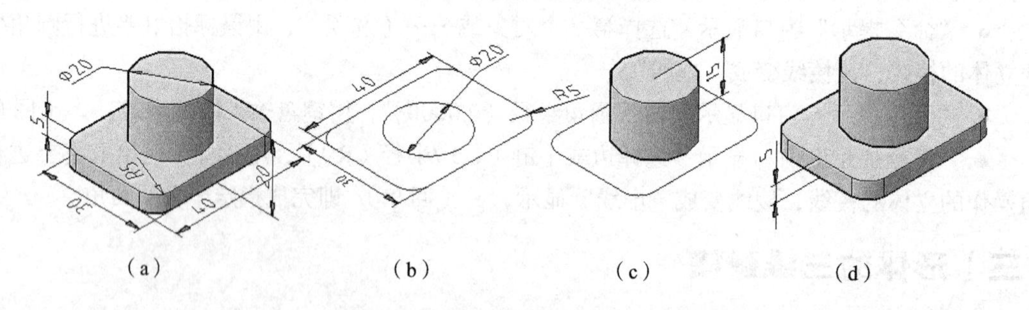

图 4-7 用并集的方法建模

例题 4-2 按尺寸完成形体的建模，如图 4-8（a）所示。

操作步骤如下。

① 形体分析。图形由上、下两个棱柱组合，在组合后，正前方挖切掉一个 U 形槽。

② 创建下方棱柱。选择“视图”工具栏中的“主视”，绘制基本图形，按拉伸的方法进行操作，拉伸 32，完成下方棱柱的建模，如图 4-8（b）所示。

③ 创建上方棱柱。选择“视图”工具栏中的“俯视”，在指定位置绘制基本图形，按拉伸的方法拉伸 20，完成上方棱柱的建模，如图 4-8（c）、图 4-8（d）所示。

④ 并集组合上、下方两个棱柱。将建模完成的上、下方两个棱柱采用并集的方法组合成一体。

⑤ 创建正前方 U 形体。选择“视图”工具栏中的“俯视”，在上方棱柱的上方位置绘制基本图形，按拉伸的方法操作，拉伸−30（可大于−30 充分挖掉），完成上方棱柱的建模，如图 4-8（e）所示。

⑥ 差集组合。按差集的方法操作，完成立体建模，如图 4-8（f）所示。

⑦ 动态观察检查。选取“视觉样式”工具栏中的命令，观察建模效果；选择“三维动态观察器”转动三维立体，检查立体建模是否正确。

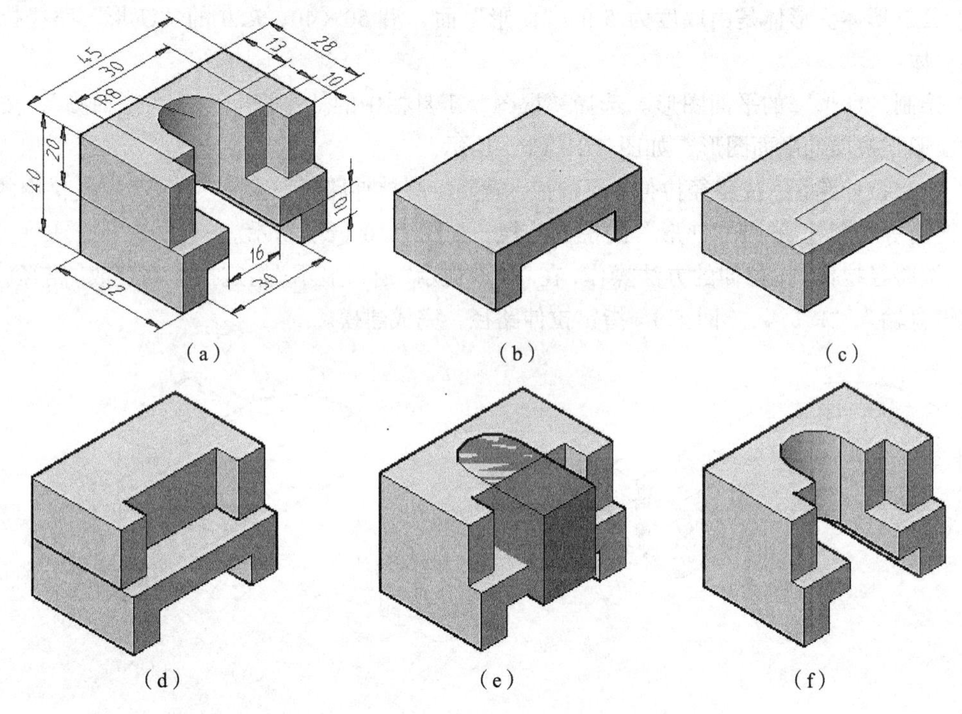

图 4-8 用并集、差集的方法建模

例题 4-3 用旋转建模法完成阶梯轴的建模，如图 4-9 所示。

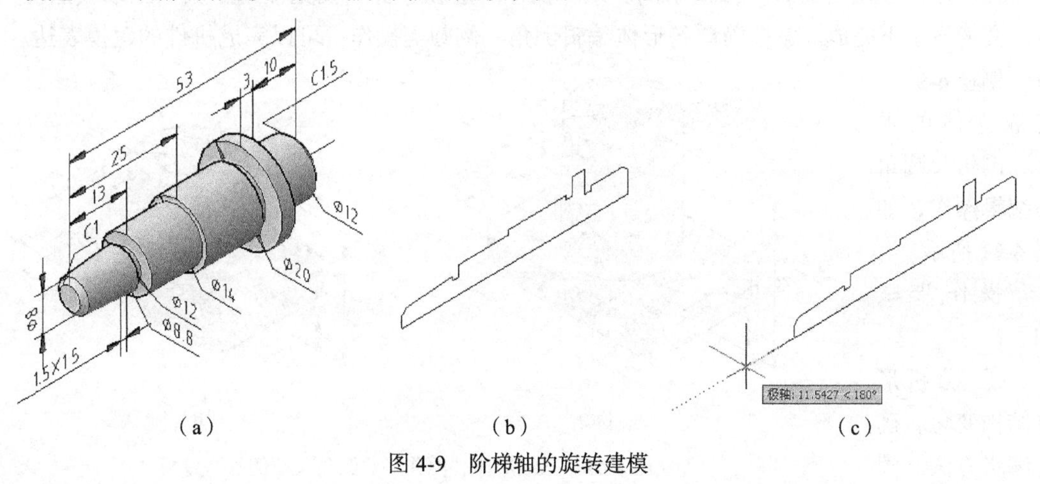

图 4-9 阶梯轴的旋转建模

操作步骤如下。

① 形体分析。阶梯轴为典型的回转体，用旋转建模的方法完成，阶梯轴水平放置，基本图形应在正立投影面（或水平投影面）中。

② 绘制正立投影面内的平面图形。选择“视图”工具栏中的“主视”（或“俯视”），按尺寸绘制平面图形（使用“多段线”绘制），如图 4-9（b）所示。

③ 旋转建模并检查。按旋转的操作方法完成建模，选取“视觉样式”工具栏中的命令及“三维动态观察器”进行检查，如图 4-9（c）所示。

例题 4-4 按尺寸完成指定路径拉伸“U 形槽”的建模，如图 4-10 所示。

操作步骤如下。

① 分析形体。形体是由厚度为 5 的“U 形”面，沿 50×40、*R*20 的“U 形”路径拉伸所形成的立体。

② 绘制“U 形”的平面图形。选择“视图”工具栏中的“主视”、“西南等轴测”，按尺寸绘制“U 形”拉伸的平面图形，如图 4-10（b）所示。

③ 绘制拉伸路径。按路径拉伸（或扫掠）需要绘制拉伸路径，选择“视图”工具栏中的“俯视”、“西南等轴测”，绘制“U 形”的拉伸路径，如图 4-10（c）所示。

④ 按路径拉伸。按拉伸的方法操作，在“命令提示”窗口显示“指定拉伸高度或[路径（P）]”时，用键盘输入“P”，↙（回车），指定拉伸路径，完成建模。

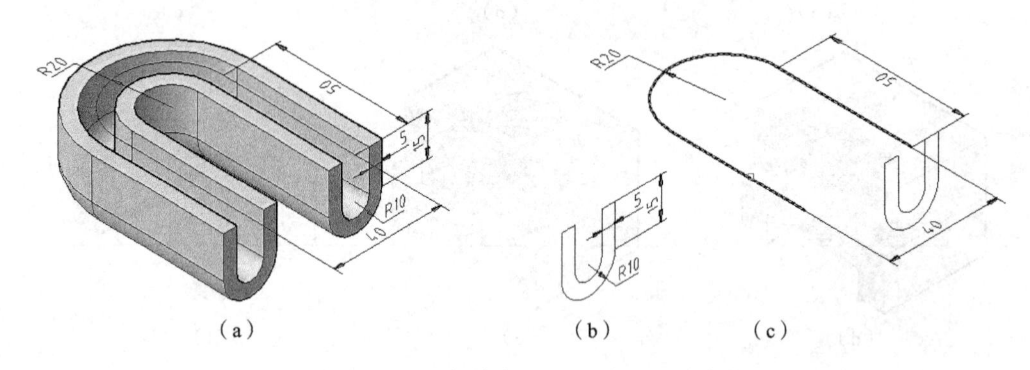

（a） （b） （c）

图 4-10 指定拉伸路径的“U 形槽”的建模

（2）形体建模后的编辑操作示例。编辑操作一般在“真实视觉样式”及“三维线框视觉样式”交替显示下完成。掌握简单的形体编辑倒角、倒圆等操作，可以完成机件的建模表达。

例题 4-5 完成立体的平移、倒角及圆角的编辑操作，如图 4-11 所示。

操作步骤如下。

① 分析形体结构变化，确定编辑方法。圆

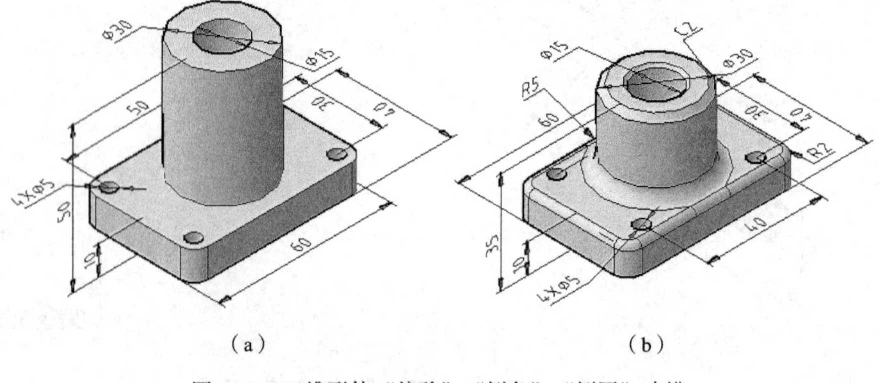

（a） （b）

图 4-11 三维形体“偏移”、“倒角”、“倒圆”建模

柱的高度缩短 15，底板的孔距缩短 10，底板圆角 $R2$，与圆柱相交圆角 $R5$，圆柱上端面倒角 $C2$、$C1$，如图 4-11（b）所示。

② 拉伸面。选择“拉伸面”命令，按“命令提示”窗口操作，将圆柱的高度缩短 15。

- 选择“实体编辑”工具栏中的“拉伸面”。
- “命令提示”窗口显示“选择面或[放弃（U）/删除（R）]:”，拾取圆柱上端面，↙（回车）。
- “命令提示”窗口显示“指定拉伸高度或[路径（P）]:”，输入“－15”（拉长为正，缩短为负），↙（回车），即完成圆柱的高度缩短 15，如图 4-12（a）所示。

③ 移动面。选择“移动面”命令，按“命令提示”窗口的提示操作，将底板孔的中心距从 50 改变为 40，$\phi5$ 的孔向中心移动 5。

- 选择“实体编辑”工具栏中的“移动面”。
- “命令提示”窗口显示“选择面或[放弃（U）/删除（R）]:”，拾取底板孔，↙（回车）。
- “命令提示”窗口显示“指定基点或位移:”，拾取孔的圆心。
- “命令提示”窗口显示“指定位移的第二点:”，将鼠标指针沿 X 轴方向移动（定性），输入“5”，↙（回车），即完成一处孔的移动。用同样的方法完成其余 3 个孔的移动，如图 4-12（b）所示。

④ 圆角。根据尺寸按圆角的方法操作，分别完成 $R2$、$R5$ 形体圆角的建模，如图 4-12（c）、图 4-12（d）所示。

⑤ 倒角。根据尺寸按倒角的方法操作，分别完成 $C2$、$C1$ 形体倒角的建模操作，如图 4-12（e）、图 4-12（f）所示。

⑥ 检查。选取“视觉样式”工具栏中的“三维线框视觉样式”及“动态观察”工具栏中的“三维动态观察器”观察建模形体的全貌，进行检查确认正确无误。

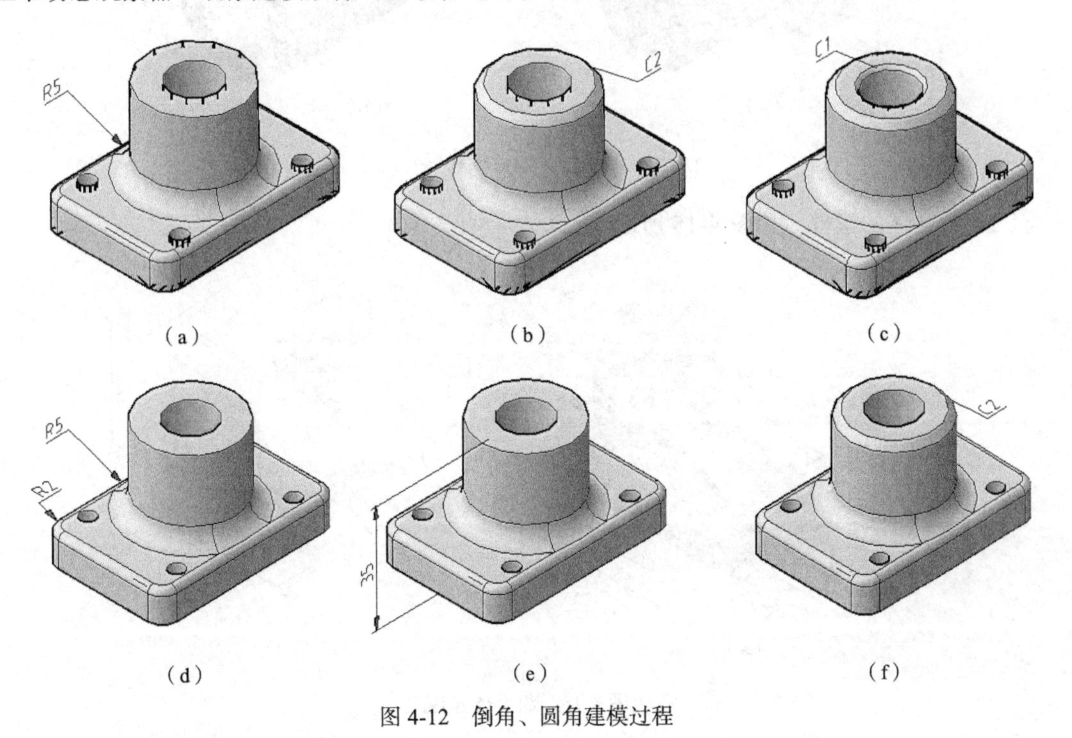

图 4-12　倒角、圆角建模过程

3. 形体建模练习

按图中给定的尺寸完成形体的三维建模，图线颜色选择“9 号色”，线宽选择 0.25mm（或“默认”），不标注尺寸。

（1）平面形体的建模，如图 4-13 所示。

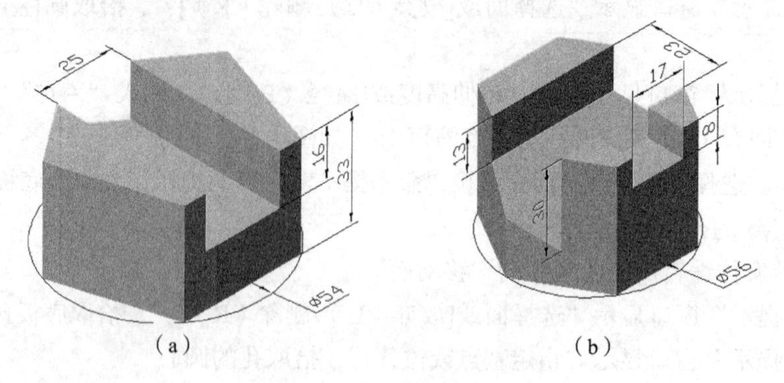

图 4-13　平面形体建模

（2）回转体的建模，如图 4-14 所示。

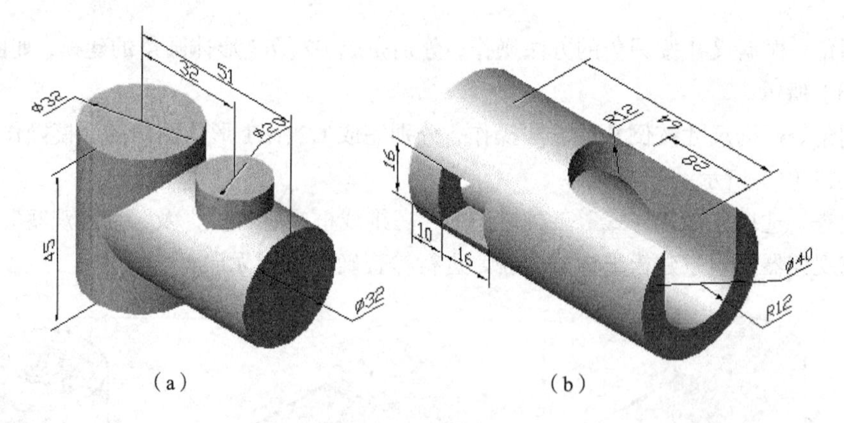

图 4-14　回转体建模

（3）组合体的建模，如图 4-15 所示。

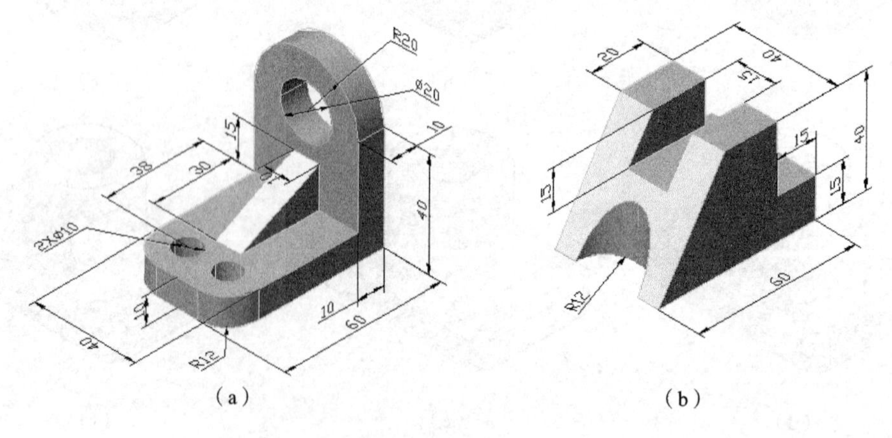

图 4-15　组合体建模

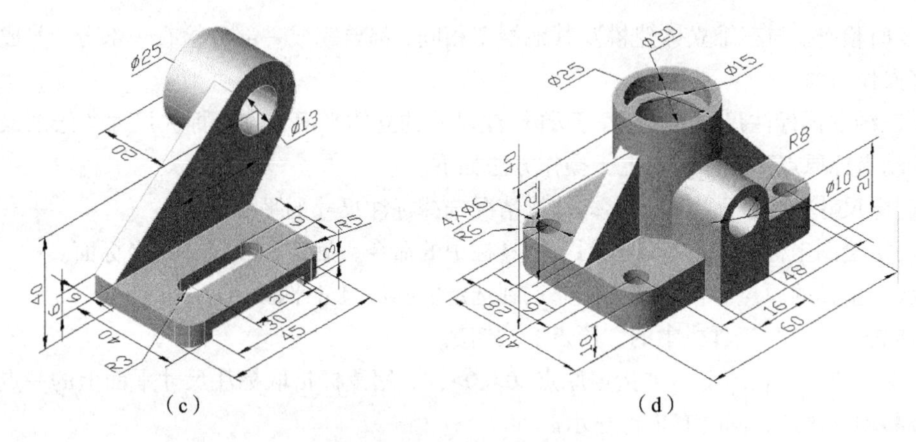

（c）　　　　（d）

图 4-15　组合体建模（续）

（4）带倒角、圆角的形体建模（图中未注倒角 *C*2，未注圆角 *R*3），如图 4-16 所示。

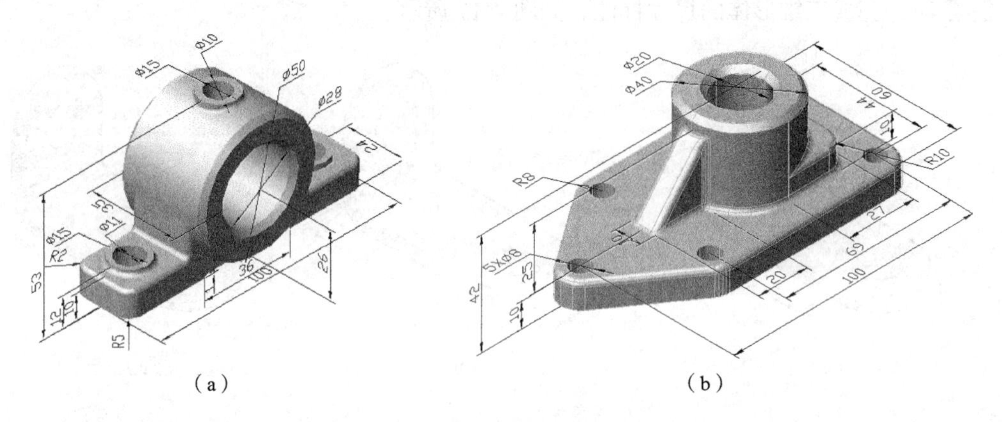

（a）　　　　（b）

图 4-16　带倒角、圆角的形体建模

（四）三维立体尺寸标注

1. 使用“USC”标注立体尺寸的方法

三维立体的表达直观易懂，在工程中越来越多地被采用。仅用三维立体表达不能准确地表达形体的尺寸大小，必须进行尺寸标注，该项目讲述简单实用的三维立体尺寸标注的方法。

（1）三维立体尺寸标注的注意事项。三维立体尺寸标注根据机械制图形体投影的尺寸标注的方法，按可逆的原理，将形体在 3 个投影面上标注的尺寸标注在形体空间相应的面中。

① 合理选择尺寸标注的平面。根据形体结构的具体情况，一般选择没有遮挡的形体表面进行尺寸标注。合理地选择形体的平面标注尺寸是尺寸标注清晰的关键。

② 移动坐标的原点。选择绘图坐标面后及时移动坐标的原点，使得尺寸标注的操作能在预定的平面内。

③ 集中标注。三维立体尺寸标注与视图的尺寸标注相同，按形体分析的方法一部分结构一次性标注完成，避免尺寸标注的遗漏和重复，方便读图和检查。

④ 尺寸数字足够大。调整尺寸标注样式，尺寸数字不要太小，要足够大，标注尺寸的数字要清晰。

⑤ 及时检查。与三维立体建模及其他绘图相同，都要完成一部分检查一部分，养成及时检查的良好操作习惯。

（2）三维立体标注尺寸的方法。选择标注尺寸的立体平面，选择标注尺寸（绘图操作）坐标面，移动坐标原点到立体平面上，操作方法如下。

① 确定尺寸标注平面。根据形体结构情况选择标注尺寸的平面。

② 确定绘图坐标面。选择“视图”工具栏中的命令，确定标注尺寸的坐标面。

③ 移动坐标的原点。移动坐标的原点到选定的标注尺寸平面上。

- 单击“USC”工具栏中的“原点”按钮。
- “命令提示”窗口显示“指定原点<0,0,0>:”，用鼠标拾取标注尺寸平面上的一点，即坐标原点被移动到该点，同时有坐标显示。

④ 标注尺寸。在三维显示下，按二维平面图形标注尺寸的方法选择尺寸标注样式及标注命令，进行尺寸标注。

例题 4-6 完成三维形体的尺寸标注，如图 4-17 所示。

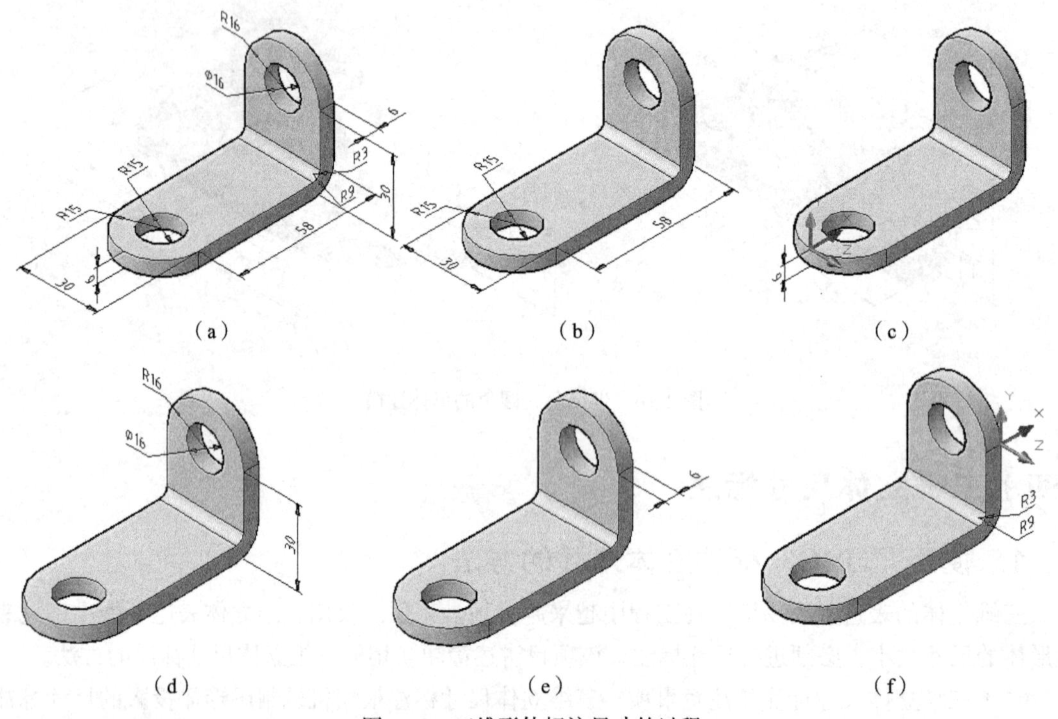

图 4-17 三维形体标注尺寸的过程

操作步骤如下。

① 分析形体结构，确定标注尺寸的过程。形体由上、下两部分组成，两部分由圆角连接，如图 4-17（a）所示。

② 标注下面部分结构的尺寸，选择上表面（水平面）为标注尺寸平面。

- 选择“视图”工具栏中的“俯视”，再选择“西南等轴测”，坐标轴 *X*、*Y* 在水平面上。
- 选择“USC”工具栏中的“原点”，拾取上表面明显位置点。
- 按尺寸标注的方法标注 R15、ϕ15 及尺寸 58、30，如图 4-17（b）所示。
- 选择“视图”工具栏中的“主视”，再选择“西南等轴测”，坐标轴 *X*、*Y* 在正立面上。

- 选择“USC”工具栏中的“原点”，拾取形体的前后对称平面上的明显位置点。
- 按尺寸标注的方法标注尺寸 6，如图 4-17（c）所示。

③ 标注上面部分结构的尺寸，选择左侧可见表面（侧立面）为标注尺寸平面。操作方法与下面部分的标注基本相同。

- 选择“视图”工具栏中的“左视”，再选择“西南等轴测”，坐标轴 *X*、*Y* 在侧立面上。
- 选择“USC”工具栏中的“原点”，拾取上表面明显位置点。
- 按尺寸标注的方法标注 *R*15、ϕ15 及尺寸 31，如图 4-17（d）所示。
- 选择“视图”工具栏中的“俯视”，再选择“西南等轴测”，坐标轴 *X*、*Y* 在水平面上。
- 选择“USC”工具栏中“原点”，拾取标注尺寸所在平面上明显位置的点，完成尺寸 6 的标注，如图 4-17（e）所示。

④ 标注连接部位的尺寸 *R*5、*R*8。

- 选择“视图”工具栏中的“主视”，再选择“西南等轴测”，坐标轴 *X*、*Y* 在正立面上。
- 选择“USC”工具栏中的“原点”，拾取上表面明显位置点，标注尺寸 *R*5、*R*8，如图 4-17（f）所示。

⑤ 检查尺寸标注。检查尺寸标注是否正确无误。

2. 三维立体标注尺寸习题

按图中给定的尺寸完成形体的三维建模，图线颜色选择“9 号色”，线宽选择 0.25mm（或“默认”），再完成三维立体的尺寸标注。

（1）平面形体的建模及尺寸标注，如图 4-18 所示。

（2）回转体的建模及尺寸标注，如图 4-19 所示。

（3）组合体的建模及尺寸标注，如图 4-20 所示。

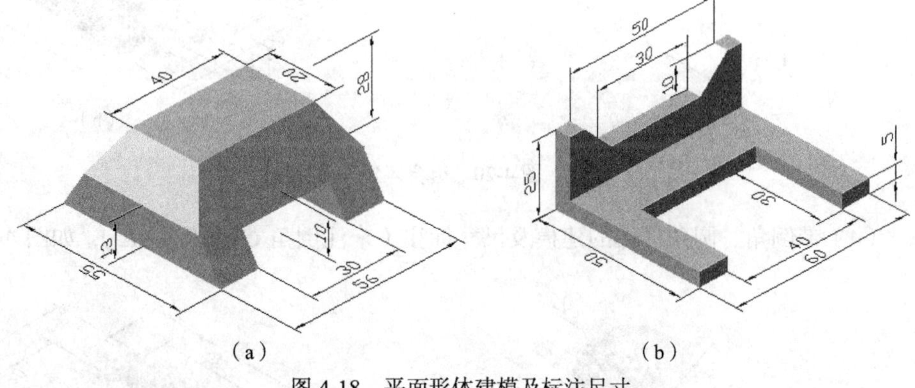

图 4-18　平面形体建模及标注尺寸

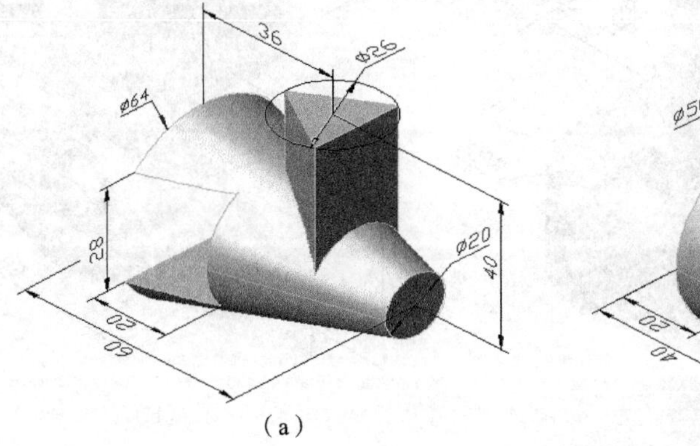

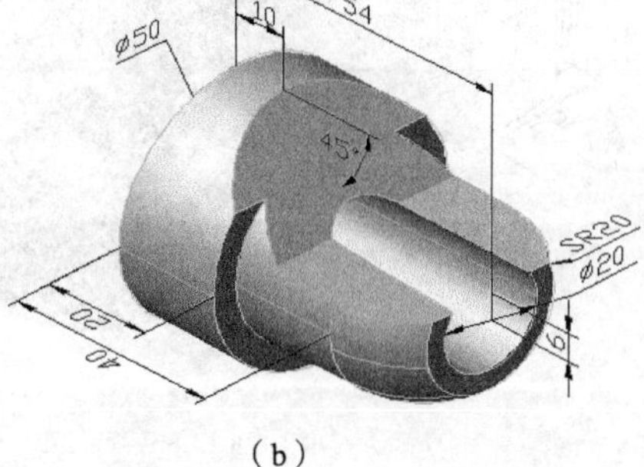

图 4-19　回转体建模及标注尺寸

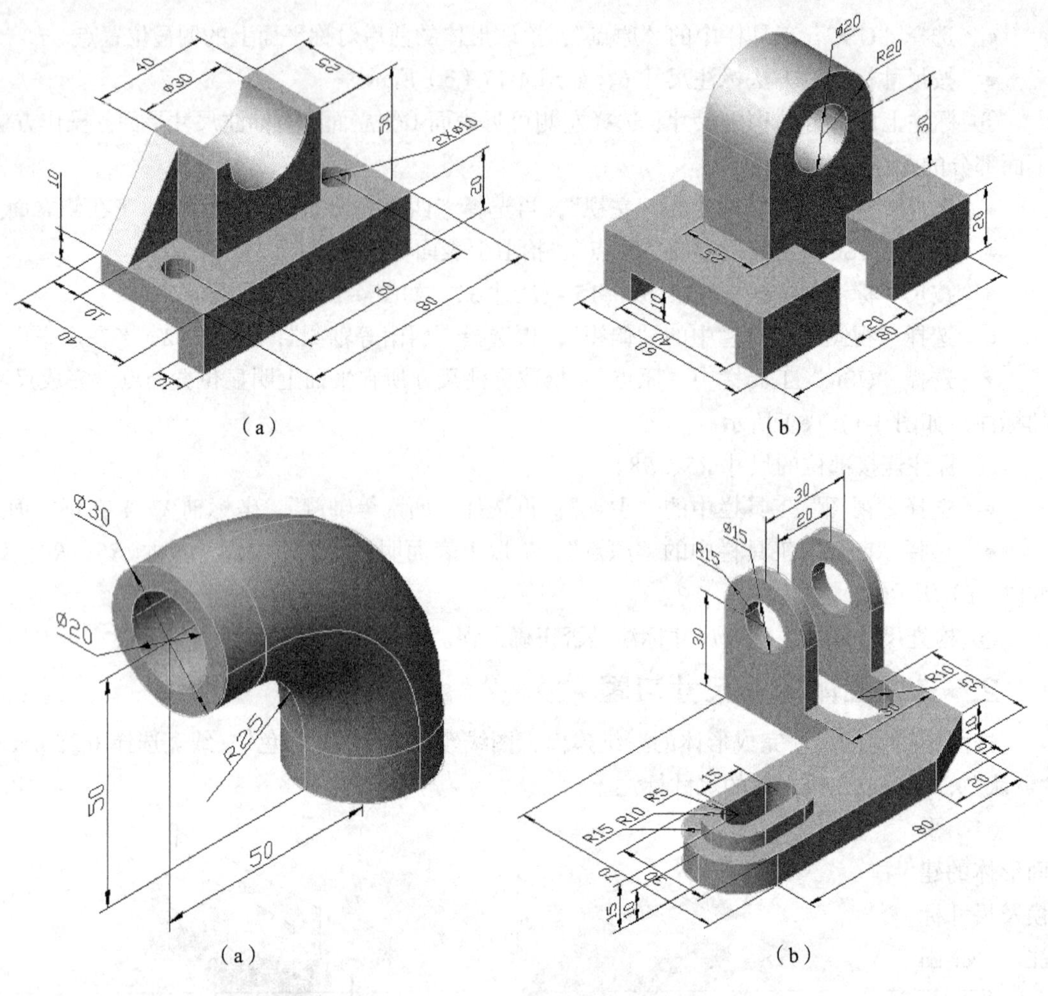

图 4-20　组合体建模及标注尺寸

（4）带倒角、圆角形体的建模及尺寸标注（未注倒角 *C*2、圆角 *R*2），如图 4-21 所示。

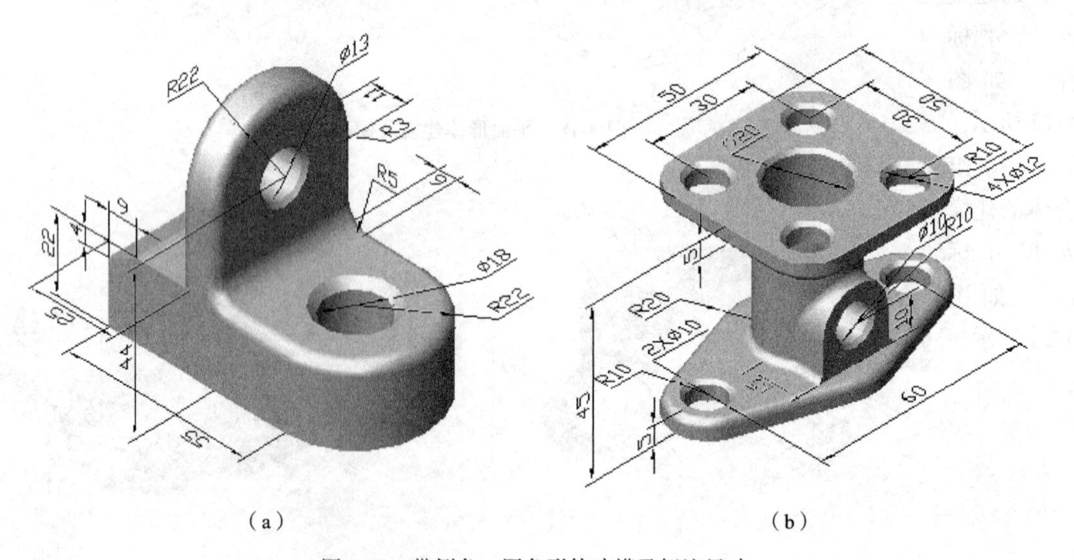

图 4-21　带倒角、圆角形体建模及标注尺寸

三、项目实施

通过三维立体（零件）的建模项目操作，掌握 AutoCAD 2008“建模”、“实体编辑”等建模相关工具栏中常用命令的使用，具备使用三维立体表达形体（零件）的能力。

（一）三维立体建模

通过形体分析、建模操作、检查等操作环节，完成该项目的实施。

1. 形体分析

分析形体的组成，了解结构特征，选择合理、快捷的建模方案，是三维建模操作前重要的环节，如图 4-1 所示。

（1）形体的结构特点。通过形体的分析可知，该形体为较常见的“三通”结构，形体形状属于一般复杂的程度；其形状没有倾斜结构；表面为圆弧过渡，平面与孔倒角。形体的主体结构在水平面内，由上下“法兰盘”及圆柱组成。

（2）形体结构的组成。形体的中间是圆柱正交；在圆柱的端面，上、下、前方都有不同形状的“法兰盘”连接件；在大圆柱的两侧有两块筋板，如图 4-22 所示。

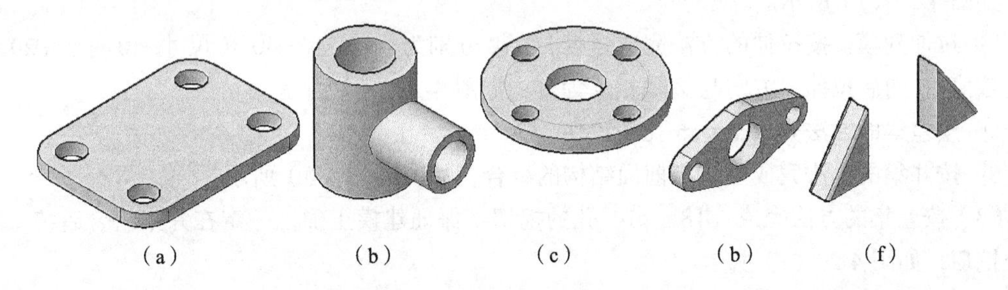

图 4-22　三维形体的分析及分解

2. 建模过程

根据形体结构进行建模操作的步骤如下。

（1）主体结构建模。一般形体的建模都先从主体结构建模开设，该形体的主体结构建模是在水平面内完成的。

① 绘制底板平面图形。建模时最开始绘制的图形与其他图形的位置没有关系，可以在显示投影面状态下绘图。

- 选择“视图”工具栏中的“俯视”，界面仅有 X、Y 轴坐标显示（如同二维绘图）。
- 按平面图形绘制的方法画出 $R10$ 的矩形及 $4\times\phi5$ 的圆。
- 在矩形的中心画出 $\phi30$、$\phi18$ 的圆。
- 选择“视图”工具栏中的“西南等轴测”观察图形绘制效果，如图 4-23（a）所示。

② 拉伸底板及圆柱。底板和圆柱的图形在一个平面内，可以向上同方向拉伸，也可以底板向下、圆柱向上反方向拉伸。

- 选择“建模”工具栏中的“拉伸”命令，按拉伸建模的方法完成底板和圆柱的拉伸，完成建模。

- 选择“视图”工具栏中的“西南等轴测”观察建模结果，如图 4-23（b）所示。

③ 绘制上方“法兰盘”的平面图形。“法兰盘”的圆心与圆柱上端面的圆同心，在三维立体显示状态下，移动鼠标指针有圆心显示。

- 选择“绘图”工具栏中的“圆”命令，在对象捕捉的状态下移动鼠标指针拾取圆柱上端面的圆心，有圆心显示，分别画出 ϕ56、ϕ42 圆。
- 按移动坐标的方法将当前绘图的坐标原点放置在绘制的 ϕ56、ϕ42 圆心上。
- 按环形阵列的方法完成 4 × ϕ8 圆的绘制，如图 4-23（c）所示。
- 按拉伸的方法完成“法兰盘”结构建模，高度输入“−5”向下拉伸，如图 4-23（d）所示。

④ 完成相应的组合。过程不限，但是 ϕ18 的圆柱孔不要“差集”挖切，与前面的结构并集后一起差集挖切，如图 4-23（e）所示。

（2）前面的结构建模。在“主视”正立面坐标面绘图，需要切换绘图坐标面，用辅助线的方法画出前面结构建模的平面图形的定位点。

① 绘图坐标面。选择“视图”工具栏中的“主视”、“西南等轴测”，用鼠标滚轮键调整显示定位点。

② 绘制建模的平面图形。按平面图形绘制的方法在图形的定位中心点画出 R12、ϕ20、ϕ14 的圆；画出 40 中心距的 2 × ϕ6、R6 的圆，绘制相切直线；修剪多余图线，完成平面图形的绘制，如图 4-23（f）所示。

③ 拉伸建模。按拉伸的方法完成建模，高度分别为“−5”、“−40”（尺寸−40 对于 ϕ20 是最大的数值），向后拉伸，方向与 Z 轴相反为负，如图 4-23（g）所示。

④ 按差集的方法完成 2 × ϕ6 孔的挖切。

⑤ 按并集的方法完成主体与前面结构的组合，如图 4-23（h）所示。

（3）按差集的方法完成 ϕ18、ϕ14 孔的挖切。保证建模正确，一定在并集组合后统一进行差集挖切，如图 4-23（i）所示。

（4）筋板结构建模。筋板在圆柱的两侧各有一块，采用“楔形”的方法建模；也可以绘制“三角形”，再拉伸高度 8 进行建模。

① 在底板上绘制筋板底面图形，先画出底板的中心线（辅助线），确定楔形底面矩形的对角线两点的位置，如图 4-23（j）所示。

② 楔形建模。楔形的高边在 X 轴方向上，指定的第一点是楔形底面对角线高边上的点。

- 选择“建模”工具栏中的“楔形”命令。
- “命令提示”窗口显示“指定第一个点或[中心（C）]:”，用鼠标拾取底板对角线的第一点，一定是楔形高对应的点，并且该点要保证在圆柱面内。
- “命令提示”窗口显示“指定其他角点或[立方体（C）长度（L）]:”，用鼠标拾取底板对角线的另一点。
- “命令提示”窗口显示“指定高度”，并显示楔形，输入“25”，↙（回车），即完成楔形的建模。

③ 镜像复制另一侧的筋板。按移动坐标面的方法将当前绘图坐标放在底板的上表面；按平面图形绘制镜像的方法完成另一侧筋板的镜像，如图 4-23（k）所示。

④ 使用并集的方法完成筋板结构与整体的组合，如图 4-23（l）所示。

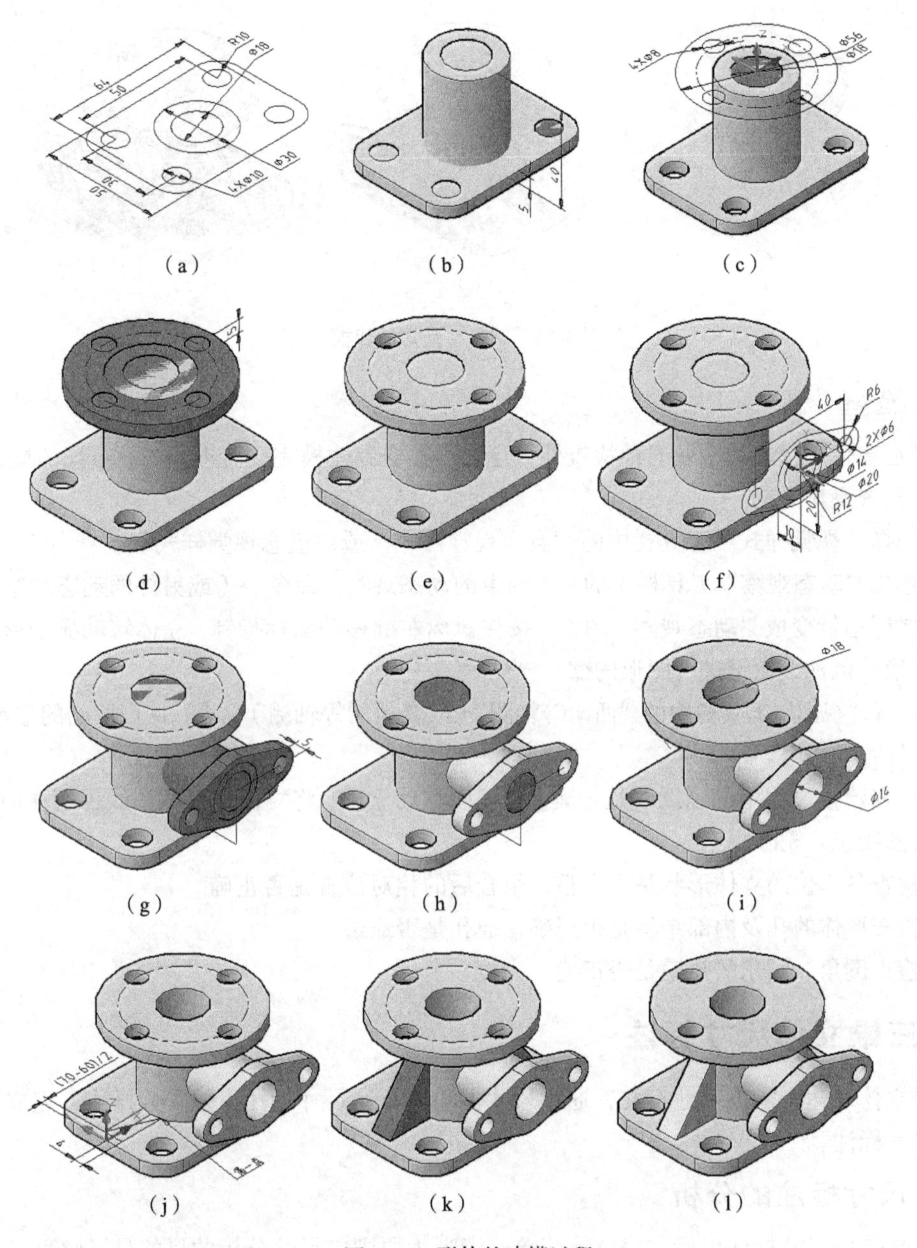

（a） （b） （c）
（d） （e） （f）
（g） （h） （i）
（j） （k） （l）

图 4-23　形体的建模过程

（5）倒角和圆角的操作。

① 倒角。按倒角的操作方法完成形体上表面倒角 $C1$，如图 4-24（a）所示。

② 圆角。圆角的操作分为“边”、“链”两种情况，按具体情况选择圆角的顺序，一般先选择“边”圆角，构成“链”后再“链”圆角。

- 筋板“边”圆角。按圆角的操作方法完成筋板斜棱 $R1$ 的圆角，如图 4-24（b）所示。
- 筋板与圆柱交线构成“链”，选择“链（C）”的“圆角”操作，完成“链”的圆角，如图 4-24（c）所示。
- 完成底板上表面的“链”的圆角，即完成该项目形体的建模。

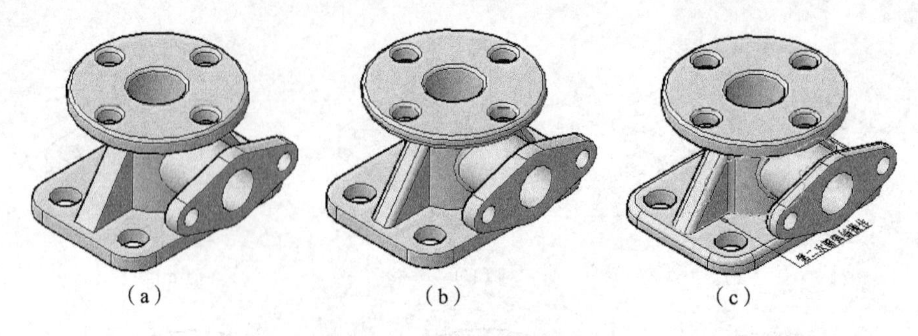

图 4-24　倒角、圆角的建模

3. 检查

除了在建模操作过程中及时地检查外，还必须在全部建模完成后进行全面系统的检查。

（1）检查操作方法。

① 选择“视觉样式”工具栏中的“真实视觉样式”或“概念视觉样式”。

② 选择“动态观察”工具栏中的“受约束的动态观察”命令（或另外的动态观察命令）。

③ 鼠标指针变成“动态观察”图案，按住鼠标左键移动鼠标指针，立体转动显示形体的各个部位，滚动鼠标滚轮键进行图形的缩、放显示。

④ 选择“视图”工具栏中的“西南等轴测”（或其他的等轴测）命令，回到原始的显示状态。

（2）检查的内容。

① 检查建模过程中的辅助线是否删除。可以移动立体，将立体以外的图线保留在原处，将不需要的图线统一删除。

② 检查各部位的立体形状是否完整，组合后的相对位置是否正确。

③ 检查形体的孔及内部结构是否正确，通孔是否通透。

④ 检查倒角、圆角的建模是否正确、完整。

（二）三维立体尺寸标注

三维立体表达必须有尺寸标注，通过尺寸标注分析、尺寸标注、检查等操作，完成该项目的立体尺寸标注。

1. 尺寸标注的分析

三维立体的尺寸标注以标注完整、简单、清晰为原则。尺寸分析的目的是了解每一个尺寸标注表达的内容，掌握三维立体尺寸标注的技能。

（1）分析尺寸的组成。形体尺寸的组成由形体结构决定，同样是由主体和前面的结构两大部分组成；各部分的定形尺寸和定位尺寸分别在 3 个轴测面内标注。

（2）尺寸标注的空间位置。主要在底板的上表面、形体的上表面和形体前面结构的表面标注定形尺寸，尺寸放置在形体的四周外侧。

（3）其他的标注。圆角、倒角和 $\phi30$ 的圆柱尺寸，选用多重引线圆角样式和多重引线倒角样式，使用“多重引线”的方法标注。

2. 尺寸标注过程

根据三维立体尺寸标注的要求，结合实际立体结构情况，完成三维立体的尺寸标注，即三维立体表达。

三维立体尺寸标注的过程与三维立体建模的过程基本相同，都是建立在形体分析的基础上，按形体的结构特点进行操作，主要标注过程如下。

（1）标注主体结构尺寸。主体结构的尺寸标注是标注的主要内容，可分解为以下几个步骤。

① 标注水平面上的尺寸。选择尺寸标注（绘图）坐标面，一次完成该面的所有尺寸标注。

- 标出底板平面形状的尺寸。选择底板的上表面为坐标面，坐标原点放在平面位置明显的点上，标出底板平面形状的尺寸，如图 4-25（a）所示。
- 标出上“法兰盘”的形状尺寸。选择形体的上表面为坐标面，坐标原点放在圆心或象限点上，标出形体上表面的尺寸，如图 4-25（b）所示。

② 在侧立面上标注高的尺寸。选择形体长度方向的对称中心面为尺寸标注的坐标面，坐标原点放在 ϕ18（ϕ14）的圆心或象限点上（对称中心面上的点），标出形体的总高 40 和上面板的厚度尺寸 5。

③ 选择形体宽度方向的对称中心面为尺寸标注的坐标面，标注正立面上底板的厚度尺寸 5，如图 4-25（c）所示。

（2）标注出形体前面结构的尺寸。

① 标注正立面上的尺寸。选择面板的前面为坐标面，坐标原点放在该平面上，标出面板的形状尺寸，如图 4-25（d）所示。

② 分别选择侧立面和水平面，坐标原点放在平面上，标注出形体前面面板的定位尺寸和板的厚度，如图 4-25（e）所示。

（3）选择合适的标注坐标面和平面，坐标原点放在平面上，标注出倒角、圆角和筋板的高度及其他的尺寸，如图 4-25（f）所示。

（4）检查并完成尺寸标注。按形体的分析方法及建模过程检查尺寸标注，保证尺寸表达的准确，主要从以下几方面重点检查。

① 检查尺寸标注是否正确，是否符合尺寸标注的要求。

② 检查尺寸标注是否完整，有无尺寸遗漏或重复标注。

③ 检查尺寸标注是否清晰，尺寸线放置是否合适，尺寸数字有无线通过。

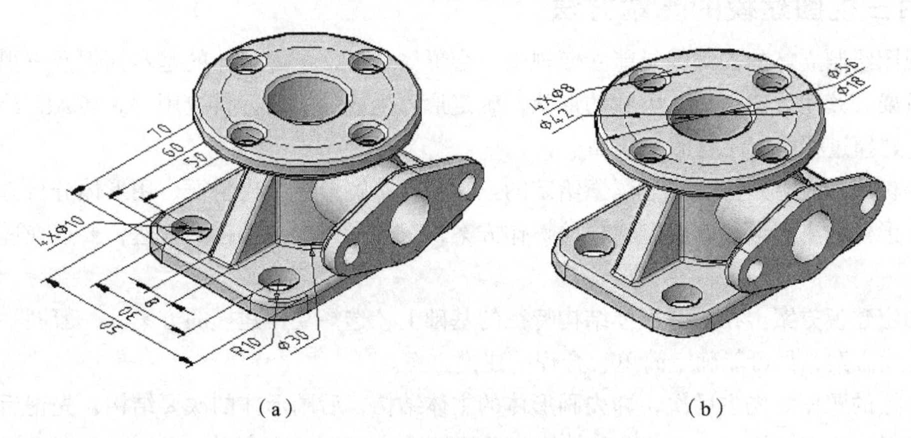

图 4-25　三维形体尺寸标注的过程

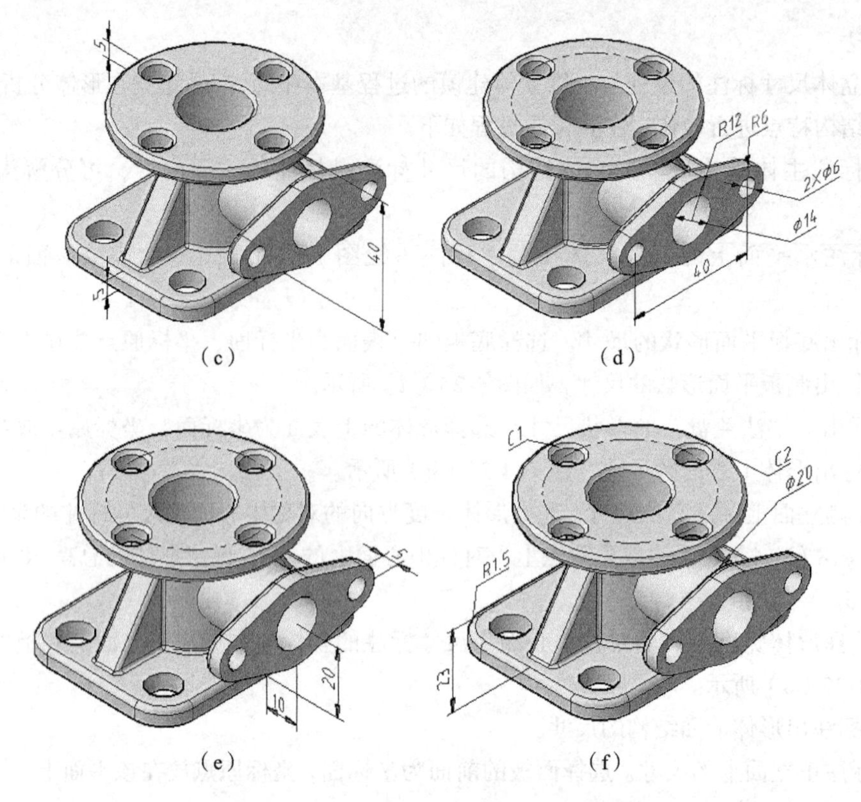

图 4-25　三维形体尺寸标注的过程（续）

四、拓展知识

由三视图绘制立体

根据视图绘制三维立体图形（建模），是对制图的识图能力的检验。看懂视图所表达的立体形状，了解三视图所表达的形体形成的基本过程，才能完成三维立体建模。

1. 由三视图建模的基本方法

由三视图绘制立体的关键就是能看懂视图，会形体分析，了解形体的基本知识及三视图的性质十分重要。读图后建立形体大致的形状，确定形体生成的方案，再应用 AutoCAD 绘图的方法建模。建模过程中应注意的事项如下。

（1）分析视图建立形体。通过读懂给定的三视图，了解形体结构特征，用形体分析方法建立（描述）形体的空间形状，确定建模的操作方案，对于形体内部结构的表达，要选择适当的剖切表达。

（2）确定建模方案。在了解形体结构特征的基础上，选择立体建模的方案。一般同一形体存在多种建模方案，尽可能确定简单、合理的建模方案。

（3）建模的顺序。先主后次，即先画形体的主体结构，后画形体的次要结构；先正后负，即先画形体保留的实体结构（为“正”结构），后画形体被挖切掉的结构（为“负”结构）。

（4）多用编辑建模。注意多使用编辑建模，使建模准确、快捷。如形体分解后的部分形状，相对于主体是倾斜的，可按相对于主体正的位置建模，在并集前进行旋转等编辑操作；相同形状的部分，用复制的方法完成，不重复操作；部分形状可以在任意位置处建模，经过“移动”到达指定的位置。

（5）保持形体整洁。在进行建模的操作过程中及时删除用过的辅助线，局部的形状结构可以连续操作完成。

（6）及时检查。每完成一部分的建模，都要用“三维动态观察器”对建模的形体进行动态观察，确保所建模的形体都是正确的。

2. 由三视图建模的示例

对于某个形体进行建模，建模的方法可能很多，在建模操作的过程中注意选择简单方便的建模方法，示例中的操作方法仅供参考。

例题 4-7 根据形体的三视图完成形体的建模，如图 4-26 所示。

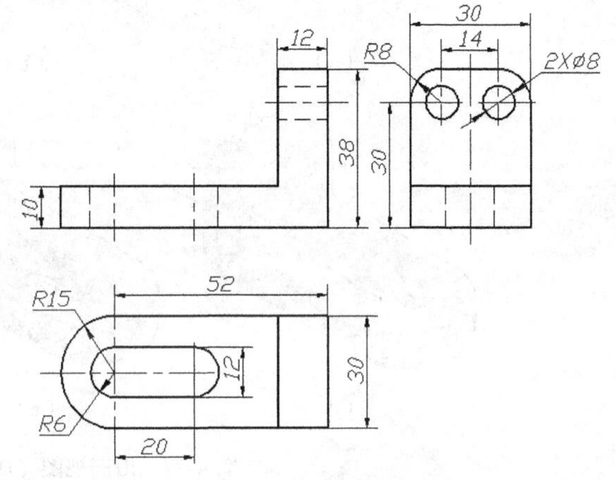

图 4-26 形体的三视图

操作步骤如下。

① 三视图识读及分析。读懂三视图的形体表达是建模的关键，形体是由上、下两部分组成的（或“角型”结构），根据分析按形体的组成结构进行建模。

② 下面底板建模。选择“视图”工具栏中的“俯视”，再选择“西南等轴测”，移动鼠标指针，注意 *X*、*Y* 轴的方向。

- 多段线绘制平面图形。选择“绘图”工具栏中“多段线”，绘制 30×52、*R*15 的图形。按直线绘制的方法绘制 30、52 直线；用键盘输入“A”，↙（回车），画圆弧，移动鼠标指针有圆弧显示，输入直径“30”，↙（回车），输入“L”，↙（回车），改画直线（或输入“C”，↙（回车），多段线闭合）。
- 用相同的方法绘制 20×12、*R*6 的“腰形”孔，注意多段线的起点位置，如图 4-27（a）所示。
- 拉伸底板建模。选择“建模”工具栏中的“拉伸”，按形体拉伸建模的方法操作，拉伸高度为 10，如图 4-27（b）所示。
- 选择“实体编辑”工具栏中的“差集”，按形体差集建模的方法操作。

③ 右上方侧板建模。切换绘图坐标面，在侧立面内绘图。

- 选择“视图”工具栏中的“左视”，再选择“西南等轴测”，注意 *X*、*Y* 轴的方向是否在侧面上。
- 选用“多段线”命令，绘制 30×38、*R*8 及 2×ϕ8 圆左视图的形状，2×ϕ8 圆与 *R*8 同心，如图 4-27（c）所示。
- 选择“建模”工具栏中的“拉伸”，按拉伸建模的方法操作，如图 4-27（d）所示。
- 选择“实体编辑”工具栏中的“差集”，按差集建模的方法操作，如图 4-27（e）所示。

④ 组合及检查。

- 选择“实体编辑”工具栏中的“并集”，按并集建模的方法操作，完成形体的建模，如图 4-27（f）所示。
- 单击“视觉样式”中的“概念视觉样式”按钮，观察立体显示。
- 单击“三维动态观测器”工具栏中的“三维动态观测器”按钮，按住鼠标左键转动形体检查形体是否正确。

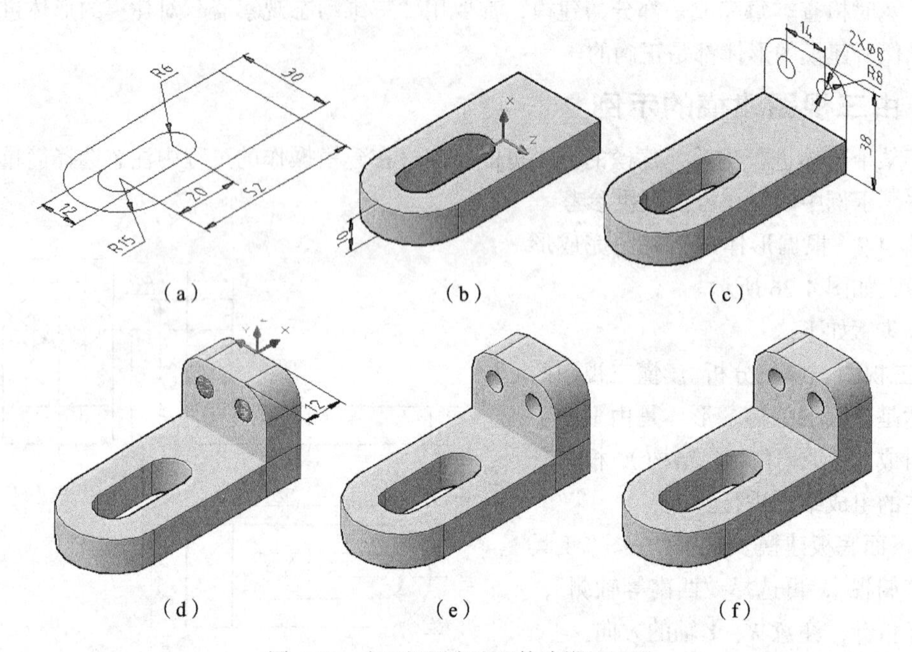

图 4-27　由三视图完成形体建模的过程

例题 4-8　根据三视图完成回转体的建模，不标注尺寸，如图 4-28 所示。

建模的操作步骤如下。

① 读图及视图分析。视图表达的形体主要由回转体组成，在 $\phi 31$ 的轴上开有深度为 6 的键槽，键槽的形状用向视图表示。

② 回转体建模。根据三视图表达的主体结构，采用旋转建模方法。

- 选择“视图”工具栏中的“主视”，再选择“西南等轴测”，注意 X、Y 轴的显示方向表示绘图坐标面（正立面）。

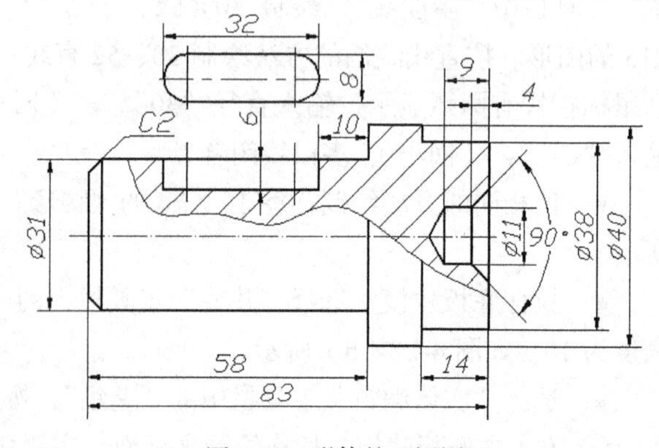

图 4-28　形体的三视图

- 按尺寸绘制回转体图形。使用“多段线”绘制图形，如图 4-29（a）所示。
- 回转体建模。按旋转建模的方法操作，如图 4-29（b）所示。

③ 键槽结构建模。

- 选择水平绘图坐标面。选择“视图”工具栏中的“俯视”、“西南等轴测”。
- 绘制键槽图形。先做辅助线求出键槽图形的起点（或使用“对象捕捉”工具栏中的“捕捉自"命令按钮实现),使用"多段线"绘制键槽的平面图形,如图 4-29(c)所示。

- 键槽结构建模。按拉伸及差集的建模操作方法拉伸高度 6,完成键槽结构的建模,如图 4-29(d)所示。

④ 动态观察三维立体并检查。

- 选择"视觉样式"工具栏中的"真实视觉样式"或"概念视觉样式",显示立体。
- 单击"动态观察"工具栏中的"受约束的动态观察"按钮,按住鼠标左键转动形体检查形体是否正确。

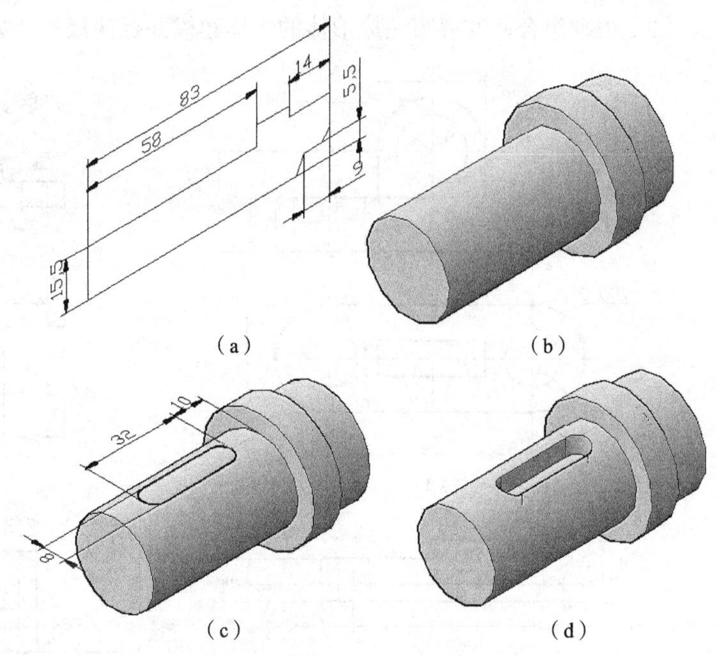

图 4-29 由三视图完成形体建模的过程

3. 由三视图建模习题

通过由三视图绘制立体的操作,提高三视图的读图能力,训练使用 AutoCAD 软件绘图的操作能力,为以后工程图的绘制打下良好的基础。

(1)根据视图完成简单形体的立体建模,如图 4-30 所示。

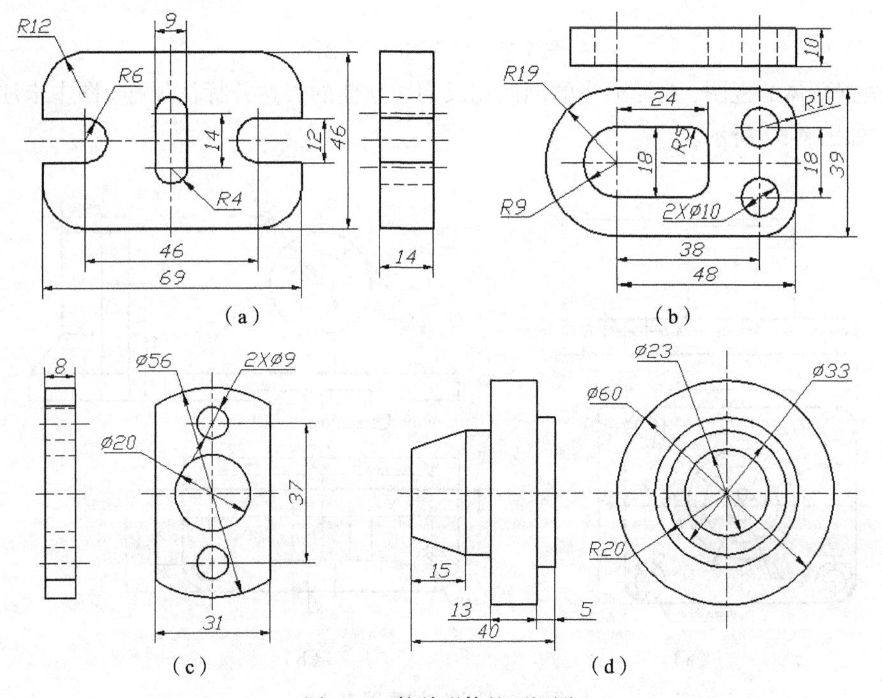

图 4-30 简单形体的两视图

（2）根据组合体的视图完成形体的立体建模并标注尺寸，如图 4-31 所示。

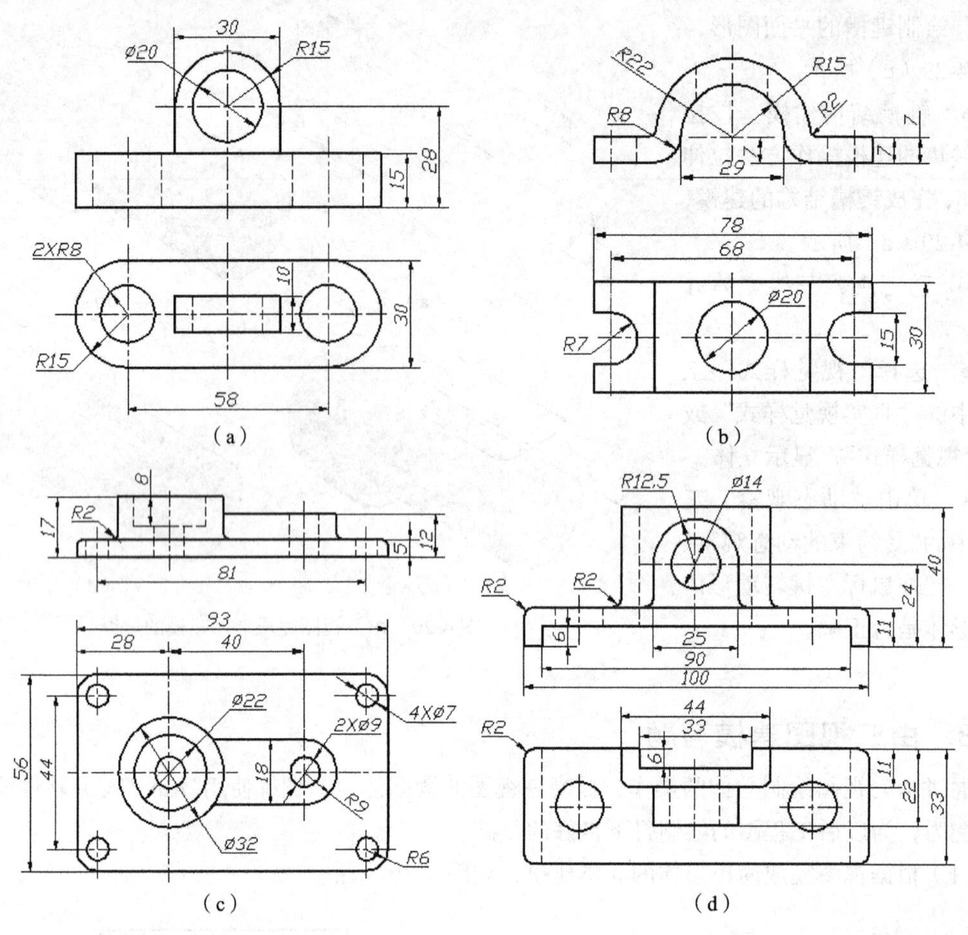

图 4-31　组合体的两视图

（3）根据形体的视图，选择适当的剖面完成剖切立体的表达并标注尺寸，图中未注圆角 $R2$、倒角 $C2$，如图 4-32 所示。

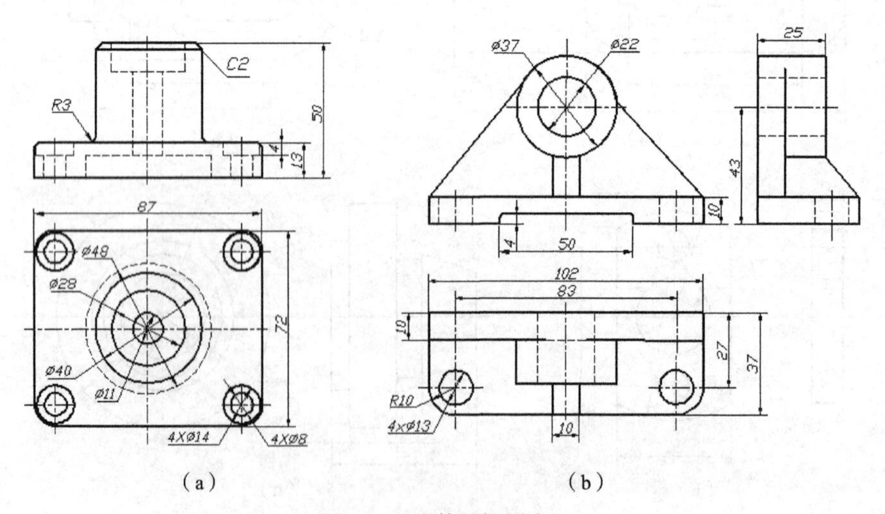

图 4-32　形体的视图表达

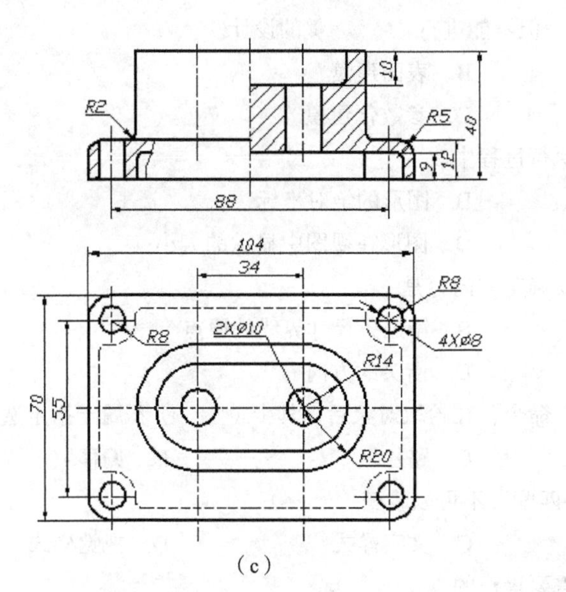

（c）

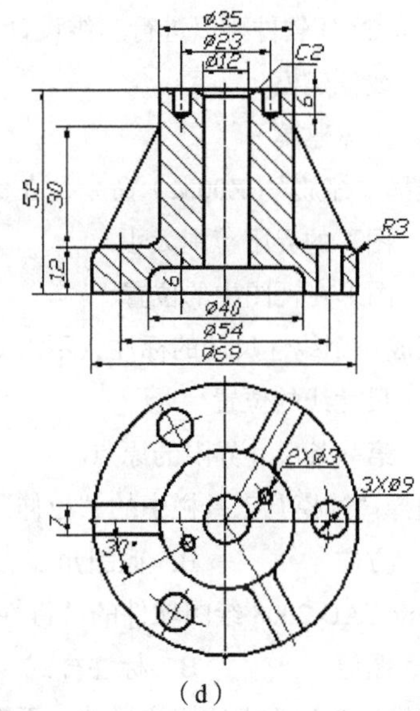

（d）

图 4-32　形体的视图表达（续）

小 结

1. 讲述了三维建模绘图坐标面的选择，当前坐标原点的变换及常用的三维建模命令的使用方法。

2. 以示例讲述了三维建模及三维形体尺寸标注的方法及过程，提供了三维建模及三维形体标注尺寸的练习题。

3. 讲述了由三视图进行形体三维建模的方法及过程，通过建模的操作训练读图能力，为以后工程图的绘制及识读打下良好的基础。

自测题

一、选择题

1. UCS 是一种坐标系图标，属于（　　）。

A. 世界坐标系　　B. 用户坐标系

C. 自定义坐标系　　D. 单一固定的坐标系

2. （　　）不是“多线段”命令的选项。

A. 放弃　　B. 圆弧　　C. 线型　　D. 宽度

3. 在绘图操作时，改变图形的显示范围，可利用（　　）的操作方式实现。

A. 按住鼠标左键　　B. 按住鼠标右键拖动

C. 按住鼠标滚轮键拖动　　D. 滚动鼠标滚轮键

4. AutoCAD 软件可以进行三维设计，但不能进行（　　）的设计。

A. 线框建模　　B. 表面建模

C. 实体建模　　D. 参数化建模

5. 选择“缩放”（Z00M）命令，在执行过程中改变了（　　）。

A. 图形的界限范围大小　　B. 图形的绝对坐标

C. 图形在视图中的位置　　D. 图形在视图中显示的大小

6. 完成一个线性尺寸的标注，不需要确定的内容是（　　）。

A. 尺寸线的位置　　B. 第二条尺寸界线的原点

C. 第一条尺寸界限的原点　　D. 箭头的方向

7. 选择“建模”工具栏中的“拉伸”命令，在拾取对象后，其中（　　）不属于指定选项。

A. 方向　　B. 倾斜角　　C. 路径　　D. 偏移

8. AutoCAD 2008 绘图软件的“特性匹配”不可以改变（　　）。

A. 图层　　B. 标注样式　　C. 文字样式　　D. 视觉样式

9. 建模后为三维立体标注尺寸，不需要操作的是（　　）。

A. 移动坐标　　B. 旋转坐标

C. 选择视图　　D. 移动图形

10. 不属于“动态观察”工具栏中的命令的是（　　）。

A. 连续动态观察　　B. 自由动态观察

C. 全屏动态观察　　D. 受约束的动态观察

二、判断题（将判断结果填写在括号内，正确的填“√”，错误的填“×”）

（　　）1. 使用“楔形”命令可以绘制零件的筋板，楔形的高边在 X 轴方向上，指定的第一点是楔形底面对角线高边上的点。

（　　）2. 布尔运算是一种关系描述系统，可以用于说明将一个或多个基本实体合并为统一实体时各组成部分的构成关系，它有并集、差集和交集 3 种操作方式。

（　　）3. 二维图形可以使用“夹点”进行编辑，三维实体必须使用“实体编辑”工具栏中的命令进行修改。

（　　）4. 在“修改”工具栏中，“阵列”分为矩形阵列和环形阵列两种，阵列只能编辑二维平面图形，不能阵列三维立体图形。

（　　）5. AutoCAD 三维模块有线框模型、曲面模型、实体模型 3 种类型，其中主要生成的是实体模型。

（　　）6. 选择“视觉样式”工具栏中的“二维线框”及“视图”工具栏中的“主视”，即是二维图形绘制界面。

（　　）7. 三维建模绘图坐标面的变换，只能通过选择“视图”工具栏中的“视图”实现。

（　　）8. 使用“矩形”命令不仅可以画直角矩形，还可以画四角为倒角或圆角的矩形，并且还可以绘制不同厚度的矩形。

（　　）9. “修改”工具栏中的“拉伸”命令只能拉伸二维图形不能拉伸三维立体。

（　　）10. 用户坐标系统（UCS）有助于建立自己的坐标系统，除了可以移动坐标外还可以任意转动坐标系统。

三、操作题

1. 根据给出的立体图完成建模并标注尺寸，未注圆角 R2 及倒角 C2，如图 4-33 所示。

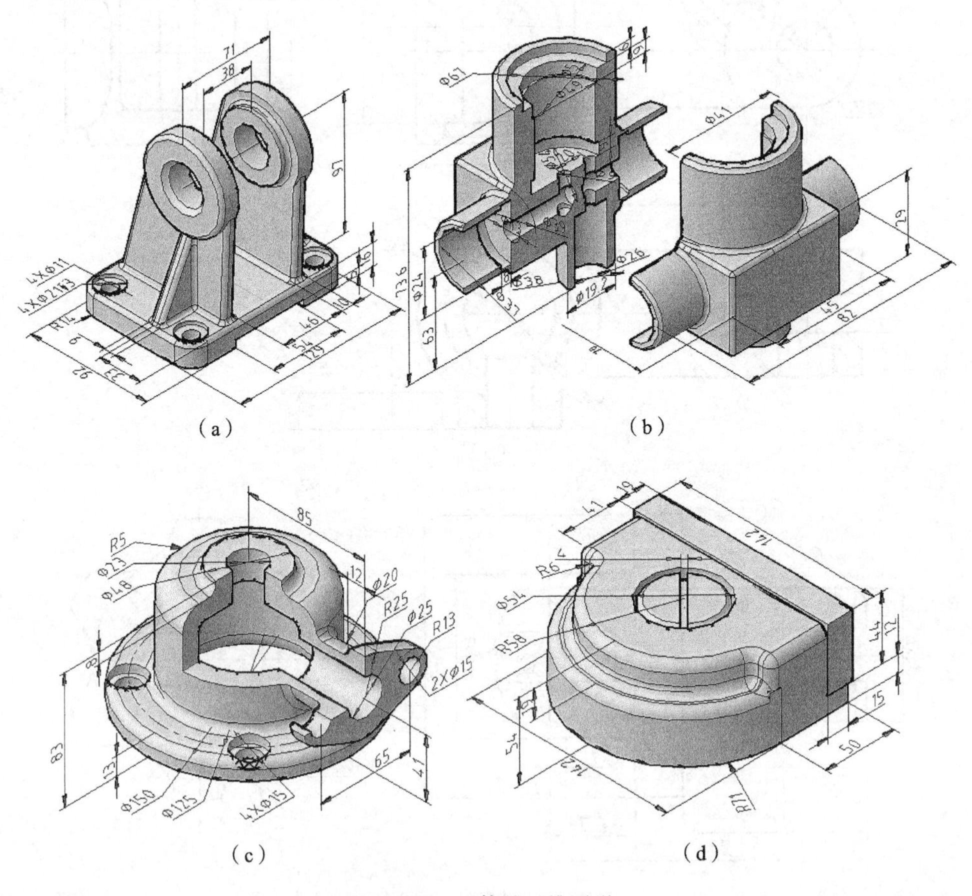

图 4-33　形体的三维图形

2. 根据三视图进行三维立体建模，选择适当的剖切位置表达形体的内部结构并标注尺寸，如图 4-34 所示。

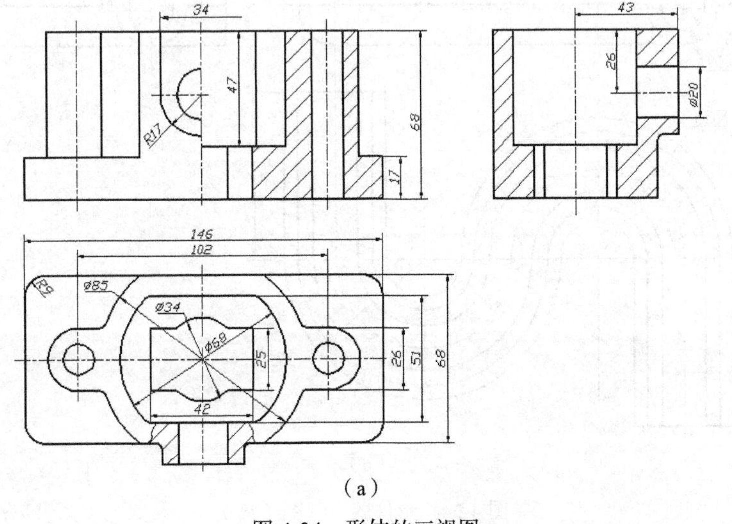

图 4-34　形体的三视图

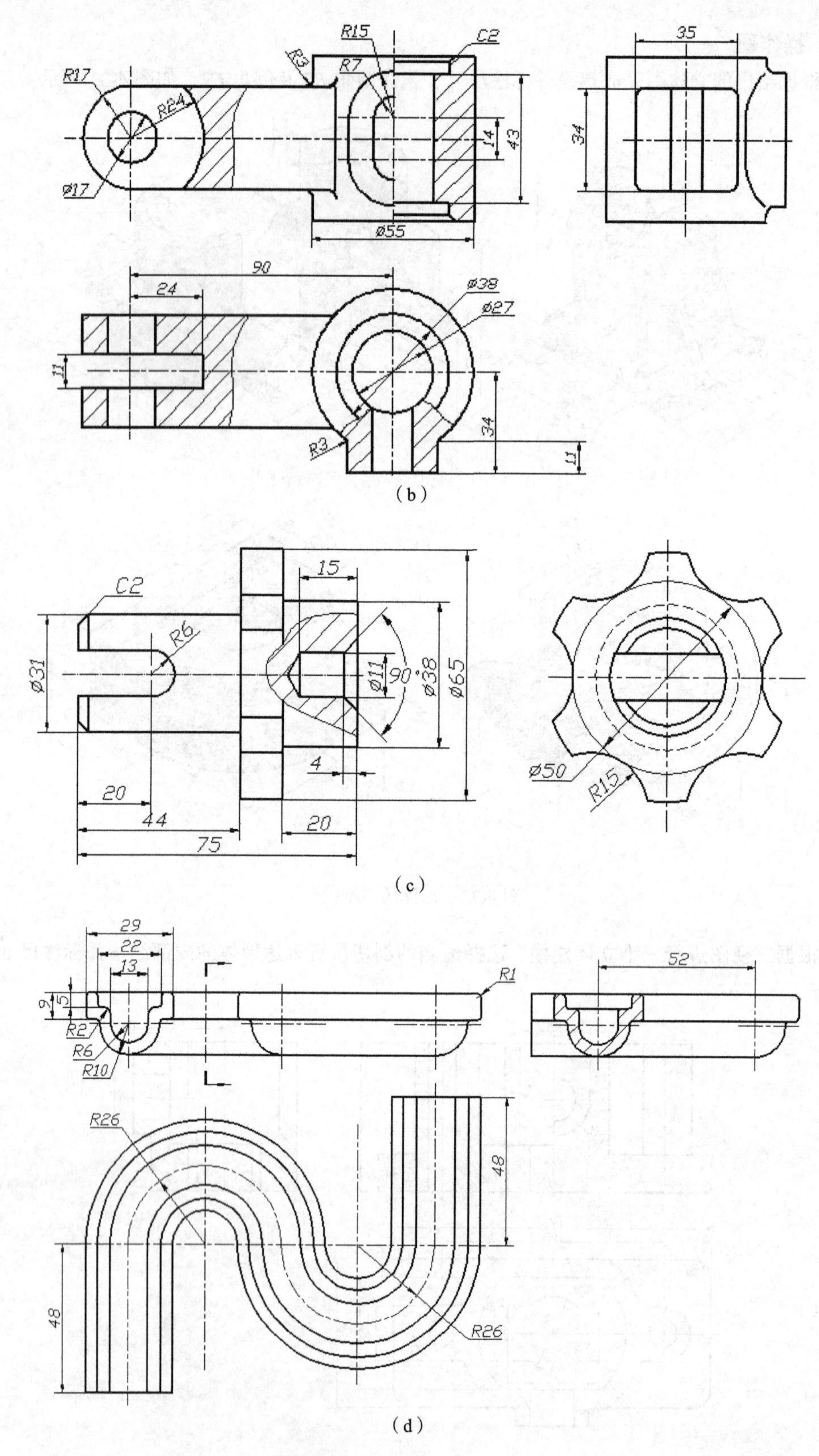

图 4-34　形体的三视图（续）

项目五

三视图的绘制

【能力目标】

通过三视图的绘制，提高 AutoCAD 2008 绘图、尺寸标注的操作技能，培养形体观察及分析能力，提高使用视图表达形体的能力，为学习使用机件的表达方法绘制零件图作好准备。

【知识目标】

1. 使用形体分析的方法对各种形体进行分析，确定其正确三视图的表达方案，具备一定的分析问题和解决问题的能力。
2. 能应用制图的投影理论及三视图的表示方法，使用 AutoCAD 2008 绘图命令及相关的设置等操作，完成三视图的绘制。
3. 应用机械制图中尺寸标注的规定，完成三视图尺寸标注，为零件尺寸标注打好基础。

一、项目导入

三视图是应用正投影的理论，用 3 个投影视图表达立体的方法。根据实践中用三视图描述形体复杂程度的要求，以及学习机件图样表达对三视图绘制能力的需要，选择复杂程度合适的三视图绘制作为该项目的任务，如图 5-1 所示。

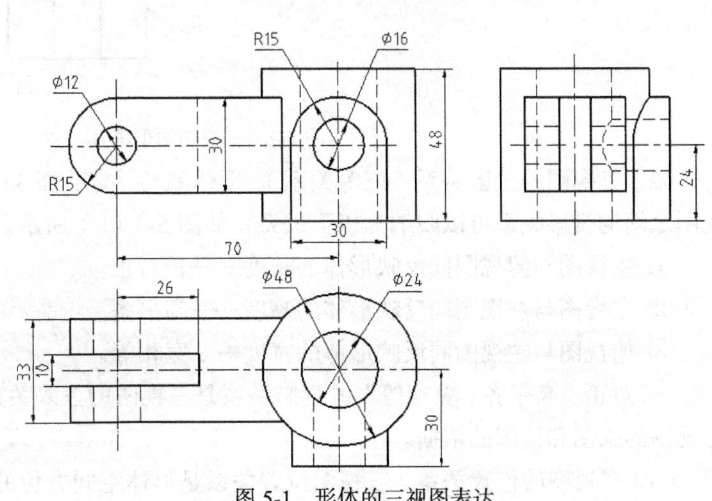

图 5-1　形体的三视图表达

使用 AutoCAD 2008 绘制三视图与绘制平面图形的不同是，绘制三视图要运用正投影的性质及三视图的投影关系，其他的操作方法与平面图形的绘制完全相同。

二、相关知识

在绘制三视图前，必须掌握正投影理论、三视图形成及三视图的三等相关和位置关系等基本知识；绘制三视图必须能读懂三视图，了解每条图线表达的形体内容；完成 AutoCAD 2008 绘图软件的设置，选择适合的命令完成形体三视图的绘制。

（一）绘制三视图的基本知识

1. 三视图的形成及性质

（1）三视图的形成及位置。三视图是应用正投影方法获得的三面投影，正投影是投射线平行于投射方向、垂直于投影面的投影方法。

① 三视图的形成。形体放在 3 个互相垂直的（正投影）投影面体系中，在 3 个互相垂直的投影面上同时获得 3 个投影图形，将 3 个互相垂直的投影面连同投影图形展平，即得到三视图，如图 5-2（a）所示。

② 三视图的位置。三视图的位置是固定的，如图 5-2（b）所示。

- 从前向后投影在正投影面上获得的图形称为主视图，位于图面的左上方（居中）。
- 从上向下投影在水平投影面上获得的图形称为俯视图，位于主视图正下方。
- 从左向右投影在侧立投影面上获得的图形称为左视图，位于主视图正右方。

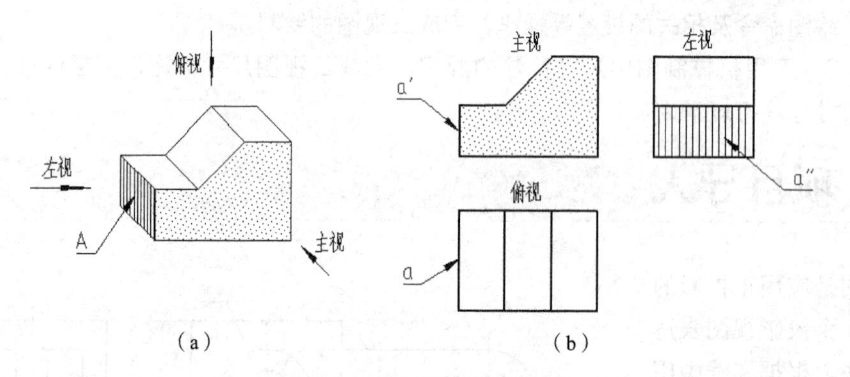

图 5-2　三视图的形成及位置

（2）三视图的投影关系（三等关系）。形体的长、宽、高 3 个方向的大小是不变的，因此三视图之间的投影关系可以归纳为以下关系，如图 5-3（a）所示。

① 主视图与俯视图同反映形体的长度——长对正。

② 主视图与左视图同反映形体的高度——高平齐。

③ 俯视图与左视图同反映形体的宽度——宽相等。

“长对正、高平齐、宽相等”的投影关系是三视图的三等关系，此关系的特性非常重要，是三视图的画图和读图的依据。

（3）三视图的位置关系。三视图位置关系是形体空间方位的对应关系。形体有上、下，左、右，前、后 6 个方位，这 6 个方位反映形体的空间形状，如图 5-3（b）所示。

各视图反映空间形体的位置关系归纳如下。

① 主视图反映形体的上、下和左、右的相对位置关系。

② 俯视图反映形体的前、后和左、右的相对位置关系。

③ 左视图反映形体的前、后和上、下的相对位置关系。

在三视图的投影关系中，特别要注意的是俯视图与左视图的宽相等，反映形体的前、后位置关系。在三视图的形成中，俯视图向下反映形体的前，左视图向右反映形体的前，绘图时俯视图的“上、下”与左视图的“左、右”一定对应相等，如图 5-3（c）所示。

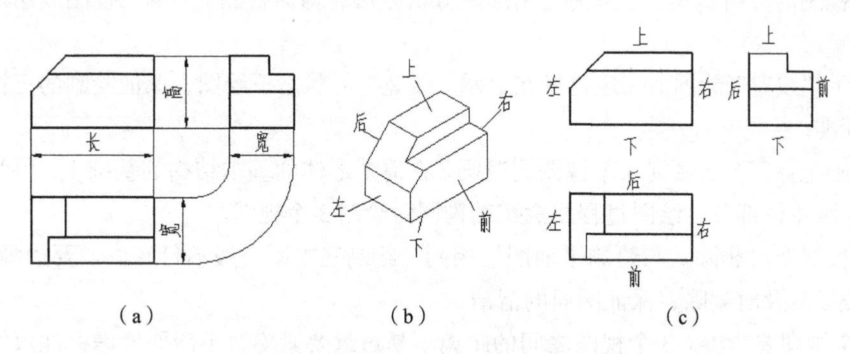

图 5-3　三视图的三等关系及位置关系

2. 三视图的尺寸

（1）三视图的尺寸组成。三视图的尺寸表达与平面图形的尺寸表达不同，三视图的尺寸表达立体形状，不表达投影图形。标注三视图的尺寸要了解三视图所表达形体的形状，按尺寸表达形体的内容不同，三视图的尺寸可分为以下 3 种。

① 总体尺寸。表示形体的外形轮廓尺寸，一般有长、宽、高尺寸。

② 定形尺寸。确定形体上的结构形状的一组尺寸。

③ 定位尺寸。确定形体上的结构位置的一组尺寸。

在标注尺寸中，明确所标注尺寸的作用对符合尺寸标注的要求和选择合理的尺寸基准等十分重要，读者必须注意学习和掌握。

（2）标注尺寸的基本要求。视图能定性地表达形状，其形状大小的定量表达必须由尺寸来确定。因此，尺寸标注非常重要，要求如下。

① 正确。尺寸标注的全部内容必须符合国家制图标准中尺寸标注的规定。

② 完整。尺寸标注必须准确地表达形体的形状大小及各部分形状的相对位置尺寸。因此，标注尺寸时不能遗漏尺寸，也不能重复标注尺寸。

③ 清晰。尺寸标注的布置要整齐、清晰，便于看图。

（3）按基准标注尺寸。尺寸基准是标注和测量尺寸的起点。形体有长、宽、高 3 个方向的尺寸基准，每一个方向上至少有一个尺寸基准，同一方向无论有多少尺寸基准，只能有一个是主要基准，而其他的是辅助基准。标注尺寸时一般选用形体的底面、回转体的轴心线、对称形体的中心面作为尺寸基准。

（二）三视图的绘制

这里主要讲述进行抄画三视图的训练，实际中经常需要根据手工绘制的草图，使用

AutoCAD 绘图软件完成标准的机械工程图样的绘制，抄画三视图就是训练此项技术技能的基础。

1. 三视图绘制方法

在掌握平面图形绘制的条件下，抄画三视图的关键是能否看得懂三视图，主要是三视图性质的应用，注意在绘图过程中提高制图（三视图）的基本能力。

（1）绘制三视图的注意事项。使用 AutoCAD 2008 绘制三视图重点要注意以下事项。

① 三视图的分析识读。绘图前要用形体分析方法看懂三视图，了解三视图表达形体的基本结构。

② 显示“线宽”绘图。一定选择在显示“线宽”的状态下绘图，保证绘制的三视图的图线符合制图标准。

③ 先画主体部分，做到 3 个视图同时画。在清楚形体的基本结构的基础上，科学地选择绘图顺序，先画主体部分，绘图过程注意按结构同时绘制 3 个视图。

④ 垃圾线及时删除。与绘制平面图形相同，绘制三视图一般不打底稿，要边画图边修改，辅助线及垃圾线及时删除，保证图面的清洁。

⑤ 3 个视图要紧凑。3 个视图之间的距离不易过远要紧凑，不需要考虑标注尺寸的位置，三视图绘制完成后，可移动视图，调整视图之间的距离。

⑥ 最后标注尺寸。3 个视图绘制完成后，要认真检查，确认准确无误后再标注尺寸。

（2）绘制三视图的方法。三视图的绘制一定要克服“由上至下、从左到右”的习惯，准确、合理地选择绘图命令，正确选择三视图的绘图方法。

① 用“极轴追踪”保证三等关系绘图。绘制三视图最关键的就是三视图的“长对正、高平齐、宽相等”的投影关系。使用极轴追踪的方法保证三视图的三等关系是绘制三视图的基本方法，非常方便好用。

② 用“复制”加“旋转”的方法绘制三视图。按尺寸抄画三视图的操作中，没有尺寸的视图一般不计算尺寸绘制，可以用复制的方法将按尺寸绘制的视图复制后再旋转，用修改或“追踪”的方法绘制，这样会提高绘图速度及绘图的准确性。

③ 用“45° 极轴追踪”保证三等关系绘制三视图。用 45° 极轴追踪的方法绘制俯视图、左视图，选用 Defpoints 图层（系统设定的不能打印图层）在主视图的右下角画一条 45° 的斜线（如同手工绘图的方法），用“极轴追踪”或辅助线保证三等关系。

例题 5-1 用镜像的方法绘制主视图、俯视图，按尺寸绘制左视图，不标注尺寸，如图 5-4 所示。

操作方法及步骤如下。

① 读三视图，分析视图表达。形体为“角型”棱柱，左右对称，如图 5-4（a）所示。

② “镜像”绘制主视图、俯视图。主视图、俯视图是左右对称图形，只画出一半，再选择“修改”工具栏中的“镜像”，完成主视图、俯视图的绘制，如图 5-4（b）、图 5-4（c）所示。

③ 按尺寸画左视图。使用极轴追踪的方法，在左视图与主视图高平齐的追踪显示下完成左视图的绘制，如图 5-4（d）所示。

④ 检查。检查投影关系是否正确，点画线是否出头 3～5mm，图线是否标准。

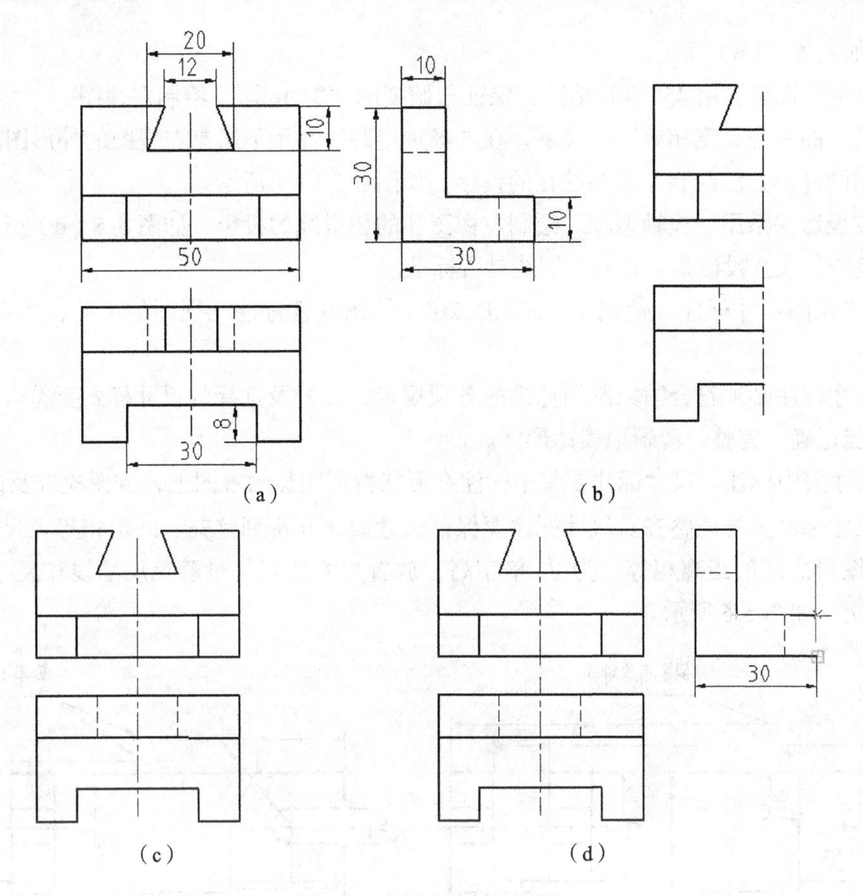

图 5-4　按尺寸绘制三视图

例题 5-2　用 45° 极轴追踪的方法绘制三视图，不标注尺寸，如图 5-5（a）所示。

操作方法及步骤如下。

① 分析形体并绘制俯视图、主视图。形体是高 40 的半圆筒，在正前方钻有与半圆筒内孔相同大小的孔。按尺寸绘制俯视图、主视图。

② 画 45° 辅助斜线。用 Defpoints 图层（不能打印）画出 45° 辅助斜线绘制

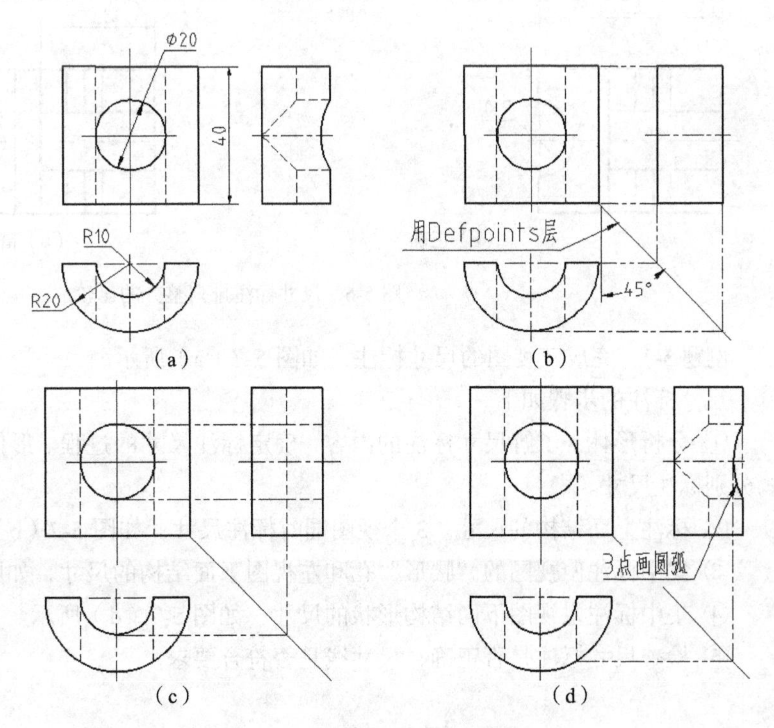

图 5-5　辅助斜线绘制三视图

左视图，如图 5-5（b）所示。

③ 绘制左视图。用 45° 极轴追踪，保证与俯视图“宽相等”，绘制左视图。

- 按“高平齐、宽相等”的关系，在“极轴追踪”显示下绘制左视图的外形图。
- 用同样的方法绘制左视图的孔的投影，如图 5-5（c）所示。
- 按投影关系用“极轴追踪”绘制左视图孔的相贯线的投影，如图 5-5（d）所示。

④ 检查。检查投影是否正确，图线是否标准。

（3）三视图尺寸标注。使用 AutoCAD 2008 绘图软件标注三视图的尺寸，主要注意以下几点。

① 尺寸标注必须符合国家制图标准的各项规定，设置及选择的尺寸样式要符合制图标准，尺寸标注能正确、完整、清晰地表达形体。

② 尺寸集中标注。尺寸标注要集中标注在形状特征明显的视图上，方便检查及读图。

③ 尺寸标注要排列整齐。尺寸标注要保证尺寸线之间排列整齐、间距相等；尺寸线之间、尺寸线与图形之间的距离相等，为 $\sqrt{2}$ 倍字高；放置尺寸线时尽量避免尺寸线和尺寸界线与其他图形相交，如图 5-6 所示。

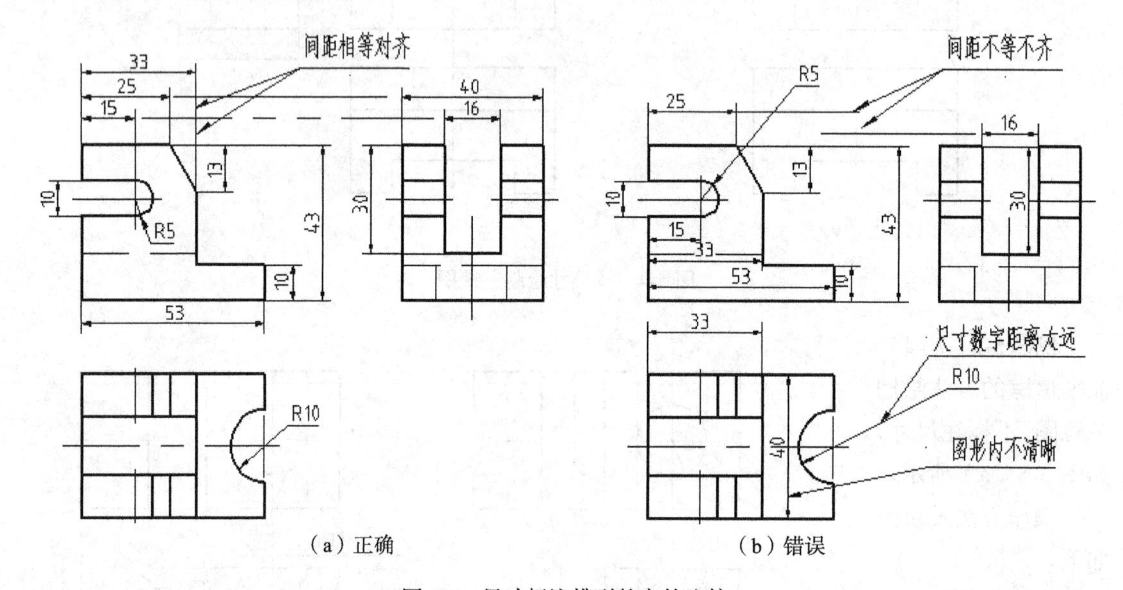

（a）正确　　（b）错误

图 5-6　尺寸标注排列整齐的比较

例题 5-3　完成三视图的尺寸标注，如图 5-7（a）所示。

尺寸标注的步骤如下。

① 分析形体，了解尺寸标注的内容，确定标注尺寸的过程。形体由上下两部分组成，按结构分别标注尺寸。

② 标注上面结构的尺寸。3 个视图同时标注尺寸，如图 5-7（b）所示。

③ 集中标注俯视图的“腰形”孔和左视图下面结构的尺寸，如图 5-7（c）所示。

④ 集中标注主视图下面结构形状的尺寸，如图 5-7（d）所示。

⑤ 检查尺寸标注是否正确，尺寸线是否符合要求。

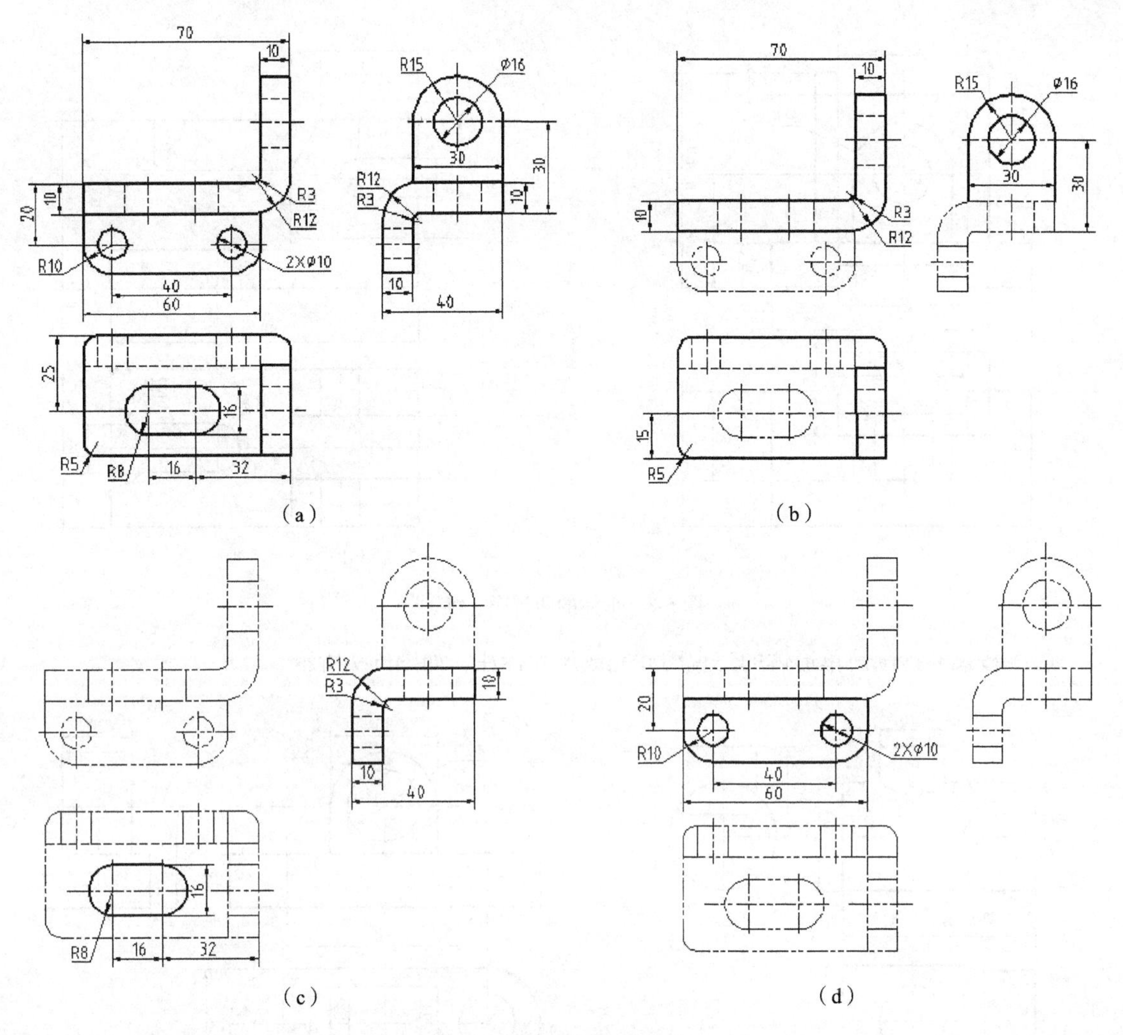

图 5-7　三视图的尺寸标注

2. 三视图绘制习题

分别设置轮廓线层、中心线层、虚线层、尺寸线层，按尺寸抄画给出形体的两视图或三视图并完成尺寸标注。注意视图的位置，手动选择放置尺寸线的位置。

（1）按尺寸抄画形体的两视图并完成尺寸标注，如图 5-8 所示。

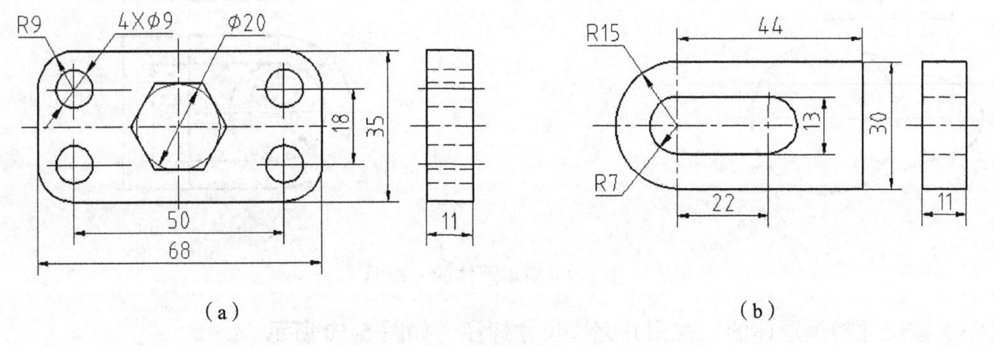

图 5-8　形体的两视图

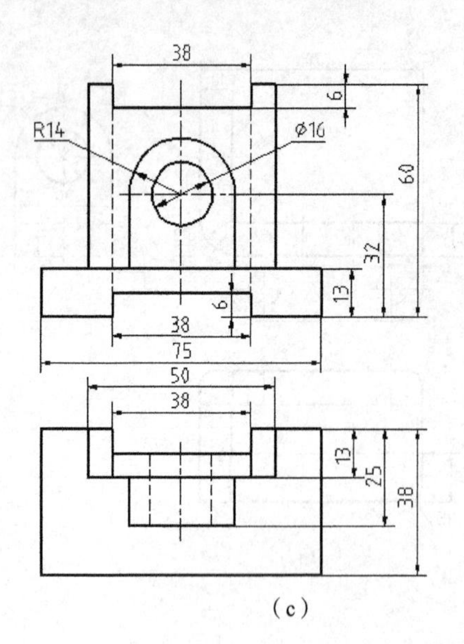

（c）

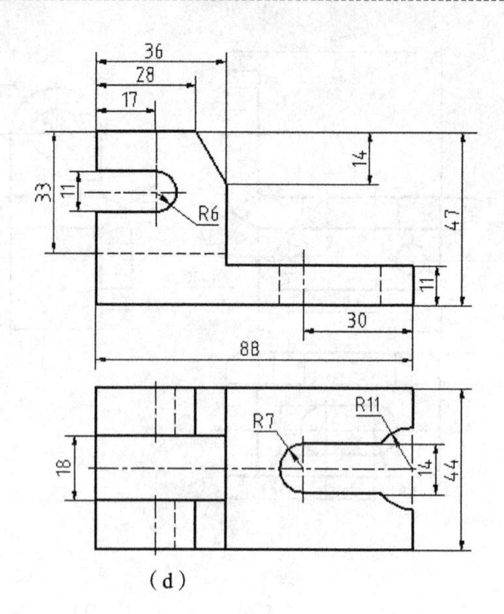

（d）

图 5-8　形体的两视图（续）

（2）按尺寸抄画简单形体的三视图并完成尺寸标注，如图 5-9 所示。

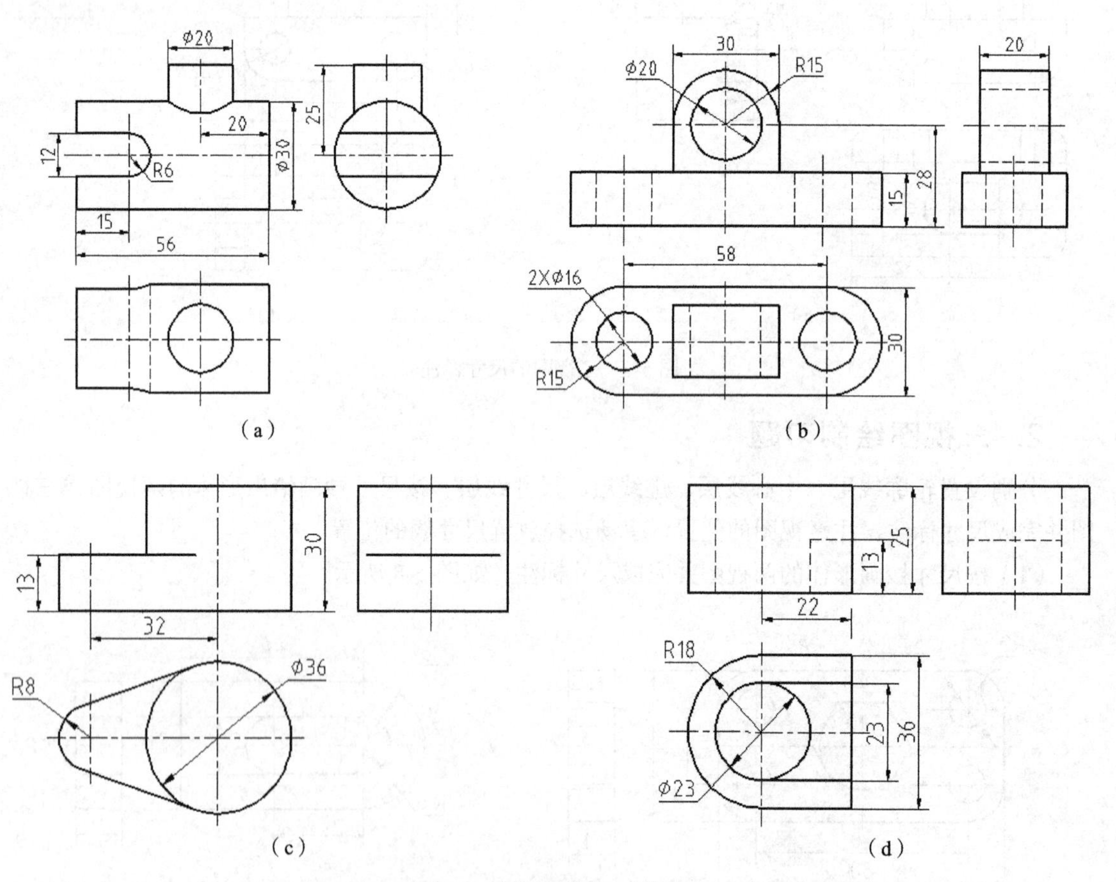

（a）　（b）　（c）　（d）

图 5-9　简单形体的三视图

（3）按尺寸抄画形体的三视图并完成尺寸标注，如图 5-10 所示。

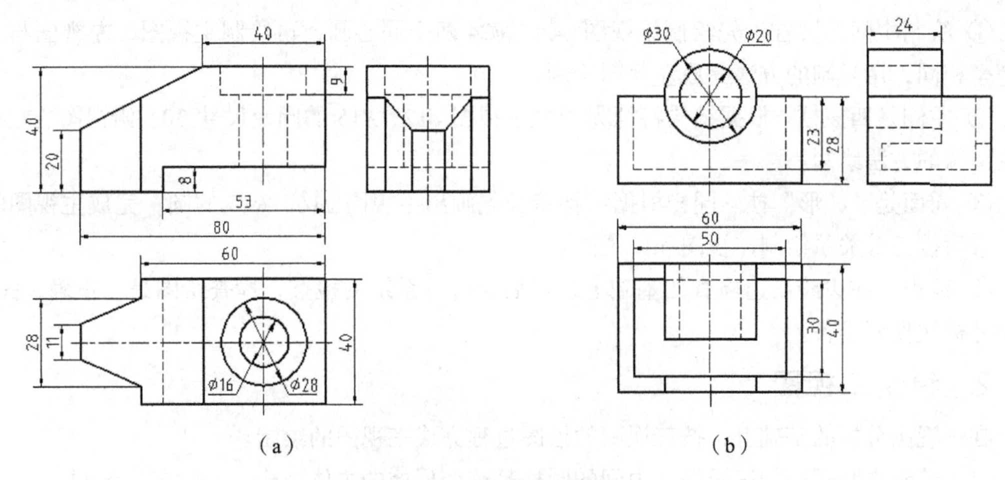

图 5-10　形体的三视图

三、项目实施

该项目主要讲述使用 AutoCAD 2008 绘图软件抄画三视图及尺寸标注的方法及技巧，通过项目实施提高三视图的绘制水平，为今后机件图样的表达打下良好的基础。

（一）三视图的绘制

三视图绘制的主要过程是：三视图的分析读图，三视图的绘制，绘制后的检查。

1. 读三视图确定绘制方案

（1）三视图的识读。通过三视图的读图及形体分析，可以清楚地了解形体的结构特征。如图 5-1 所示，形体由三大部分组成，左侧是四棱柱，中间是圆柱，前面是“U 形”柱，分解形体后得到三部分的三视图如图 5-11 所示。

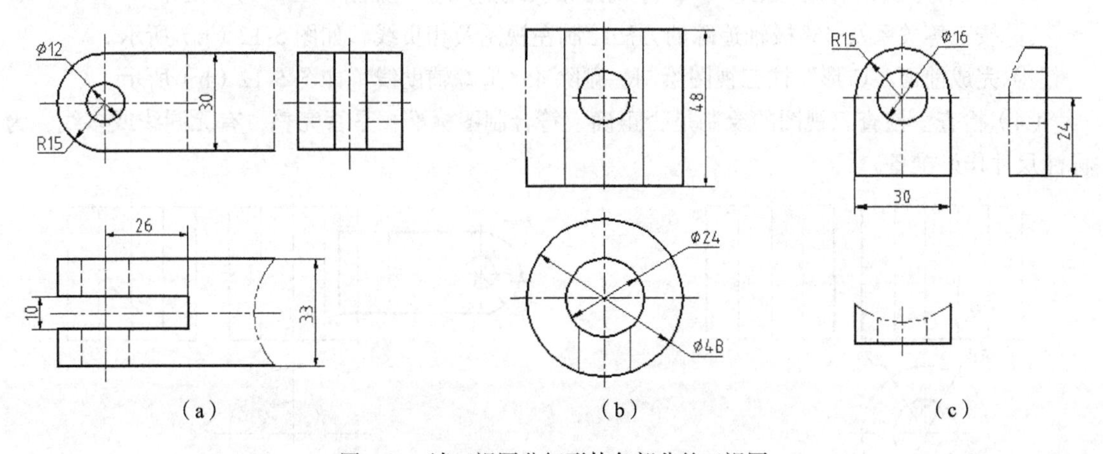

图 5-11　读三视图分解形体各部分的三视图

（2）绘制三视图的方案。根据读三视图及形体分析，获得了形体分解后的三部分，遵循 3 个视图同时画的原则，绘制三视图的过程如下。

① 绘制中间的圆柱。先绘制俯视图 $\phi48$、$\phi24$ 两个同心圆，再绘制主视图，左视图与主视图完全相同，用复制的方法完成左视图绘制。

② 左侧是四棱柱。根据结构特征先画出主视图 $\phi12$、$R15$ 的圆及尺寸 30，俯视图、左视图采用镜像的方法绘制。

③ 前面是“U 形”柱。同样根据结构特征先画出主视图 $\phi16$、$R15$ 的圆，完成主视图的绘制，最后按三等关系绘制左视图和俯视图。

④ 检查。在边绘制边检查的基础上，最后要进行系统的检查，检查绘图是否正确、完整，为尺寸标注作好准备。

2. 绘制三视图

在三视图分析的基础上，按三视图的绘图过程完成三视图的绘制。

（1）绘制中间圆柱的三视图。中间的圆柱是整个形体的主体结构，一般要先绘制。

① 绘制俯视图 $\phi48$、$\phi24$ 两个同心圆，点画线可以后画（与手工绘图的区别之一）。

② 绘制主视图。用极轴追踪的方法绘制圆柱高度 48。

③ 绘制左视图。左视图与主视图完全相同，用复制的方法完成，如图 5-12（a）所示。

（2）绘制左侧四棱锥的三视图。一般绘制三视图要先绘制反映形状特征的视图，再根据投影关系绘制其他视图。

① 绘制主视图。在圆柱中心高 24 位置画出主视图 $\phi12$、$R15$ 的圆及高度 30，如图 5-12（b）所示。

② 绘制俯视图。在“极轴追踪”显示下按“长对正”的关系绘制俯视图的一半，用镜像方法完成俯视图的绘制，如图 5-12（c）所示。

③ 绘制左视图并完成四棱锥的三视图绘制。左视图先按尺寸绘制一半，再用镜像的方法完成，检查并完成其他视图的投影，如图 5-12（d）所示。

（3）绘制前面“U 形”柱的三视图。该部分的绘制与前两个不同，左视图一定最后绘制，因为左视图的尺寸是在主、俯视图绘制后获得的。

① 根据结构特征绘制主视图。画出 $\phi16$、$R15$ 圆及尺寸 30，如图 5-12（e）所示。

② 按三等关系绘制俯视图并获得左视图相贯线的尺寸，如图 5-12（f）所示。

③ 按三等关系及 45° 极轴追踪的方法绘制左视图及相贯线，如图 5-12（g）所示。

④ 完成前面“U 形”柱三视图绘制。删除 45° 追踪辅助线，如图 5-12（h）所示。

（4）检查。检查三视图的绘制是否正确、符合制图标准，是否完整，有无漏线或多线，为标注尺寸作好准备。

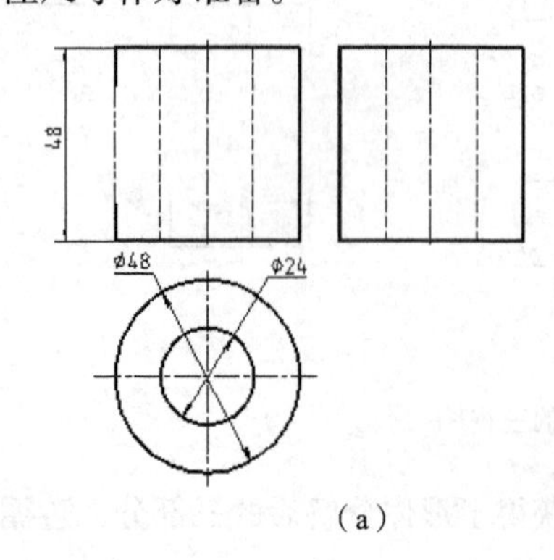

（a）

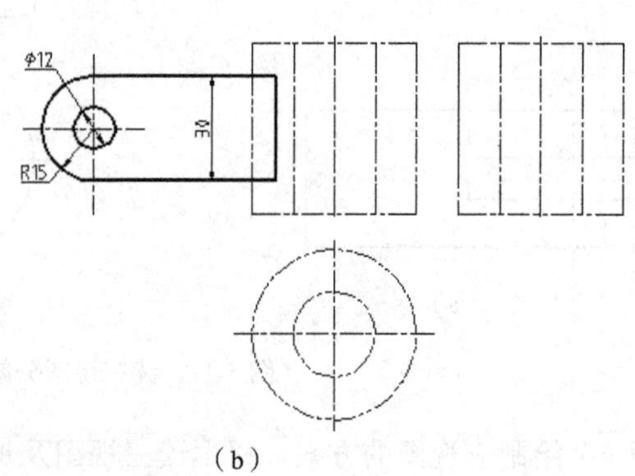

（b）

图 5-12　形体三视图绘制的过程

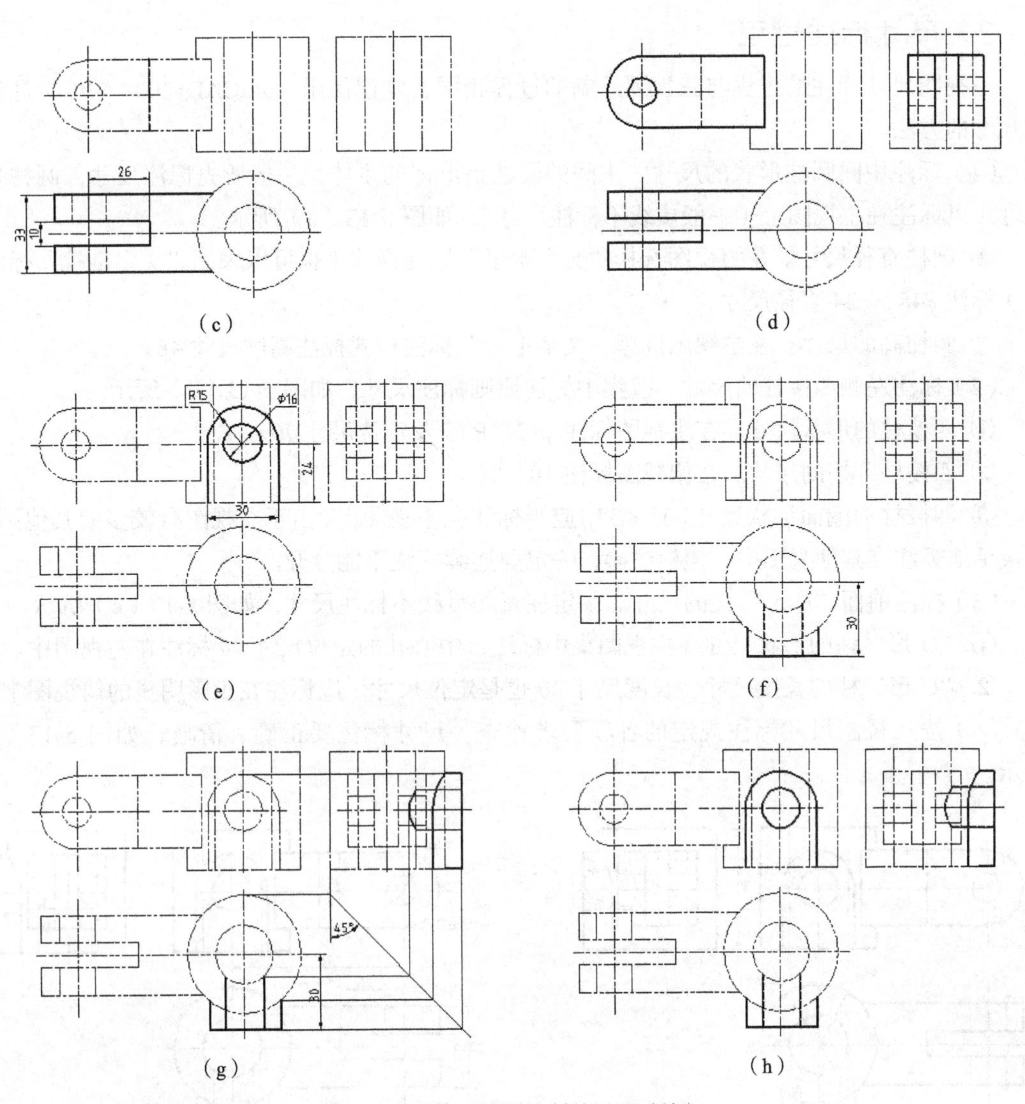

图 5-12　形体三视图绘制的过程（续）

（二）三视图的尺寸标注

三视图的尺寸标注是三视图绘制的难点，抄画尺寸标注不应盲目地照抄，要通过尺寸标注进一步检查三视图的绘制，并确保标注的尺寸能准确地表达形体，同时通过尺寸标注提高制图尺寸标注及工程图样尺寸识读能力。

1. 尺寸分析及创建标注样式

（1）三视图的尺寸分析。按三视图的尺寸标注要求，尺寸集中标注在形状特征明显的视图上，尺寸线及尺寸数字整齐，表达清晰。按形体的分析方法，尺寸标注也分三大部分，即中间的圆柱、左侧的四棱柱和前面的“U 形”柱。一定要清楚是在给形体标注尺寸。

（2）创建标注样式。根据项目中三视图的尺寸标注形式，需要创建“文字平行”、“文字水平”标注样式。

2. 尺寸标注过程

三视图尺寸标注的过程与三视图绘制的过程相同，掌握使用 AutoCAD 2008 软件标注三视图尺寸的方法。

（1）标注中间圆柱形状的尺寸。中间的圆柱是形体的主体，一般要先标注尺寸，圆柱直径尺寸可以标注在主视图上（一般虚线不标注尺寸），如图 5-13（a）所示。

① 圆柱直径尺寸。在俯视图选择“文字水平”标注样式（也可以采用“文字剖视”标注样式）标注 ϕ48、ϕ24 直径尺寸。

② 圆柱高的尺寸。在主视图选择“文字平行”标注样式标注高度尺寸 48。

（2）标注左侧四棱柱的尺寸。按集中标注原则标注尺寸，如图 5-13（b）所示。

① 四棱柱的形状尺寸。在主视图标注 ϕ12、R15 及定位尺寸 70。

② 四棱柱开槽的尺寸。在俯视图标注 10、26。

③ 四棱柱的端面形状尺寸（33×33）应当标注在左视图上，由于左视图有较多的其他图线，需灵活地标注在其他视图中，但标注操作一定要连续标注不能分开。

（3）标注前面“U 形”柱的尺寸。一定注意相贯线不标注尺寸，如图 5-13（c）所示。

① “U 形”柱的形状尺寸在主视图集中标注，中心孔的定位尺寸 24 标注在左视图中。

② “U 形”柱的长度尺寸。长度尺寸 30 也是定位尺寸，应标注在投影明显的俯视图中。

（4）按三视图尺寸标注规定的各项要求检查。尺寸标注要正确、清晰，如图 5-13（d）所示。

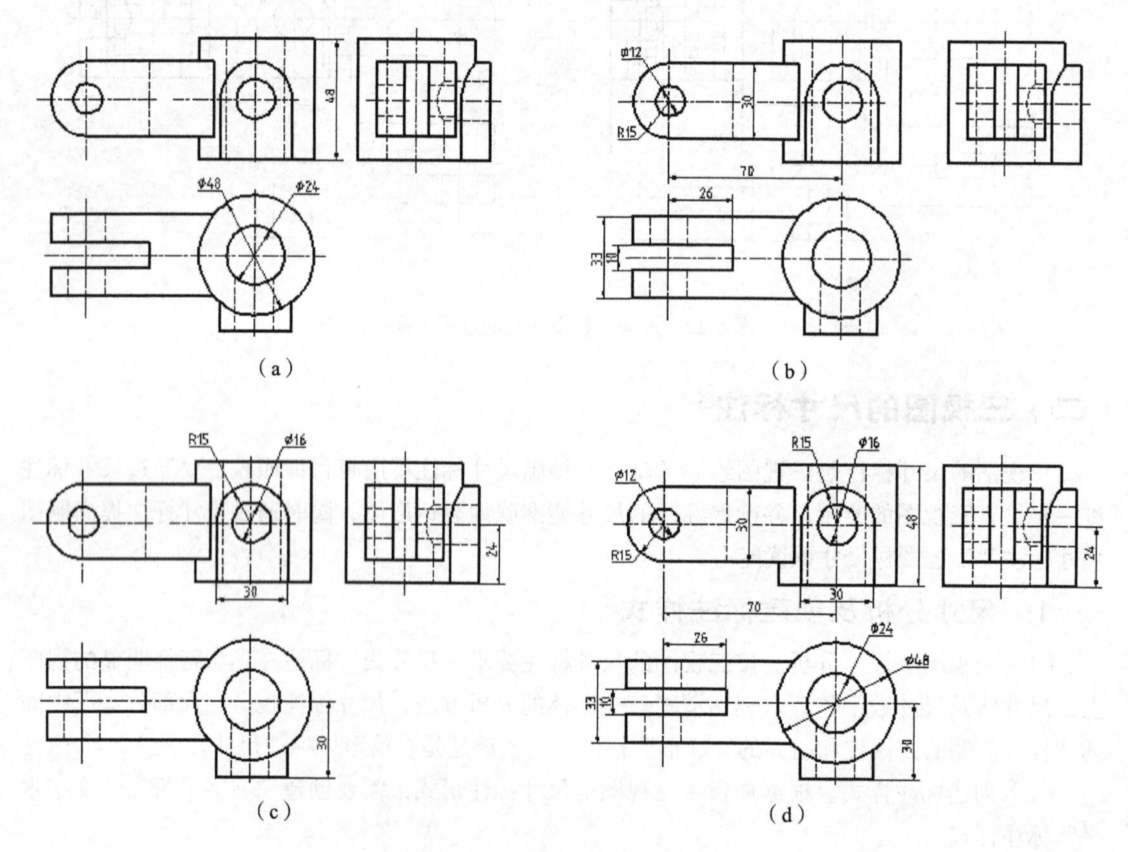

图 5-13 形体尺寸标注的过程

四、拓展知识

拓展知识内容主要训练机械制图中三视图的绘制及识读能力，使用 AutoCAD 2008 完成给出两视图补画第三视图和根据立体图形绘制三视图，提高使用 AutoCAD 2008 的操作能力。

（一）补画第三视图

1. 补画第三视图的方法

一般使用 AutoCAD 2008 绘图补画第三视图的方法基本遵循按手工绘制三视图的过程，用极轴追踪的方法，根据三视图的三等关系绘制第三视图。利用 AutoCAD2008 绘图软件的优势，采用更简单、更实用的绘图命令，提高绘制三视图的速度及质量。

（1）用复制、旋转及修改的操作方法补画第三视图，此方法方便快捷。

① 按尺寸绘制已知视图。抄画视图的同时，要分析形体的结构形状及视图的表达。

② 用复制的方法将两个视图中的一个复制，根据需要放在补画的第三视图处（或上、下位置）以备修改（获得尺寸）。

③ 将复制的视图旋转 90°，获得第三视图一个方向上的尺寸。

④ 经过修改完成补画第三视图（极轴追踪绘制），这种方法可以提高绘图速度及绘图的准确性。

例题 5-4 按尺寸绘制主、俯视图，用复制、旋转的方法补画左视图并标注尺寸，如图 5-14（a）所示。

操作方法及步骤如下。

① 读三视图分析形体，确定绘图方案。通过对三视图的识读可知，形体是由上下两部分组成的，采用先复制再旋转的方法将俯视图修改成左视图。

② 绘制主视图和俯视图。选择指定的图层、图线，按尺寸绘制主视图、俯视图。

③ 补画左视图。按绘图方案完成左视图的补画。

- 将复制的俯视图放在左视图的下方位置（也可放在上方）（修改成左视图时放在左视图的位置），如图 5-14（b）所示。

- 将复制的俯视图旋转 90°，得到左视图“宽相等”的尺寸，用“极轴追踪”可绘制左视图，如图 5-14（c）所示。

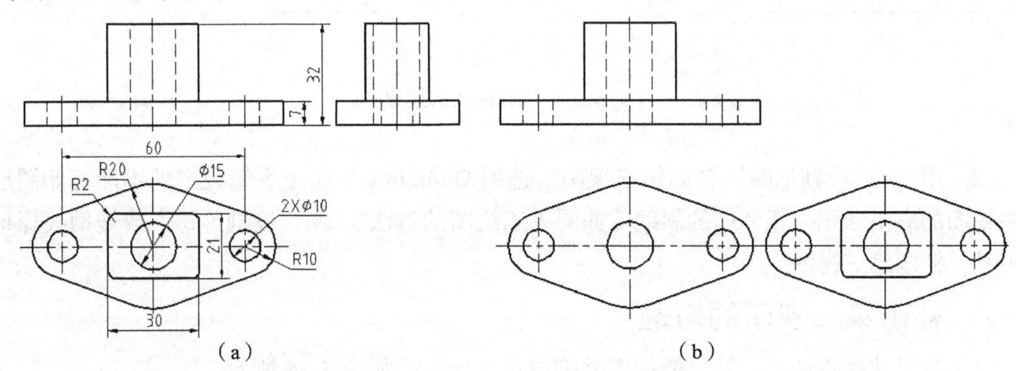

图 5-14 用复制、旋转的方法补画第三视图的过程

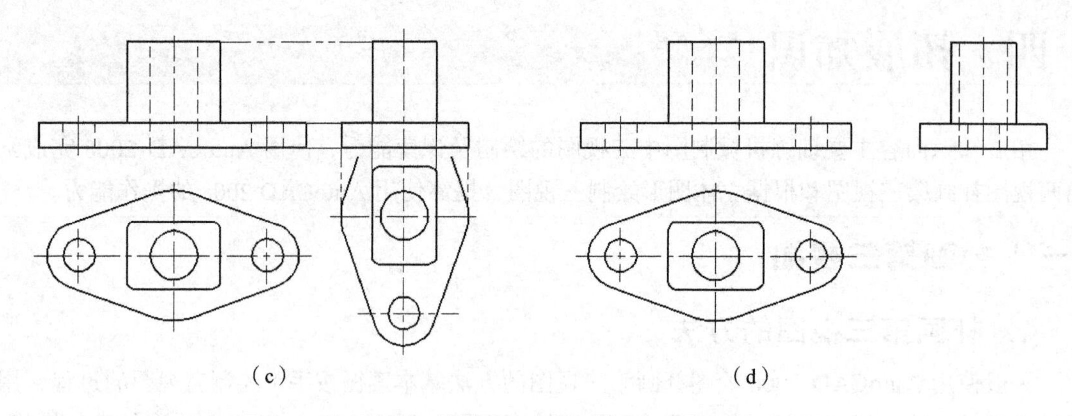

图 5-14　用复制、旋转的方法补画第三视图的过程（续）

- 绘制完成左视图。其他视图中相同结构的图形不要重复绘制，采用复制的方法，ϕ15、ϕ10 孔从主视图中复制，如图 5-14（d）所示。

④ 按三视图尺寸标注的要求完成三视图的尺寸标注。

- 标注底板的尺寸。在俯视图上集中标注出底板的形状尺寸及孔的定位尺寸，在主视图标出底板厚度 7，如图 5-15（a）所示。
- 标注四棱柱的尺寸。在俯视图集中标注棱柱端面的形状尺寸，在主视图标出形体的总高度，如图 5-15（b）所示。

⑤ 检查。按制图要求检查尺寸是否标准、完整、清晰，检查投影关系是否正确，图线、图面是否达到标准要求。

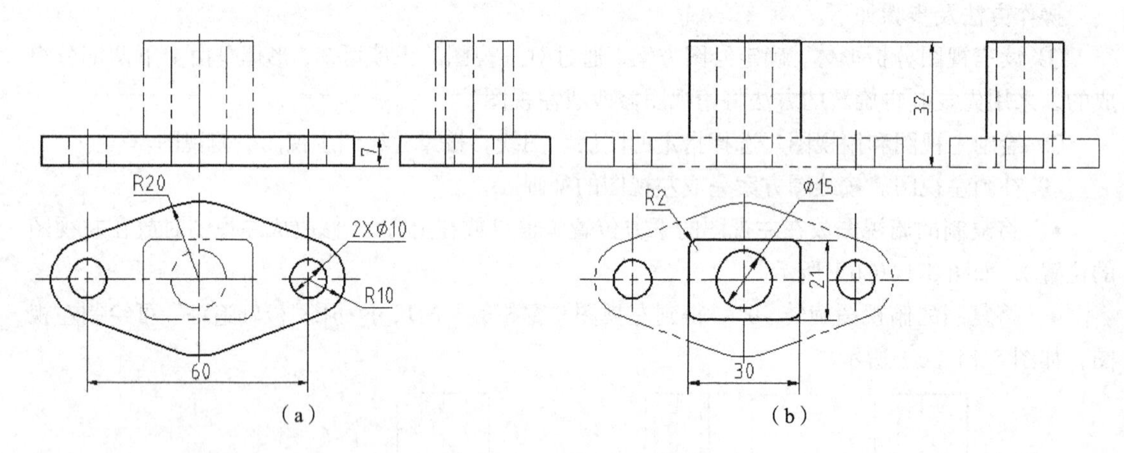

图 5-15　尺寸标注的过程

（2）用“45°极轴追踪”补画第三视图。选用 Defpoints 图层（系统设定的不能打印图层），在主视图的右下角画一条 45° 的斜线（如同手工绘图的方法），用“极轴追踪”或辅助线保证三等关系，补画第三视图。

2. 补画第三视图的习题

（1）按尺寸抄画视图，补画俯视图并完成尺寸标注，如图 5-16 所示。

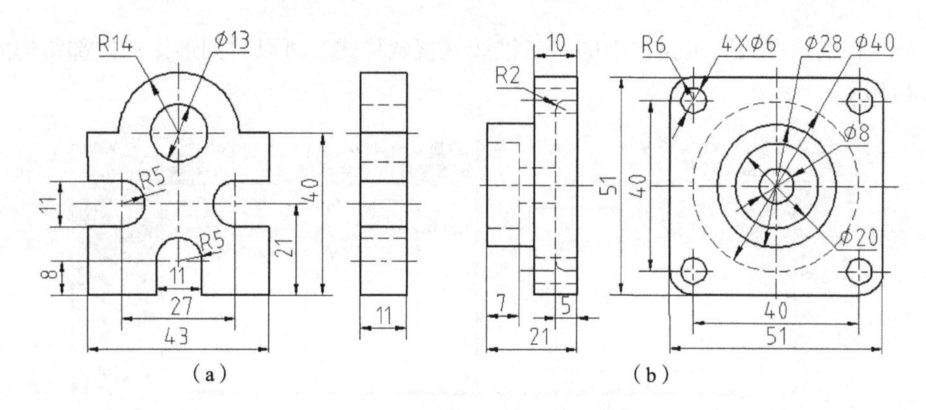

图 5-16　抄画视图并补画俯视图

（2）按尺寸抄画视图，补画左视图并完成尺寸标注，如图 5-17 所示。

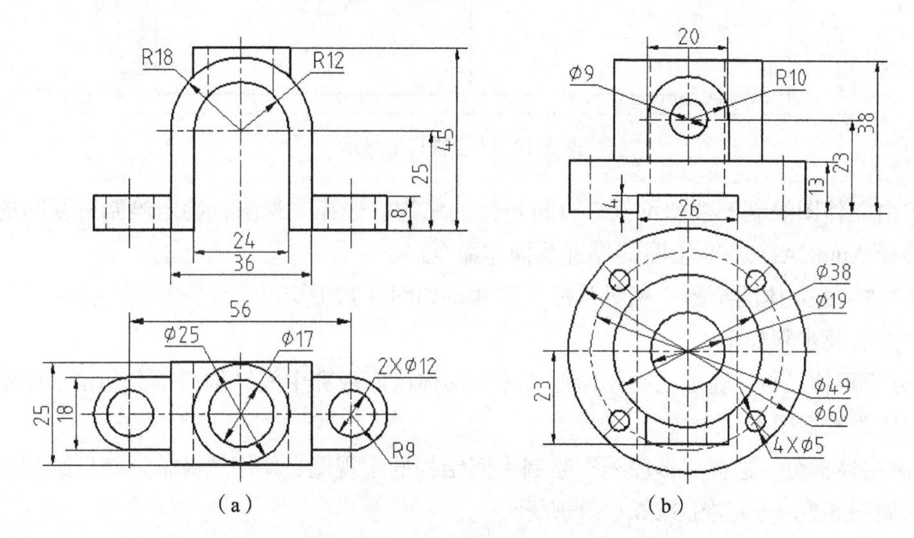

图 5-17　抄画视图并补画左视图

（二）由立体图绘制三视图

使用 AutoCAD 2008 绘图软件完成由立体图形绘制三视图的操作；在熟悉绘图命令，提高操作技巧的同时，训练将三维立体图形转换为二维投影图形的思维，培养使用视图表达形体的能力。

1. 绘制三视图的方法

（1）由立体图绘制三视图的要求。根据三维立体使用 AutoCAD 2008 绘制三视图，必须掌握三视图绘制的基本方法，了解三视图所表达的形体结构特征，确定主视图及其他视图；使用 AutoCAD 2008 软件，首先需要进行相应的“样式”设置，掌握命令操作等。

（2）“视口”显示三视图。AutoCAD 绘图能观察到立体图形的 6 个基本视图，能帮助我们获得形体的投影图形，检查投影是否正确，每个视口的图形位置及大小是可调的，“视口”显示三视图没有三等关系，只能观察比较立体的各个方向上的投影图形。

① 调出四个视口。选择“视口”/“四个视口”菜单命令，即显示 4 个视口。

② 显示三视图。分别双击与三视图对应的视口，在“视图”工具栏中分别选择“俯视”、“左视”和“主视”，调整各窗口中视图的显示的位置，可以看到形体的主、左、俯视图投影。

③ 选择“视觉样式”工具栏中的“三维线框视觉样式”可以看到形体的内部结构的投影，如图 5-18 所示。

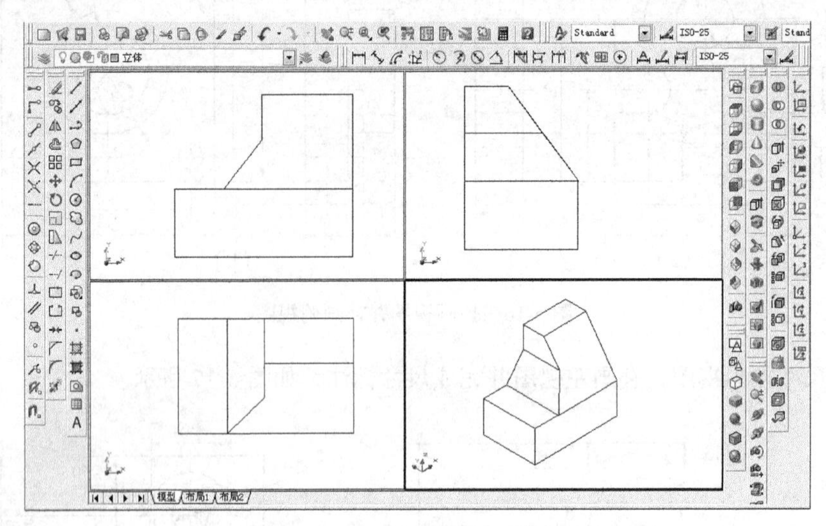

图 5-18　4 个视口的显示

（3）由立体图绘制三视图示例。分析形体的结构，选择主视图，确定绘制三视图的方案及过程，选择 AutoCAD 2008 绘图的设置及操作命令。

例题 5-5　由立体图绘制三视图并标注尺寸，如图 5-19 所示。

操作方法及步骤如下。

① 分析形体结构，确定三视图绘制方案。形体由底板和中间结构两部分组成，反映中间结构特征的作为主视图。

② 画主体部分。选择“多段线”绘制中间结构的主视图，使用“极轴追踪”绘制俯视图和左视图，如图 5-20（a）、图 5-20（b）所示。

③ 画底板结构。画底板结构的俯视图（镜像绘制另一侧），按三等关系及“极轴追踪”绘制主视图、左视图，如图 5-20（c）、图 5-20（d）所示。

④ 检查三视图。检查投影是否正确，图线是否标准，点画线是否完整、出头是否标准（3～5mm）。

⑤ 标注尺寸。按尺寸的标注要求完成尺寸标注，注意要集中标注在反映形状特征明显的视图上，尺寸线对齐并间距相等，如图 5-19（b）所示。

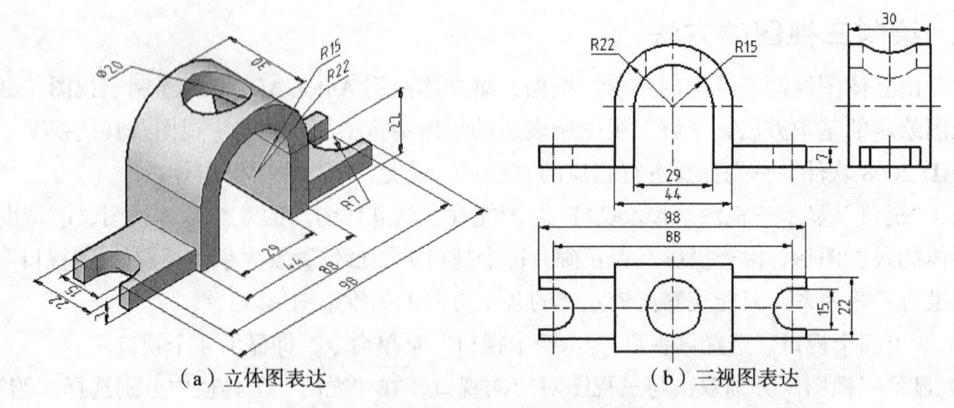

（a）立体图表达　　（b）三视图表达

图 5-19　形体的立体图表达及三视图表达

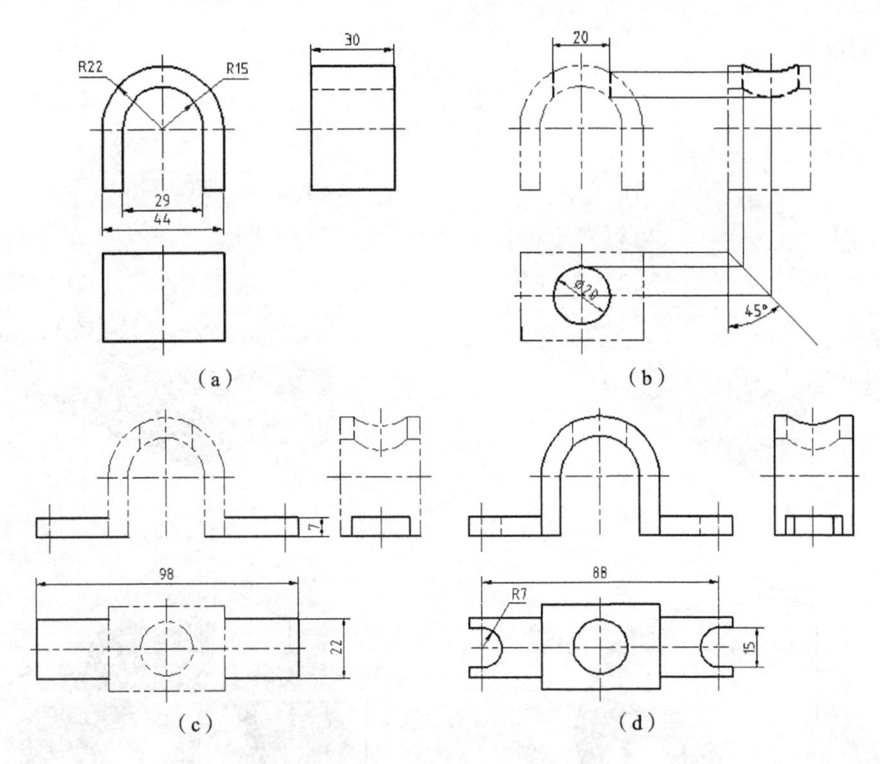

图 5-20　绘制三视图及标注尺寸的过程

2. 由立体图绘制三视图习题

通过由立体图绘制三视图及标注尺寸的练习，熟练使用 AutoCAD 绘图软件，提高绘图操作技能，培养“动手”和“动脑”的综合能力。

（1）根据基本体开口、开槽的立体图，完成基本体的三视图并标注尺寸，如图 5-21 所示。

（2）由回转体的立体图形绘制回转体的三视图并标注尺寸，

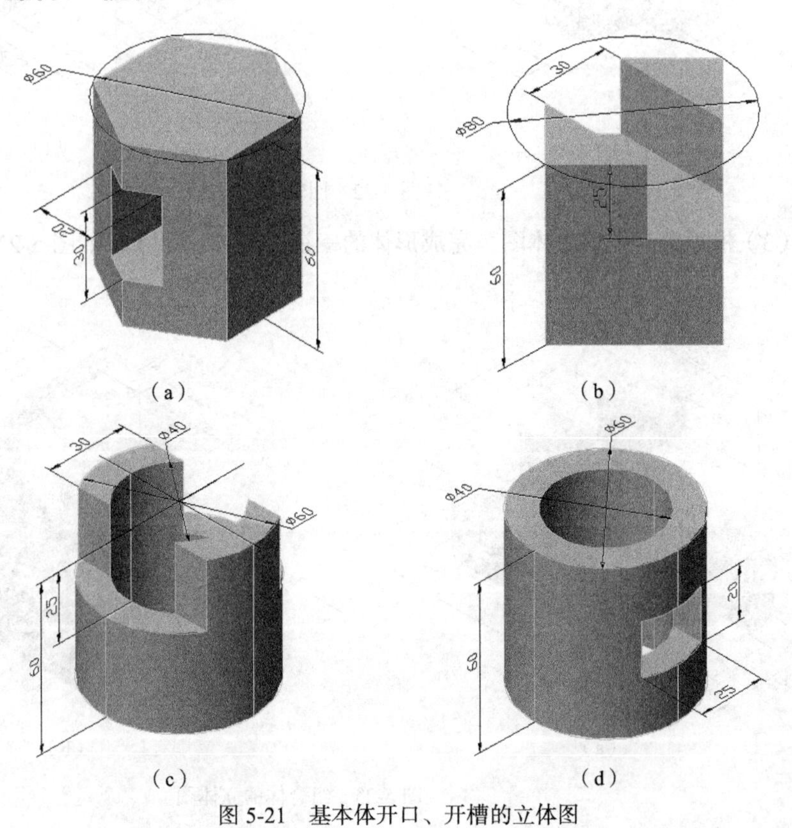

图 5-21　基本体开口、开槽的立体图

如图 5-22 所示。

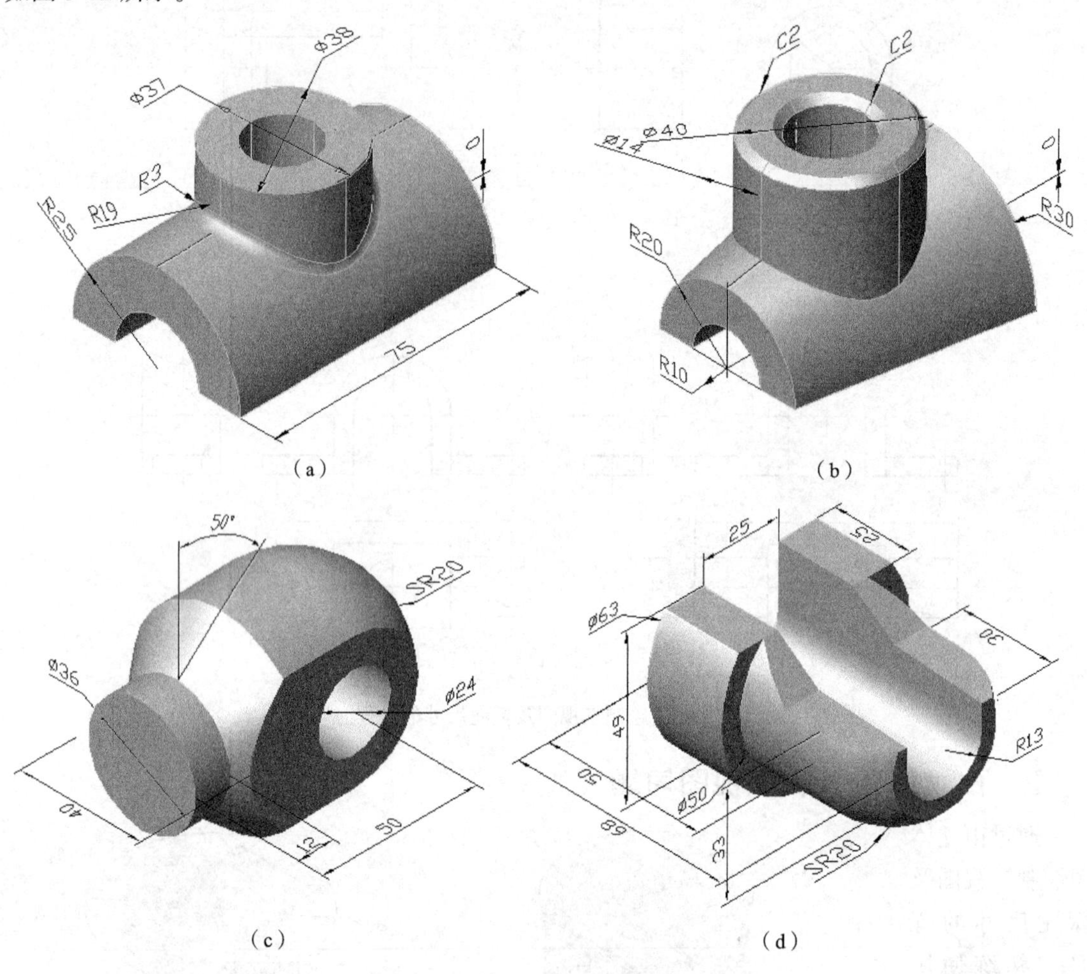

图 5-22　回转体的立体图

（3）根据组合体的立体图，完成形体的三视图并标注尺寸，如图 5-23 所示。

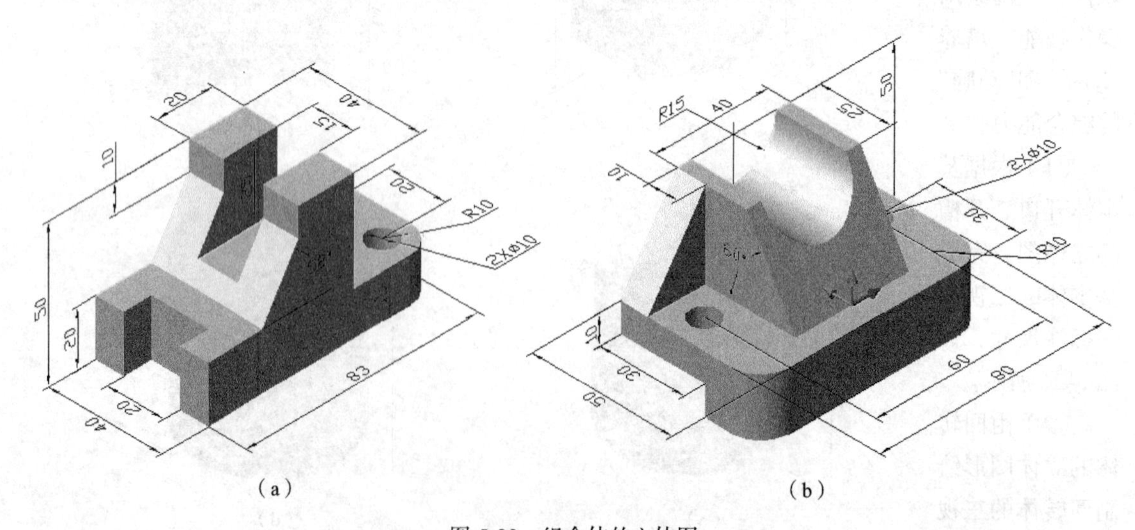

图 5-23　组合体的立体图

小 结

1. 讲述了使用 AutoCAD 2008 绘图软件绘制三视图及标注尺寸的方法及技巧，为今后机件图样的表达打下良好的基础。

2. 以示例完成了三视图的绘制及尺寸标注的操作，并提供了三视图绘制的练习题。

3. 介绍了根据两视图补画第三视图和根据立体图形绘制三视图的操作，以提高读者使用 AutoCAD 2008 绘图软件的操作能力和机械图样的识图能力。

自测题

一、选择题（请将正确的答案序号填写在题中的括号内）

1. 下列命令中能将选定对象的特性应用到其他对象的是（　　）。

A. “夹点”编辑　B. 设计中心　C. 特性　D. 特性匹配

2. 运用“正多边形”命令绘制的正多边形可以看作是一条（　　）。

A. 多段线　B. 构造线　C. 条曲线　D. 直线

3. 移动视图对象，使其视图移动到直线的中点，需要应用（　　）。

A. 正交　B. 捕捉　C. 栅格　D. 对象捕捉

4. 要快速显示界面内的所有图形，可使用“缩放”工具栏中的（　　）命令。

A. 窗口缩放　B. 动态缩放　C. 范围缩放　D. 全部缩放

5. 以下哪种说法是错误的（　　）。

A. 使用“矩形”命令将得到一条多段线

B. 打断一条“构造线”将得到两条射线

C. 可以用“圆环”命令绘制填充的实心圆

D. 不能用“椭圆”命令画圆

6. 左视图投影不正确的是（　　）。

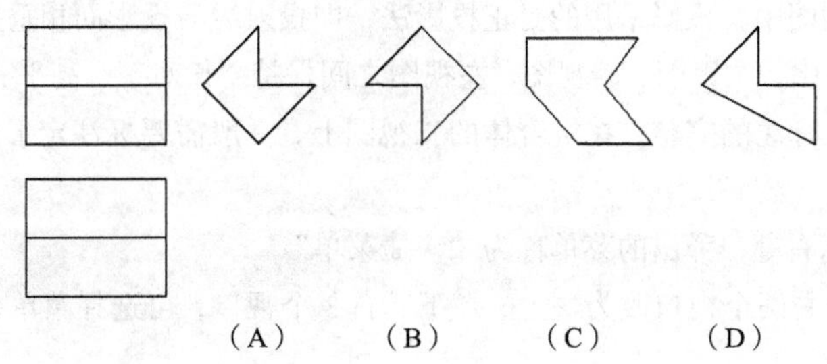

7. 左视图投影正确的是（　　）。

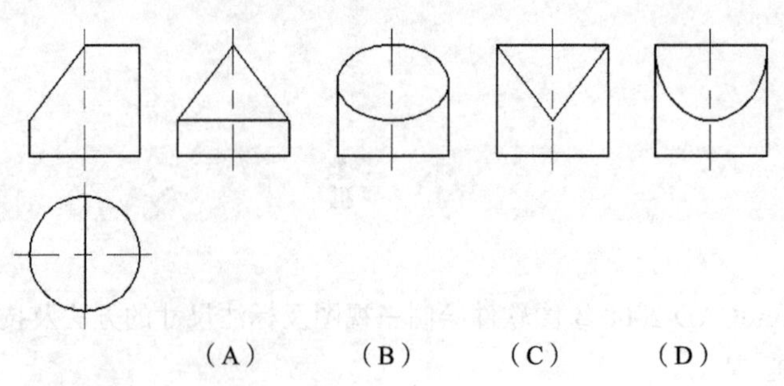

（A）　（B）　（C）　（D）

8. 投影关系不正确的是（　　）。

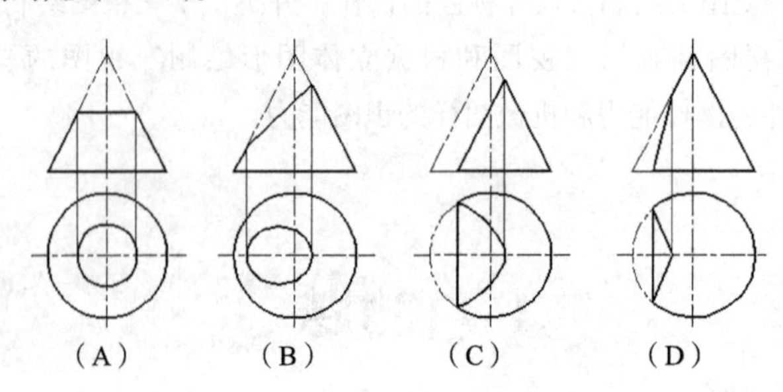

（A）　（B）　（C）　（D）

9. 左视图投影不正确的是（　　）。

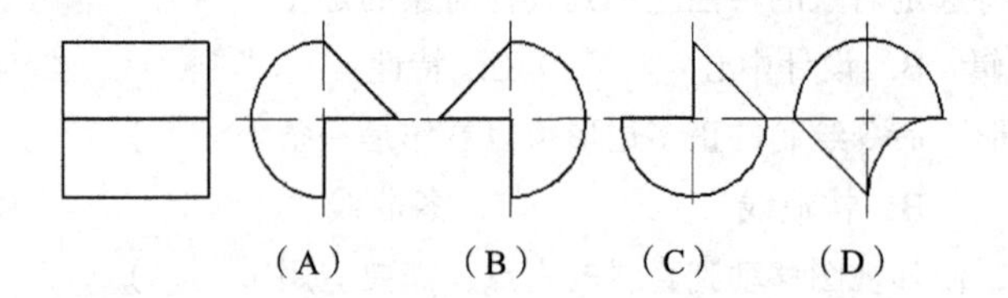

（A）　（B）　（C）　（D）

10. 选择合理的视图作为主视图的是（　　）。

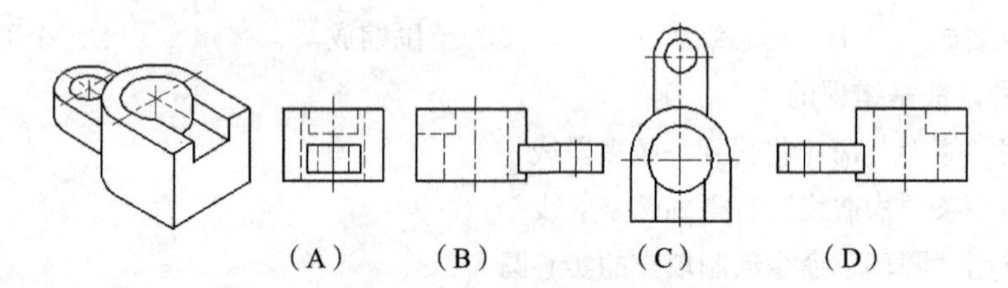

（A）　（B）　（C）　（D）

二、判断题（将判断结果填写在括号内，正确的填“√”，错误的填“×”）

（　　）1. 在机械制图中，投影采用的是正投影法，即投射线与投影面相垂直的平行投影法。

（　　）2. 在三视图中，主视图、俯视图、左视图之间保持“长对正、高平齐、宽相等”的原则。

（　　）3. 为了尺寸标注的完整，在组合体的三视图上，一般需要标注定形尺寸、定位尺寸及总体尺寸等尺寸。

（　　）4. 单击鼠标右键，弹出的菜单称为“快捷菜单”。

（　　）5. 要将左、右两个视口改为左上、左下、右 3 个视口，可选择菜单栏中的“视图” / “视口” / “两个视口”命令。

（　　）6. 在 AutoCAD 中定位点可以采用多种坐标，包括绝对直角坐标、绝对极坐标、相对直角坐标和相对极坐标。

(　　) 7. AutoCAD 2008 的“绘图状态”工具栏中，“正交”和“极轴”按钮是互斥的，若打开其中一个按钮，则另一个自动关闭。

(　　) 8. 在命令行中输入“Zoom”，执行“缩放”命令；在命令行“指定窗口角点，输入比例因子(nX 或 nXP)，或[全部(A) / 中心点(C) / 动态(D) / 范围(E) / 上一个(P) / 比例(S) / 窗口(W)]<实时>:”的提示下输入“0.5x”，该图形相对于当前视图缩小一半。

(　　) 9. 选择“打断”和“打断于点”的命令都不能打断圆。

(　　) 10. 将圆进行 5 等分，可以选择菜单栏中的“绘图” / “点” / “定数等分”命令。

三、操作题

1. 按尺寸绘制三视图并标注尺寸，如图 5-24 所示。

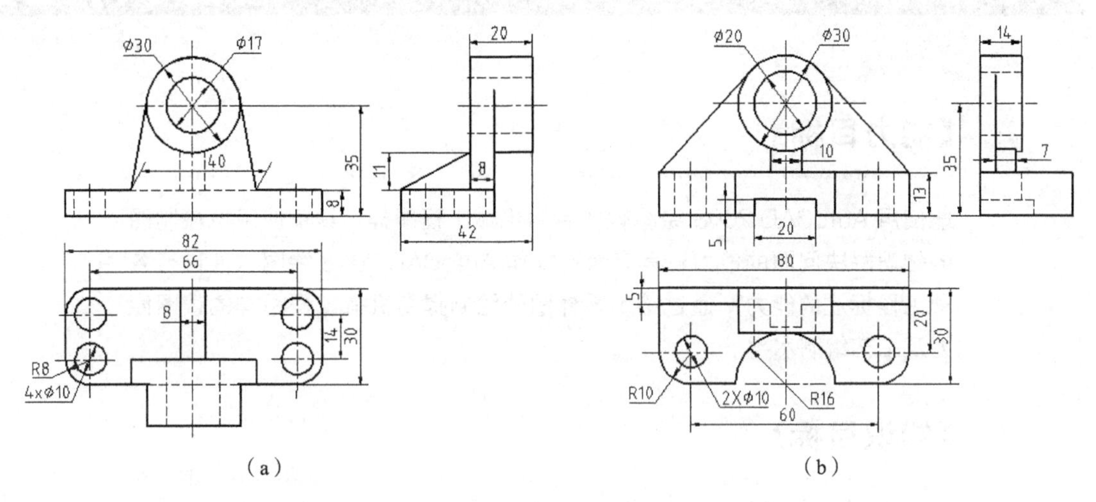

图 5-24　形体的三视图

2. 由立体图绘制三视图并标注尺寸，如图 5-25 所示。

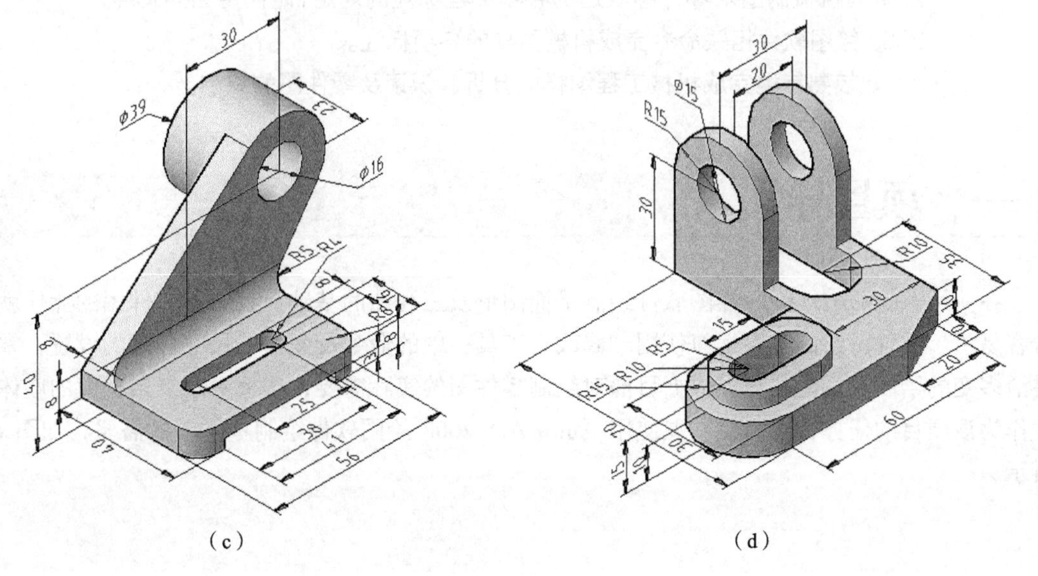

图 5-25　形体的立体图

项目六

绘制零件图

【能力目标】

能使用 AutoCAD 2008 绘图软件绘制机械工程图样；具备使用机械制图的知识解决问题的能力；具有较高操作 AutoCAD 2008 绘图软件进行各项工程标注的能力；通过给定零件图的绘制提高机械工程图样的读图能力及工艺编制水平。

【知识目标】

1. 能使用 AutoCAD 2008 绘图软件的相关命令完成机件各种表达方法的绘图。
2. 掌握机械制图对零件图表达的各项工程标注的规定，能使用 AutoCAD 2008 绘图软件相关命令完成机械图样的各项标注。
3. 能较熟练地完成机械工程图样的分析、识读及零件图的绘制。

一、项目导入

在使用 AutoCAD 2008 绘图软件绘制平面图形及三视图的基础上，绘制零件图的操作就比较容易了。零件图绘制主要学习使用“修改”工具栏中的命令及文字、尺寸样式的设置，掌握灵活多变的绘图及标注技巧。根据目前对绘制零件图的实际需要，选择一般复杂程度的座体零件作为该项目的任务，以满足掌握使用 AutoCAD 2008 绘图软件绘制零件图的需要，如图 6-1 所示。

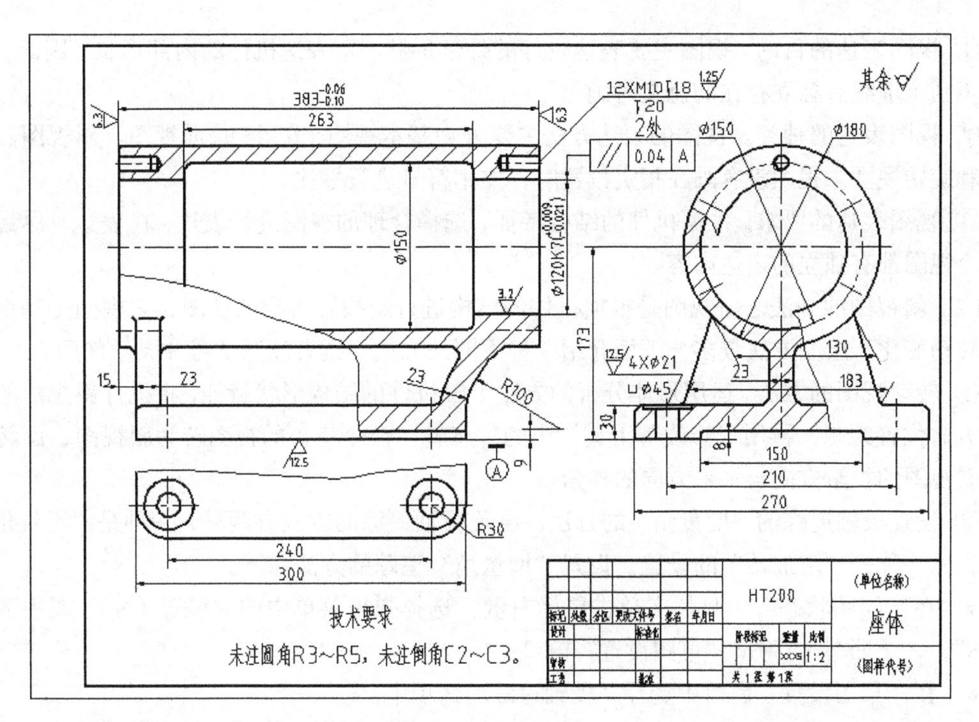

图 6-1 座体零件图

零件图绘制的关键是机械制图知识的学习和掌握程度，特别是在机件的表达方法、零件图的技术要求、零件图的识读等方面。本项目结合零件图的相关知识内容，学习使用 AutoCAD 2008 绘图软件绘制零件图的方法。

二、相关知识

绘制零件图就是使用 AutoCAD 2008 绘图软件的命令完成零件图手工绘制；完成机件各种表达方法规定的绘制；完成机件上常见结构规定表达的绘制，如螺纹、筋板等。零件图的各项工程标注是零件图绘制的重点及难点，在进行项目实施前必须学习并掌握上述表达方法及相关知识。本章采取以示例讲解和习题操作的方式讲解绘图命令的操作。

（一）机械图样的绘制方法

使用 AutoCAD 2008 进行机械图样的绘制，主要是绘制视图、剖视图、断面图、局部放大图等。为了保证能快捷、标准地绘制零件图，必须具备机件表达方法的基本知识和绘制方法。

1. 视图的绘制

视图表达是在三视图表达的基础上对形体（机件）进行多方向的投影，根据机件结构的不同选择不同视图投影方向，因此，三视图表达是视图绘制的基础，熟练掌握非常重要。

（1）视图表达的基本知识。一般机件不能单纯采用一种表达方法，经常要将视图、剖视图等在一起使用。机件的视图表达与三视图的主要区别是，视图表达增加了斜视图和局部视图的断裂线（波浪线），并且规定虚线可以省略不画。

① 视图表达的目的。视图主要表达机件的外部形状，不表达机件的内部形状，因此，虚线一般不画（虚线有独立存在的意义时画）。

② 视图表达的种类。视图的表达方法主要分为基本视图（6 个）、向视图、斜视图、局部视图和旋转视图。视图没有画在指定位置时，要用符号进行标注。

③ 视图表达的要求。根据机件的结构特征，选择合理的视图进行表达，在表达时尽量考虑每一个视图都有独立的表达内容。

（2）斜视图的画法。斜视图是根据机件的结构进行斜投影得到的视图，斜视图是基本视图发生转动变化，绘制方法较多，下面介绍 3 种不同的方法，读者注意学习并灵活使用。

① 转动视图的方法。运用形体分析的方法了解机件的结构形状特征，将机件斜投影的视图按正方向位置绘制，再用“修改”工具栏中的“旋转”命令将正的视图转为斜视图，旋转的角度是斜视图的投影方向与水平方向的夹角。

② 设置极轴追踪的“增量角”的方法。设置极轴追踪的方法有两种，一种是“增量角”的设置，另一种是“附加角”的设置。设置“增量角”追踪的方法如下。

- 在“绘图状态”工具栏上单击鼠标右键，选择弹出菜单中的“设置（S）”或用键盘输入“S”，↙（回车），弹出“草图设置”窗口。
- 在“草图设置”窗口中选择“极轴追踪”选项卡。
- 在“极轴追踪”窗口中选择“增量角”，输入角度，如斜视图的倾斜角度为 30°，“增量角”选 30°；“对象捕捉追踪设置”选择“用所有极轴角设置追踪”，即完成 30°“增量角”的设置，在绘图中，极轴追踪显示 30° 的倍数，如图 6-2 所示。

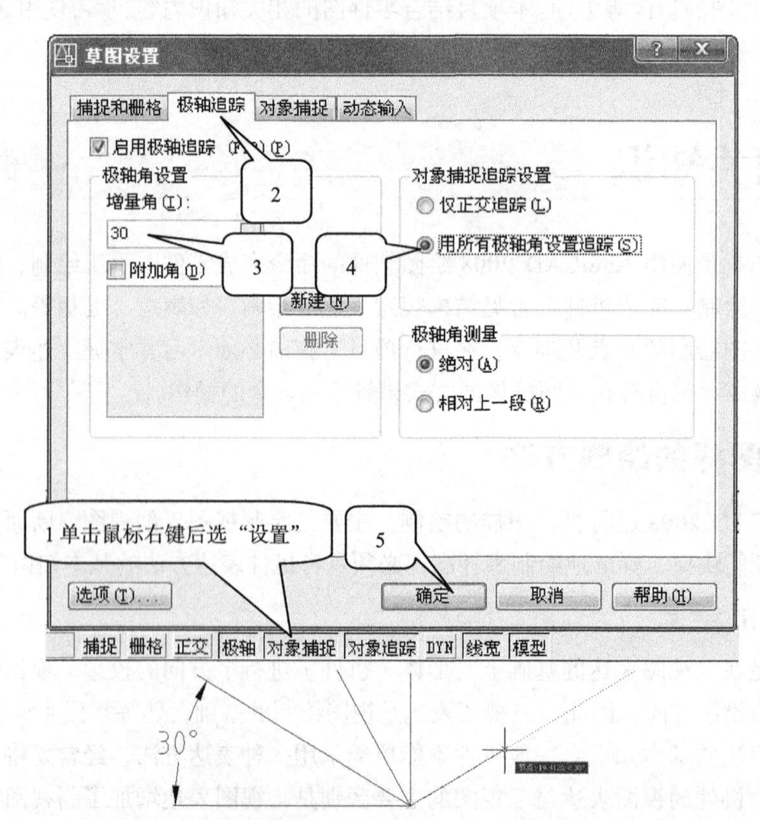

图 6-2　设置增量角及设置增量角为 30° 时显示的极轴追踪

③ 设置极轴追踪“附加角”的方法。“附加角”追踪与“增量角”追踪不同的是，“附加角”仅追踪设置的角度，不追踪设置的倍数，设置方法基本相同。

- 调出“极轴追踪”窗口，方法与“增量角”追踪调出“极轴追踪”窗口的方法相同。
- 在“极轴追踪”窗口中，单击“附加角”的“新建”按钮，在附加角窗口中填写需要的追踪角，如斜视图的 *X* 方向为 16°，*Y* 方向为 106°。
- 单击“确定”按钮即完成“附加角”的极轴追踪设置，如图 6-3 所示。

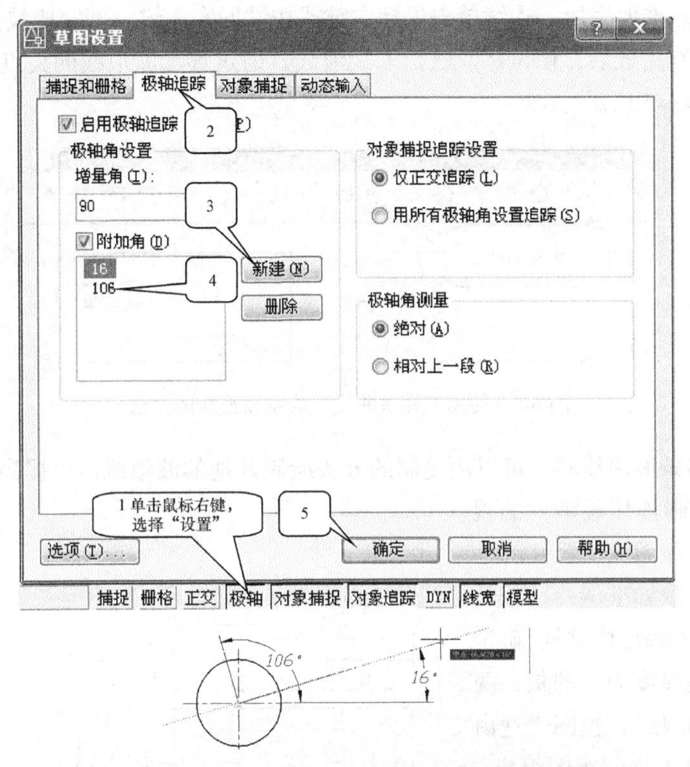

图 6-3　设置附加角及附加角设置为 16°时显示的极轴追踪

④ 旋转坐标轴的方法。绘图界面中的光标是与当前的坐标轴一致的，采用转动坐标轴使光标及极轴追踪的角度变化绘制斜视图的方法。

- 单击“UCS”工具栏中的“Z”命令按钮（绕 Z 轴旋转）。
- “命令提示”窗口显示“指定绕 Z 轴旋转角度〈90〉”，输入指定的倾斜角度（如旋转 16°）“16”，↙（回车）。
- 当前绘图坐标 *X*、*Y* 轴旋转 16°（逆时针为正），如图 6-4 所示。

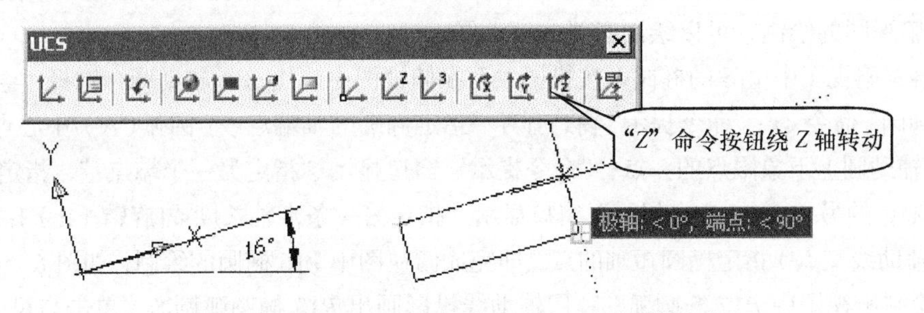

图 6-4　当前坐标 *X*、*Y* 轴转动 16°显示的极轴追踪

（3）波浪线的画法。机件断裂的部位，制图标准规定用波浪线表示。波浪线一般不需要单独设置图层，用细实线图层绘制（也可以与剖面线同层）。波浪线的波浪是通过移动鼠标指针用鼠标左键选取点完成绘制的，若干个点不在一条直线上。绘制波浪线的方法如下。

- 单击“绘图”工具栏中的“样条曲线”命令按钮 ～ 。
- “命令提示”窗口显示“指定第 1 点或〔对象（O）〕”，移动鼠标指针单击波浪线上的点。选取的点不要少于 3 点，也不要过多、过密。
- 波浪线各点选取完后，连续单击鼠标右键或按“回车”键，即完成波浪线的绘制。
- 波浪线绘制完成后，用鼠标左键拾取波浪线，通过移动波浪线的夹点（亮点），调整波浪线的波形，如图 6-5 所示。

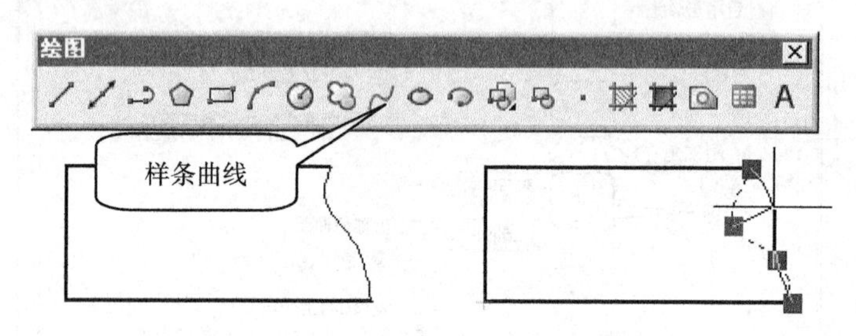

图 6-5　使用“样条曲线”绘制波浪线的方法

在图样中有多条波浪线时，可以用复制的方法绘制其他的波浪线，以提高绘图的速度。

例题 6-1　抄画连接板零件的视图，不标注尺寸，如图 6-6 所示。

绘图方法及步骤如下。

① 分析视图了解形体结构，确定绘图过程。机件是厚度为 7 的板，两边开孔，右端弯曲 45°；视图表达由主视图、俯视图和 A 向斜视图组成。先绘制左端的俯视图。

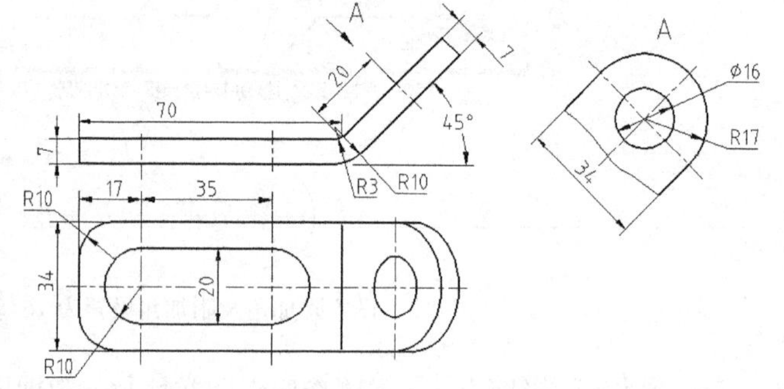

图 6-6　连接板零件的视图表达

② 绘制左端的俯视图和主视图。按尺寸完成主视图和俯视图左端投影图绘制，注意两个视图同时绘制，如图 6-7（a）所示。

③ 绘制主视图右端和 A 向斜视图。用极轴追踪 45° 的方法绘制主视图右端及 A 向斜视图，如图 6-7（b）所示。

④ 绘制俯视图右端的视图。按投影关系及极轴追踪的方法，使用绘制椭圆及椭圆弧的方法，完成右端俯视图的绘制，可以绘制必要的辅助线。

- 绘制俯视图中 $\phi16$ 的椭圆。按投影关系在俯视图中画出 $\phi16$ 辅助圆，选择“绘图”工具栏中的“椭圆”命令；“命令提示”窗口显示“指定椭圆的轴端点或〔圆弧（A）/中心点（C）〕:”，指定 $\phi16$ 辅助圆上下象限点的一点；“命令提示”窗口显示“指定另一个端点:”，指定 $\phi16$ 辅助圆上下象限点的另一点；“命令提示”窗口显示“指定另一条半轴长度或[旋转（R）]:”，按投影关系（或辅助线交点）指定椭圆短轴的点，即完成俯视图中 $\phi16$ 椭圆的绘制，如图 6-7（c）所示。
- 绘制俯视图中 $R17$ 椭圆弧。利用辅助线投影画出 $R17$ 椭圆弧圆心，单击与尺寸 34 的交点（*R*17 的两个切点），选择“椭圆弧”命令 ；“命令提示”窗口显示“指定椭圆弧的轴端点或〔中心点（C）]:”，指定 *R*17 的第一个切点；“命令提示”窗口显示“指定另一个端点:”，指定 *R*17 的另一个切点；“命令提示”窗口显示“指定另一条半轴长度或[旋转（R）]:”，按投影关系（或辅助线交点）指定椭圆短轴的点，即显示椭圆；“命令提示”窗口显示“指定起始角度或[参数（P）]:”（按逆时针方向转动）用鼠标拾取椭圆轴的一点（*R*17 下方的端点）；“命令提示”窗口显示“指定终止角度或[参数（P）/包含角度（I）]:”，移动鼠标指针显示保留椭圆弧的部分，拾取椭圆轴的另一点（*R*17 上方的端点），即完成椭圆弧的绘制，如图 6-7（d）所示。

- 按投影关系复制。按主视图的投影关系复制俯视图的椭圆和椭圆弧，如图 6-7（e）所示。

⑤ 检查完成视图的绘制。完成圆角 *R*3、*R*10 的绘制；修剪掉俯视图中多余的图线，完成右端俯视图的绘制；检查各个视图投影是否正确，图线是否符合制图标准，如图 6-7（f）所示。

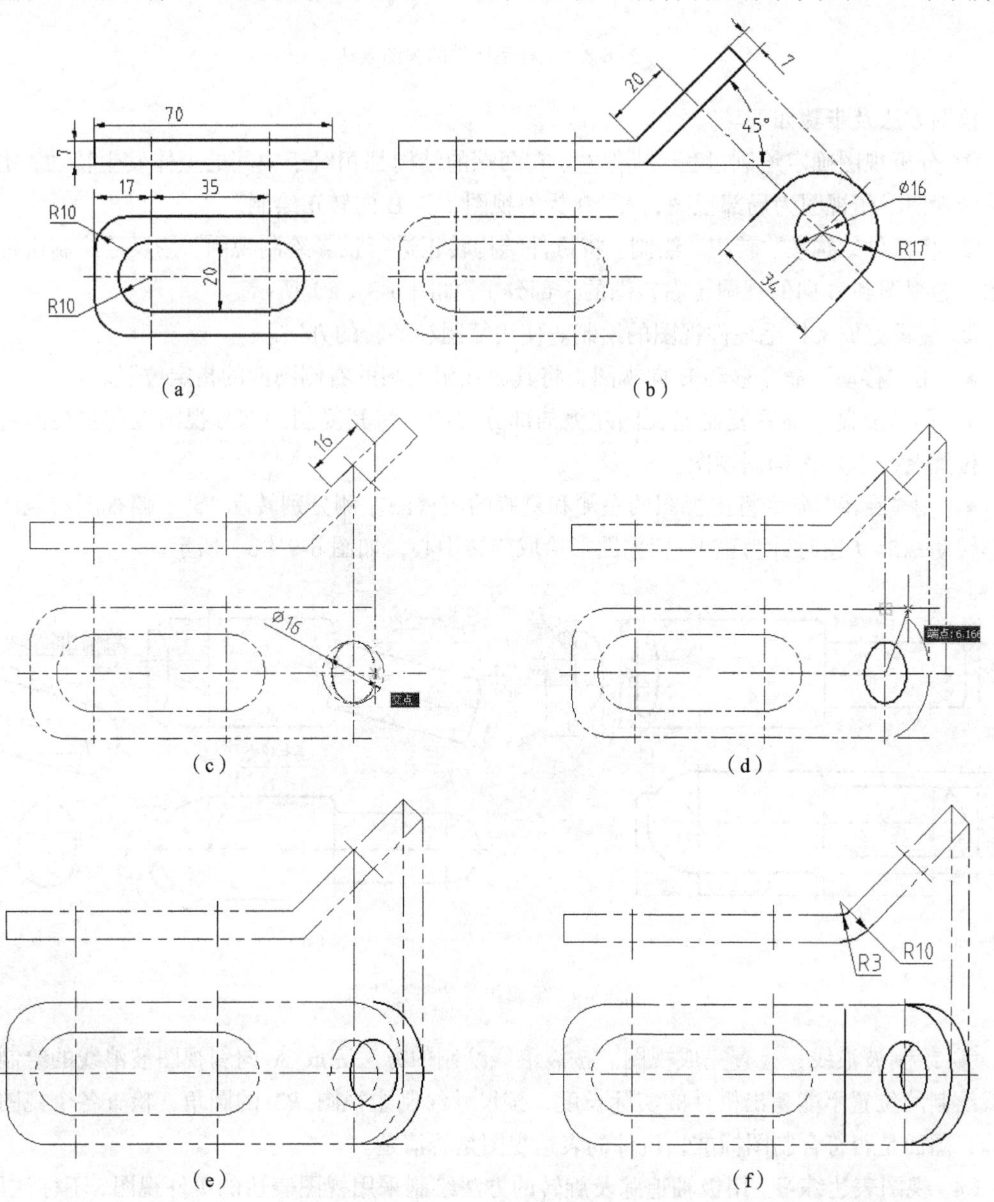

图 6-7　绘制主视图右端部分及 A 向斜视图

例题 6-2 抄画叉杆毛坯件的视图表达，如图 6-8 所示。

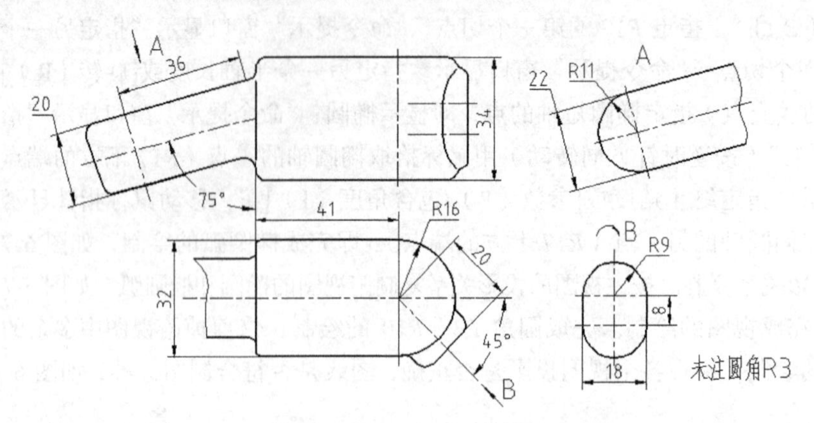

图 6-8 叉杆毛坯件的视图表达

绘图方法及步骤如下。

① 分析视图确定绘制过程。机件左、右两端的结构都相对于中间的主体发生转动，主视图为旋转视图，俯视图为局部视图，A、B 为斜视图，且 B 向转正绘制。

② 将机件结构按"转正"绘制。将机件结构转正进行投影绘制视图，按尺寸绘制机件的主视图、俯视图和 B 向的视图（右视图的一部分），如图 6-9（a）所示。

③ 编辑完成叉杆毛坯件视图的绘制。使用复制和旋转的方法。

- 用"移动"命令移动 B 向视图，将其放在俯视图的右侧图面的指定位置。
- 用"复制"命令复制俯视图左侧的部分视图，将其复制的部分视图放在主视图右侧的指定位置上，作为 A 向斜视图。
- 用"旋转"命令将主视图的左侧和复制的俯视图左侧分别转动 15°，俯视图右侧的倾斜图形转动−45°（逆时针为正），根据图形拾取旋转中心，如图 6-9（b）所示。

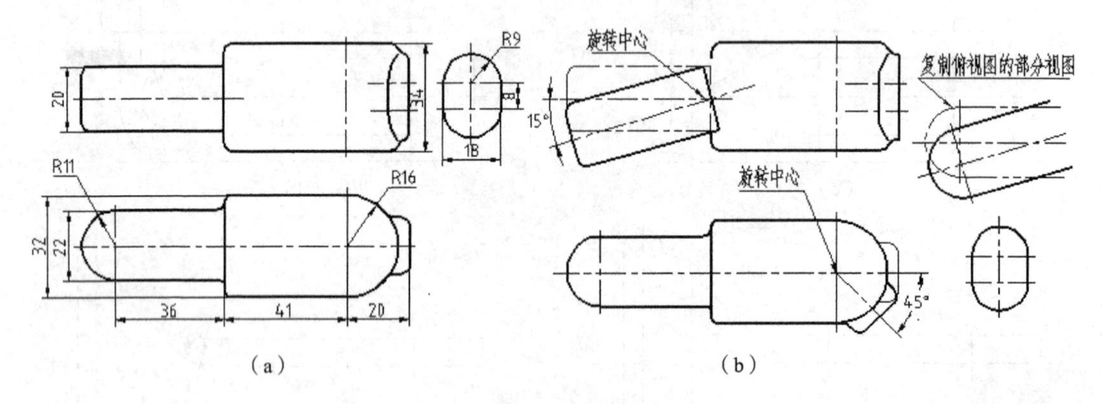

图 6-9 编辑机件的部分结构

④ 绘制波浪线，检查完成视图。按波浪线绘制的方法完成 A 向斜视图波浪线的绘制，波浪线绘制的位置不能超出机件的实际长度；按尺寸绘制主视图 *R*3 的圆角；检查各个视图是否正确，图面是否符合制图标准，机件的表达视图是否清楚。

（4）视图表达练习。用极轴追踪及旋转的方法绘制采用视图表达的机件视图，不标注尺寸，图中未注圆角 *R*3。如图 6-10 所示。

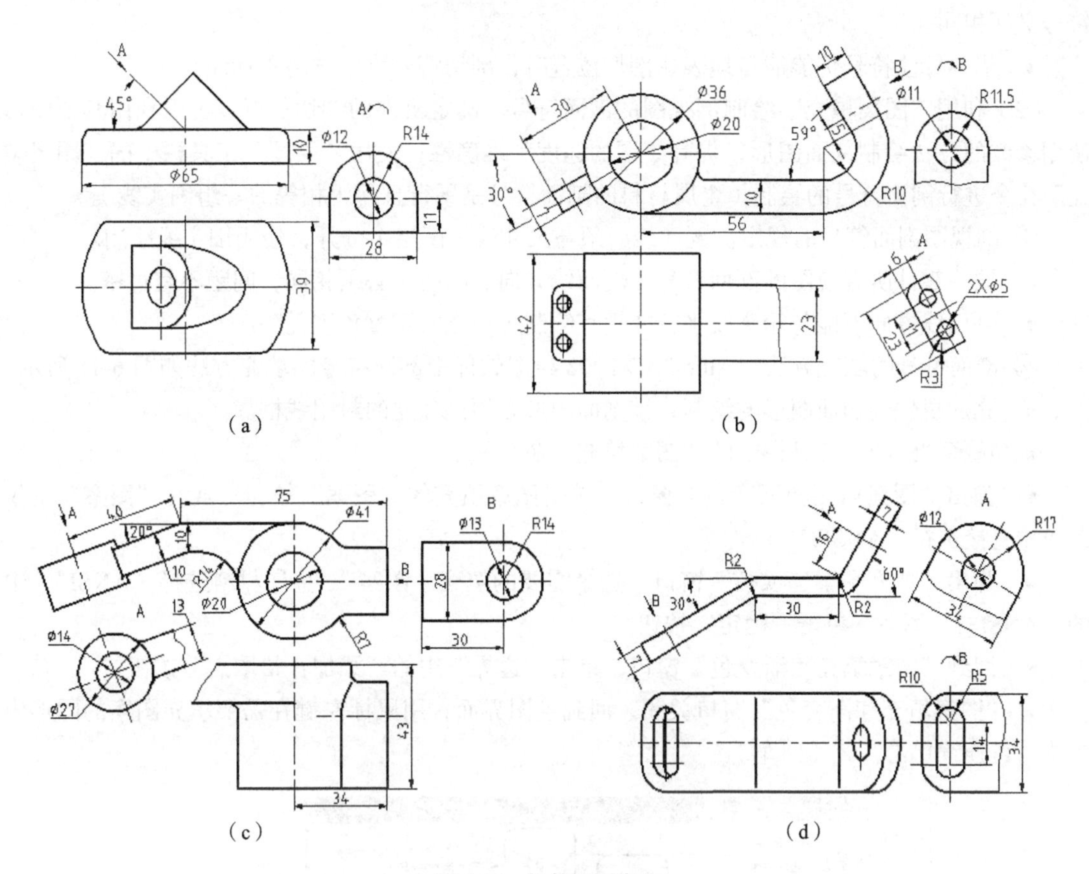

（a）　（b）

（c）　（d）

图 6-10　机件视图表达

2. 剖视图的绘制

剖视图的表达是在视图表达的基础上增加了剖切面的绘制，根据机件结构的不同，选用不同的剖切方法，并且要对剖视图进行必要的标注。

（1）剖视图绘制的基本知识。使用 CAD 绘制剖视图必须掌握如下的基本知识。

① 剖视图表达的目的。剖视图主要表达机件的内部形状，不表达机件的外部形状，是与视图表达相对应的表达方法。

② 剖视图的形成。假想用剖切面在适当位置剖开机件，将处在观察者与剖切面之间的部分移去，然后将剩余部分向投影面投影得到的图形称为剖视图。标准规定在断面上要画出剖面符号，不同的材料剖面符号不同，金属材料的剖面符号是一组相互平行且间距相等的细实线。

③ 剖视图的种类。剖视图按剖切多少的不同分为全剖视图、半剖视图、局部剖视图 3 种；按剖切面的不同分为单一剖视图、阶梯剖视图、旋转剖视图、复合剖视图等；一般剖切面位置与剖视图要用符号进行标注。

④ 剖视图绘制的基本要求。剖视图绘制的要求较多，这里主要强调重要的几点。

- 剖切后对机件进行的投影，看见的机件轮廓画线（粗实线），看不见的不画线，虚线有独立存在意义时画（一般不画虚线）。
- 剖面符号必须充填在独立的封闭线框内，否则无法操作，图样中同一个机件所有剖面符号必须相同。

- 当不标注符号仍能清楚地表达剖切位置时，剖切符号可以省略不标注。

（2）利用“图案填充”绘制剖视图的剖面符号。确定机件的剖切位置，可以利用其他图形使用修改的方法绘制剖面图形，提高绘图的速度和准确性；使用“绘图”工具栏中的“图案填充”命令进行剖面符号的绘制（金属材料的剖面符号是平行且间距相等的一组细实线）。

① 剖视图剖面符号的规定。剖面线必须与尺寸线（图层）分开，使用细实线绘制。

- 同一零件所有视图的剖面符号（剖面线方向、间距）必须相同，间距不宜过密。
- 剖面线方向不能与轮廓线平行或垂直绘制（填充时调整角度）。

② 剖面符号的填充方法。AutoCAD 2008 绘图软件中剖面符号的填充方法如图 6-11 所示。

- 完成机件剖切面图形的绘制，该剖面图形必须是独立的封闭线框。
- 选择“绘图”工具栏中的“图案填充”命令。
- 弹出“图案填充和渐变色”窗口，单击图案填充的“图案”按钮（或在“图案”下拉菜单中直接选择“ANSI31”）。
- 弹出“填充图案选项板”窗口，选择需要的填充“图案”，金属材料选择“ANSI”中的“ANSI31”图案，单击“确定”按钮。
- 回到“图案填充和渐变色”窗口，单击“边界”中的“添加：拾取点”按钮。
- “图案填充和渐变色”窗口关闭，回到绘图界面，用鼠标左键在需要填充图案的图形内单击，可连续单击，↙（回车）。

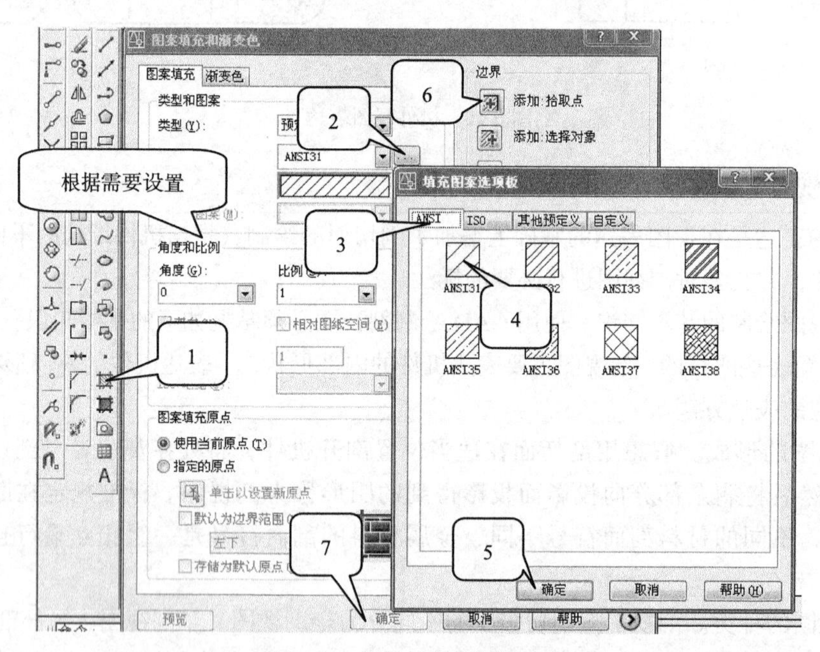

图 6-11　图案填充的操作过程

- 回到“图案填充和渐变色”窗口，检查填充图案的“角度”、“比例”等是否符合要求，单击“确定”按钮，即完成图案填充。
- 可以双击填充的图案，回到“图案填充和渐变色”窗口，修改填充图案的参数。

例题 6-3　将机件的主视图改画成剖视图，不标注尺寸，如图 6-12 所示。

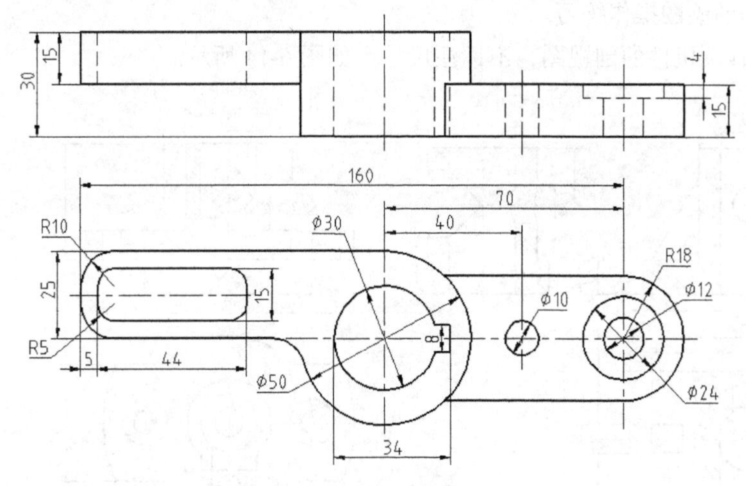

图 6-12　零件的视图表达

绘图及图案填充的过程如下。

① 分析视图，确定剖切位置。机件由 3 部分组成，选择结构的中心位置剖切。

② 绘制俯视图。根据机件的结构特点，先按尺寸完成俯视图的绘制，并明确剖切位置（如果剖切位置清楚，符号可以省略），如图 6-13（a）所示。

③ 绘制全剖主视图。采用复制的方法绘制，准确、快捷。

- 复制俯视图并将复制的俯视图放在主视图的位置，可以删除剖切位置符号上面的图形。
- 根据机件剖切位置的高度尺寸及俯视图画出全剖主视图剖面图形，如图 6-13（b）所示。
- 按投影关系画出机件投影的可见轮廓线，如图 6-13（c）所示。
- 按图案填充的方法进行剖面符号的填充，完成全剖主视图的绘制，如图 6-13（d）所示。

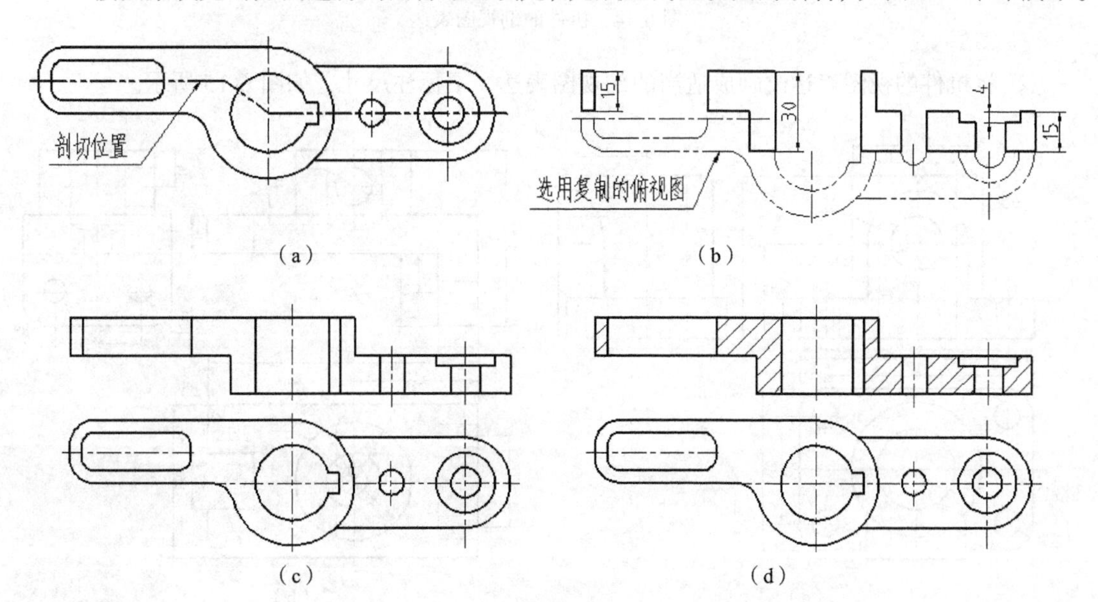

图 6-13　由俯视图绘制全剖主视图的过程

（3）剖视图的绘图操作练习。

① 按尺寸抄画机件的剖视图，不标注尺寸，如图 6-14 所示。

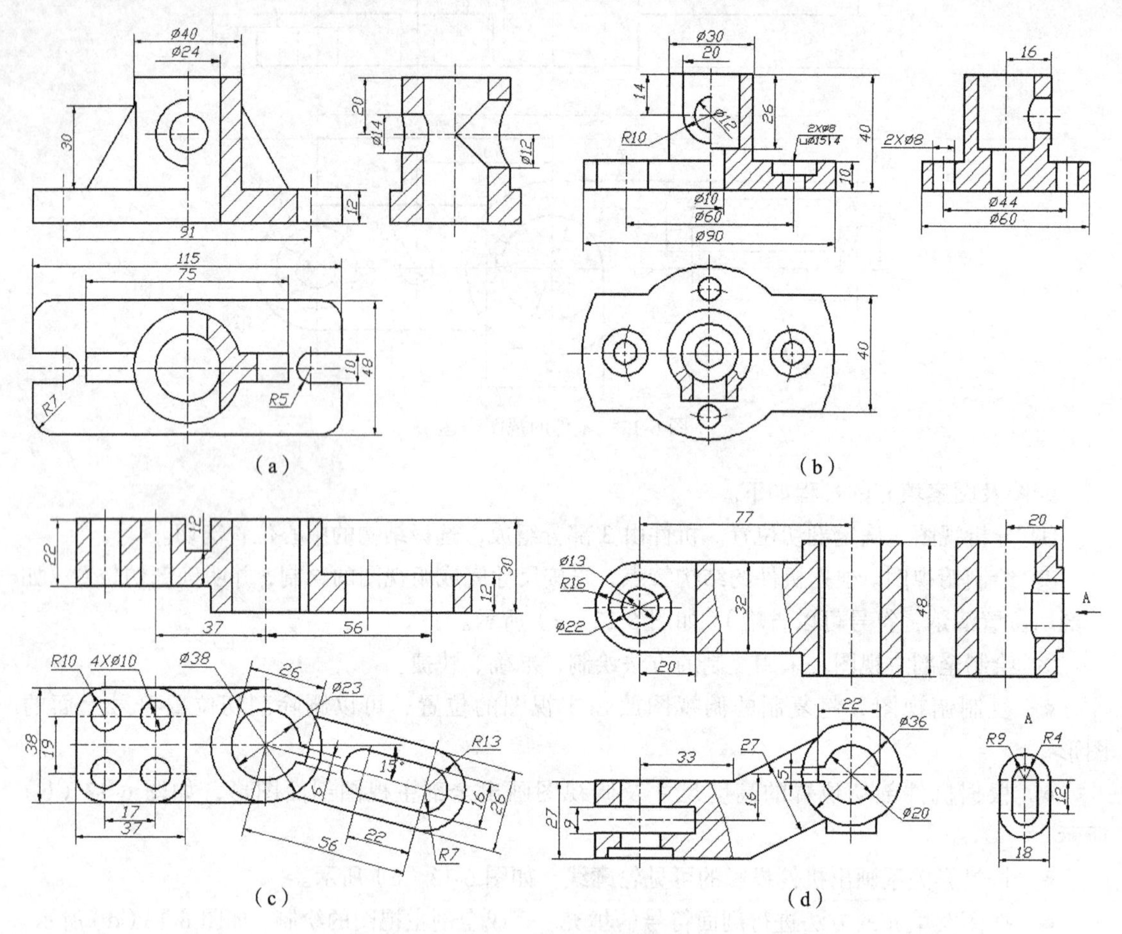

图 6-14　机件的剖视图表达

② 将机件的视图表达改画成适当的剖视图表达，不标注尺寸，如图 6-15 所示。

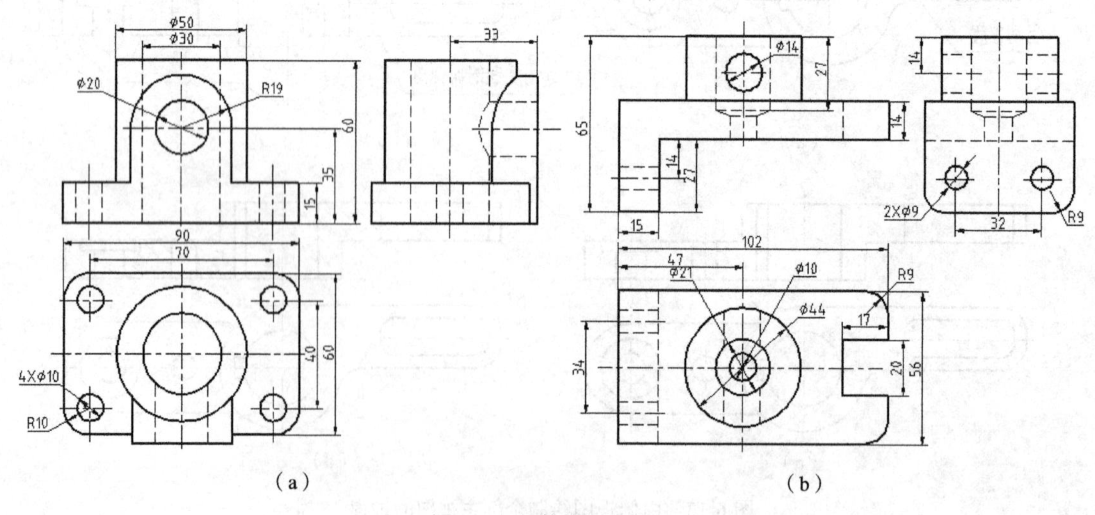

图 6-15　机件的视图表达

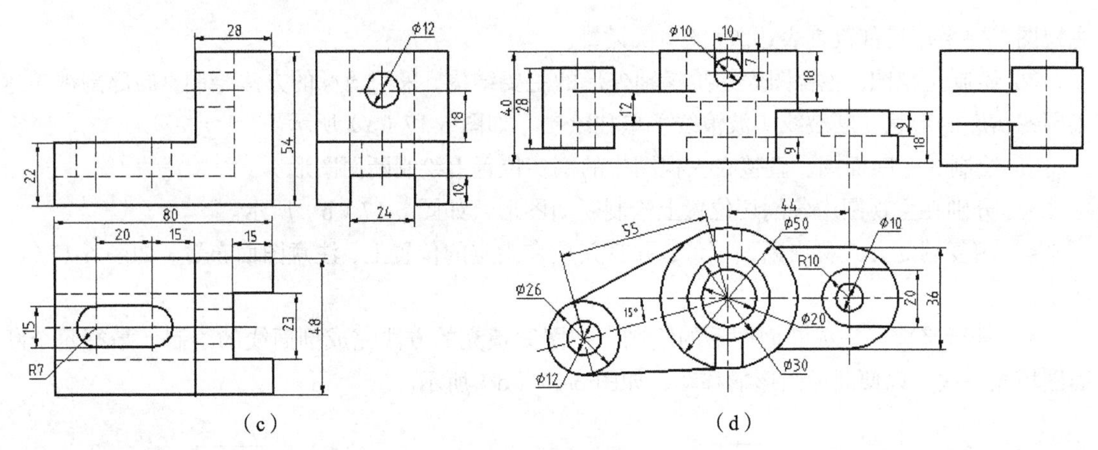

(c)　　　　(d)

图 6-15　机件的视图表达（续）

3. 断面图的绘制

断面图是只画剖面的图形（也称为剖面图），这也是与剖视图的主要区别；断面图的剖切面选择、剖面符号及剖切位置符号的标注与剖视图基本相同，这里主要讲述断面图的绘制技巧。

（1）断面图的基本知识。断面图表达机件断面结构的形状，断面以外的结构不予考虑。由于断面图表达专一、简单，机件的壁厚和轴、杆类零件的截面都用断面图表示。

① 断面图的种类。断面图按图放置的位置不同分为移出断面图和重合断面图两种。

- 移出断面图是将剖面上的图形画在视图外边的表达方法。移出断面图在剖切位置的延长线上时，用点画线标注剖切位置；移出断面图画在任意位置时，用剖切符号标注。
- 重合断面图是将剖面上的图形画在剖切的位置上，即画在视图内的表达方法。为使重合断面图与视图有所区别，重合断面图的轮廓线用细实线表示。

② 断面图表达的规定。在绘制及识读断面图时应当注意如下事项。

- 剖面剖切机件经过回转结构的孔时，回转结构投影看得到的画线，画法与剖视图的表达相同。
- 剖面剖切机件获得的断面图形不是完整图形时，要按剖视图的表达画成完整的断面图。
- 重合断面图和用点画线标注的移出断面图，断面图形不是对称图形时，要标出剖面的投影方向。

（2）断面图的绘制。绘制断面图的基本方法与绘制剖视图基本相同，首先根据机件的结构特征确定剖面剖切机件的位置，了解剖面图形的大致形状，然后运用投影知识画出断面图形，再进行图案填充及必要的剖切位置符号标注，完成断面图的表达。

例题 6-4　由阶梯轴的主视图和左视图（见图 6-16 所示）完成阶梯轴断面图的绘制。

操作步骤如下。

① 分析机件表达，确定剖面的位置。通过阶梯轴的三视图的识读，该轴有 3 部分结构需要用断面图进行表达，并且

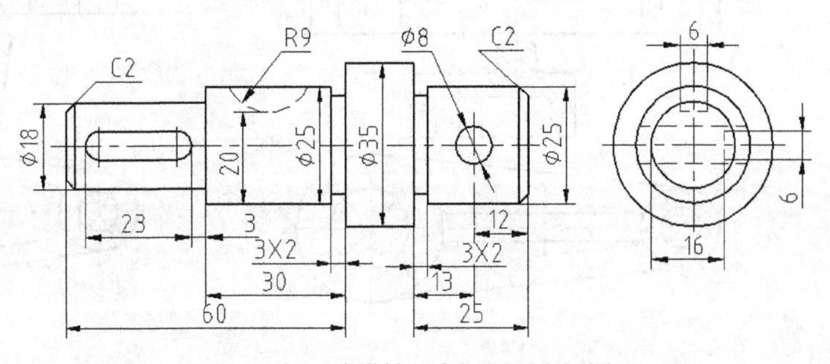

图 6-16　阶梯轴的主视图和左视图

主视图需要采用局部剖视表达 $R9$ 的半圆键槽。

② 绘制主视图。主视图表达阶梯轴外形的主要结构，采用镜像的方法绘制，局部剖视表达半圆键槽底的形状，断裂线（波浪线）单独绘制，如图 6-17（a）所示。

③ 绘制 3 个断面图。直接在主视图中的剖切位置上绘制断面图形。

- 分别在主视图中各剖切位置上绘制断面图形，如图 6-17（b）所示。
- 用复制的方式移出断面图形，并将其放在指定的位置上，注意图面布置，如图 6-17（c）所示。
- 进行修剪，完成断面图形的绘制，按图案填充的方法完成剖面线的绘制，最好每个断面图填充一次，以便断面图形的移动，如图 6-17（d）所示。

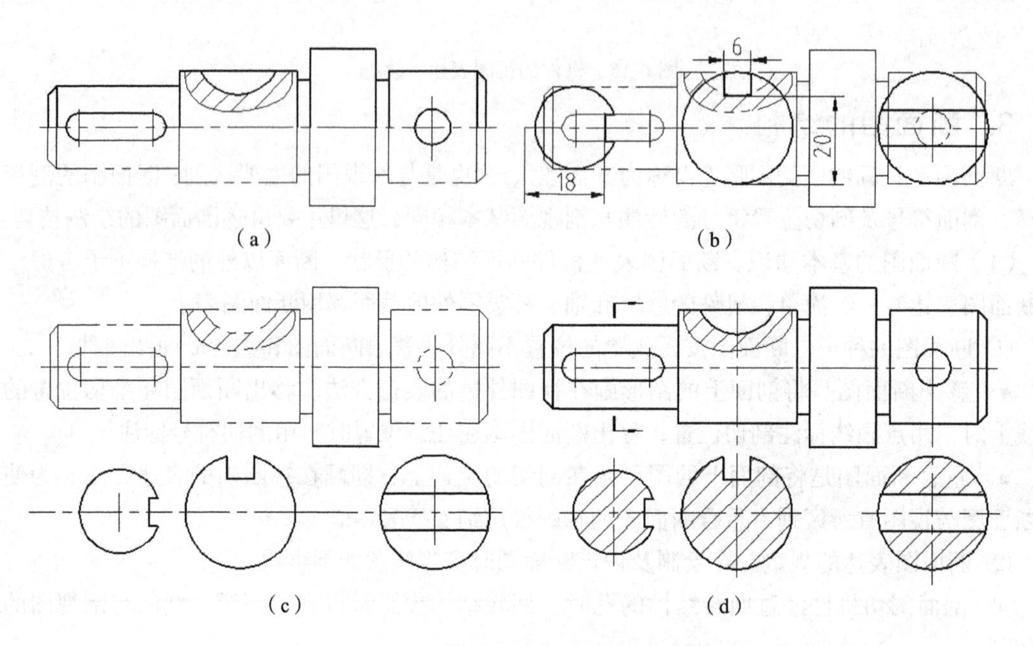

图 6-17　轴剖面图表达的画图过程

（3）断面图练习。

① 按尺寸抄画带有断面图的机件表达，不标注尺寸，如图 6-18 所示。

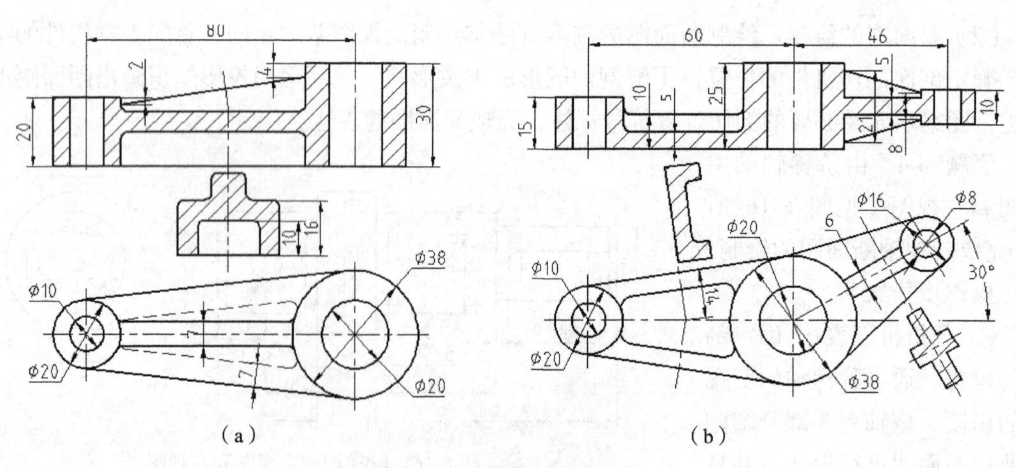

图 6-18　机件断面图的表达

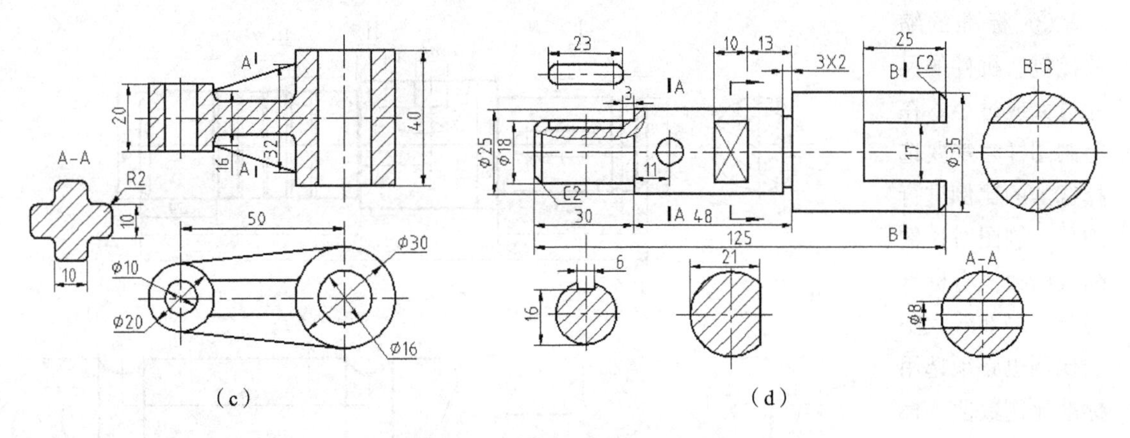

（c）　　　　　　　　（d）

图 6-18　机件断面图的表达（续）

② 完成指定位置的断面图绘制，不标注尺寸，如图 6-19 所示。

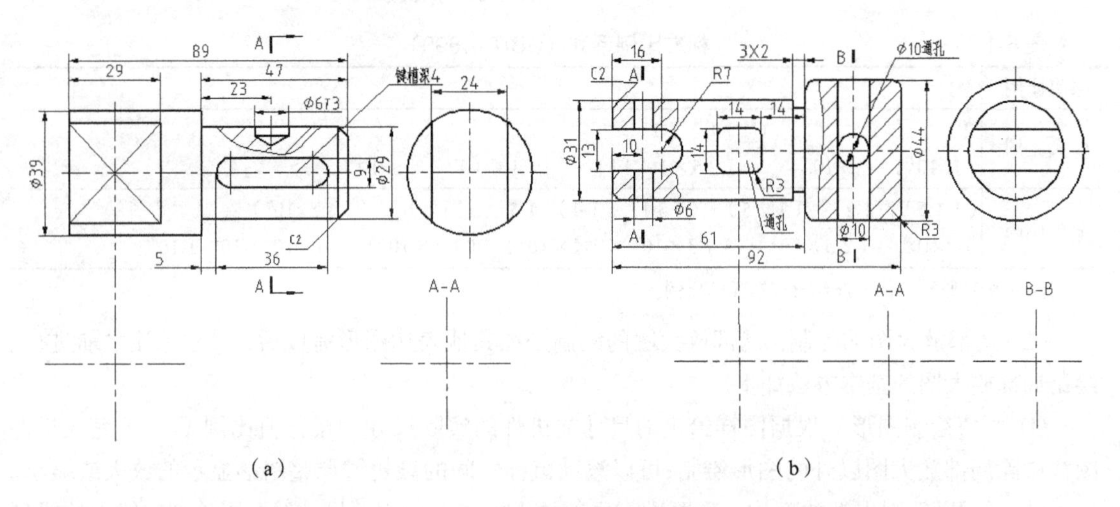

（a）　　　　　　　　（b）

图 6-19　在指定位置绘制断面图

4. 局部放大图的绘制

机械制图对零件的表达有若干规定，这里主要学习部分与 AutoCAD 绘图操作关系密切的一些方法，重点学习零件的比例缩放绘图，提高绘图操作的技巧及绘图的质量和速度。

（1）绘制局部放大图的基本知识。绘制局部放大图必须掌握比例缩放的相关知识；在完成零件图的局部放大图绘制过程中，注意机件结构的分析及与其他表达方法的配合使用，这一点非常重要。

① 表达目的。用单独放大比例的方法表达视图中机件较小的重要结构，使原有视图无法表达清楚或无法标注尺寸的较小结构得以清楚地表达。

② 画图方法。在视图中用“尺寸线”层（细实线）的线型将需要放大的部位圈出，在放大的视图上方标注放大的比例，多处局部放大用大写罗马数字标出序号。局部放大的部位可以是视图、剖视图、断面图，获得的局部放大图可以是视图、剖视图、断面图，只要投影关系清楚都可以进行局部放大表达，如图 6-20 所示。

③ 标准的缩放比例。机件的尺寸过大或过小，在绘制图样时都要选择标准的比例进行缩放。制图对比例缩放的数值有标准规定，局部放大图的比例也必须选用标准比例数值，标准的缩放比例如表 6-1 所示。

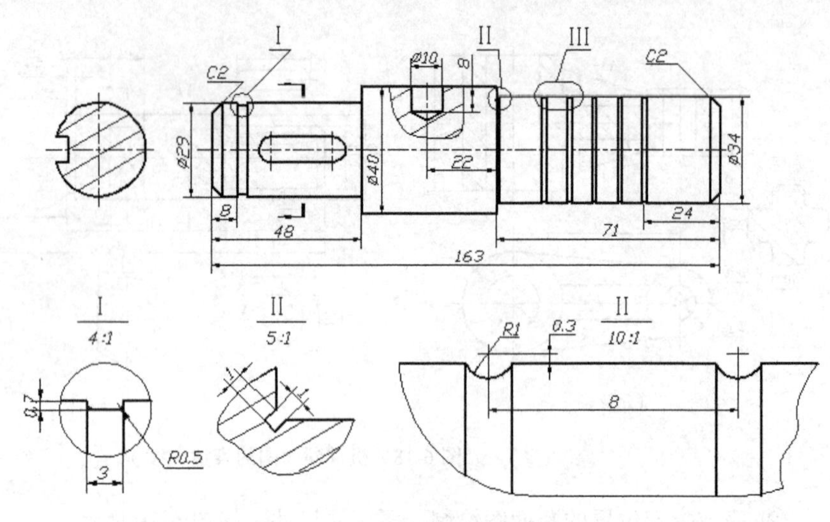

图 6-20　局部放大图

表 6-1　　标准比例系列（GB/T14690）

原值比例	1:1
放大比例	2:1　（2.5:1）　（4:1）　5:1 1×10^n:1　2×10^n:1　（2.5×10^n:1）　（4×10^n:1）　5×10^n:1
缩小比例	（1:1.5）　1:2　（1:2.5）　（1:3）　（1:4）　1:5　（1:6）　（1:1.5×10^n） 1:2×10^n　（1:2.5×10^n）　（1:3×10^n）（1:4×10^n）　（1:5×10^n）　1:6×10^n 1:10　1:10^n

注：n 为正整数，优先选择没有括弧的比例。

（2）局部放大图的绘制。局部放大图的绘制是在其他表达图形完成后，尺寸标注之前进行。绘制局部放大图的基本方法如下。

① 原值绘制图形。根据图样给定的尺寸或机件的实际尺寸，按原值比例（1:1）完成机件图样中除局部放大图以外的图形绘制；可以滚动鼠标中间的滚轮键调整图形显示的放大或缩小。

② 用“圆”圈出缩放部位。需要进行局部放大的位置，用“尺寸线”层（细实线）的线型画圆圈出，一般圆的半径等于字高（R=字高）。

③ 复制并移出圈出的图形。将圈出需要进行局部放大的部分图形进行复制，放在指定位置上，修剪掉圆以外多余的图线。

④ 放大局部图形。与按比例绘制平面图形的方法相同，选择“修改”工具栏中的“比例”命令，完成局部图形的放大。

- 按比例放大的方法进行图形（不画剖面线）缩放，完成指定比例的局部放大图的绘制。
- 按图案填充的方法与其他的剖视图同时完成剖面线的绘制，使得局部放大图的剖面符号与其他剖视图的剖面符号相同。

⑤ 标注符号及放大图的尺寸。标准规定在局部放大图的正上方标出局部放大的比例；多处局部放大时，用引线及大写罗马数字编号，在局部放大图的上方以分数的形式标注，编号在分子的位置，比例在分母的位置。局部放大图的尺寸标注要选用对应的比例缩放标注样式进行标注，与绘制平面图形比例缩放的尺寸标注相同。在后面的零件工程标注中将详细讲解。

例题 6-5　按尺寸抄画阶梯轴的视图表达，同时完成局部放大图的绘制，不标注尺寸，如图 6-21 所示。

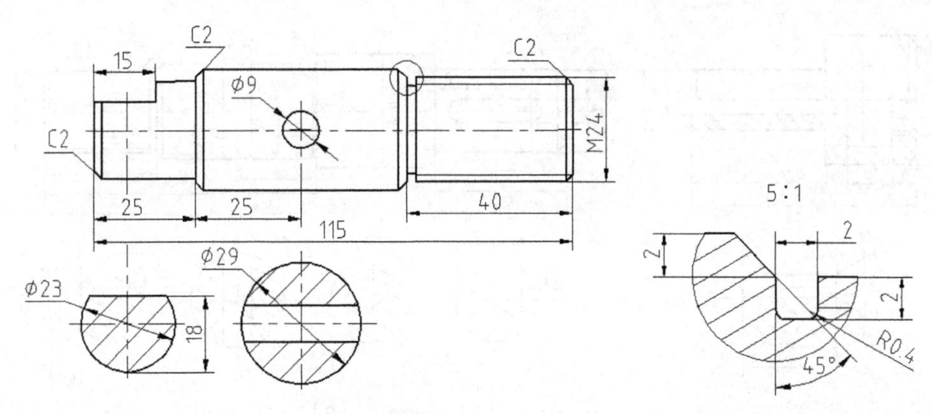

图 6-21　带有局部放大图的阶梯轴表达

操作步骤如下。

① 绘制主视图和断面图。按尺寸完成主视图和断面图的绘制，用显示放大的方法完成局部放大部位的图形。

② 圈出放大的部位。用“尺寸线”层的线型在局部放大的位置上画出圆（一般圆的半径等于数字高度）或其他图形圈出放大的部位，圆要与放大部位同心，如图 6-22（a）所示。

③ 复制并放大局部。连同圈出的圆一起复制，并放在图面的空白处，如图 6-22（b）所示。

- 对复制后的图形进行修剪，去掉圆以外的多余部分，如图 6-22（c）所示。
- 选择“修改”工具栏中的“比例”命令，按“命令提示”窗口的提示进行操作，用键盘输入“比例因子”数值“5”，单击鼠标右键或↙（回车），如图 6-22（d）所示。

④ 填充剖面符号。局部放大图的剖面符号要与其他视图的剖面符号一同填充，注意要使局部放大图的剖面符号与视图中的剖面符号相同。

⑤ 检查完成局部放大图。绘图操作过程中，要养成边画图边检查的良好习惯，绘制完成局部放大图后认真检查，为尺寸标注做好准备。

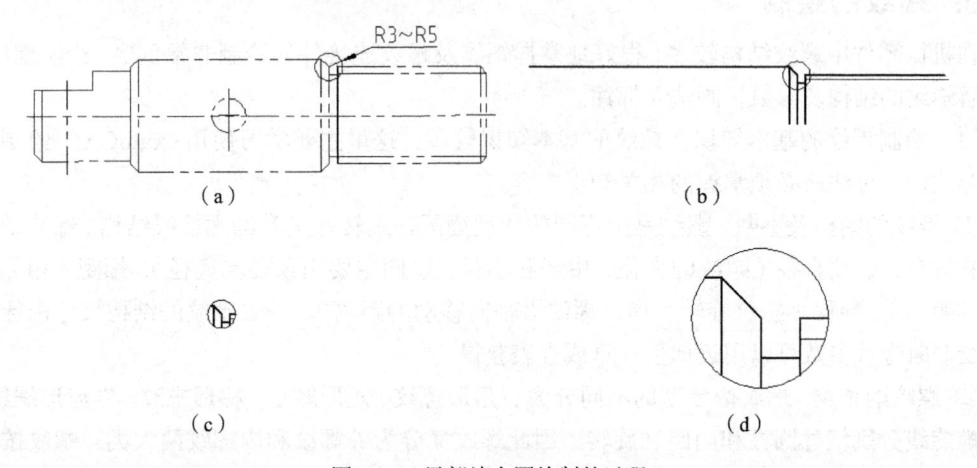

图 6-22　局部放大图绘制的过程

（3）局部放大图练习。按尺寸绘制带有局部放大图的机件表达并完成标注，如图 6-23 所示。

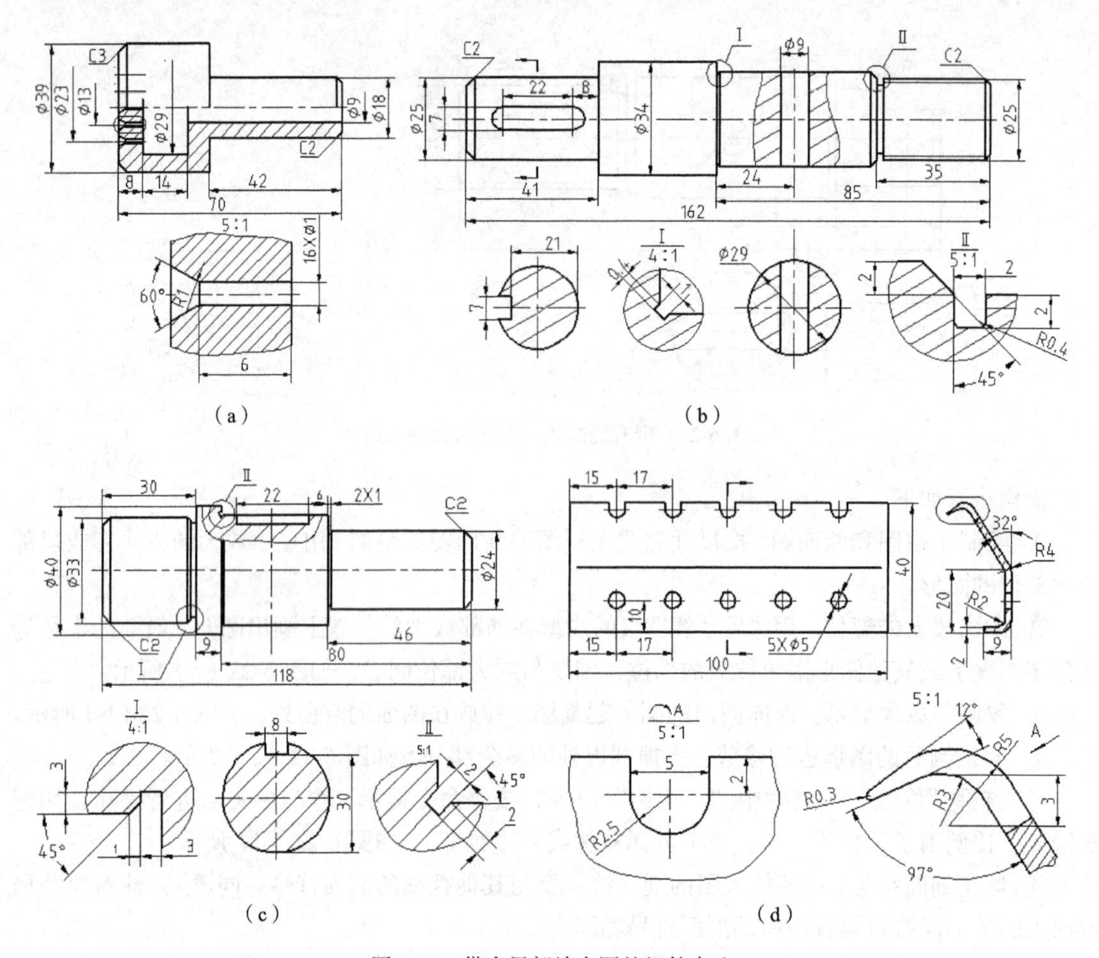

图 6-23　带有局部放大图的机件表达

5. 螺纹的绘制

在机械零件中螺纹结构较多，很好地掌握螺纹及螺纹连接件的绘制非常重要，绘制螺纹前，要了解螺纹的结构及参数，画法及标注。

（1）绘制螺纹的基本知识。螺纹的基本知识较多，这里主要学习使用 AutoCAD 绘制螺纹和对螺纹进行标注所必须掌握的相关知识内容。

① 螺纹的结构及参数。螺纹是由不同的牙型绕圆柱旋转并上升的螺旋线结构。螺纹结构的主要参数有：螺纹直径（螺纹的大径、中经和小径，绘图主要用顶径和底径），螺距（相邻两个牙型的距离），导程（螺纹旋转一周，螺纹沿轴向移动的距离）。一般螺纹的结构尺寸由标准确定，绘制时螺纹参数可以用近似值计算或查表获得。

② 螺纹的种类。螺纹按牙型的不同分为三角形螺纹、矩形螺纹、梯形螺纹、锯齿形螺纹等；由于螺旋线分别绕外圆柱和内圆柱旋转，因此螺纹又分为外螺纹和内螺纹两大类；螺纹按螺旋方向的不同分为左旋、右旋两种；按螺旋线数量的不同分为单头螺纹和多头螺纹两种；三角形螺纹按螺距的不同分粗牙和细牙两种。

③ 螺纹的作用。螺纹按牙型的不同作用也不同，三角形螺纹主要用于连接，标准件的螺纹都是三角形螺纹；矩形螺纹、梯形螺纹主要用于传动结构，如车床进给系统的丝杠结构等。

（2）螺纹的画法。在机械制图的图样中，螺纹的画法非常重要，应作为重点学习和掌握。

① 螺纹直径的画法。螺纹画法规定：螺纹顶径画粗实线，螺纹底径画细实线；螺纹的公称尺寸为大径，规定标注螺纹的大径，螺纹的小径不标注尺寸；绘制螺纹小径时需要根据螺纹大径算出，螺纹小径与螺纹大径之间的比例系数为 0.85，即：螺纹小径=螺纹大径 × 0.85。下面介绍两种绘制螺纹小径的方法。

- 根据螺纹大径用“修改”工具栏中的“比例”命令绘制螺纹小径。按“比例”命令的操作方法，在拾取中心为基准后，选择“复制（C）”选项，将大径复制并缩小至 0.85，获得小径的图形，如图 6-24 所示。

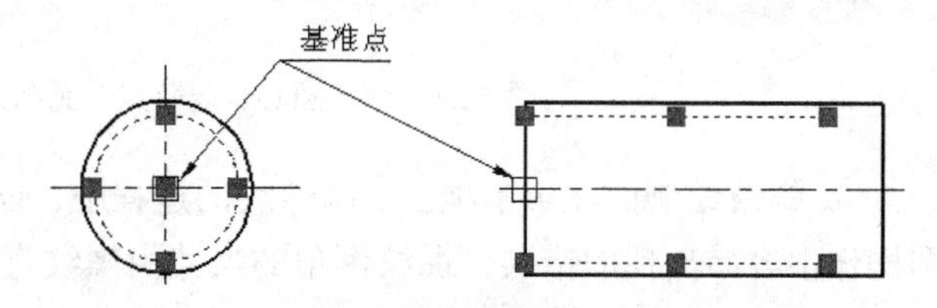

图 6-24　使用缩小螺纹大径的方法获得螺纹小径

- 按给定的螺纹公称尺寸（大径）先绘制大径，小径通过用“计算器”输入“大径 × 0.85”的方法绘制，如图 6-25 所示。

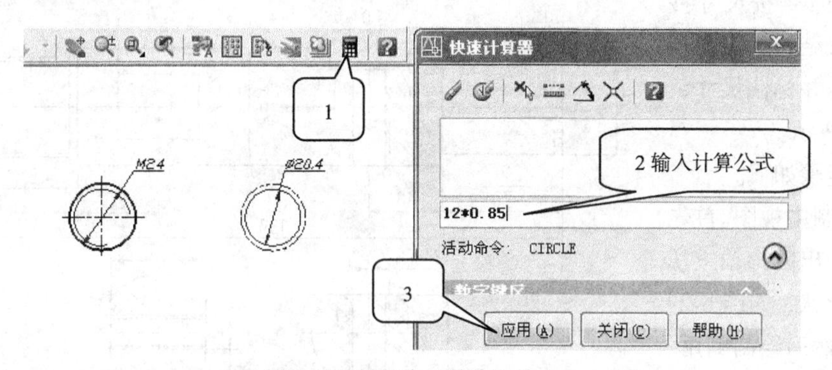

图 6-25　螺纹小径数值的输入

② 螺纹端面“3/4 底圆”的绘制。螺纹的画法规定：螺纹端面投影中的底径圆用 3/4 细实线圆表示，3/4 细实线圆弧的起点和落点与圆弧的中心线（点画线）错开，一般在 7°～15° 之间。绘制方法如下。

- 选用“修剪”命令去掉 1/4 底圆，如图 6-26（a）所示，再用“旋转”命令旋转 7°～15°，完成 3/4 底图的绘制，如图 6-26（b）所示。
- 使用“修剪”命令去掉 1/4 底圆后，利用“夹点”（亮点）操作，用鼠标左键拖动圆弧端点“箭头”，完成 3/4 底圆的绘制，如图 6-26（c）所示。

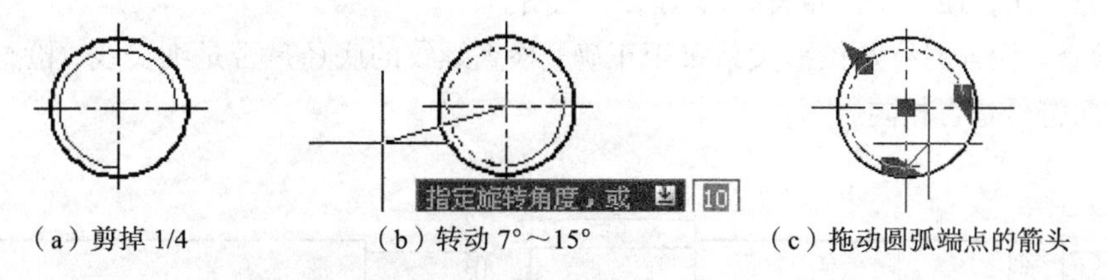

（a）剪掉 1/4　（b）转动 7°～15°　（c）拖动圆弧端点的箭头

图 6-26　用修剪后旋转或拖动的方法绘制 3/4 底圆

- 采用“圆心、起落点”画圆弧的方法，利用极轴并输入底圆半径来绘制 3/4 底圆，如图 6-27 所示。

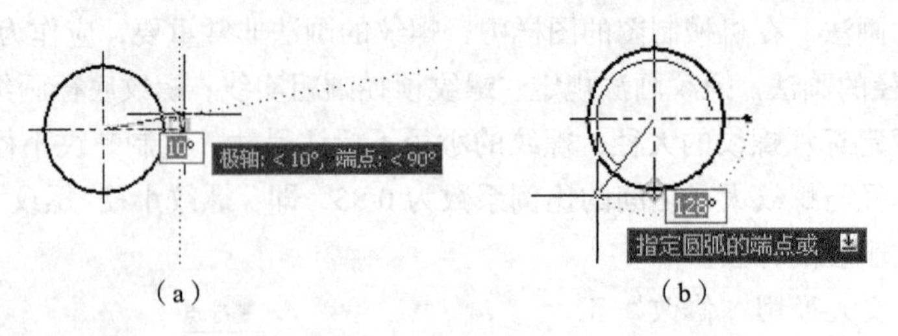

（a）　　（b）

图 6-27　用“圆心、起落点”画圆弧的方法绘制 3/4 底圆

③ 螺纹绘制的注意事项。绘制螺纹的过程中，必须注意螺纹标准的贯彻执行，避免螺纹绘图操作中容易出现的错误。螺纹倒角的尺寸由螺纹直径查表确定，螺纹端面倒角投影的“圆”规定不画；螺纹在非圆投影上的终止线用粗实线表示；钻盲孔的圆锥角由钻头的角度确定，应画成 120° 圆锥角；连接螺纹的螺纹长度一般等于 1～2 倍的螺纹公称直径；内螺纹的螺纹深度与钻孔深度相差 2～3 个螺距，一般取 3～5mm。

例题 6-6　按尺寸抄画带有螺纹结构的阶梯轴的机件表达并标注尺寸，如图 6-28 所示。

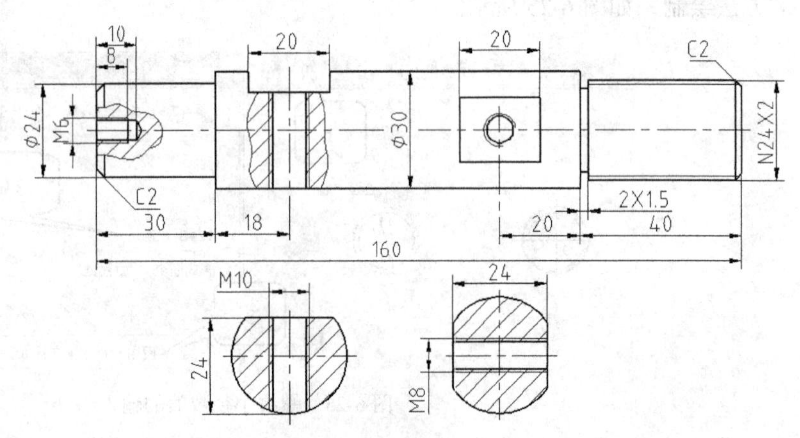

图 6-28　带有螺纹结构的阶梯轴

操作步骤如下。

① 绘制主视图。首先按尺寸绘制出阶梯轴主视图的轮廓形状，如图 6-29（a）所示，然后绘制倒角、退刀槽，如图 6-29（b）所示，镜像完成阶梯轴主视图。

② 绘制轴的剖面图形。首先按图样中主视图的位置绘制轴上的开口，确定剖面图的剖切位置，再按投影关系画出对应的剖面图形，如图 6-29（c）所示。

③ 绘制螺纹。按螺纹的尺寸及螺纹绘制的方法绘制螺纹，注意螺纹小径尺寸的绘制（小径=大径 × 0.85），如图 6-29（d）所示。

④ 填充剖面符号。按图案填充的方法操作，保证所有的剖面符号相同；尽量每个视图的剖面符号填充一次，便于图面布置时移动某个视图。

⑤ 检查。检查图线及投影关系是否正确，检查螺纹的底径是否是细实线，检查图样中所有视图的剖面符号是否相同。

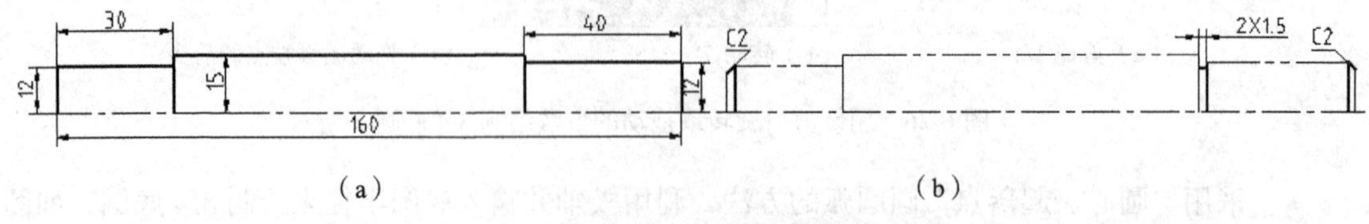

（a）　　（b）

图 6-29　带有螺纹结构的阶梯轴的绘制过程

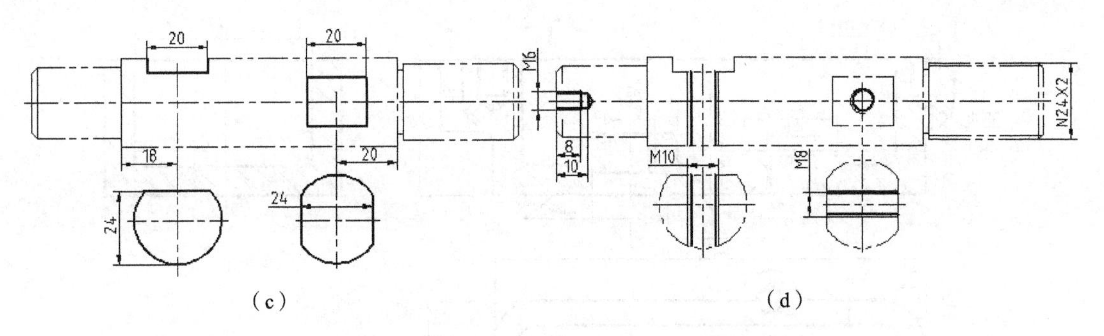

（c）　　　　　　　　　　　　　　　　（d）

图 6-29　带有螺纹结构的阶梯轴的绘制过程（续）

（3）螺纹绘制习题。

① 按尺寸绘制螺纹标准件的视图表达，不标注尺寸，如图 6-30 所示。

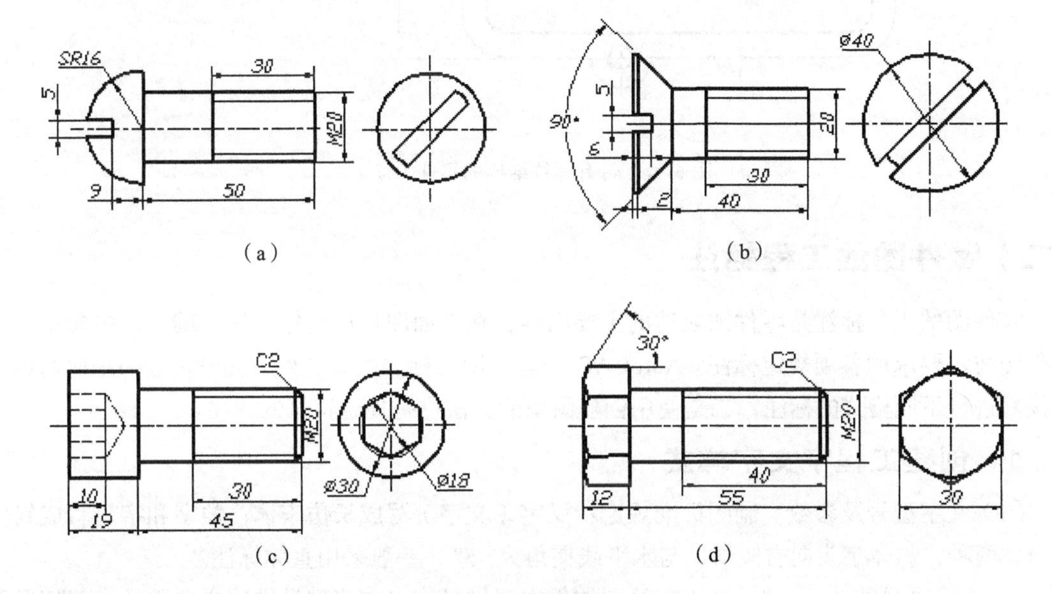

（a）　　　　　　　　　　　　　　　　（b）

（c）　　　　　　　　　　　　　　　　（d）

图 6-30　螺纹标准件

② 按尺寸抄画带有螺纹结构的零件表达，不标注尺寸，如图 6-31 所示。

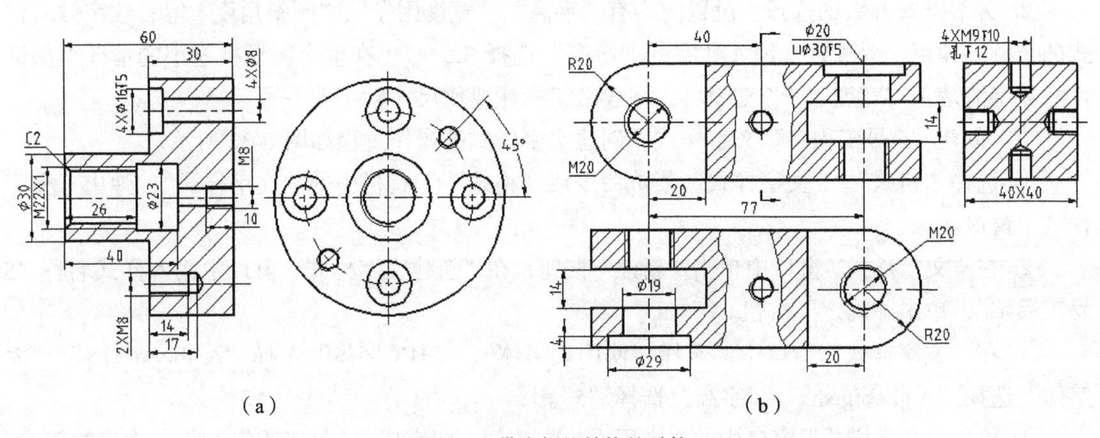

（a）　　　　　　　　　　　　　　　　（b）

图 6-31　带有螺纹结构的零件

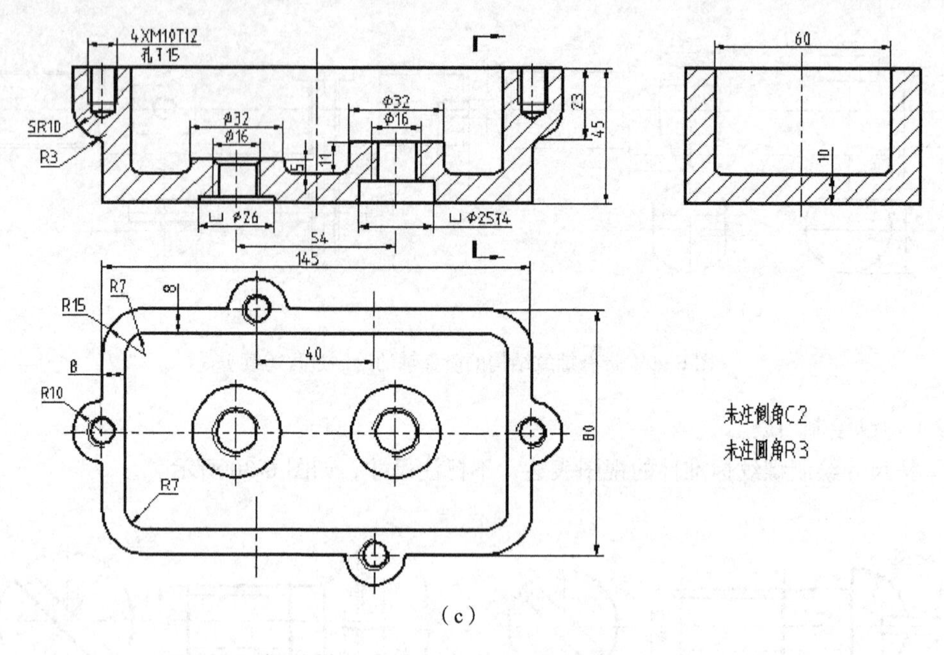

（c）

图 6-31　带有螺纹结构的零件（续）

（二）零件图的工程标注

零件图的工程标注是零件图表达的主要内容，在平面图形尺寸标注的基础上，主要增加了零件图技术要求的各项规定标注。AutoCAD 中零件图的标注主要从两方面学习，一是使用相应的设置进行不同格式的标注，二是使用创建图块的方法进行规定符号的标注。

1. 创建工程字文字样式

（1）文字型号及参数。制图标准规定：汉字（文字）写成长仿宋体；数字和字母写成斜体和直体两种，斜体字头向右倾斜，与水平线夹角为 75°，一般采用直体标注。

① 文字型号的选择。AutoCAD 绘图软件中提供了许多文字型号供用户选用，一般情况下文字型号可以选用“仿宋 GB2312”或“仿宋”；在工程图样中，选用工程字样式标注，选择字体“A gbenor.shx”，选择大字体“A gbcbig.shx”。

② 文字样式参数的选择。设置内容有“字高”、“宽度因子”、“倾斜角度”等；数字倾斜样式的“倾斜角度”为 15°，尺寸数字的“字高”选择 3.5～7（在整个图形被缩小的情况下保证尺寸数字清楚），“宽度因子”选择 1；一般文字标注要比尺寸数字大一号。

（2）创建“5 号工程字”文字样式。创建文字样式的操作过程如图 6-32 所示。

① 选择“格式”/“文字样式”菜单命令或“格式”工具栏中的“文字样式”，弹出“文字样式”窗口。

② 在“文字样式”窗口中单击“新建”按钮，在“新建文字样式”窗口中输入样式名称“5 号工程字”，单击“确定”按钮。

③ 在“文字样式”窗口中，选择“使用大字体”，“SHX 字体”选择“A gbenor.shx”，“大字体”选择“A gbcbig.shx”，“字高”选择“5”。

④ 单击“文字样式”窗口中的“应用（A）”按钮，即完成“5 号工程字”文字样式的创建。

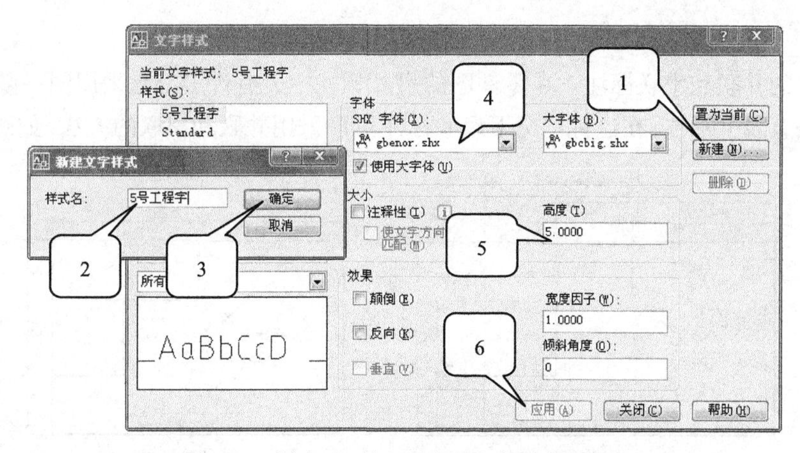

图 6-32　创建“5 号工程字”文字样式的过程

（3）文字样式的修改。对已经创建的文字样式进行修改的方法如下。

① 改变文字样式的名称。打开“文字样式”窗口，在“样式”列表中选择需要的文字样式；单击鼠标右键，选择“重命名”，在“重命名文字样式”窗口中输入新的文字样式名称，单击“文字样式”窗口右上角的“应用（A）”按钮，即完成文字样式的更名。

② 修改文字样式的参数。在“文字样式”窗口中，在“样式”列表中选定需要修改的文字样式，修改参数的操作方法与创建文字样式的操作方法完全相同。

2. 零件图的尺寸标注

零件图尺寸标注的重点是合理，合理是指符合设计要求，便于加工和测量，降低加工制造成本。零件图的尺寸标注是零件图表达的重点和难点。

（1）标注尺寸的基本知识。标注尺寸时必须掌握的知识较多，这里重点介绍以下几方面。

① 尺寸基准及选择。尺寸基准即标注尺寸的起点，它是零件上的几何要素（面、线、点）。根据零件的结构形状和工艺特点选定合适的基准标注，决定零件的加工方法及成本。因此，在给零件图标注尺寸时，一定要选用合适的尺寸基准。基准按用途分为设计基准、工艺基准两种；零件的长、宽、高方向各有尺寸基准，尺寸基准一般在图样中不标注。标注尺寸时尽可能将设计基准和工艺基准统一起来，称为基准统一原则。

② 标注尺寸的要求。零件尺寸标注是在形体分析的基础上，强调尺寸与零件加工工艺的重要性，尺寸标注直接决定零件的加工工艺。能够合理地标注尺寸是专业知识综合能力的体现。

- 零件的主要（重要）尺寸直接标出。零件的主要尺寸直接标出方便加工、降低成本。主要尺寸是指零件结构上的定位尺寸，如主要的孔、轴尺寸，底板、筋板厚度尺寸，外形尺寸等。

- 按加工工艺标注尺寸。零件尺寸标注的最终目的是能够加工出合格的零件，因此，零件的尺寸一定按加工的顺序（工艺）标注，使尺寸利于指导零件加工及检验。

- 尺寸要集中标注。在视图表达时，考虑到每个视图都有独立的表达内容，能指导某一项加工，尺寸标注也应当与视图同步表达，将零件结构形状的定形、定位尺寸集中标注在形状特征明显的视图中，方便看图，便于加工。

- 尺寸链不封闭与开口环。在一个尺寸链中，总有一个尺寸环空出不标，使尺寸链不封闭，空出不标的尺寸环称为开口环。开口环放在零件形状不便测量处或不重要处，因为在一个尺寸链中，全部尺寸环的加工误差都累积在开口环的尺寸上，即尺寸开口环一定放在零件结构不重要处。

（2）尺寸的并联和串联标注。在零件图的尺寸标注中，有许多都是采用同一基准标注，也有尺寸在一条直线上标注，在这种情况下尺寸标注可以采用并联和串联的方法，如图 6-33 所示。

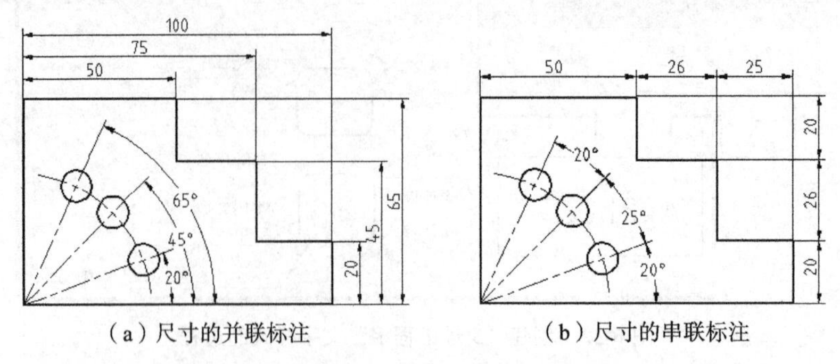

（a）尺寸的并联标注　　（b）尺寸的串联标注

图 6-33　尺寸的并联和串联标注

① 尺寸的并联标注。尺寸的并联标注，也称为基准标注，标注的操作过程如下。

- 在“尺寸样式”的“直线”选项中将“基线间距”设置为“7”。
- 选择“标注”工具栏中“线性”或“角度”的基本尺寸长度或角度的标注命令。
- “命令提示”窗口显示“指定第一条尺寸界线……”，一定选择尺寸的基准，标注完第 1 个尺寸，如图 6-34（a）所示。
- 单击“标注”工具栏中的“并联”命令按钮。
- “命令提示”窗口显示“指定第二条尺寸界线……”，选择第 1 个尺寸的下一个尺寸界线，如图 6-34（b）所示。
- “命令提示”窗口显示：“指定第二条尺寸界线……”，按顺序依次选取下一个尺寸界线，↙（回车）或按“空格”键，完成尺寸的并联标注。

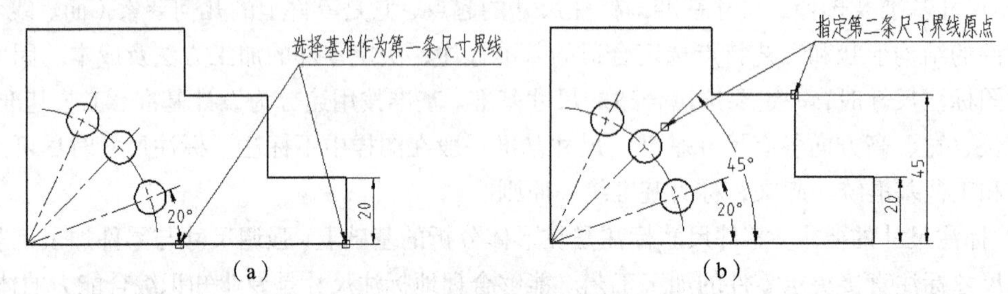

（a）　　（b）

图 6-34　尺寸的并联标注过程

② 尺寸的串联标注。尺寸的串联标注，也称为尺寸的对齐标注，标注的过程如下。

- 选择“标注”工具栏中“线性”或“角度”的基本尺寸长度或角度的标注命令。
- “命令提示”窗口显示“指定第一条尺寸界线……”，一定选择对齐标注的一组尺寸的端点，标注完第 1 个尺寸，如图 6-35（a）所示。
- 单击“标注”工具栏中的“串联”命令按钮。
- “命令提示”窗口显示“指定第二条尺寸界线……”，选择第一个尺寸的下一个尺寸界线，如图 6-35（b）所示。
- “命令提示”窗口显示“指定第二条尺寸界线……”，按顺序依次选取下一个尺寸界线，↙（回车）或按“空格”键，完成尺寸的串联标注。

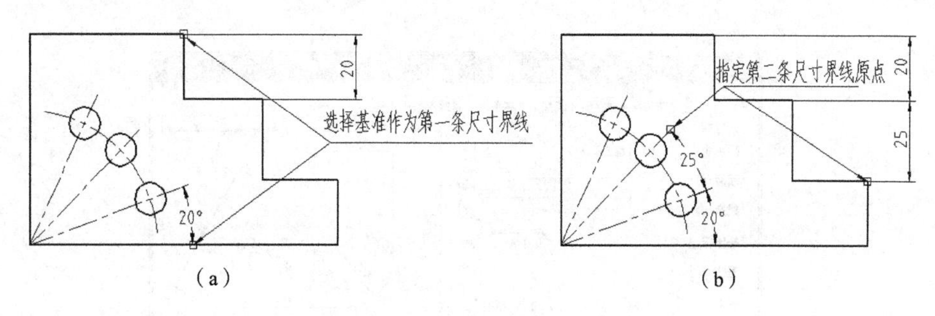

（a）　　　　（b）

图 6-35　尺寸的串联标注过程

（3）尺寸的半标注。在零件图中经常需要使用半标注进行标注，如半剖视图的尺寸标注，如图 6-36 所示。下面就讲述通过设置“半标注”样式进行半标注的方法。

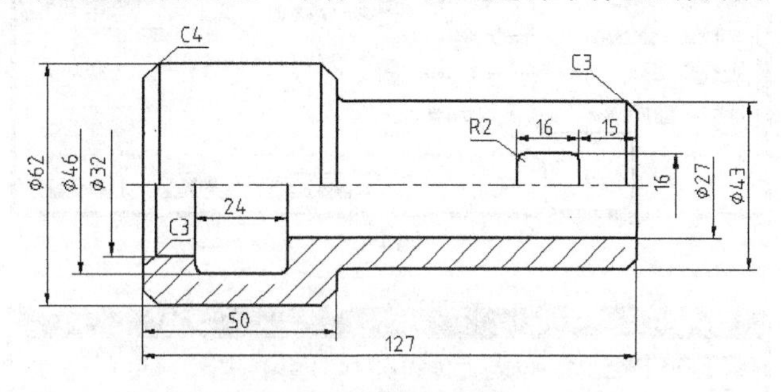

图 6-36　轴的半标注

① 创建“半标注”样式。“半标注”样式的创建与“文字水平”和“比例缩放”标注样式的创建方法基本相同，设置步骤如下。

- 在“标注样式管理器”中单击“新建”按钮，在“创建新标注样式”窗口中的“新样式名”中填写“半标注”，单击“继续”，如图 6-37（a）所示。
- 在“新建标注样式：半标注”窗口中选择“线”选项卡，在“尺寸界线”中的“隐藏”项中勾选“尺寸界线 2”复选框，如图 6-37（b）所示。
- 在“新建标注样式：半标注”窗口中选择“符号和箭头”选项卡，在“箭头”栏中的“第二个”下拉列表框中选择“无”，如图 6-37（c）所示。
- 其他的选项不变，单击“确定”按钮，即完成“半标注”标注样式的创建。

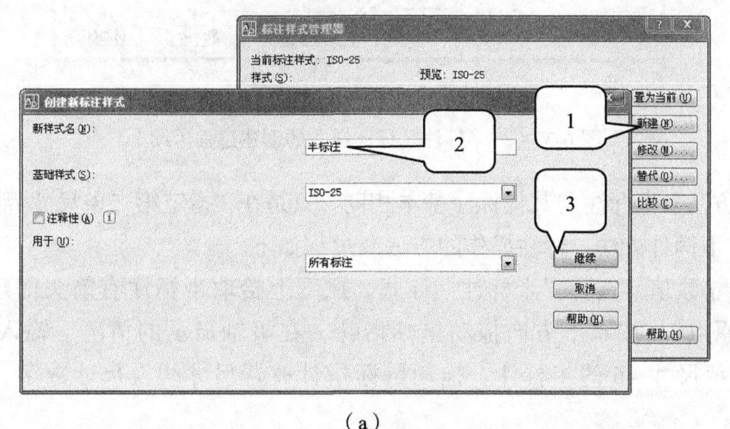

（a）

图 6-37　“半标注”标注样式的创建过程

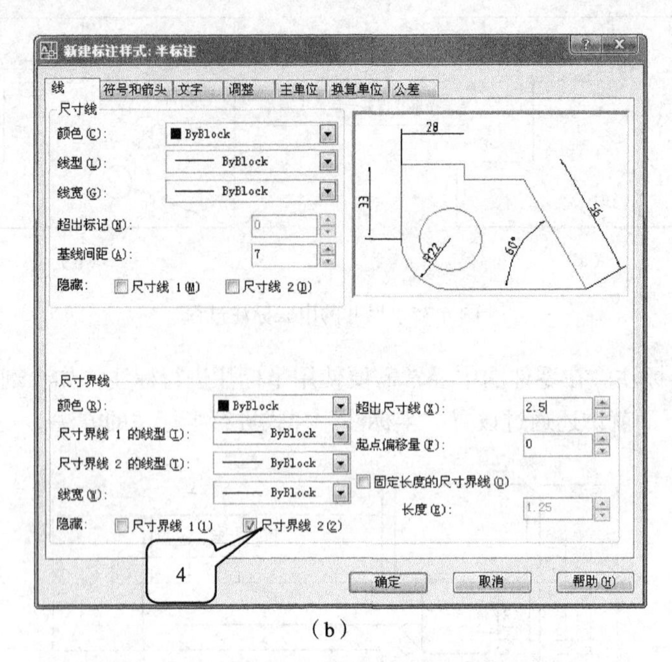

（b）

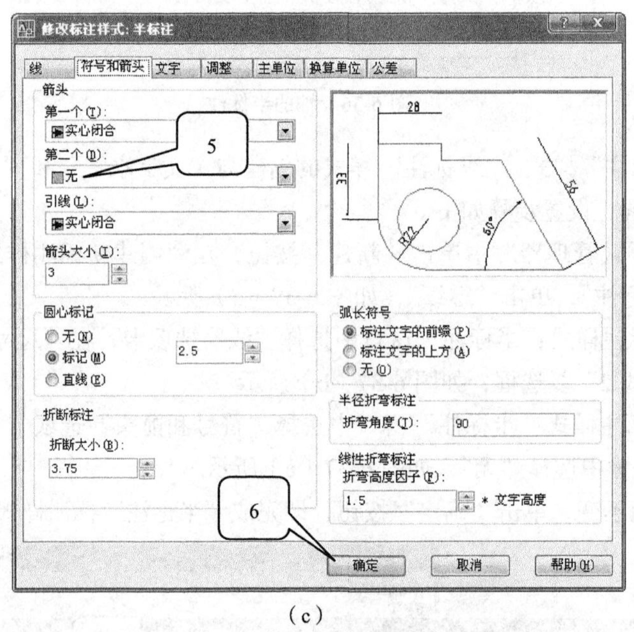

（c）

图 6-37　“半标注”标注样式的创建过程（续）

② 半标注方法。半标注与其他标注基本相同，只是在“指定第二条尺寸界线原点”时稍有变化，可采用以下两种方法，标注操作的方法及过程如下。

- 输入尺寸数值。选择“半标注”样式，在图上拾取半标注有箭头的尺寸界线为“第一条尺寸界线原点”，按水平方向拖动鼠标指针，在极轴显示的情况下输入尺寸数字 46，↙（回车）；显示尺寸 46 的半标注，拖动鼠标指针放置尺寸线及尺寸数字，如图 6-38（a）所示。
- 测量的方法标注。选择“半标注”样式，在图上拾取半标注有箭头的尺寸界线为“第一条尺寸界线原点”，在半标注的中点拾取“第二条尺寸界线原点”，↙（回车），显示尺寸 23 的半标注，放置尺寸线及尺寸数字；按“夹点”的编辑方法沿水平方向拖动“第二条尺寸界线原点”，在极轴显示的情况下输入测量尺寸数值 23，即完成测量方法的半标注，如图 6-38（b）所示。

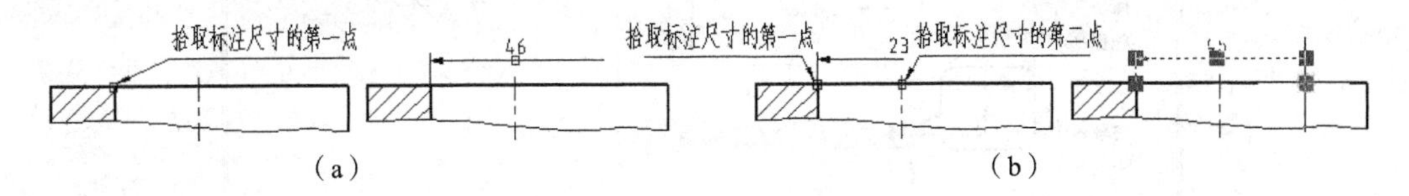

（a）　　（b）

图 6-38　半标注操作方法及过程

（4）引线标注。AutoCAD 2008 需要在“多重引线样式管理器”中进行样式设置，选择“格式”下拉菜单中的“多重引线”命令进行标注。

① 多重引线样式的创建。创建的方法与创建标注样式的方法相同，以创建“倒角标注”样式为例进行讲解，操作方法如下。

- 调出“样式管理器”。选择“格式”/“多重引线样式”菜单命令或“格式”工具栏中的“多重引线样式”，弹出“多重引线样式管理器”窗口。
- 创建“倒角标注”样式。单击“多重引线样式管理器”窗口中的“新建”按钮，在“创建新多重引线样式”窗口中输入名称“倒角标注”，单击“继续”按钮，如图 6-39（a）所示。
- 在“修改多重引线样式：倒角标注”窗口中，选择“引线格式”选项卡，“箭头”中的“符号”选择“无”，即无箭头显示，如图 6-39（b）所示。
- 在“修改多重引线样式：倒角标注”窗口中，选择“内容”选项卡，“引线连接”中的“连接位置-左”和“连接位置-右”都选择“第一行加下划线”，即完成“倒角标注”多重引线样式的创建，如图 6-39（c）所示。

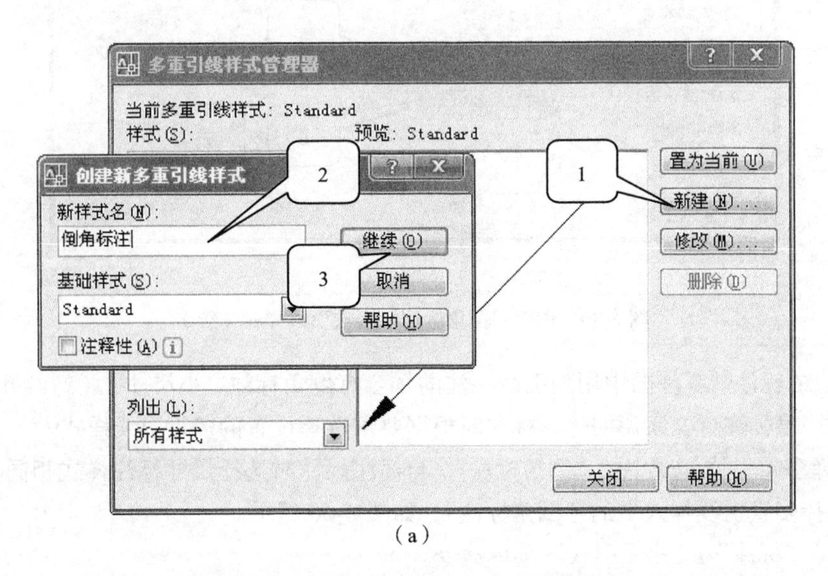

（a）

图 6-39　创建“倒角标注”多重引线样式

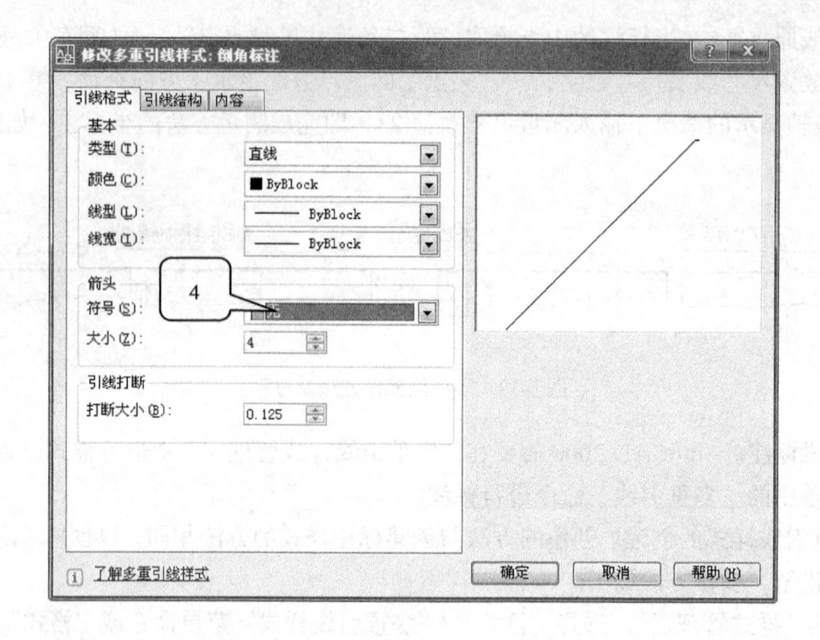

（b）

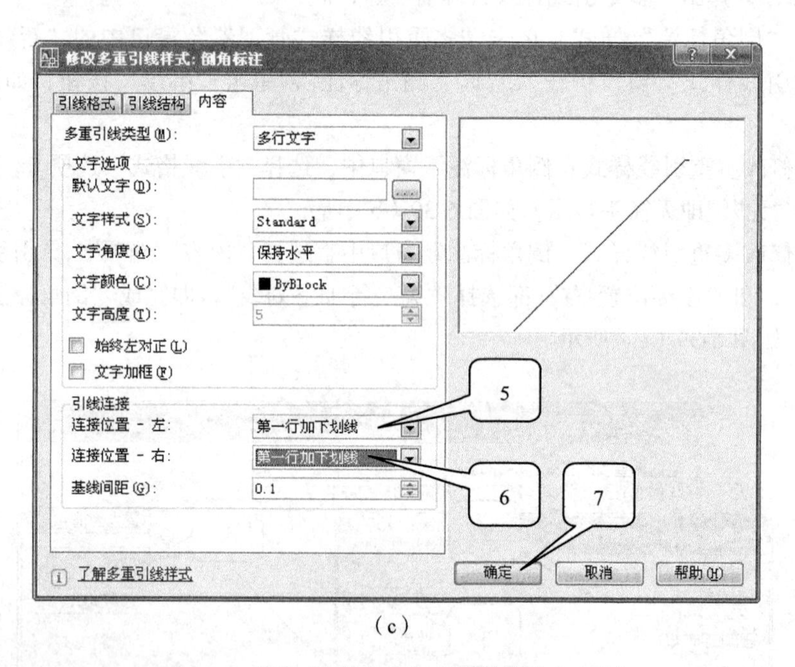

（c）

图 6-39　创建“倒角标注”多重引线样式（续）

② 引线的标注。零件图中用到引线标注的场合有倒角标注、小尺寸孔（螺纹孔）的集中标注、装配体序号标注、文字说明等，标注时根据要求选择设置的多重引线样式。

- 选择多重引线样式中的“倒角标注”。与标注尺寸时选择尺寸标注样式相同，在“格式”工具栏中选择多重引线样式中的“倒角标注”，如图 6-40 所示。
- 选择“标注”/“多重引线”菜单命令。
- “命令提示”窗口显示“指定引线箭头的位置或，[引线基线优先（L）/内容优先（C）/选项（O）] <选项>:”，用鼠标拾取第 1 条引线的起点。

图 6-40　选择多重引线样式中的“倒角标注”

● “命令提示”窗口显示“指定引线基线的位置;”，移动鼠标指针显示第 1 条引线，用鼠标单击基线的位置。

● 显示“文字格式”窗口，完成引出标注的文字书写内容；有上下内容的引出标注时，选择“段落”，将“段落行距”的“设置值（T）”设置为“0.7x”，如图 6-41 所示。

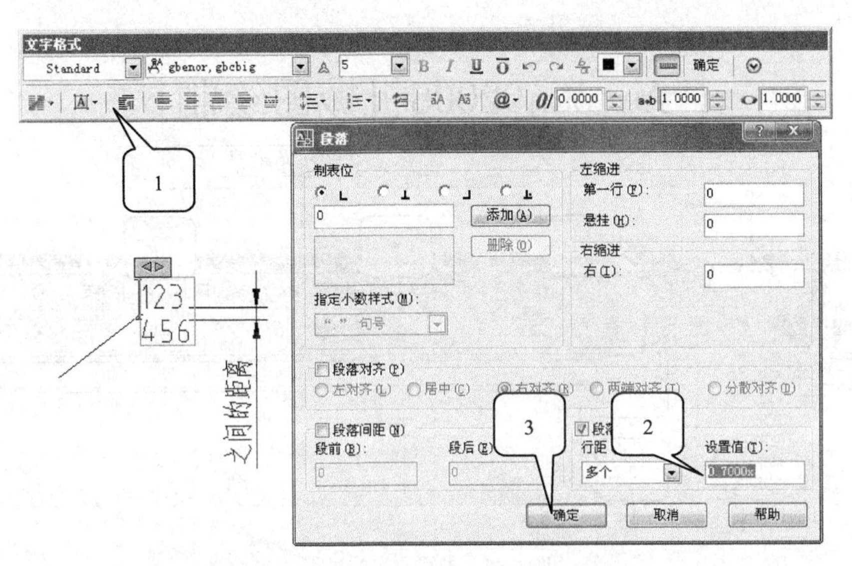

图 6-41　上下内容的引出标注行距的设置

③ 多重引线标注的修改。与尺寸标注的修改相同，可以用“夹点”或“特性”进行修改。

● 用“夹点”修改。“命令提示”窗口显示“命令”时，用鼠标左键拾取多重引线标注，多重引线标注有夹点（亮点）显示，利用“夹点”移动多重引线标注的位置。

● 在“文字格式”窗口中修改。用鼠标双击引线标注，弹出“文字格式”窗口，可以对多重引线标注的内容进行修改。

● 在“特性”窗口中修改。在“特性”窗口中对多重引线标注的所有内容进行修改。

（4）标注精度的修改。图形绘制及尺寸标注时经常出现尺寸数值不是整数，小数点后面出现多位数字的情况，这时可以选取尺寸，单击鼠标右键，在弹出的快捷菜单中选择“精度”，指定小数位数进行尺寸精度编辑。

3. 技术要求的标注

零件图中的技术要求标注是表达零件的精度、性能及加工要求等方面的一些内容，主要有尺寸公差、表面粗糙度、形位公差、文字填写的技术要求等标注。

（1）文字的书写。零件图的标注离不开文字书写，许多尺寸标注都可以用文字书写完成，如引出标注的文字说明、“标题栏”填写、技术要求等。文字的书写是在“文字格式”窗口中进行的。

① 创建指定的文字样式。按文字样式的创建方法完成“7 号字”文字样式的创建。

② 单击“绘图”工具栏中的“文字”命令按钮A|。

③ “命令提示”窗口显示“指定第一角点”，拾取文字位置对角线的一点；“命令提示”窗口显示“指定对角点或［高度（H）/对正（J）/旋转（R）/样式（s）/宽度（W）］”，拾取对角线的另一点。

④ 弹出“文字格式”窗口，选择仿宋 7 号字文字样式，“多行文字对正”设置为“正中”，对齐方式选择“居中”。

⑤ 输入文字“AutoCAD 2008 机械图绘制”，即完成文字书写，如图 6-42 所示。

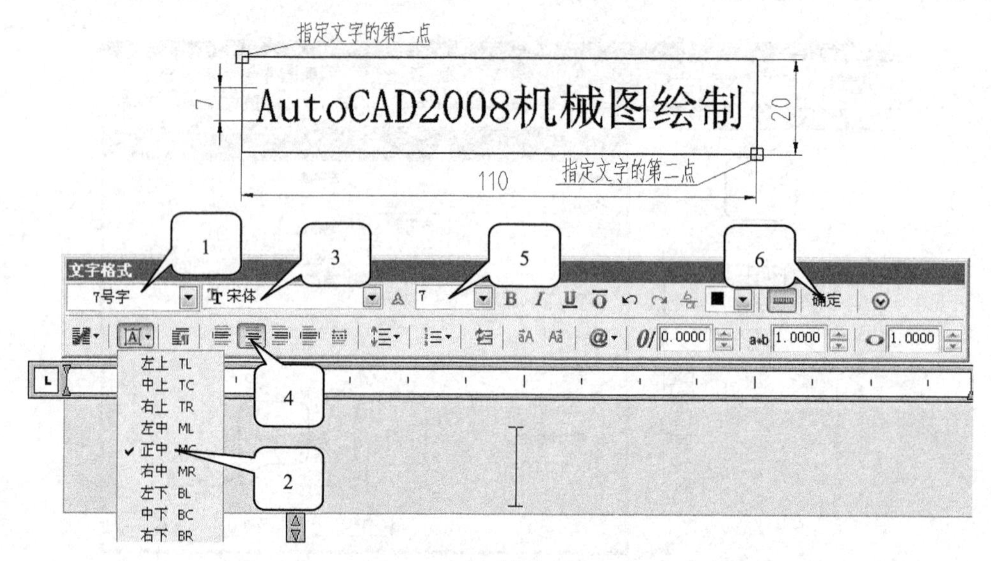

图 6-42 书写文字的过程

（2）尺寸标注中“文字格式”窗口的应用。平面图形绘制中进行了尺寸样式的设置和基本尺寸的标注，标注的尺寸数字是按一定比例自动测量长度的数值。仅用此方法标注，不能满足零件图标注尺寸的要求，零件图的尺寸标注经常需要添加文字或改动数字等。

① 在“文字格式”窗口中输入尺寸。零件图的标注过程中，尺寸数字的内容经常需要添加文字或符号，选择“文字格式”的标注方法，完成“4×ϕ80h6”的标注，如图 6-43 所示。

操作方法及步骤如下。

- 单击“标注”工具栏中的“线性”命令按钮，按尺寸标注的方法拾取尺寸的两个端点。
- “命令提示”窗口显示“指定尺寸线位置或［多行文字（M）/文字（T）/水平（H）/垂直（V）/旋转（R）］:”，（在英文输入法的条件下）用键盘输入选项“M”，↙（回车）。
- 弹出“文字格式”窗口，同时自动测量的数字显示被选中，按需要分别设置“文字格式”窗口中的内容，观察输入的效果（也可以在窗口中对尺寸进行编辑）。
- 输入“4×”，单击符号“@”按钮，可以获得“°”、“±”、“ϕ”等标注，移动光标输入“h6”，单击“确定”按钮输入完毕，如图 6-43 所示。

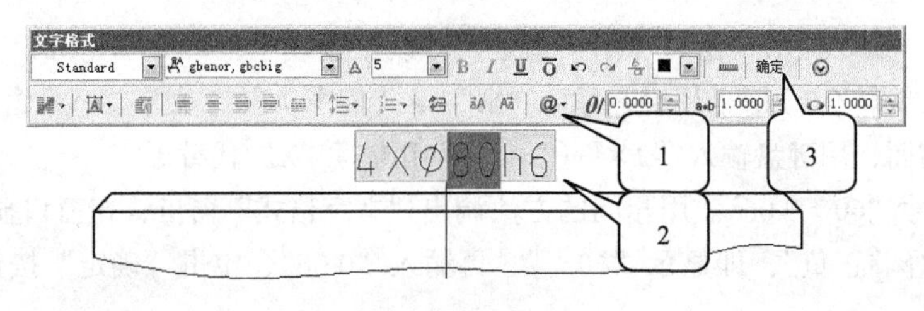

图 6-43　多行文字的标注过程

输入多行文字时，不改动原有自动测量的数字（如选中的 80），视图的图形变化时，标注的尺寸数值会随图形大小的变化而改变数值。因此，可以采用“文字格式”输入方法增加尺寸标注的字母或文字，用“修改”工具栏中的“编辑”命令，改变图形的大小，获得尺寸数值。

② 在“命令提示”窗口中输入尺寸。尺寸标注过程中需要改动自动测量的尺寸数字的内容，用此方法操作简单快捷，但输入的尺寸数值不能随图形大小的变化而改变。操作步骤如下。

- 选取“标注”工具栏中标注尺寸的命令。
- “命令提示”窗口显示“指定尺寸线位置或［多行文字（M）/文字（T）/水平（H）/垂直（V）/旋转（R）]:”,（在英文输入法的条件下）用键盘输入选项“T”，↙（回车）。
- “命令提示”窗口显示“输入标注文字<自动测量的数字>”，用键盘输入需要标注的字母及数字，↙（回车），完成尺寸数字、字母及文字的修改。

（3）尺寸公差的标注。零件图尺寸公差的标注，就是应用“多行文字”窗口中“堆叠”按钮的操作。输入需要堆叠的内容和相应的符号后，将需要堆叠的内容和相应的符号选上，再选择“堆叠”按钮，即完成尺寸公差的标注。特殊符号“堆叠”与公差标注的对比及示例如表 6-2 所示。

表 6-2　　特殊符号“堆叠”与公差标注的对比及示例

序　　号	特殊符号	输入及堆叠对象	标 注 效 果
1	^	40+0.12^−0.13	$40^{+0.12}_{-0.13}$
2	/	50G8/h7	$50\frac{G8}{h7}$
3	#	60H7#g6	60H7/g6

例题 6-7　按尺寸抄画机件视图，用“多行文字”标注方法完成机件视图中的尺寸公差的标注，如图 6-44 所示。

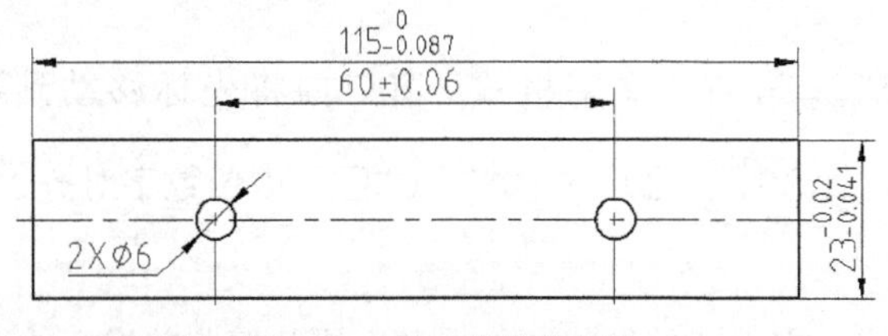

图 6-44　尺寸公差的标注

按尺寸完成视图的绘制，尺寸标注的操作步骤如下。

① 标注“2×ϕ6”孔。选取“标注”工具栏中的“圆”命令，按标注尺寸的方法操作，拾

取圆上的一点，“命令提示”窗口显示“指定尺寸线位置或［多行文字（M）/文字（T）/水平（H）/垂直（V）/旋转（R）]:”，用键盘输入“M”，↙（回车），在“文字格式”窗口中显示“ϕ6”，将光标移动到前面，用键盘输入“2×”（“×”可用大写“X”代替）。

② 标注尺寸“60±0.06”。用相同的方法调出“文字格式”窗口，在窗口显示“60”，选择“@”按钮，选择“正负”，即显示“60±”，再输入“0.06”，单击“确定”按钮，放置尺寸，如图 6-45 所示。

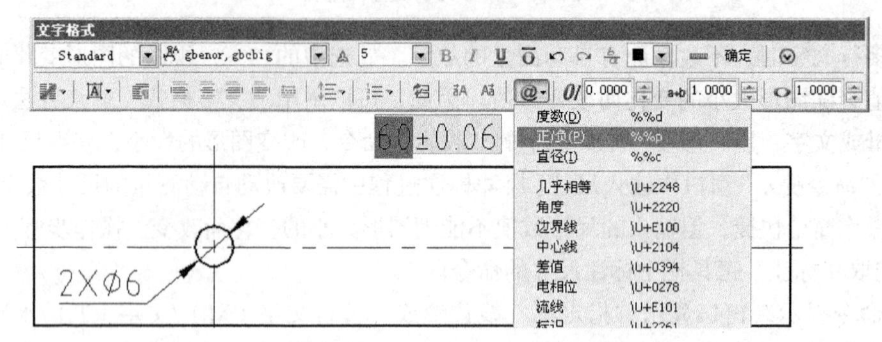

图 6-45　尺寸“60±0.06”的标注

③ 标注“$23^{-0.02}_{-0.041}$”的尺寸。在“文字格式”窗口中，移动光标到数字的右端，输入“−0.02 ^ −0.041”，拖动鼠标指针选择“−0.02 ^ −0.041”（变暗），“$\frac{a}{b}$”（堆叠）按钮由暗变亮，单击“$\frac{a}{b}$”（堆叠）按钮，即显示“$23^{-0.02}_{-0.041}$”，单击“确定”按钮，如图 6-46 所示。

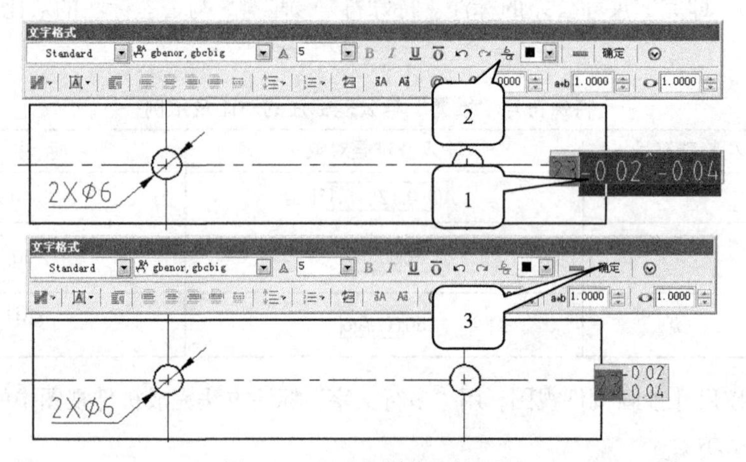

图 6-46　尺寸极限偏差的标注

④ 标注尺寸“$115^{-0}_{-0.087}$”。在“文字格式”窗口内将光标移动到数字的右端，输入“□0 ^ −0.087”，拖动鼠标指针选择“□0 ^ −0.087”（“□”占位数字对齐），单击“$\frac{a}{b}$”（堆叠）按钮，即完成标注。

（4）几何公差的标注。零件图的形状和位置精度用几何公差进行约束，AutoCAD 2008 绘图软件的几何公差的标注是在“形位公差”窗口中操作完成的，几何公差的标注要在尺寸标注后进行，因为几何公差的引线及基准符号要指在尺寸上。标注操作的方法，如图 6-47 所示。

① 绘制引线。选择多重引线标注中带箭头的样式，标注几何公差的引线。

② 标注几何公差的“方框”。单击“标注”工具栏中的“公差…”命令按钮，弹出“形位公差”窗口；在“形位公差”窗口中分别选取“同轴度”、“ϕ”，分别输入公差值“0.5”、基准符号“A”，单击“确定”按钮；移动鼠标指针选取几何公差“方框”的位置，单击鼠标左键确定。

③ 标注基准符号。几何公差基准的标注是用插入块的方法实现的（后文中将讲述创建图块进行标注的方法）。

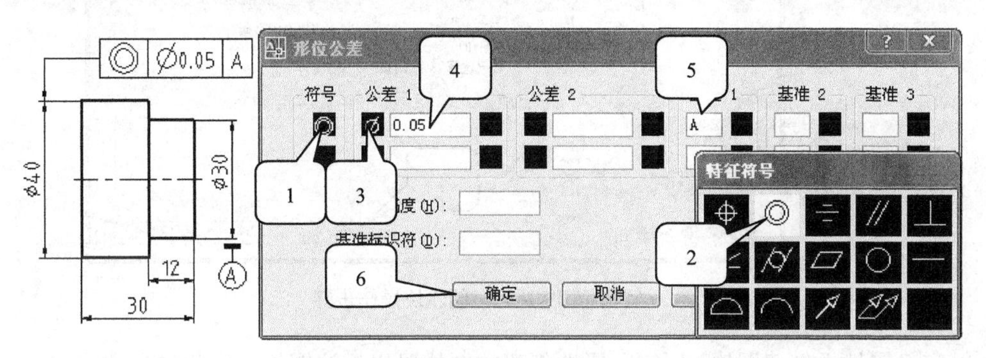

图 6-47　形位公差项目及内容的填写

4. 用创建图块的方法标注符号

图样中有许多标注由符号或符号和数字组成，如几何公差的基准符号、斜度（锥度）符号、深度符号、剖切符号、表面结构（表面粗糙度）、基准符号等，AutoCAD 绘图软件中没有上述符号，标注上述符号需要使用插入图块的方法进行标注（“空格”留出插入图块的位置）。

（1）定义属性及创建块。图块分为两种：一种是仅由图形组成，用创建块的方法创建；另一种是由图形和变化的数字组成，用定义属性再创建块的方法创建。

① 创建图块。标注中需要的图形符号是固定不变或按 X 和 Y 方向成比例变化的图形，用图块的操作方法标注。图块创建后与文字格式、尺寸样式、图层一样被保存永久使用。以创建盲孔深度标注的“深度符号”图块为例进行讲解，如图 6-48（a）所示。

创建块的操作过程如下。

- 用“尺寸线”图层按规定的尺寸（1:1）绘制创建块的图形，如图 6-48（b）所示。
- 单击“修改”工具栏中的“创建块”命令按钮或选择“绘图”/“块”/“创建块”菜单命令。
- 选择“选择对象”，拾取创建块的图形，如图 6-48（c）所示。
- 在“块定义”窗口中输入块名称“深度符号”，单击“选择对象”，如图 6-49 所示。
- 单击“拾取点”，该点是插入块使用的，插入点应在尺寸线上（在尺寸样式中设置文字与尺寸线的距离为 1～1.5mm），如图 6-48（d）所示；单击“确定”按钮即完成了“深度符号”图块的设置，如图 6-49 所示。

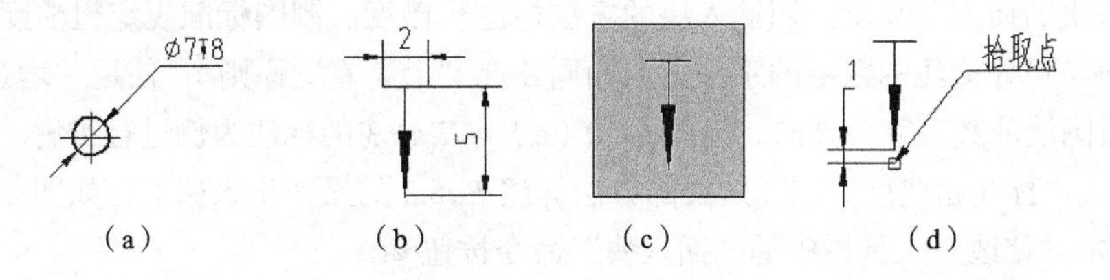

图 6-48　创建盲孔“深度符号”的图块

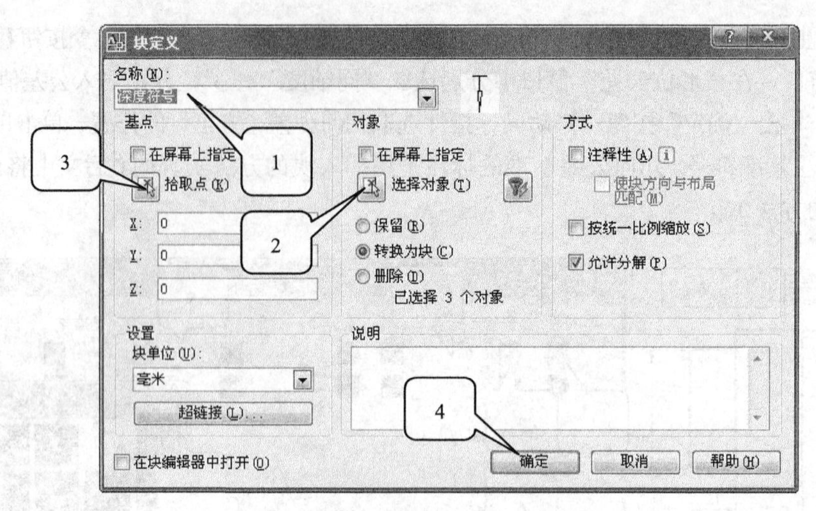

图 6-49　创建块操作步骤

② 定义属性再创建图块。用定义属性创建的图块可以标注图块中变化的参数或文字。以零件表面粗糙度的标注为例，不同的表面的 *Ra* 值不同，需要用定义属性的图块进行标注，如图 4-50（a）所示。

"定义属性"的操作步骤如下。

- 用"尺寸线"图层按尺寸原值比例（1:1）绘制创建块的图形，如图 6-50（b）所示。
- 选择"绘图"/"块"/"属性定义"菜单命令，弹出"属性定义"窗口。
- 在"属性定义"窗口中输入名称"粗糙度"，"提示"输入"Ra"值，"默认"输入"3.2"，"对正"选择"正中"（数字转动），"文字样式"选择"工程字 3.5"（数字的字号比尺寸数字的字号小一号），单击"确定"按钮，如图 6-51 所示。
- "命令提示"窗口显示"指定起点"，拾取 *Ra* 数字的插入点，必须选择数字的中心，保证 *Ra* 数字绕中心转动位置不变，即完成定义属性，如图 6-50（c）所示。
- 定义属性完成后，用创建块的方法创建粗糙度图块，图块的名称必须与定义属性的名称"粗糙度"相同，如图 6-50（d）所示。

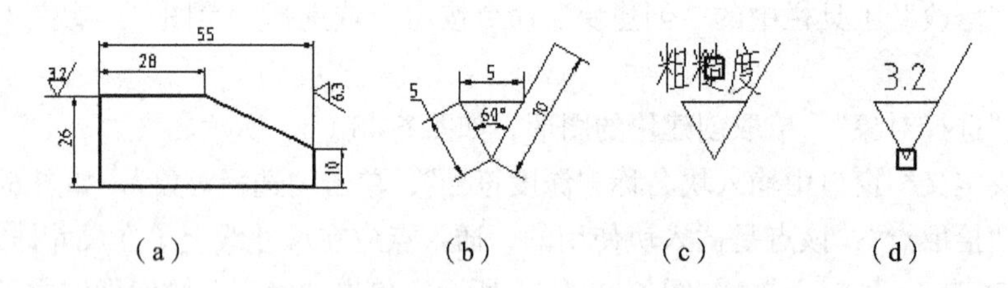

图 6-50　粗糙度符号属性定义及创建块的操作步骤

（3）图块的插入及编辑。用插入块的方法标注粗糙度。制图标准规定粗糙度的 *Ra* 值数字的字头方向与尺寸标注的数字的字头方向相同（向"上、左"原则），使用"增强属性编辑器"的方法编辑图块的数字字头方向，以图 6-50（a）中 *Ra*6.3 的标注为例进行讲解。

① 插入块标注粗糙度。用插入块的方法标注 *Ra*6.3 的操作步骤如下，如图 6-52 所示。

- 单击"修改"工具栏中的"插入块"命令按钮。
- 弹出"插入"窗口，选择名称"粗糙度"（在窗口右上角有图块图形显示），可以通过

“缩放比例”改变图块的尺寸，“旋转”中的“角度”输入“−90”，单击“确定”按钮。

- “命令提示”窗口显示“指定插入点”，拾取粗糙度标注的位置，单击鼠标左键确定。
- “命令提示”窗口显示“输入 *Ra* 值<3.2>”，（如果选择 3.2，直接回车即可）输入需要的 *Ra* 值“6.3”，↙（回车），完成插入粗糙度图块的操作。

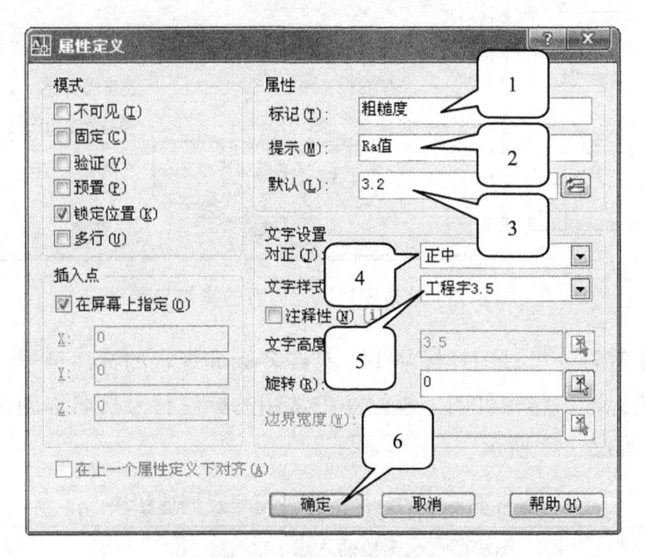

图 6-51　定义属性的操作步骤

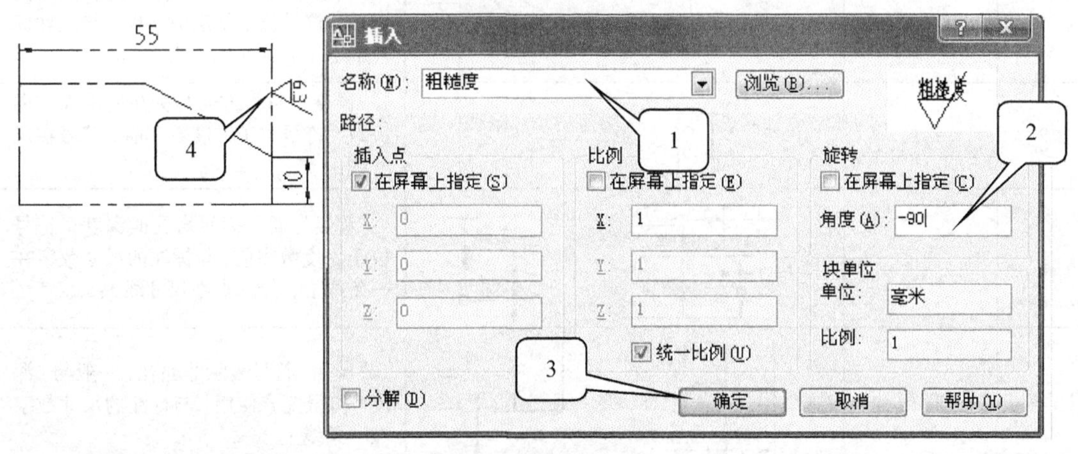

图 6-52　插入块的操作步骤

② 通过属性编辑修改粗糙度。在插入图块标注结束后，需要改变所标注的图块，用“增强属性编辑器”可以编辑图块的全部内容；一般用插入图块的方法标注粗糙度，*Ra* 值数字方向必须在“增强属性编辑器”的窗口内进行修改。使用“增强属性编辑器”修改 *Ra* 值数字方向的。操作步骤如下。

- 双击视图中的图块（或选择图块后单击鼠标右键，在快捷菜单中选择“属性编辑”）。
- 弹出“增强属性编辑器”窗口，在“增强属性编辑器”窗口中有 3 个选项卡，包含了该图块的所有内容参数；选择“文字选项”卡，将“旋转”选项由“270”改为“90”。
- 单击“确定”按钮，图中的 *Ra* 值 6.3 数字方向发生了 180° 的转动，如图 6-53 所示。

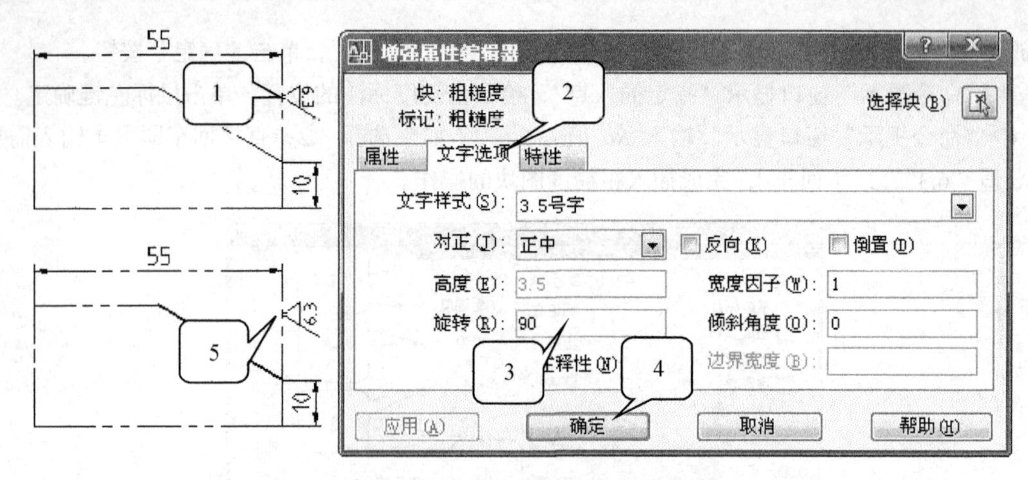

图 6-53　修改图块属性内容的操作步骤

（4）常见的标注符号。机械图样标注中，有许多标准规定的标注符号，为了在标注零件图时既快捷又符合制图标准，将零件图工程标注中常用的标注符号按名称创建对应的图块，便于标注零件图时使用，如表 6-3 所示。

表 6-3　零件图标注时常用的标注符号及创建图块

序号	图块名称	图块图形及图块插入点	说　明
1	斜度	30°　3.5　1.2	“斜度”符号方向与标注的斜面方向一致，符号位于斜度数字前，与尺寸标注的数字高度相同，为 3.5mm
2	锥度	30°　3.5	“锥度”符号方向与标注的锥面方向一致，符号位于锥度数字前，符号在尺寸线上
3	深度	2　1.75　0.5　3.5　1.2	“深度”符号表示盲孔的深度，符号位于深度数字前，与标注的尺寸数字在一条线上，插入点在尺寸线上
4	盲孔	3.5　2.5　1.2	“盲孔”符号表示非通孔，一般与“深度”符号配合使用，与标注的尺寸数字在一条线上
5	向视	5　A　0.5　3　6　A	“向视”表示投影方向；斜视图插入时，先用标注角度尺寸的方法，获得斜视图的倾斜角度，再按角度尺寸的数值输入角度值
6	旋转	R3.5　3.5	箭头用“多段线”绘制。“旋转”符号表示视图的转动方向，顺时针方向转动时，插入后用“镜像”获得符号

续表

序号	图块名称	图块图形及图块插入点	说　明
7	剖视	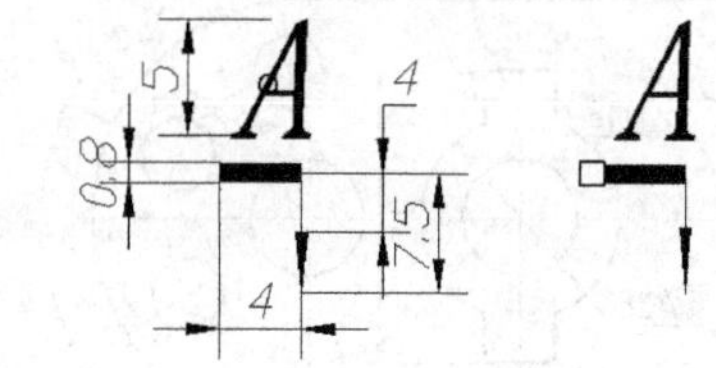	“剖视”符号一般是成对使用的，标注一个后，镜像复制另一个
8	粗糙度	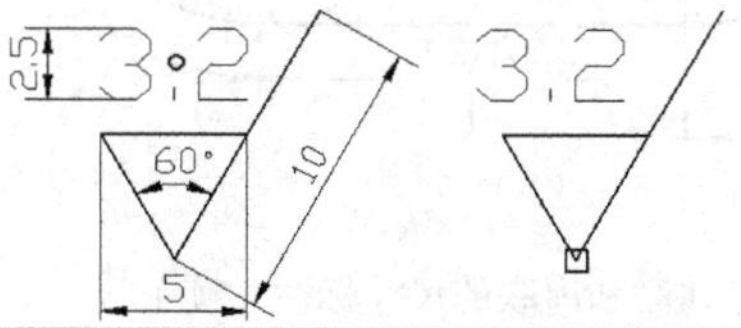	“粗糙度”旧标准，广泛使用，例题中学习过标注操作
9	表面结构	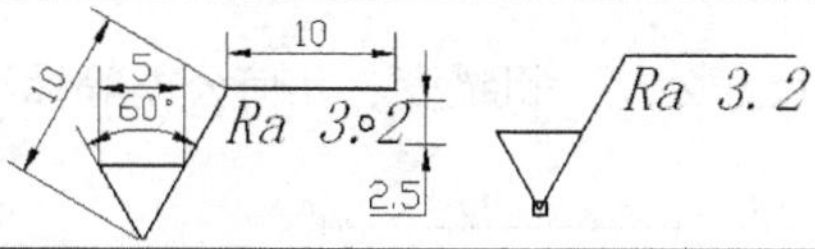	“表面结构”新标准，注意学习掌握
10	基准 1	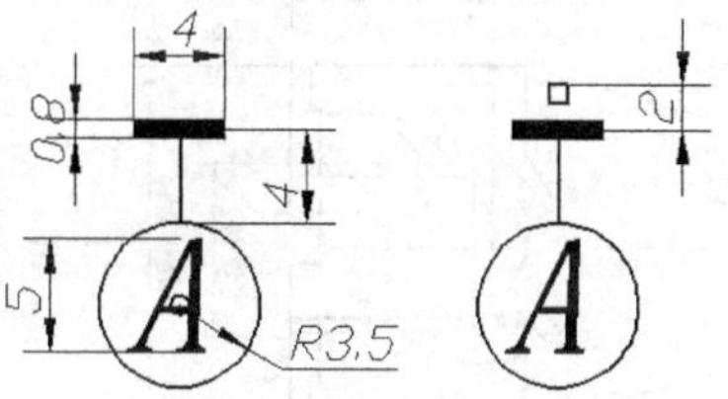	“基准 1”旧标准，广泛使用，例题中学习过标注操作
11	基准 2	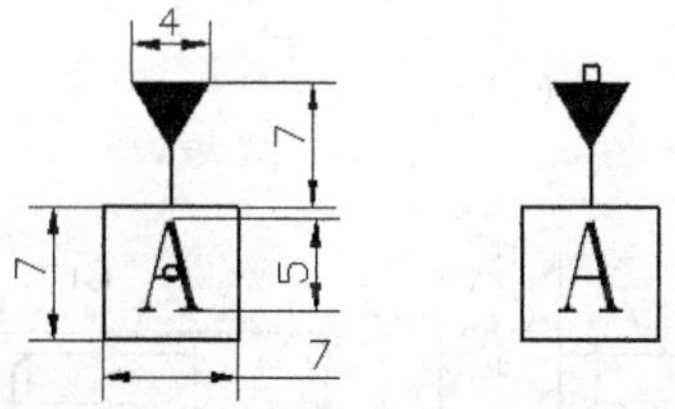	“基准 2”新标准，注意学习掌握

注：①表中图形为标注符号，一律用“尺寸线”层绘制；②图形中“□”表示创建块时选择的基准（图块的插入点）；③图形中带有“○”表示需要创建属性图块，“○”的位置为属性定义的基点；④基准符号中的“箭头”用“绘图”工具栏中的“多段线”绘制，多段线的两端分别设置 0.4 和 0，长度取表内图中的尺寸。

5. 零件图标注习题

（1）抄画零件的视图，用并联和串联等方法标注尺寸，如图 6-54 所示。

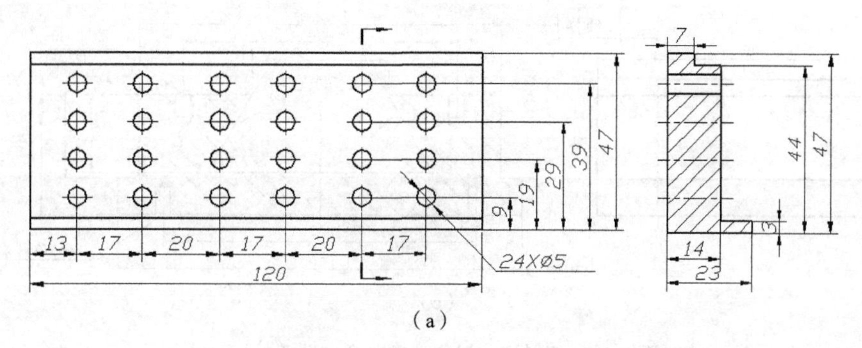

（a）

图 6-54　并联和串联的尺寸标注

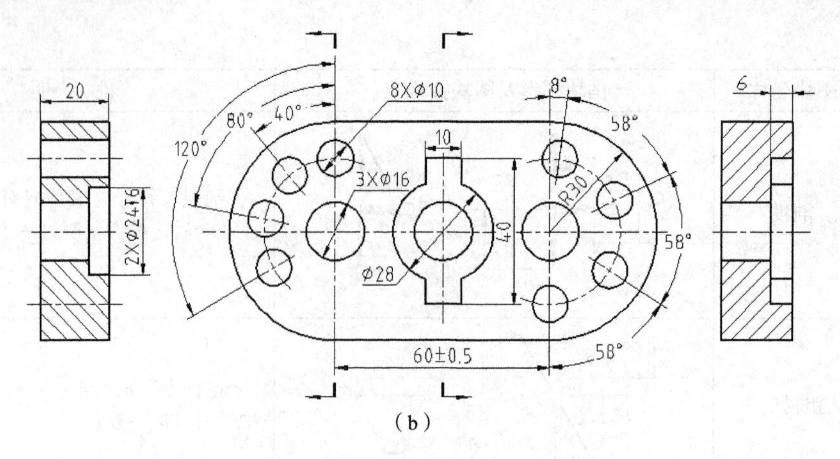

（b）

图 6-54　并联和串联的尺寸标注（续）

（2）抄画零件视图并完成尺寸、尺寸公差、粗糙度、几何公差等标注，如图 6-55 所示。

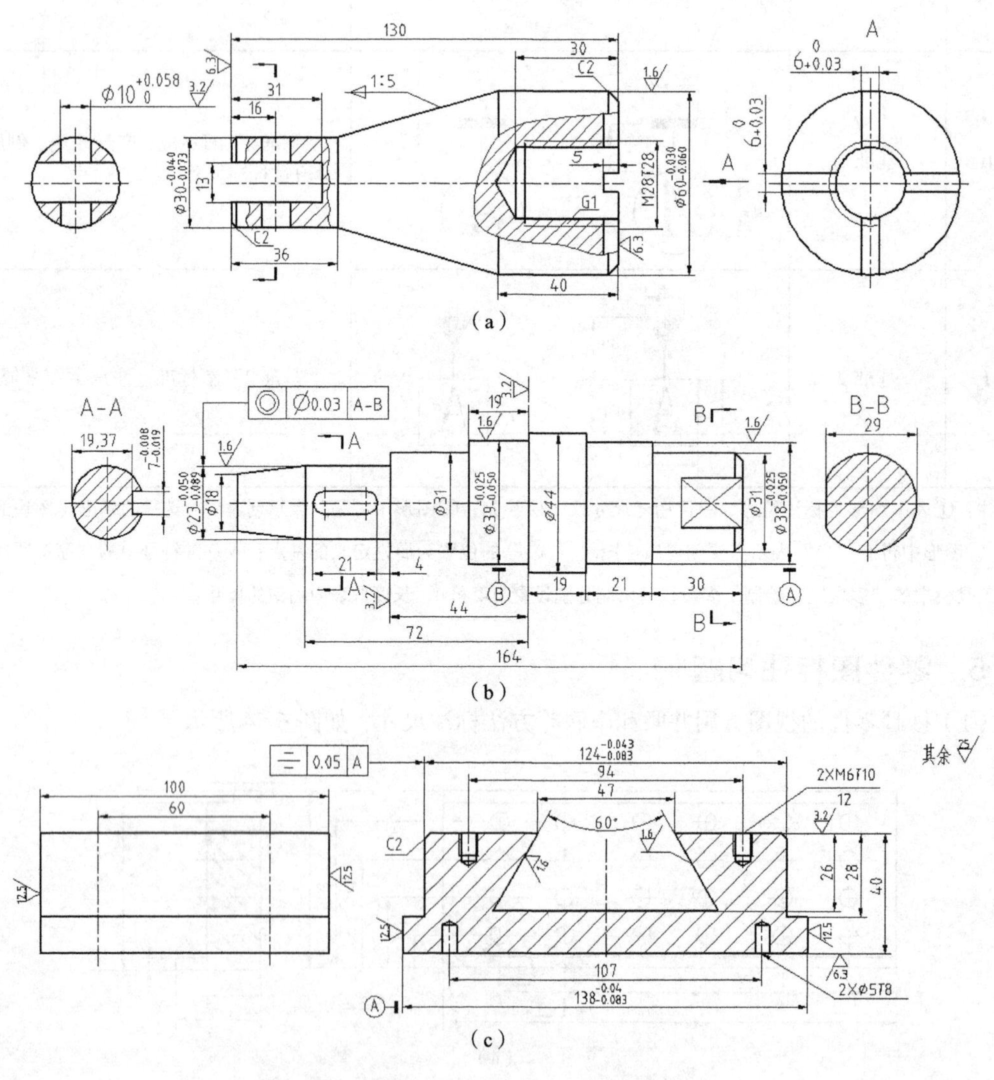

图 6-55　粗糙度、尺寸公差和几何公差的标注

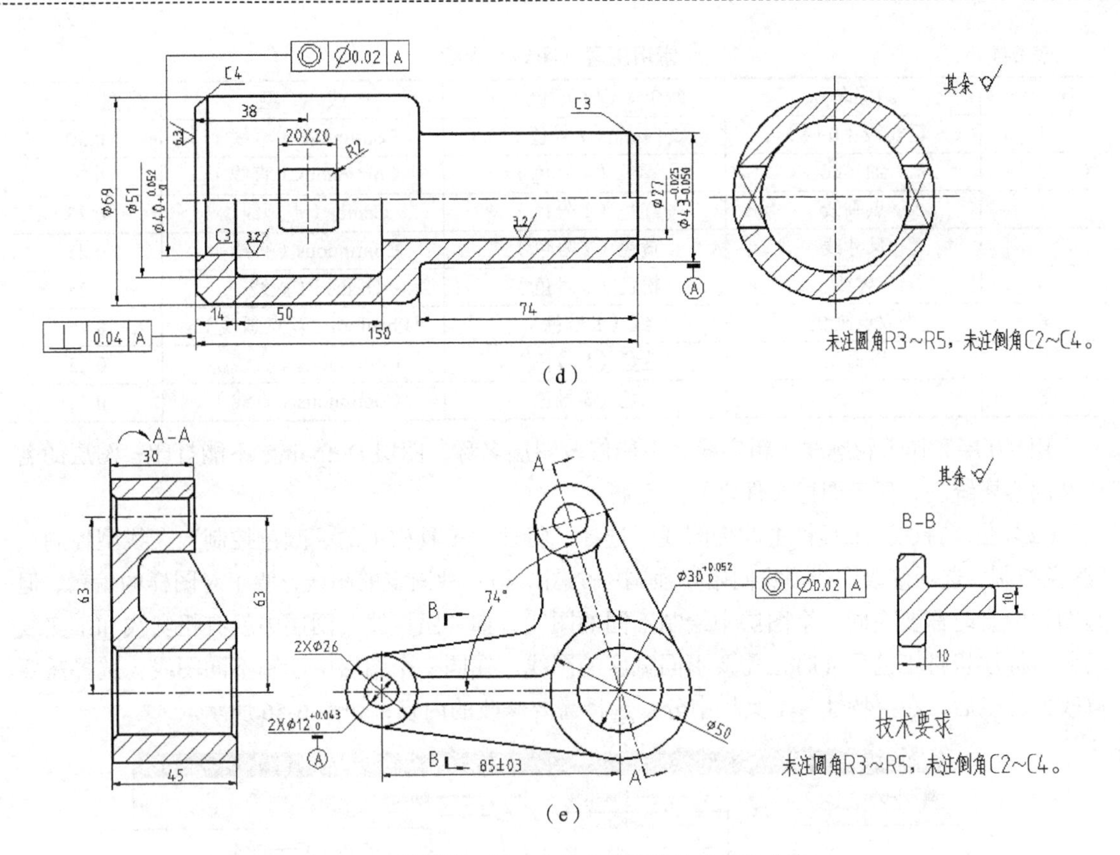

图 6-55　粗糙度、尺寸公差和几何公差的标注（续）

（三）零件图的绘制

零件图的绘制是指绘制零件图的全部内容，在学习了机械图样的绘制及零件图的工程标注的基础上，主要学习零件图的比例选择，图幅、图框、标题栏的绘制及填写；综合运用制图的投影理论，熟练地读懂零件图的视图表达；分析零件图中的各项技术要求，了解零件图技术要求的含义及与加工的关系。为了能顺利地完成零件图绘制，必须掌握各类机件的结构特点和表达方法。通过较完整地绘制零件图，完成 AutoCAD 绘图及机械制图的核心知识内容的学习。

使用 AutoCAD 2008 绘图的比例缩放与手工图板绘图不同，AutoCAD 绘图后打印出图可以按指定图幅出图，只要将机件表达的视图图形与工程标注的数字及字母的大小调整到合适的比例关系即可，原则上保证标注数字清楚。这里主要学习零件图绘制中的各种设置及编辑，如标注样式、图幅、标题栏、图线等内容。

1. 图线的编辑

零件图的图线绘制一般要求用图层控制，但也可以选择“对象控制窗口”/“线性控制”或“特性窗口”的操作修改图线。

（1）零件图常用图层的参数。绘制机械图样经常使用的图线有：粗实线、细实线、点画线、虚线、双点画线等。机械图样中使用的线型相同，如剖面线、尺寸线、图框线等都是细实线，表达的内容则不同，不能用图线区分，因此，选择图层控制图样中图线的性质。图层与线型及参数的对应明细表如表 6-4 所示。

表 6-4　　常用图层（图线）参数

序　号	图层名称	颜色（索引颜色号）	线　　型	线宽（mm）
1	粗实线（0 层）	白/黑（7 号色）	Continuous（直线）	0.50
2	细实线	青色（4 号色）	Continuous（直线）	0.25
3	点画线	红色（1 号色）	Center（点画线）	0.25
4	尺寸线	黄色（2 号色）	Continuous（直线）	0.25
5	虚线	粉色（6 号色）	Dashed（虚线）	0.25
6	双点画线	红（1 号色）	Phantom（双点画线）	0.25
7	图框线	蓝色（5 号色）	Continuous（直线）	0.25
8	文字	绿色（3 号色）	Continuous（直线）	0.25

用“0 层”作（轮廓线）粗实线，不能修改图层名称；图层 Defpoints 不能打印；图层的名称及内容要统一，便于图样文件之间的复制。

（2）在“特性”工具栏中改变图线。选择“特性”工具栏中的“颜色控制”、“线型控制”、“线宽控制”选项修改图线。我们始终强调一个图层画一种固定的图线，便于对图样的编辑，但是图样中有时需要在同一个图层中绘制不同的图线，如“图框线”图层中就有粗实线和细实线两种，标注机件工艺尺寸时也需要不同宽度的图线。在同一个图层中绘制不同图线，选择需要修改的图线后，在“特性”工具栏中分别选择需要修改的内容，如图 6-56 所示。

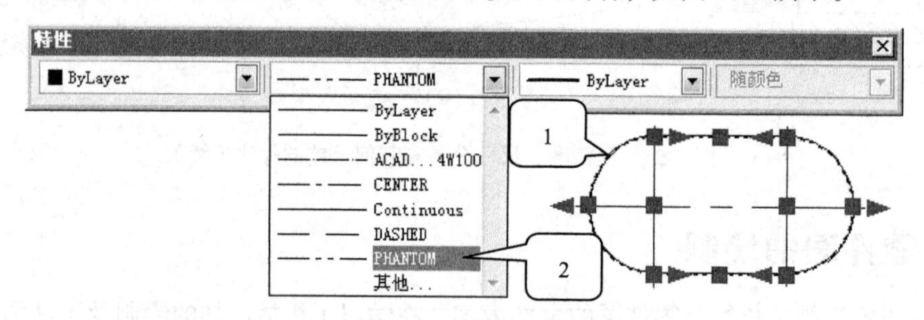

图 6-56　在“特性”工具栏中改变图线

（3）在“特性”窗口中修改图线。使用绘图界面中的“下拉菜单”中“对象特性”、用鼠标左键双击图样中指定内容或单击鼠标右键选择快捷菜单中的“特性（S）”的方法，都可调出“特性”窗口，如图 6-57 所示。在“特性”窗口中，可以对选定的图样中任何内容的全部信息进行查阅和编辑，此方法在 CAD 绘图中修改、编辑及查阅信息非常方便，应注意学习并掌握。

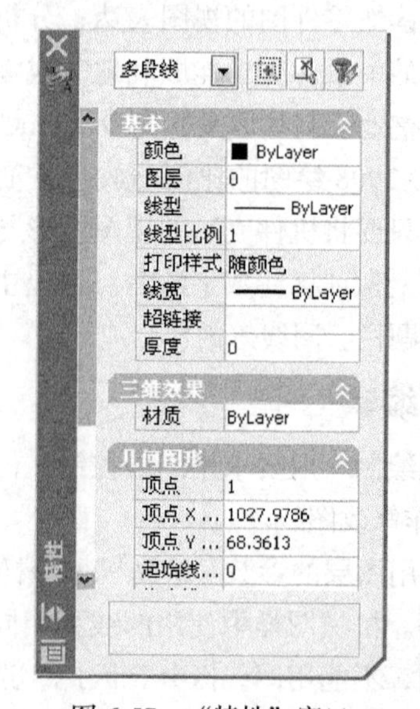

图 6-57　“特性”窗口

2. 零件图的图幅及标题栏

零件图绘制时必须有标准的图幅、图框和标题栏。AutoCAD 2008 绘图软件提供了标准的图框及标题栏样本，但是，为了满足工作的需要，还要掌握绘制标准图框和标题栏的方法。下面讲述如何绘制及调用标准图框和标题栏。

（1）标准图幅的参数。图纸幅面是指绘制图样时选用的图纸的尺寸规格。标准的图幅代号为 A0～A4。沿着某一号幅面的长边对裁，即为下一号幅面的大小，例如沿 A2 幅面的长边对裁，即为 A3 的幅面。AutoCAD 绘图默认的图幅规格为 A3，选择“栅格”可以显示图幅尺寸。标准的图幅及图纸边框的尺寸如表 6-5 所示。

表 6-5　　图纸图幅及图纸边框尺寸　　单位：mm

幅面代号	A0	A1	A2	A3	A4
$B \times L$	841×1 189	594×841	420×594	297×420	210×297
a	25				
c	10			5	
e	20		10		

图框线用粗实线表示，图纸的边界线用细实线表示；图纸的边界线和图框线用“图框线”层绘制。零件图的所有表达内容必须画在图框内，图框在图纸上的绘制形式有两种：一种是带有装订边的图框，装订边在图纸的左边，标准规定 A4 竖放、A3 横放，图纸边框由 a 和 c 两种尺寸形式组成，装订边尺寸 a=25mm；另一种是不带装订边的图框，图纸边框只有 e 一种尺寸形式。为了使图样复制和缩微摄影时定位方便，在图纸各边长的中点处分别画出对中符号。图纸一般采用 A4 幅面竖装或 A3 幅面横装的尺寸装订，大于装订尺寸的图纸按一定的方法折叠成装订尺寸。

（2）绘制及填写标题栏。制图标准规定，每张图样必须绘制标题栏；标题栏应位于图纸的右下角；标题栏的外框线用粗实线、内框线用细实线绘制；标题栏的图线与图框线用“图框线”层绘制。

机械制图标准规定了标题栏的尺寸及格式，绘制时必须符合标准规定；标题栏中的文字一律用长仿宋体书写，文字的方向应为看图方向；填写标题栏内容时，选择“绘图”工具栏中的“多行文字”命令，按文字书写的过程操作。学习用标题栏如图 6-58 所示。

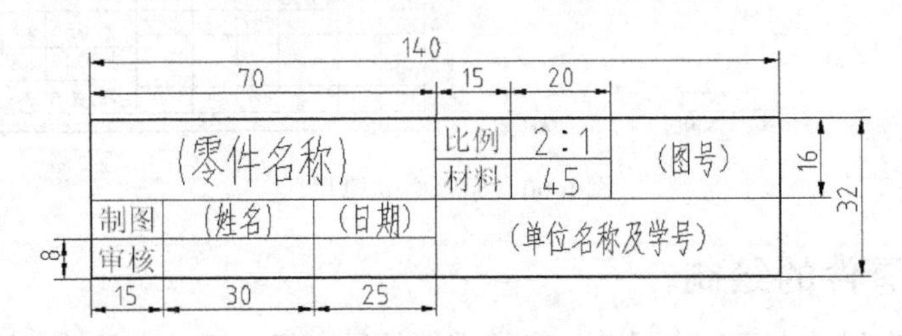

图 6-58　教学用标题栏格式

（3）调用标准图框和标题栏。AutoCAD 2008 绘图软件提供了标准的图框及标题栏样本，根据需要可以调出选用，使用非常方便。

① 标准图框的调出。创建“Gb−a3…”样板绘图，图框在绘图过程中如同窗口，也可以在“模型”显示条件下绘图，回到“Gb A3 标题栏”布局，鼠标左键双击图框内，在图框内移

动图形或双击鼠标滚轮键使图形充满图框显示。调出图框的操作方法如下。

- 选择“新建”菜单或“标准”工具栏中的“新建”，弹出“选择样板”窗口。
- 在“选择样板”窗口中选择需要的图幅格式（优先选择“Gb A3”图幅格式），如图 6-59（a）所示。
- 随即显示“Gb A3 标题栏”布局，用鼠标双击绘图区，便可在图框内绘图，如图 6-59（b）所示。
- 用鼠标双击图框，便可回到图框界面进行标题栏的填写。

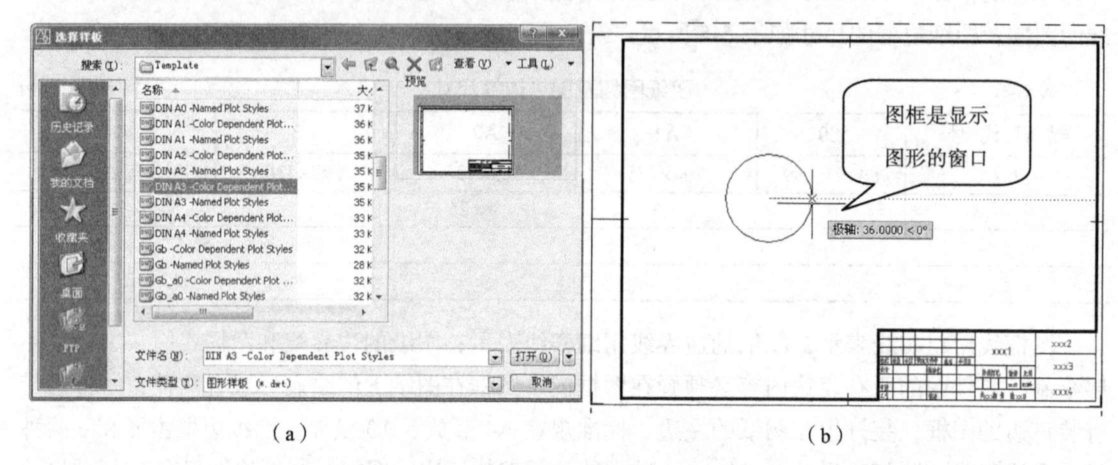

（a）　　　　　　　　（b）

图 6-59　图框及标题栏的调出

② 标题栏的填写。在“Gb A3 标题栏”布局中，用鼠标双击图框或图框以外的位置回到图框界面，用鼠标双击图框或标题栏，便可弹出“增强属性编辑器”，“增强属性编辑器”中的“XX1”～“XX8”都可以进行填写，如图 6-60 所示。

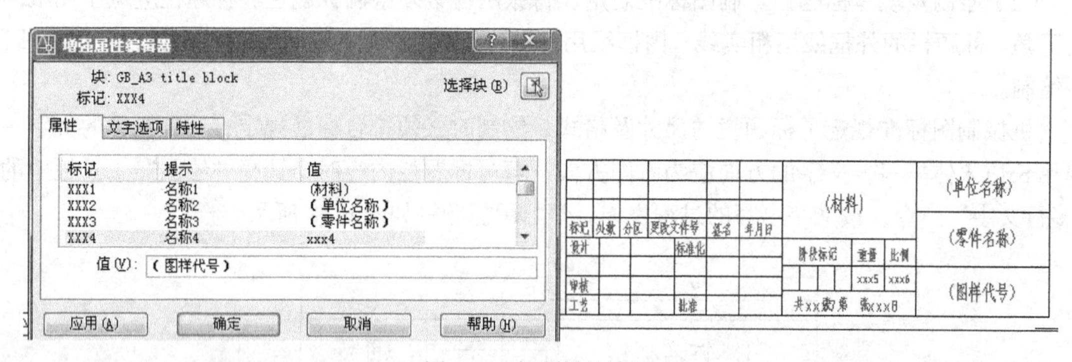

图 6-60　标题栏的填写

3. 轴盘类零件的绘制

轴类零件是轴向尺寸大于径向尺寸，盘类零件是径向尺大于轴向尺寸，因为轴类零件和盘类零件都是以回转体为主，所以统称为轴盘类零件。

（1）结构分析及表达方法。通过对轴盘类零件结构特点的分析，了解通常轴盘类零件采用的表达方法，对绘制零件图非常重要。轴盘类零件的结构分析及表达方法如下。

① 轴、盘类零件一般在车床上加工，主要结构特征为回转体。

② 主视图的选择按车削加工位置确定，轴心线为“侧垂线”，轴的主要结构形状放在右侧

与加工时装夹位置吻合。

③ 轴上的结构一般采用断面图或向视图表达，每一个视图尽可能表达轴上的某一处结构。

④ 轴上的细小结构通常采用局部放大图表达。

⑤ 轴盘类零件是套筒类型（空心结构）的，主视图一般多选择半剖视图表达。

（2）轴盘类零件图的绘制。通过对轴盘类零件的结构分析及绘制零件图的操作，提高对轴盘类零件的了解和绘制零件图的能力。

例题 6-8 选用 A3 图纸（图幅 420×297）按 1:1 绘制轴的零件图，绘制图框及标题栏并填写标题栏，如图 6-61 所示。

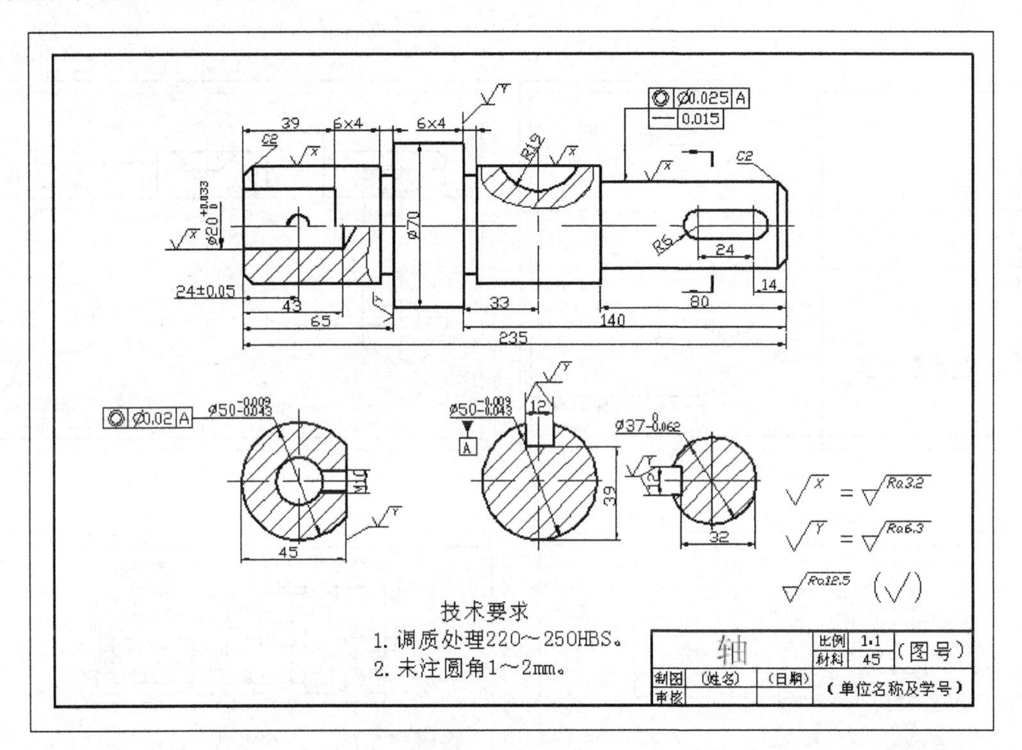

图 6-61　轴的零件图

绘制轴零件图，操作过程如下。

① 绘制图框及标题栏。选用“图框线”层绘制图纸边界、图框及标题栏，填写文字用“文字”层。

- A3 图幅的图纸边界线线宽 0.25mm，左下角为“原点”，尺寸为 420×297（mm），或选择“栅格”显示，在栅格显示内绘制图框。
- 图框线距图纸边界为 10mm，线宽为 0.5mm，可以选择“修改”工具栏中的“偏移”绘制。
- 绘制标题栏时，尺寸数值参照图 6-58 的尺寸绘制。
- 标题栏的文字选用“文字”层填写，选用长仿宋体或工程字，字号分别选 5 号、7 号、10 号，如图 6-62（a）所示。

② 绘制轴的零件图。选用镜像的方法绘制主视图。首先绘制轴的轮廓，再绘制倒角及退刀槽，镜像完成主视图基本图形。

- 绘制主视图轴上的结构时，可以用插入图块的方法绘制，如键槽、螺纹孔等。
- 画剖面图，可以在主视图上绘制，然后用移动的方法完成，如图 6-62（b）所示。
- 检查，完成细节，填充剖面符号。

③ 标注。轴零件图的工程标注顺序如下。

- 完成零件的尺寸标注，注意尺寸标注的标准及清晰的规定，并考虑其他标注的位置，如图 6-62（c）所示。
- 标注剖视符号（也可以在尺寸标注前进行），标注粗糙度，标注形位公差及基准符号，书写文字形式的技术要求，如图 6-62（d）所示。

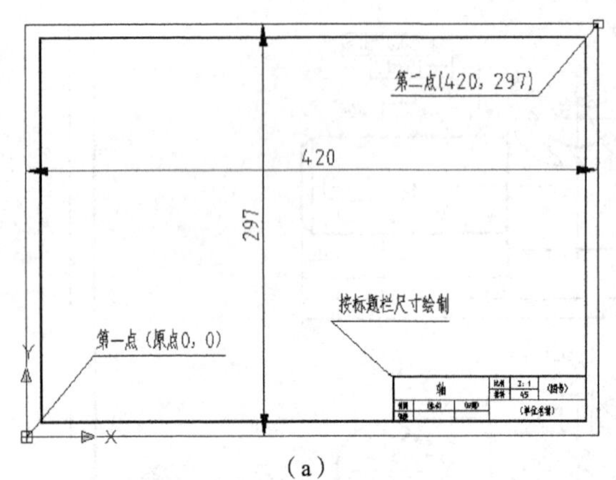

（a）

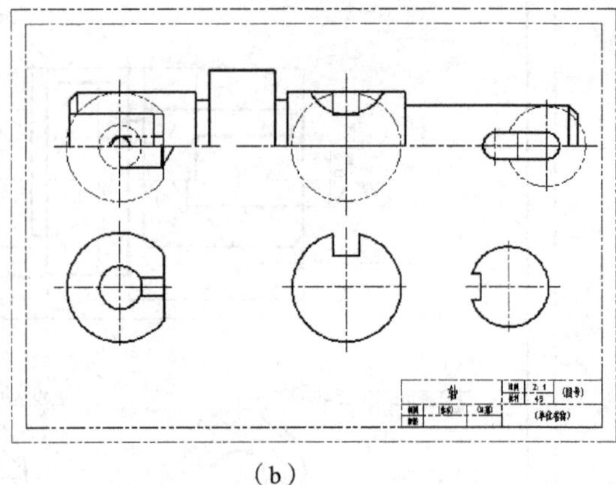

（b）

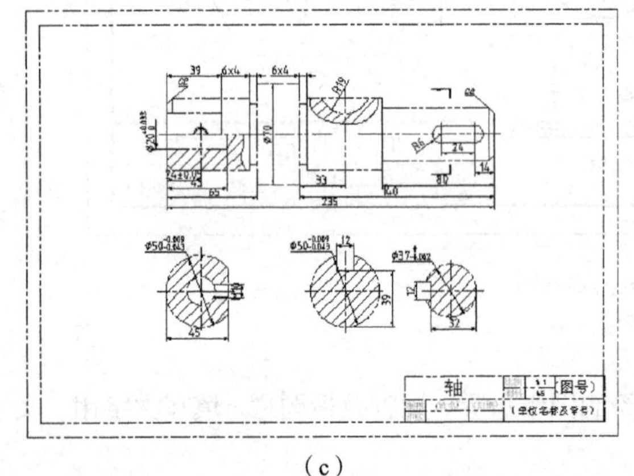

（c）

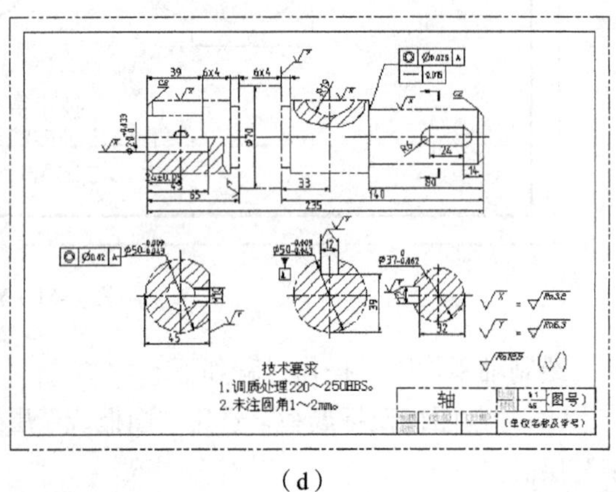

（d）

图 6-62　轴零件图的绘制过程

例题 6-9　选择“Gb A3”图幅格式，按 2:1 绘制定位键的零件图，如图 6-63 所示。

定位键零件图比较简单，绘制的方法也较多，绘制过程如下。

① 调出“Gb A3”的图框及标题栏。按调出图框及标题栏的方法操作，并按零件图标题栏的内容填写。

② 按原值比例（1:1）绘制主视图。选择“模型”绘图界面。

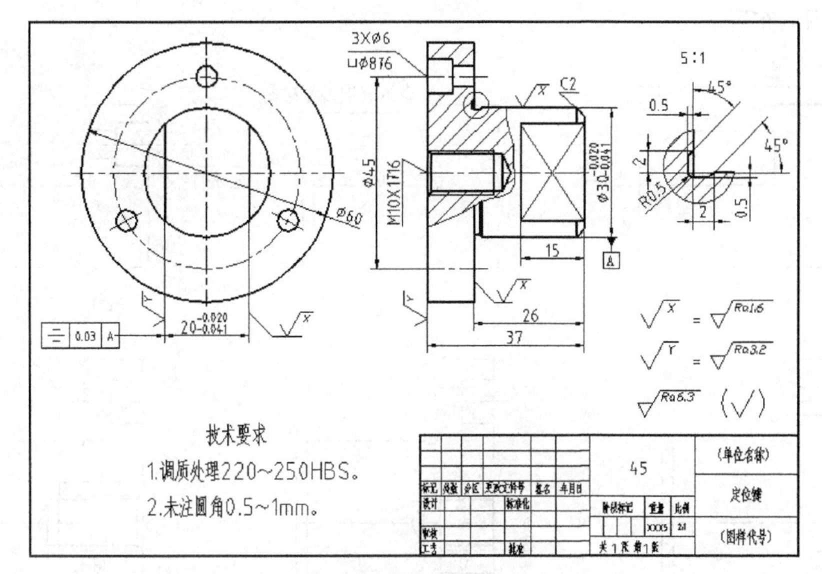

图 6-63　定位键的零件图

- 按原值比例（1:1）绘制定位键零件图中的主视图，绘制主视图的一半轮廓，如图 6-64（a）所示。
- 按给出的局部放大图尺寸绘制倒角及退刀槽，如图 6-64（b）所示。
- 按尺寸绘制 3×ϕ6 的孔，如图 6-64（c）所示。
- 用镜像的方法完成主视图基本图形的绘制，如图 6-64（d）所示。
- 绘制主视图中心的螺纹孔（可以用插入图块的方法绘制），检查完成主视图的绘制，如图 6-64（e）和图 6-64（f）所示。

③ 按原值比例（1:1）绘制右视图。绘制右视图时，可以在主视图上绘制，方便获得右视图绘制时的对应尺寸。

- 在主视图上绘制 ϕ60、ϕ30 及 ϕ6 圆，如图 6-64（g）所示。
- 根据右视图上的尺寸 20，绘制键宽及主视图键宽的投影，如图 6-64（h）所示。
- 将右视图从主视图上移开，移动到左视图规定的位置上，如图 6-64（i）所示。
- 用环形阵列的方法绘制右视图的 3×ϕ6 孔，检查完成右视图的绘制。

④ 按放大比例 5:1 绘制局部放大图。用“复制”命令复制需要放大的位置，将其放在图中的空白处；用“比例”命令将复制在空白处的图形按 5:1 的要求放大 5 倍；画出局部放大图的边界，用“修剪”命令去掉多余的图线；具体操作的方法及过程参考局部放大图的绘制部分的相关内容。

⑤ 按比例 2:1 放大图形及充填剖面线。检查投影关系及图线是否正确，按比例缩放的方法将视图放大 1 倍，逐个视图填充剖面线（方便移动视图），完成细节。

⑥ 检查标注。在标注尺寸前对绘制的视图进行检查，选择或设置比例 2:1、5:1 的标注样式完成零件图的尺寸标注，按零件图工程标注的顺序完成形位公差、粗糙度、文字形式的技术要求的标注及填写等。

⑦ 检查带图框的零件图。选择“Gb A3”图框显示界面，检查标题栏的内容是否正确；用鼠标左键双击图框内的界面，滚动鼠标滚轮键调整零件图的全部内容在图框内的显示效果，完

成零件图的图面布置。

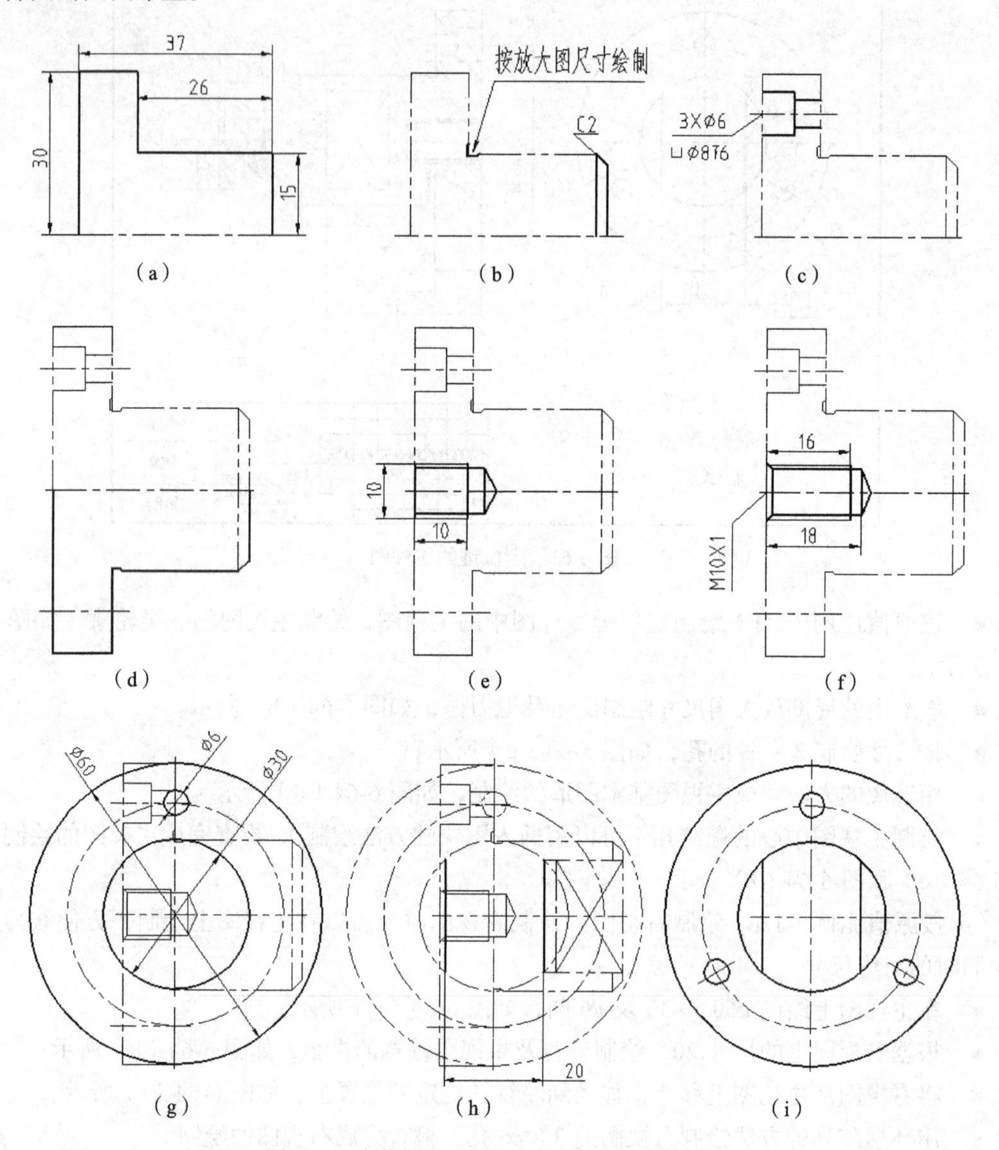

图 6-64　定位键主视图和右视图的画法及过程

4. 叉架类零件的绘制

（1）结构分析及表达方法。叉架类零件由两端的工作结构和中间的连接结构组成，一般为非回转体；叉架类零件的一端起到固定作用。通过对叉架类零件结构特点的分析，了解采用的表达方法，对绘制零件图非常重要。叉架类零件的结构分析及表达方法如下。

① 叉架类零件的加工地点比较分散，工作位置不定，形状一般也不规则。

② 主视图的选择主要按结构特征确定，或者根据叉架类零件工作位置确定。

③ 一般采用断面图表达连接结构的断面形状，有倾斜结构的叉架类零件一般采用向视图或斜剖视图进行表达。

（2）叉架类零件图的绘制。通过对叉架类零件的结构分析及绘制零件图的操作，提高对零件的分析能力。

例题 6-10 选用“Gb A3”图幅格式，按 1:1 比例完成扳把零件图的绘制，如图 6-65 所示。

绘制扳把零件图的操作过程如下。

① 选用“Gb A3”图幅格式。选择“新建”调出“选择样板”，选用“Gb A3”图幅格式，填写标题栏。

② 按 1:1 比例绘制俯视图和主视图。选择“模型”绘图界面绘制视图。

- 按尺寸采用 1:1 比例绘制扳把零件图中的俯视图，长度尺寸按 152 绘制，如图 6-66（a）所示。
- 按投影关系及尺寸绘制主视图，其中，ϕ30 圆是锪平工艺，即加工出 ϕ30 圆的平面，深度为 1～2，如图 6-66（b）所示。
- 目测断裂位置，在断裂处绘制波浪线，在俯视图的断裂中间处按尺寸绘制断面图，用“拉伸”命令完成扳把零件图的简化表达，如图 6-66（c）所示。

③ 放大 2 倍后填充剖面线。用“比例”命令将 1:1 比例的图形放大 2 倍；绘制局部剖视图中的波浪线，填充剖面线。

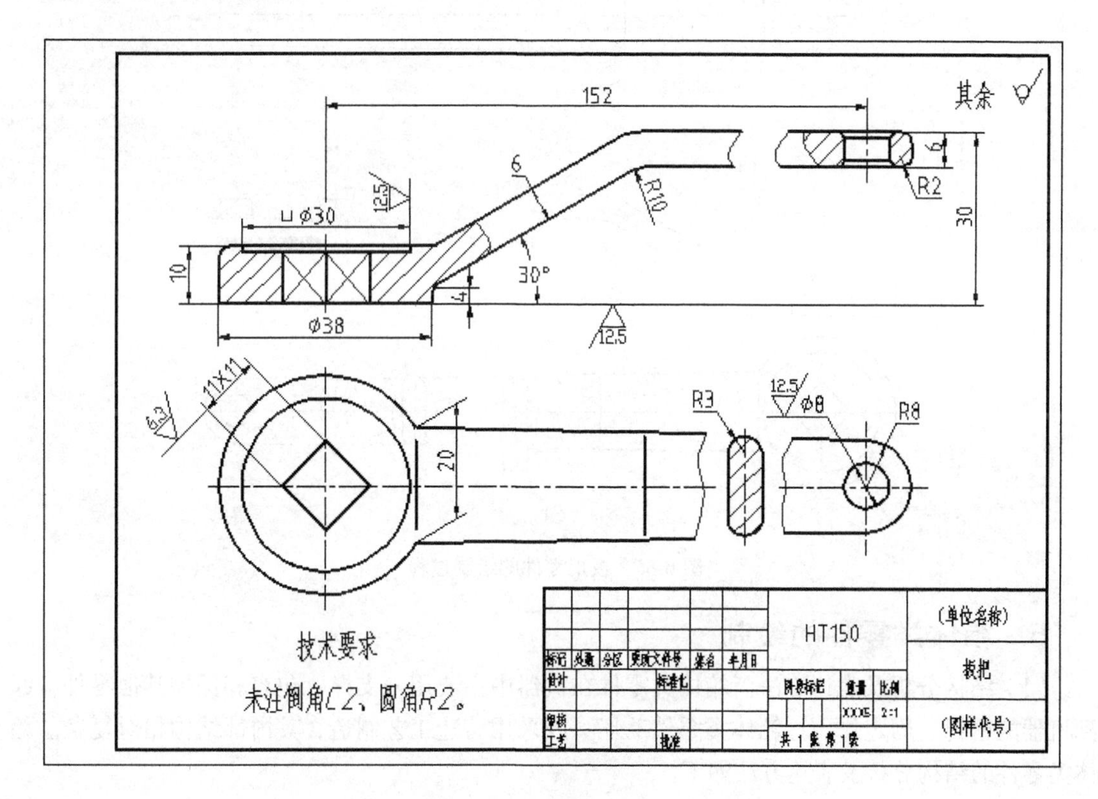

图 6-65　扳把零件图

④ 标注。选用“放大 2 倍”标注样式；为保证标注尺寸数字清晰，“标注特征比例”中的“使用全局比例”选“1.3”。一般零件图的标注顺序是，首先标注零件的尺寸（包括尺寸公差），然后标注形位公差，最后标注粗糙度。

⑤ 检查零件图显示。选择“Gb A3”图框显示界面，检查标题栏的内容是否正确。用鼠标左键双击图框内界面，滚动鼠标滚轮键调整零件图的全部内容在图框内的显示效果，完成零件图的图面布置。

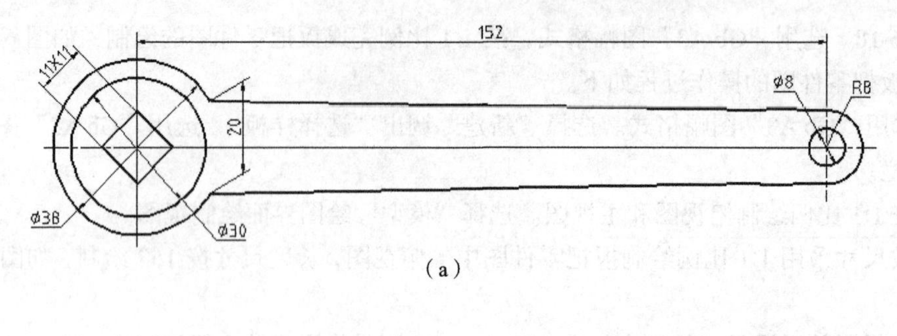

（a）

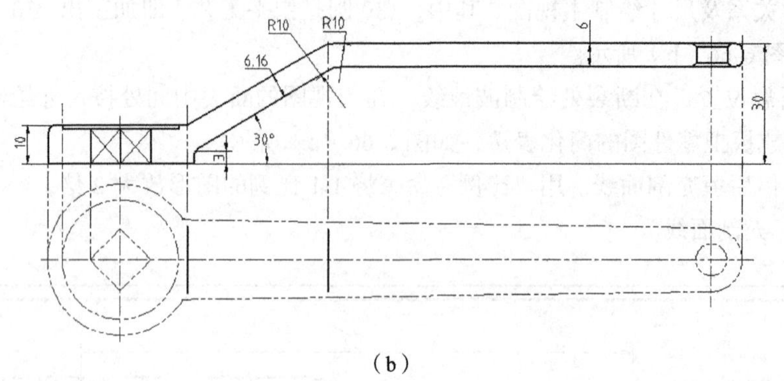

（b）

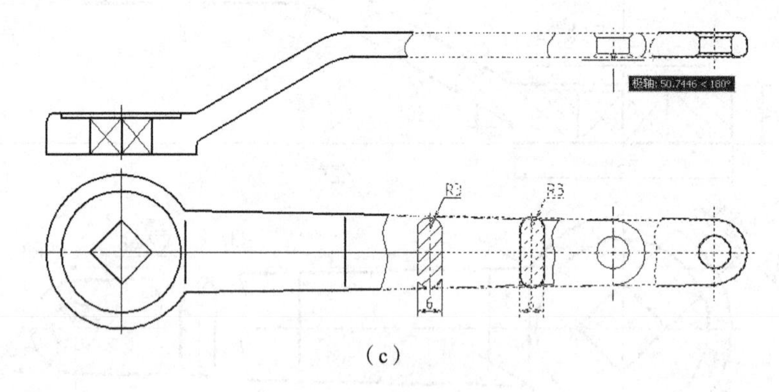

（c）

图 6-66　扳把零件的绘制过程

5. 箱体类零件的绘制

（1）结构分析及表达方法。箱体类零件在机器中主要用来支撑、包容和保护其他零件，起到机器的密封、固定作用。箱体类零件毛坯一般采用铸造工艺制造，其内部结构相对复杂。箱体类零件的结构分析及表达方法如下。

① 箱体类零件的形状及工作位置明确，加工一般以铣、刨、钻、镗为主。

② 主视图的选择主要按工作位置及结构特征确定，一般采用全剖视图或局部剖视图，外形一般采用向视图或斜剖视图进行表达。

③ 俯视图一般用于进一步表达箱体类零件外轮廓的形状及箱体类零件的安装结构。

（2）箱体类零件图的绘制。通过对箱体类零件结构的分析及零件图的绘制，提高对箱体类零件的分析表达能力，熟练掌握 CAD 绘图技巧。

例题 6-11　选用“Gb A3”图幅格式，按 1:1 比例完成底座零件图的绘制，如图 6-67 所示。

绘制底座零件图的操作过程如下。

① 形体分析。绘图前一定先进行零件结构的分析，清楚零件图表达的内容，保证绘图标准、快捷。零件由方形的主体与上方、左侧和右侧的回转体圆柱组成。

② 选用“Gb A3”图幅格式。选择“新建”调出“选择样板”，选用“Gb A3”图幅格式，填写标题栏。

③ 按尺寸采用 1:1 比例绘制零件的三视图。选择“模型”绘图界面绘制。

- 按尺寸绘制零件的方形主体结构的三视图，按尺寸及投影关系先直接绘制剖面图形，也可以先绘制视图的轮廓形状，俯视图的局部剖视及剖面线最后绘制，如图 6-68（a）所示。
- 绘制左、右侧回转体圆柱的三视图。主视图、俯视图按镜像的方法绘制，如图 6-68（b）所示。

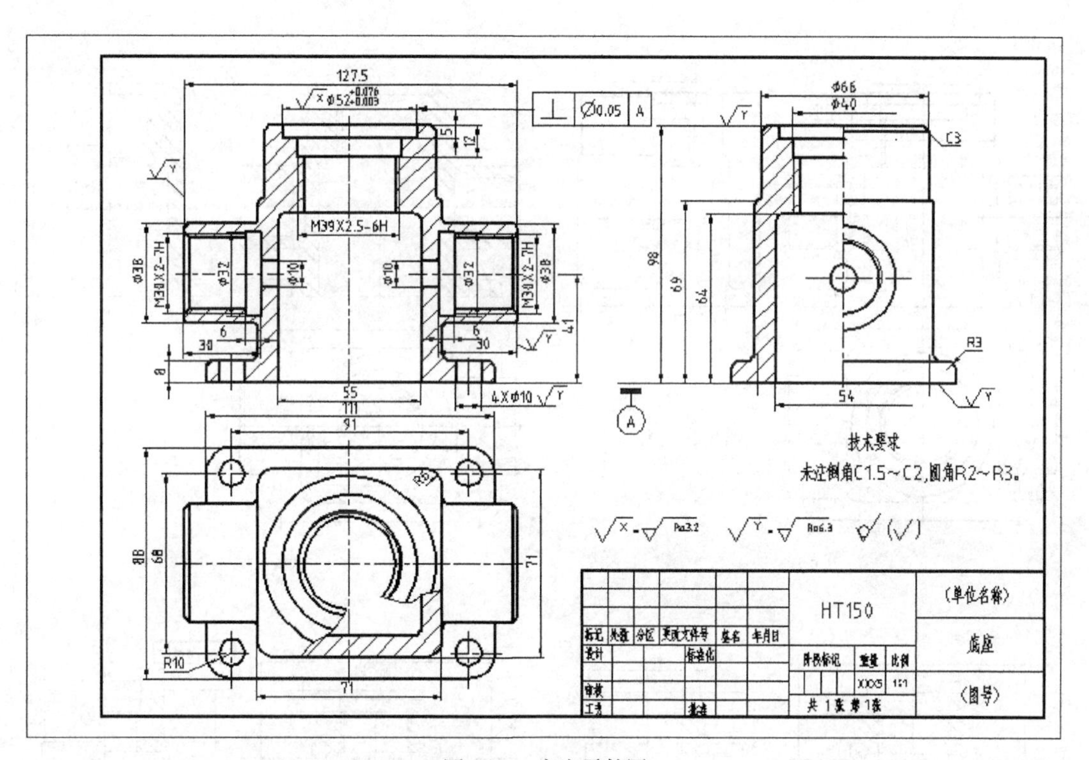

图 6-67　底座零件图

- 绘制上方回转体圆柱的三视图，如图 6-68（c）所示。
- 绘制俯视图的局部剖视图，检查并填充剖面线，如图 6-68（d）所示。

④ 标注。保证尺寸数字清晰（尺寸数字足够大）；选择“5 号工程字”文字样式，标注样式“调整”中“使用全局比例（S）”设置为“1.25”。

- 标注零件的尺寸。标注零件的尺寸（包括尺寸公差），如图 6-68（e）所示。
- 标注几何公差、表面结构及文字的技术要求，如图 6-68（f）所示。

⑤ 检查零件图的图面布置。选择“Gb A3”图框显示界面，检查标题栏的内容是否正确。用鼠标左键双击图框内界面，滚动鼠标滚轮键调整零件图的全部内容在图框内的显示效果，完成零件图的图面布置，进行保存后即完成底座零件图的绘制。

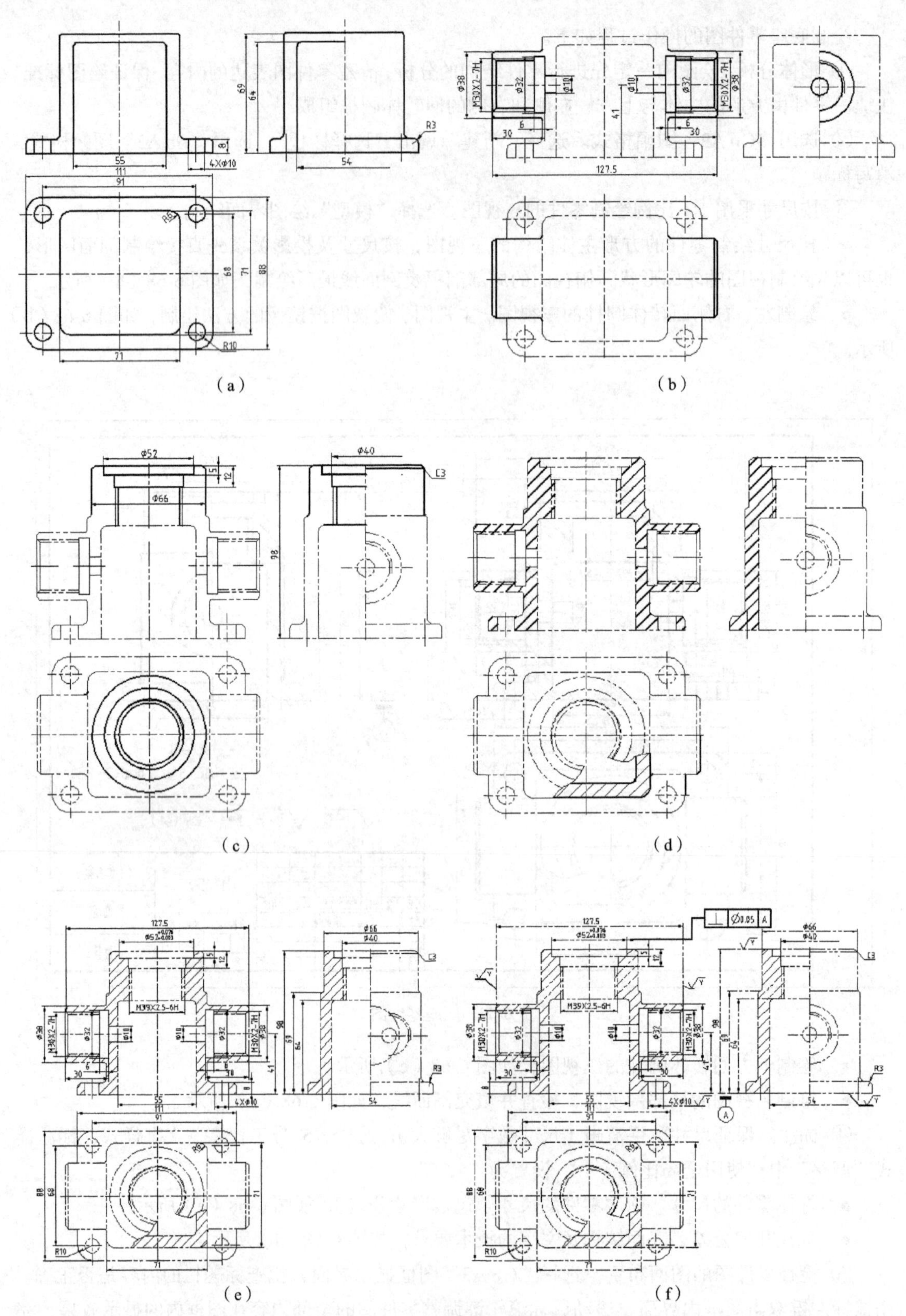

图 6-68　底座零件图的绘制过程

6. 零件图绘制习题

（1）在 A3 图幅中按规定尺寸绘制图框及标题栏（如图 5-58 所示），按比例绘制零件图，如图 6-69 所示。

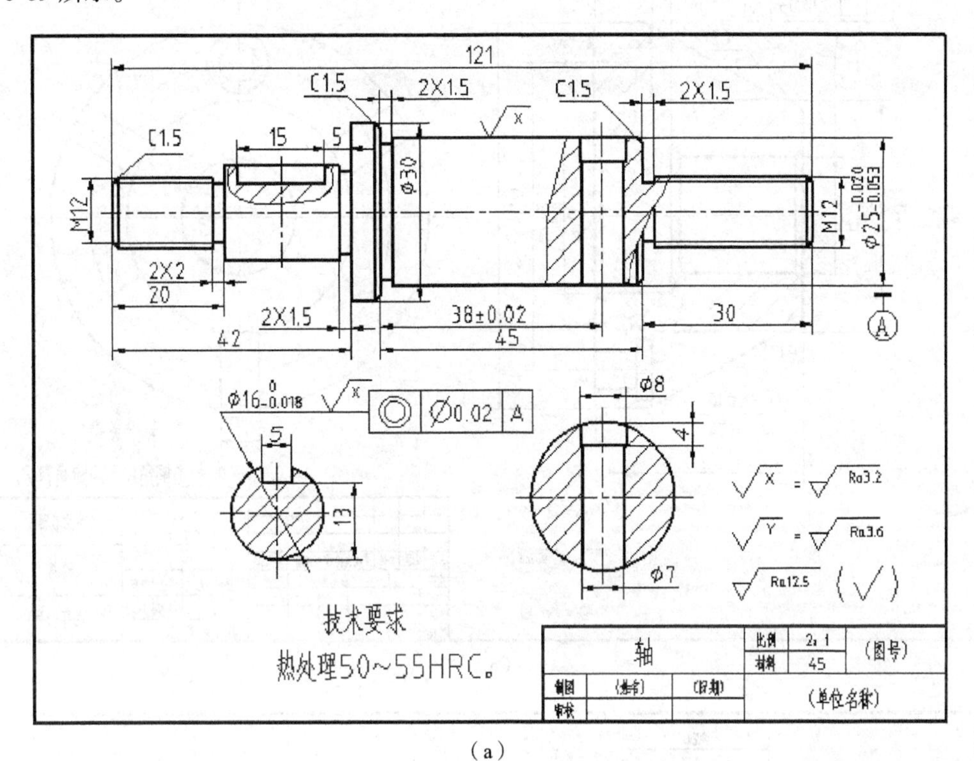

（a）

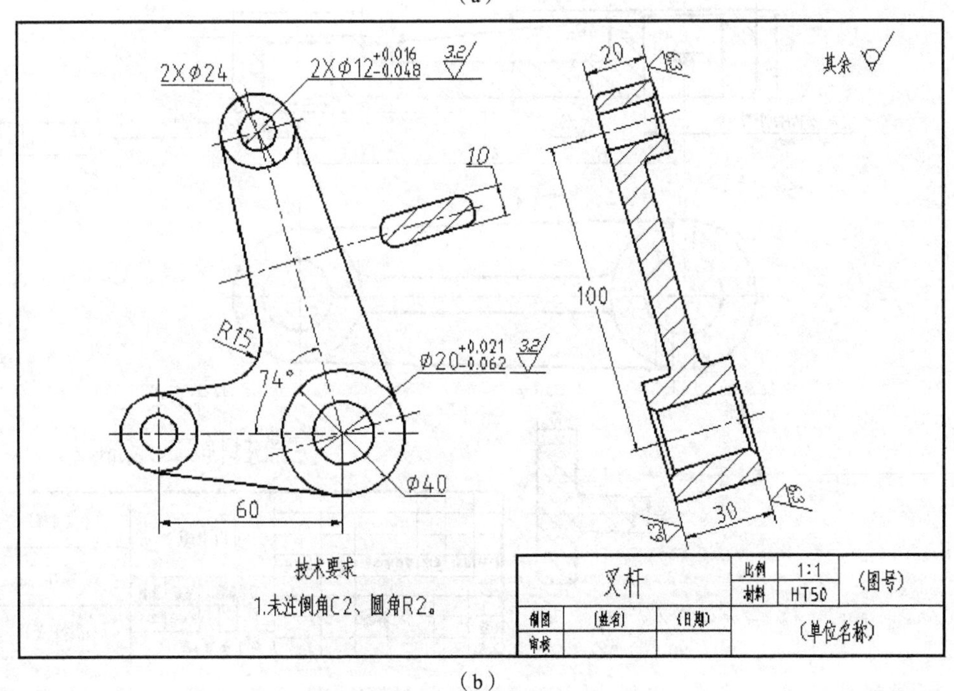

（b）

图 6-69　绘制带图框及标题栏的零件图

（2）选择“Gb A3”标准图幅格式，选择合适的比例绘制零件图，如图 6-70 所示。

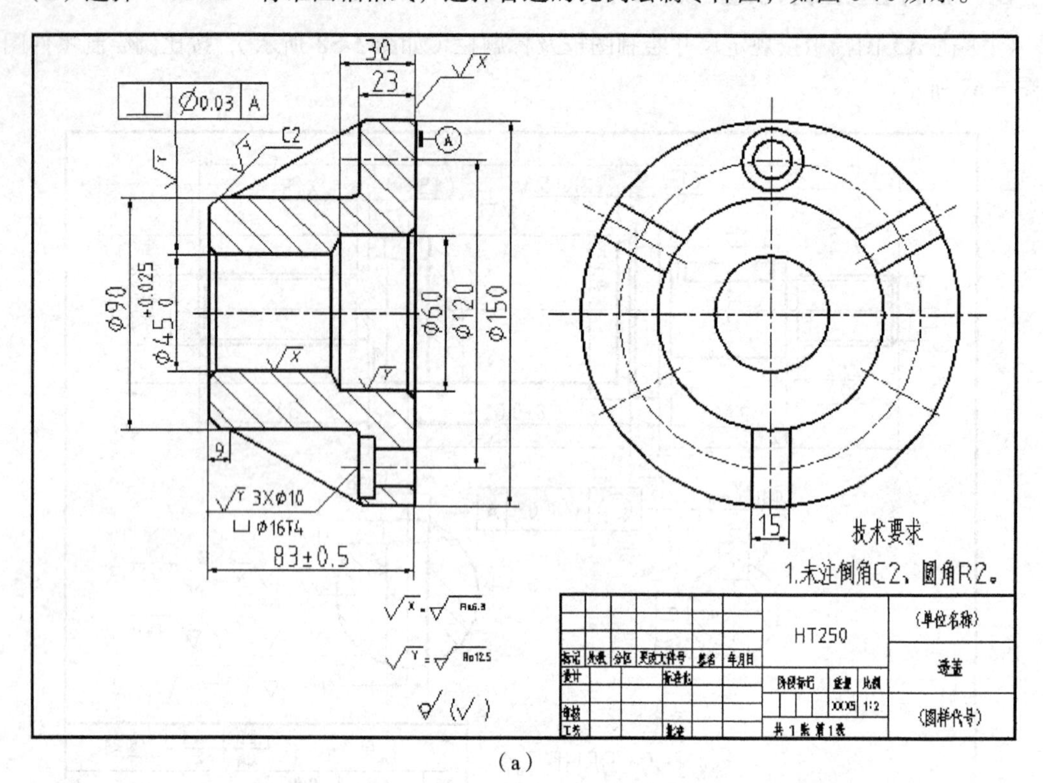

（a）

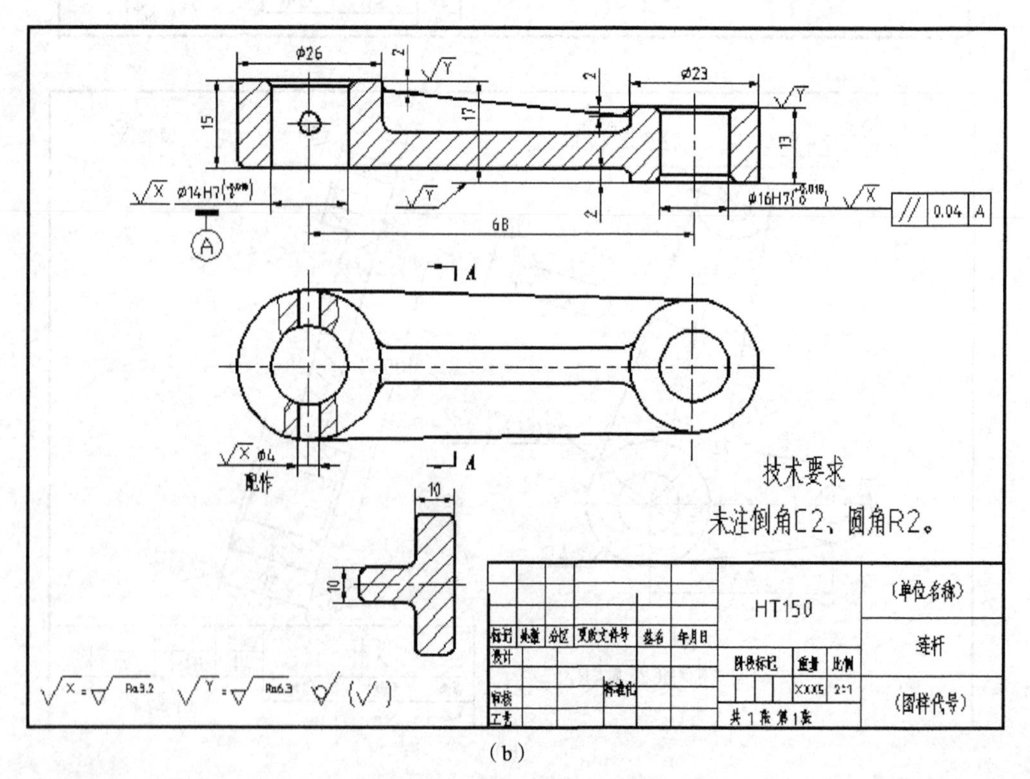

（b）

图 6-70 选择“Gb A3”图幅格式绘制零件图

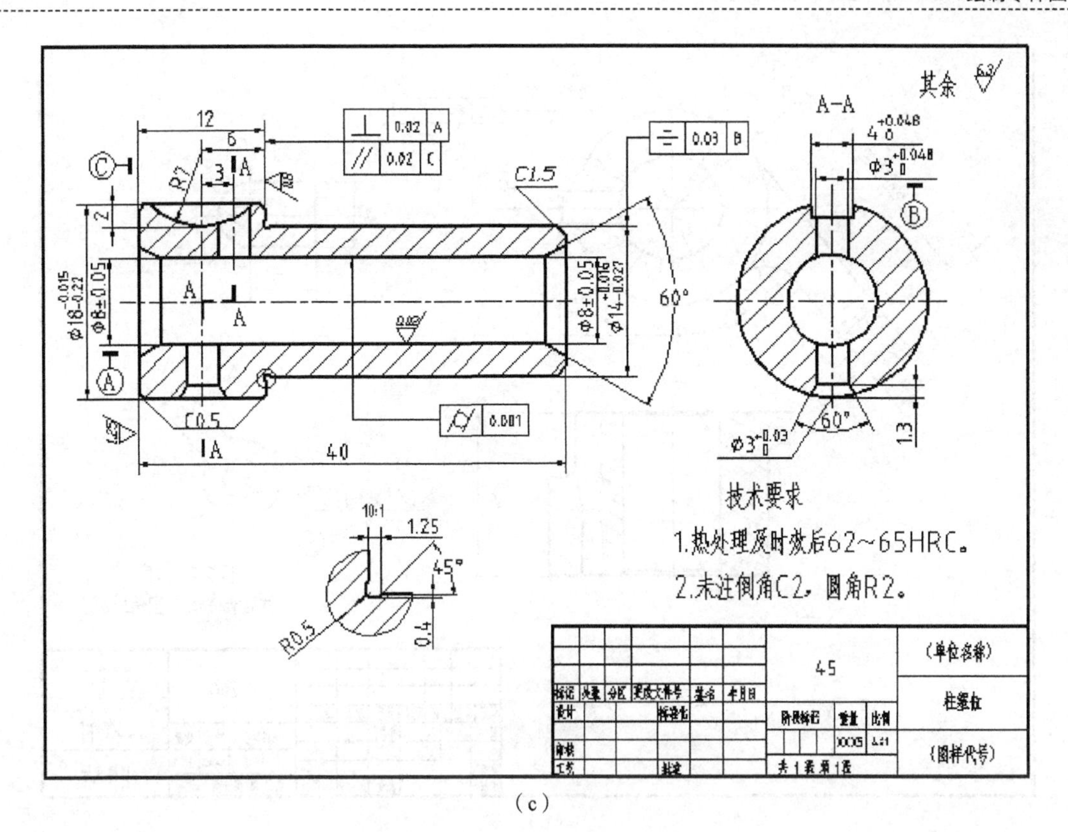

（c）

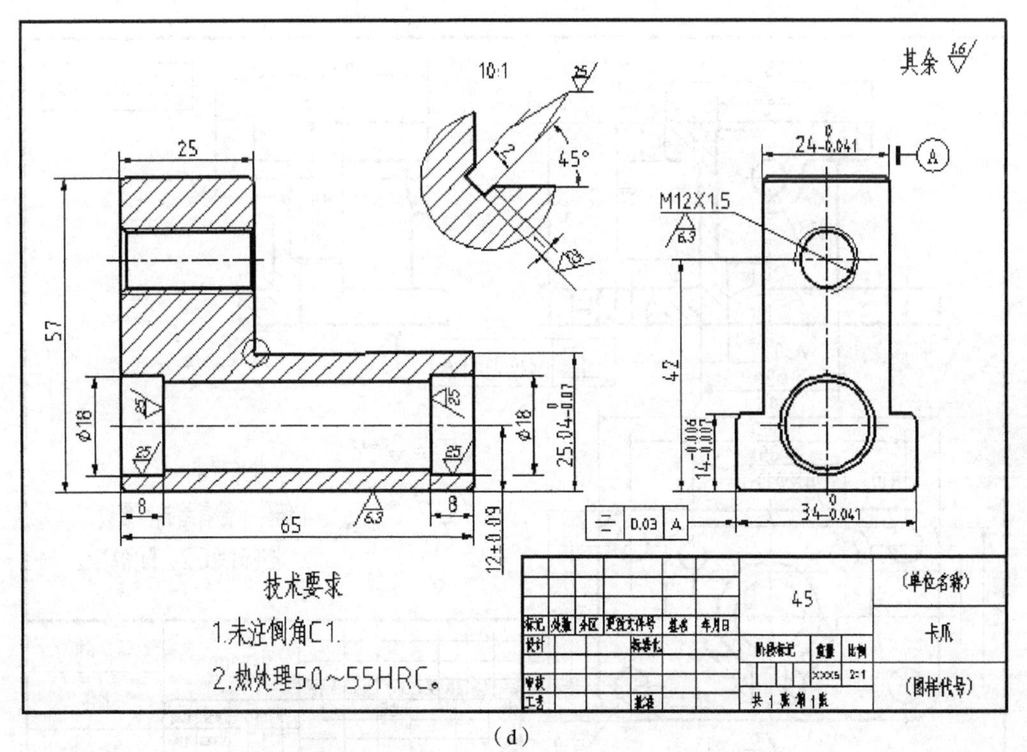

（d）

图 6-70 选择“Gb A3”图幅格式绘制零件图（续）

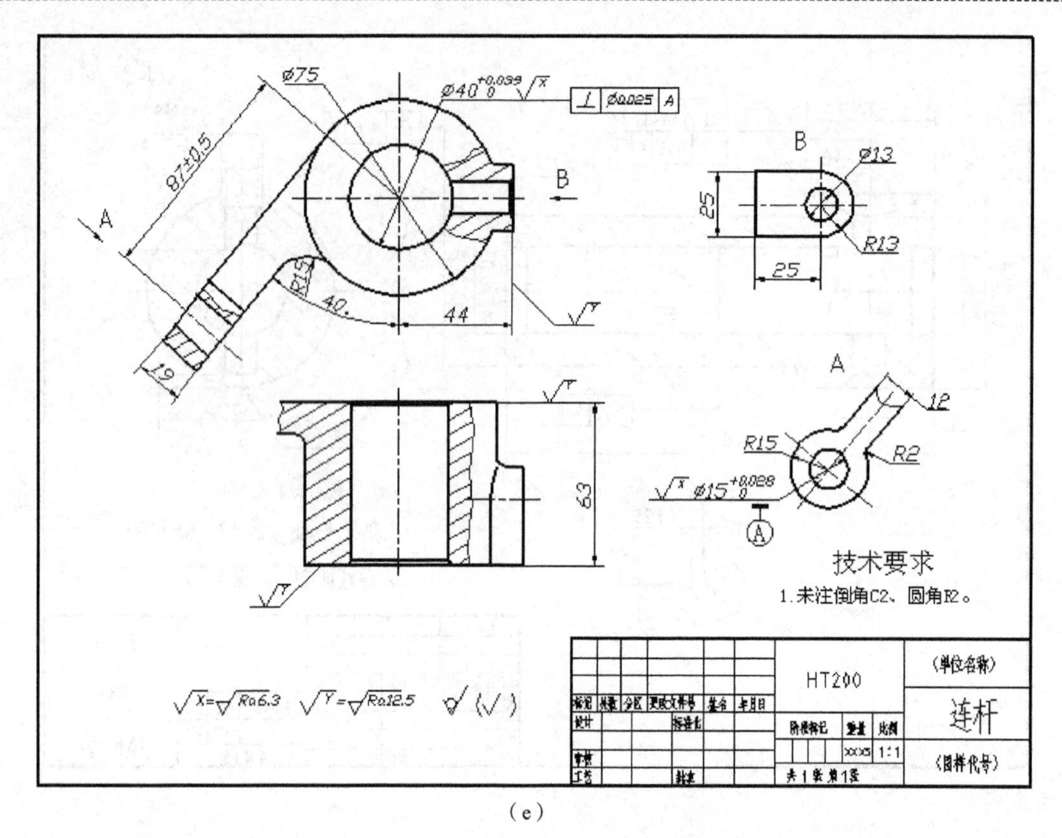

（e）

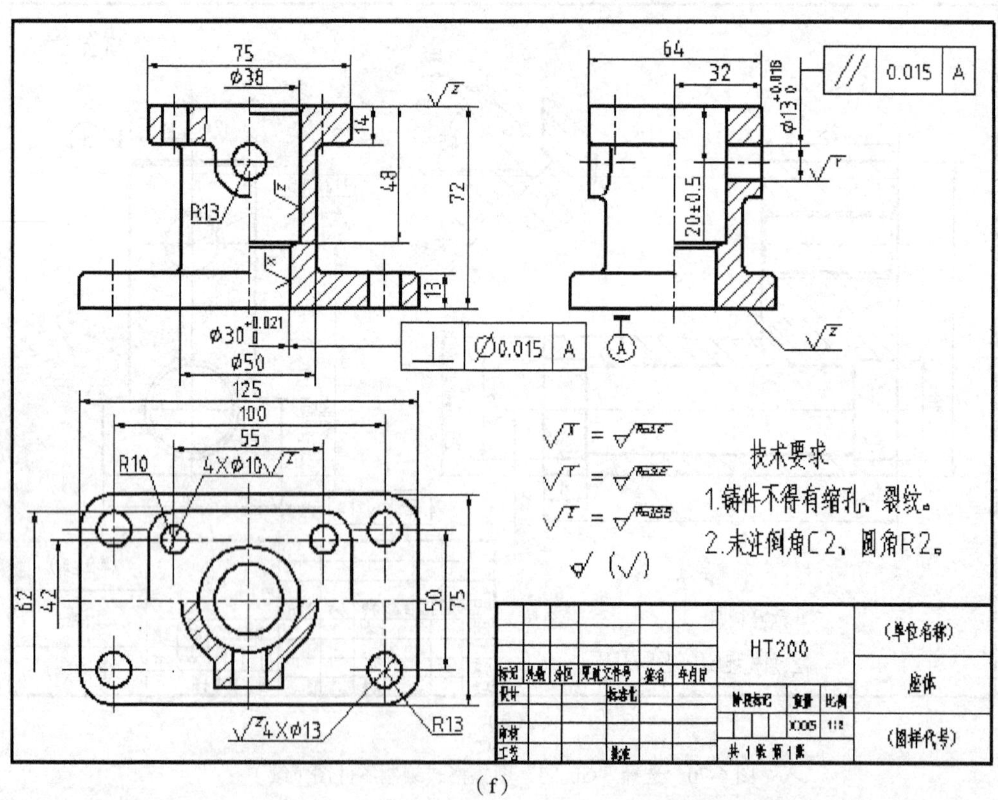

（f）

图 6-70　选择“Gb A3”图幅格式绘制零件图（续）

三、项目实施

按项目任务的要求选择“Gb A3”图幅格式完成座体零件图的绘制，如图 6-1 所示；保证标准、快捷地完成零件图的绘制（抄画）；必须清楚地了解零件结构的组成及视图表达的内容，明确使用 AutoCAD 2008 绘图命令的内容及操作过程。

（一）零件结构组成及视图表达分析

绘图前一定先进行零件图的识读及零件结构的分析，了解视图表达的内容，保证绘图（抄图）过程中准确地选择绘图命令完成零件图的绘制。

1. 零件结构分析

座体零件为箱体类零件，毛坯为铸造件，零件的结构为中等复杂程度，主要由上、下两部分及中间筋板连接组成。

（1）底座。在座体的下方是厚度为 30 的底座。底座的下方开槽制成“凸台”结构，4 个 ϕ21 的孔上方锪平 ϕ45，如图 6-71（a）所示。

（2）上方是圆筒结构。圆筒的两端为对称结构，ϕ120 孔的中间有 ϕ150 的“凹坑”结构；圆筒的两端在 ϕ150 的圆上，分别有 6 个 M10 的螺纹孔，如图 6-71（b）所示。

（3）中间是筋板连接结构。筋板的厚度为 23，右面的筋板为 R90 的圆弧面，圆心在距底座的底面高 9 的位置上，如图 6-71（c）所示。

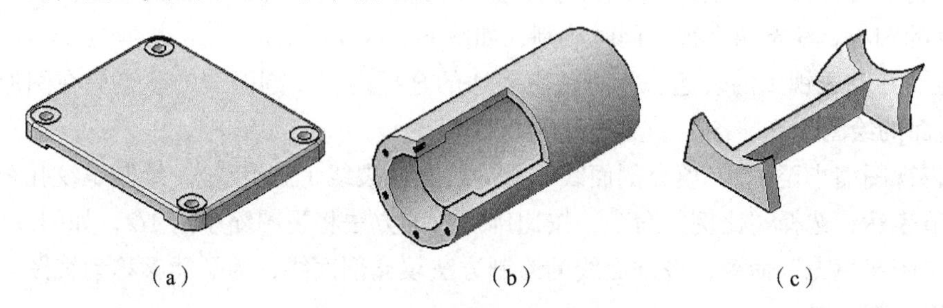

（a）　　（b）　　（c）

图 6-71　座体零件的结构分解

2. 零件图的表达分析

零件图表达分析的过程是零件图读图的主要内容，读懂零件图的视图表达、尺寸标注是准确绘制零件图的先决条件。

（1）零件图的视图分析。座体零件图的视图表达共由 3 个视图组成，主视图和左视图都采用了局部剖视，俯视图采用局部视图表达底座的形状。

① 主视图表达。主视图采用局部剖视图表达，既用剖视图表达了座体上部分及下部分的内部结构，又保留了一部分视图巧妙地表达了圆柱、筋板及底座外形的连接关系。

② 左视图表达。与主视图的表达相同，左视图也采用了局部剖视图，用剖面表达了底座、筋板和圆筒的形状及连接关系，局部左视图表达了 12 × M10 螺纹孔的分布位置。

③ 局部俯视图。为使表达不重复，俯视图采用局部视图，表达底板的圆角 R30 和 4 个安装孔长度方向的定位尺寸 240。

（2）零件图的尺寸标注分析。尺寸分析的过程是读图的继续，是制定绘图方案的开始，无论是绘图还是加工，都是依据尺寸进行的。

① 主要定位尺寸。以底座为连接的基础，上方圆筒的定位尺寸是 15 和 173。

② 主要定形尺寸。底座的尺寸是 300、270、30，上方的圆筒的尺寸是 ϕ180、383，筋板的厚度是 23。

（二）绘制零件图

1. 零件图的绘制

（1）确定绘图方案（过程）。绘制零件图前要明确绘图的主要命令和主要的操作方法。按项目任务的要求，选择“Gb A3”标准图幅格式及标题栏填写；在“模型”中按 1:1 比例绘制视图；检查视图并将视图缩小至 1/2；进行零件图的各项标注；进行零件图的全面检查，完成座体零件图的绘制。

（2）绘制视图的过程。零件图的绘制方法及过程多样，这里主要强调绘制过程中的几个主要阶段，并结合例题了解绘制过程中需要完成的表达内容。

① 创建座体零件图文件。建立座体零件图的路径及名称，完成绘图前的准备工作。

- 建立零件图绘制所需要的图层、文字样式、标注样式等。
- 选择“新建”，在“选择样板”窗口中选取“Gb A3”标准图幅格式，并完成标题栏的填写。

② 分别绘制底板和圆筒的视图。因为这两部分都是相对独立的形体，定位尺寸明确，可以分别画出，一些细小的结构可以后画，如图 6-72（a）所示。

③ 绘制中间的筋板。主要是右边的圆弧筋板的绘制，需要用到平面图形中圆弧连接的方法求出 R100 的圆心，注意两个视图同时绘制，如图 6-72（b）所示。

④ 检查并完成视图的表达。检查视图表达的全部内容（剖面线的填充放在图形缩小后进行），为后面的绘图作好准备。

（3）将视图缩小至 1/2，填充剖面线。目测绘制断裂线（波浪线），绘制螺纹孔视图，完成圆弧等细节表达；选择“比例”命令，按比例缩放的方法将视图缩小至 1/2，如图 6-72（c）所示；选择“图案填充”命令，按剖面线的绘制方法填充剖面线，为了能够移动视图，要求每个视图分别填充剖面线。

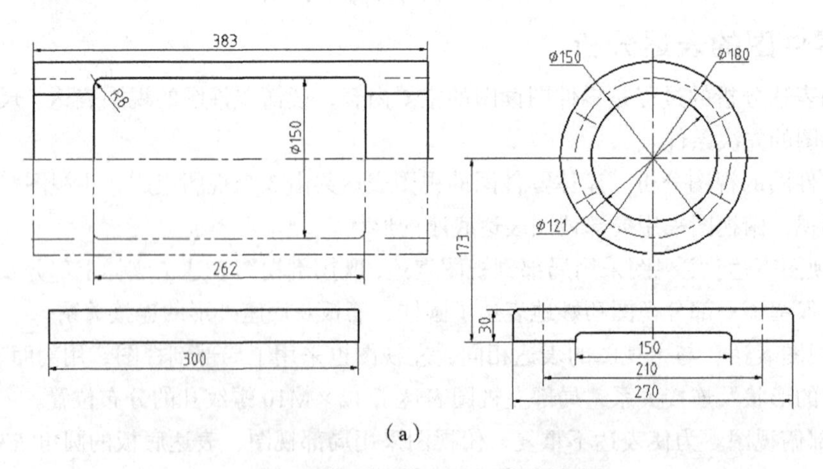

（a）

图 6-72　座体零件图视图表达的绘制过程

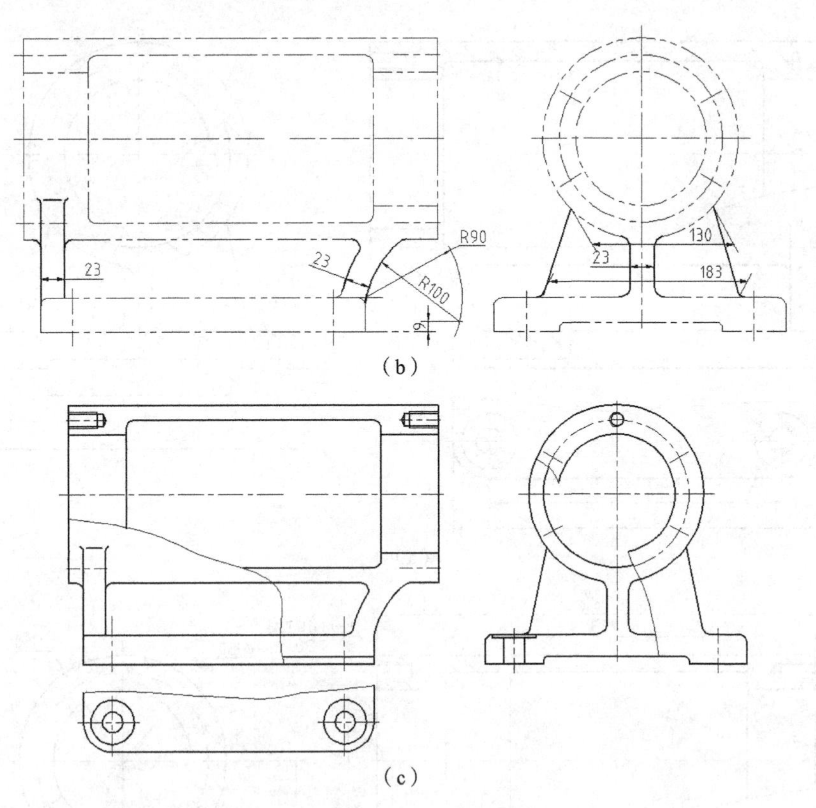

（b）

（c）

图 6-72　座体零件图视图表达的绘制过程（续）

2. 零件图的标注

完成“1:2”标注样式的设置，保证标注的尺寸达到项目任务的要求，特别注意标注尺寸要按结构部分的内容一次性连续标注完成，并使得标注的尺寸集中。零件图的标注过程如下。

（1）标注零件图的尺寸。包括标注带有极限偏差的尺寸，按零件结构分析的 3 个部分标注。

① 标注底板的尺寸。底板的形状尺寸集中在左视图中标注，安装孔及底座的圆弧在局部俯视图中标出，如图 6-73（a）所示。

② 标注上面的圆筒。在一系列尺寸中，15 及 173 是圆筒结构的定位尺寸，座体零件上部分回转体的尺寸集中标注在主视图中，但为了标注清晰，左视图也可以标注部分尺寸，如图 6-73（b）所示。

③ 标注连接部分筋板的尺寸。根据简单、清晰的原则，尺寸分别标注在主视图和左视图中，如图 6-73（c）所示。

（2）标注零件图的技术要求。零件图中技术要求的标注一定在零件图的尺寸标注之后进行，这时主要标注的是表面质量（粗糙度）、形位公差和文字的技术要求。

① 标注粗糙度。无论采用哪种标注方法，都要先定义属性创建图块，然后再进行标注；粗糙度的数字及字母的字号比尺寸标注数字小一号，如图 6-73（d）所示。

② 标注几何公差。几何公差的标注也可以在标注粗糙度之前进行，按几何公差的标注方法操作。

③ 文字技术要求的书写。在图面的右下角靠近标题栏的空白处书写文字技术要求，书写文字的字号要比尺寸标注字号大一号。

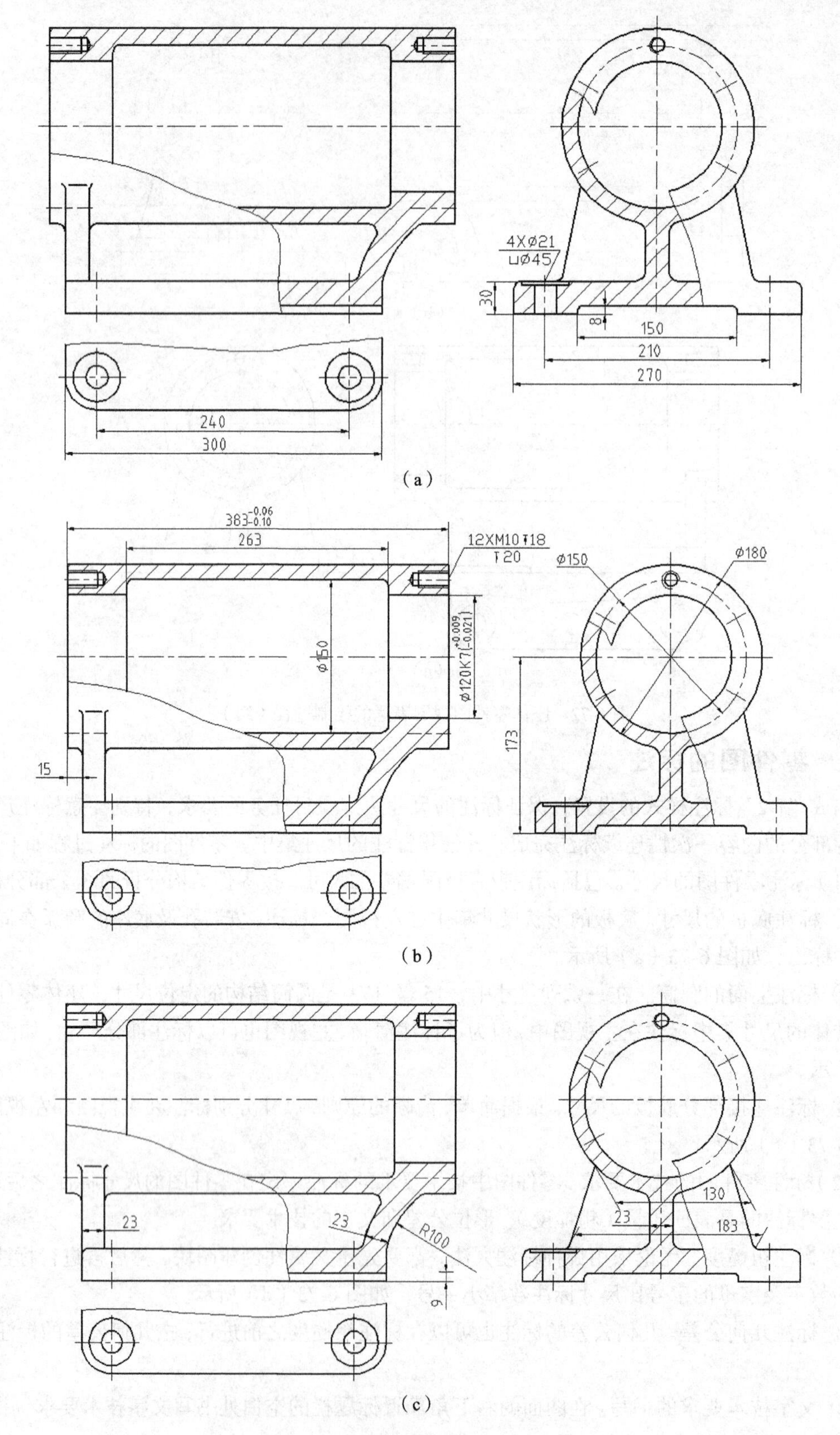

图 6-73　座体零件图的标注过程

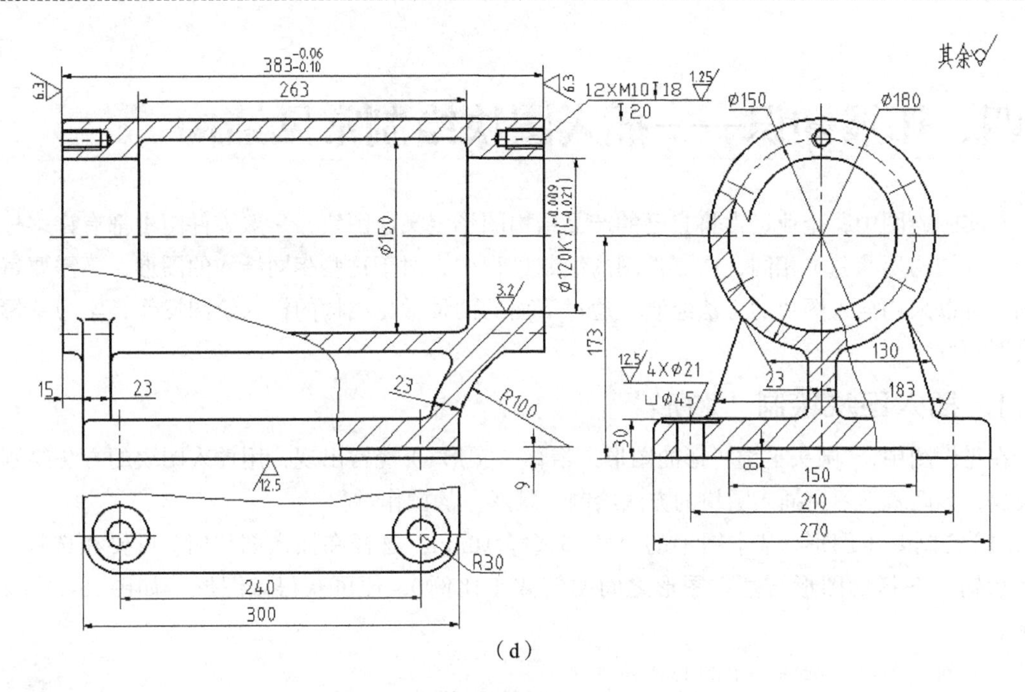

（d）

图 6-73　座体零件图的标注过程（续）

（3）检查零件图的表达。选择“Gb A3”布局显示，滚动或双击鼠标滚轮键使零件图的全部内容在图框内显示，可以用“移动”命令调整视图及标注在图框中的位置，完成零件图的图面布置；检查标题栏的内容是否正确，用鼠标左键双击图框内界面，即完成零件图的绘制，如图 6-74 所示。

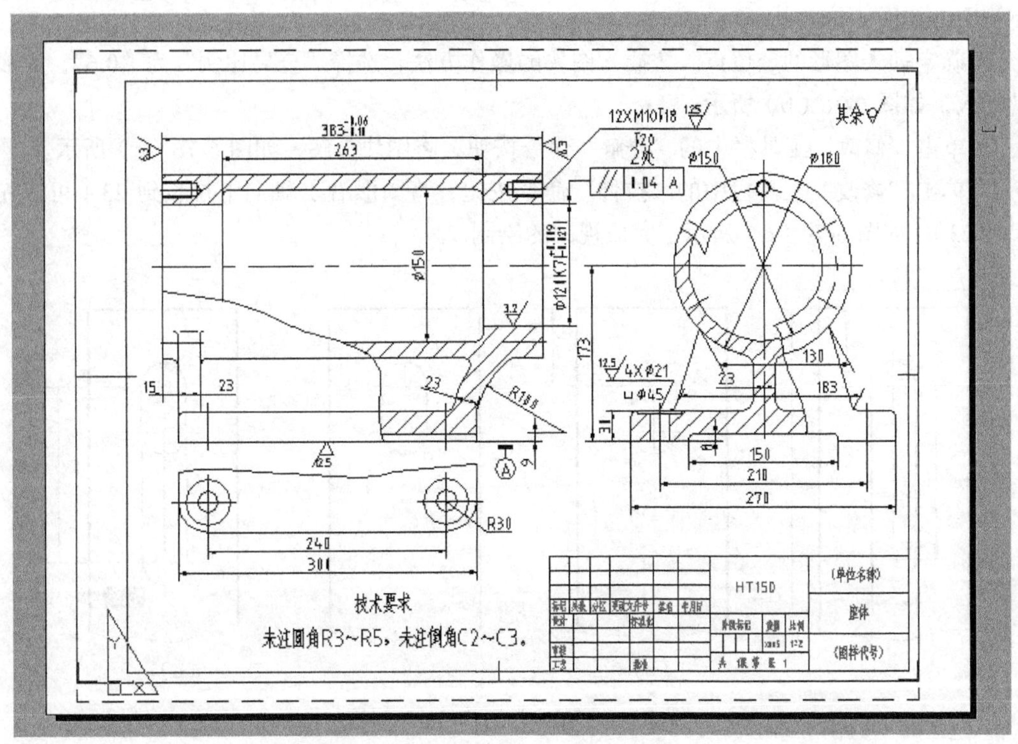

图 6-74　调整后的座体零件视图在“Gb A3 标题栏”布局内的显示

四、拓展知识——插入图块绘制常见结构

在实际绘图中，企业经常将自己的产品结构图形定义成图块，一般零件图中都有许多标准结构，其结构形状基本相同，在零件图的绘制过程中，对于这些相同结构的图形，不需要每次都画，可以采用插入图块的方法绘制。通过下面的两种常见结构的插入绘图操作，学习掌握这种绘图的方法。

1. 插入图块绘制“腰形”

在零件图中，“圆头平键”形的图形（俗称“腰形”）经常出现，用插入图块的方法绘制方便快捷，下面就学习用插入图块的方法绘制“腰形”的操作过程。

（1）绘制基本图形。基本图形的尺寸都选择 10mm，这样在插入图块时，只要在选择“比例”后输入图样的图形与基本图形之间的倍数（比例），便可获得该图形，如图 6-75（a）所示。

（2）创建图块。选择一个圆心点为插入的基点，按创建块的操作过程完成“腰形”图块的创建，如图 6-75（b）所示。

（3）用插入的方法绘制图形。利用“腰形”图块，用插入的方法绘制视图，如图 6-76（a）所示。

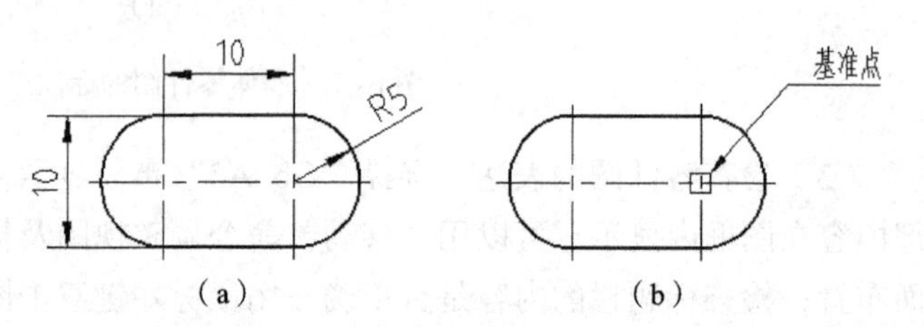

图 6-75 “腰形”图块的基本尺寸及基准点

① 确定插入图形的定位点，按插入图块的操作方法，选择“全局比例”为“0.6”，完成图块的插入，如图 6-76（b）所示。

② 单击“修改”工具栏中的“分解”命令按钮，将图块分解，如图 6-76（c）所示。

③ 单击“修改”工具栏中的“拉伸”命令按钮，将图形沿 Y 轴向下拉长到 23（可以先标出尺寸 23），如图 6-76（d）所示，完成视图的绘制。

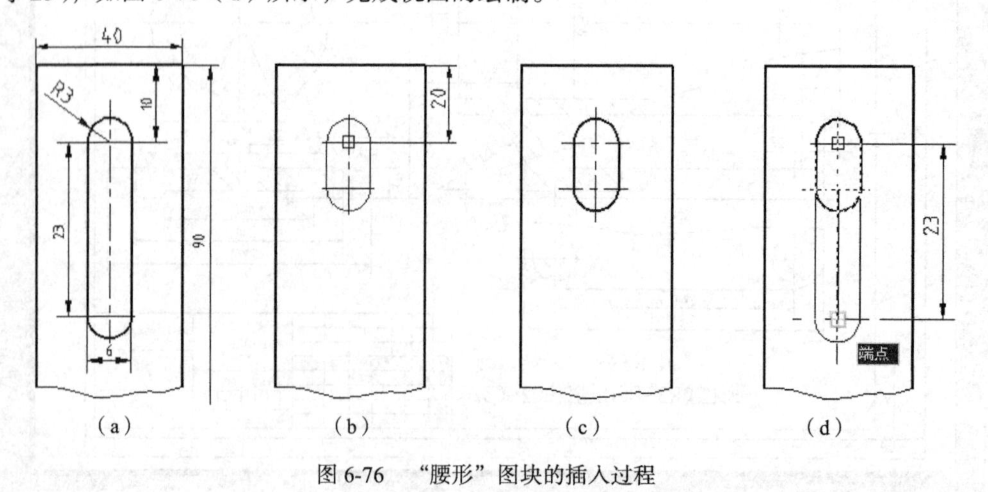

图 6-76 “腰形”图块的插入过程

2. 插入图块绘制螺纹

零件图中的结构形状是成比例变化的，用插入块的方法绘图，非常适合实际生产中图纸的绘制。螺纹结构形状尺寸完全是标准的，绘制起来较麻烦，非常适合用创建图块的方法绘制。螺纹按投影分为轴向投影图和端面投影图两种，按螺纹结构分为内螺纹和外螺纹两种，其中，端面投影图插入时输入统一比例便可完成绘制；轴向投影图则需要分解后进行修改完成绘制，如图 6-77 所示。

（1）绘制基本图形。创建块必须先绘制图块的基本图形，分别画出轴向投影和端面投影的两个视图。为了插入图块时选择比例方便，基本图形的尺寸都选择 10mm，如图 6-78（a）所示。

（2）创建图块。分别创建“螺纹孔轴向”和“螺纹孔端面”两个图块，图块名称按零件结构的特征定义简单、准确、清楚，便于长期使用；图框的插入点方便绘图，如图 6-78（b）所示。

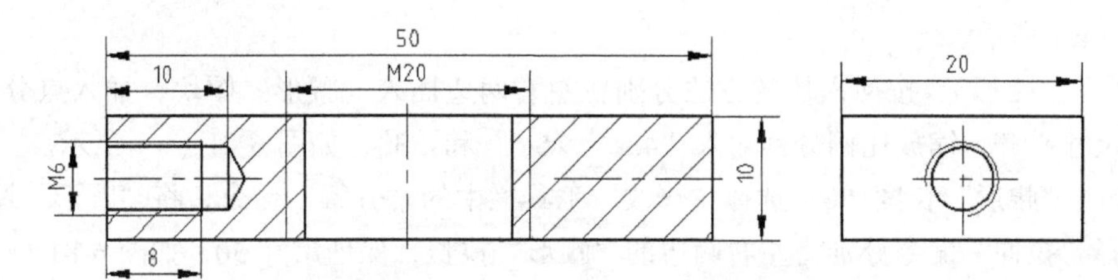

图 6-77　用插入图块的方法绘制螺纹

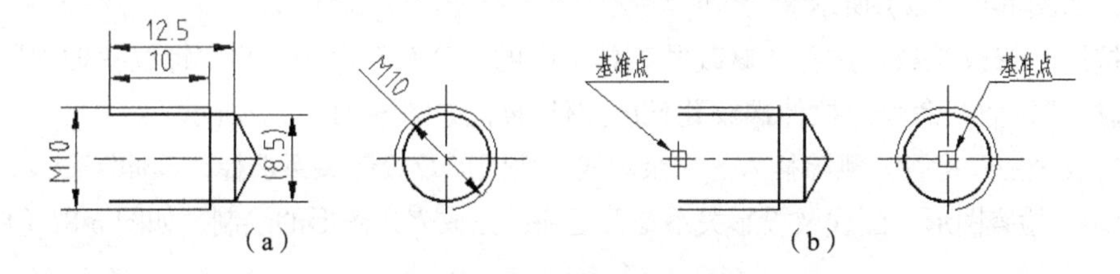

图 6-78　螺纹孔图块的基本图形及基准点

（3）插入图块。按图样中螺纹位置及尺寸插入图块，“全局比例”分别输入“0.6”、“2”，可以在插入前画出图块的插入点，如图 6-79（a）所示。

（4）分解后编辑。按图样的比例缩放插入螺纹结构图形后，选择“修改”工具栏中的“分解”，将图块打散，按图样的尺寸修改图形，完成剖视图的表达，如图 6-79（b）所示。

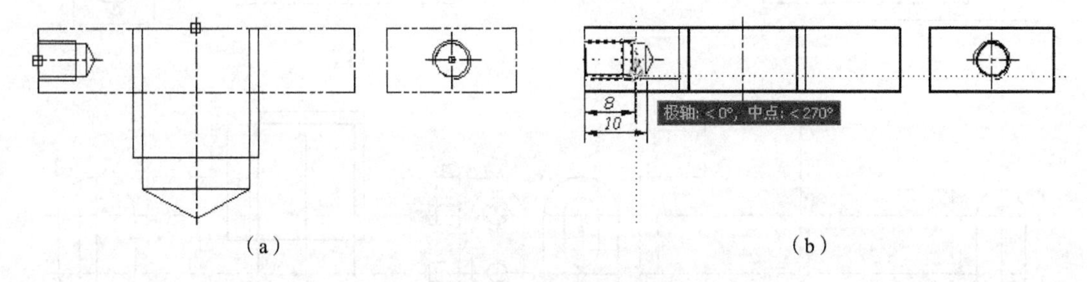

图 6-79　插入图块绘制螺纹孔的过程

例题 6-12　用插入图块的方法绘制机件的全剖视图和向视图，标注尺寸，如图 6-80 所示。

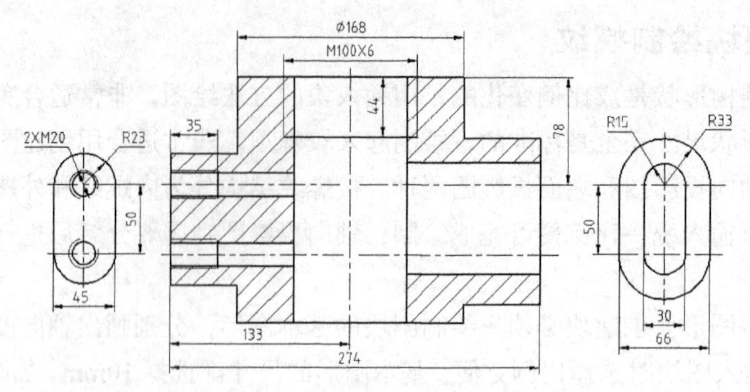

图 6-80　零件的全剖视图和向视图

插入图块绘制全剖视图和向视图的主要操作步骤如下。

① 绘制全剖主视图的轮廓线和点画线。按尺寸绘制外轮廓及点画线，即绘制图块的插入点，如图 6-81（a）所示。

② 插入“腰形”。按插入块的方法分别在左右两边插入“腰形”图块，插入点分别与 78 基准位置尺寸平齐，缩放比例分别输入“4.5”、“6.6”和“3”，如图 6-81（b）所示。

③ 修改“腰形”长度 50。选择“修改”工具栏中的“分解”命令，将“腰形”图块分解打散；选择“拉伸”命令分别将左右两边的“腰形”拉长，保证尺寸 50，如图 6-81（c）所示。

④ 插入“螺纹孔端面”、“螺纹孔轴向”。按插入图块的方法操作，“统一比例”选择“2”和“10”，如图 6-81（d）所示。

⑤ 按尺寸修改螺纹。选择“修改”工具栏中的“分解”命令，将“螺纹孔轴向”图块分解打散；选择“拉伸”命令，拉伸螺纹孔长度拉伸 44，如图 6-81（e）所示。

⑥ 完成全图及检查。删除插入的多余图线，按图形及投影关系选择“延伸”命令，完成全剖视图的绘制；检查图形、图线及投影关系是否正确；完成表达图形的绘制，如图 6-81（f）所示。

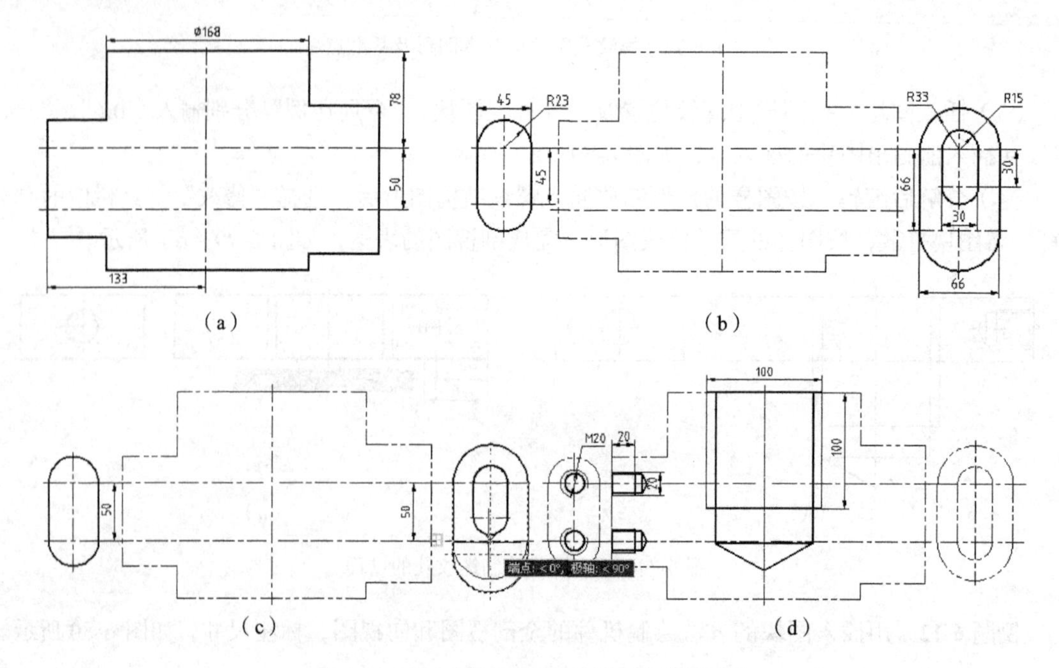

图 6-81　插入图块的方法绘制零件图的过程

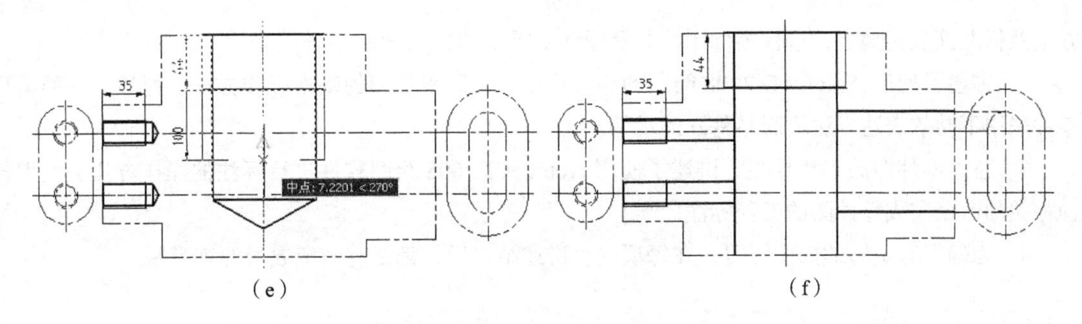

图 6-81　插入图块的方法绘制零件图的过程（续）

⑦ 标注尺寸及检查。完成图形绘制后进行尺寸标注，并认真检查零件图的全部内容。

3. 插入块绘制零件图的习题

（1）按尺寸绘制零件的常见结构图形，以给定名称及指定的基准点创建图块，如图 6-82 所示。

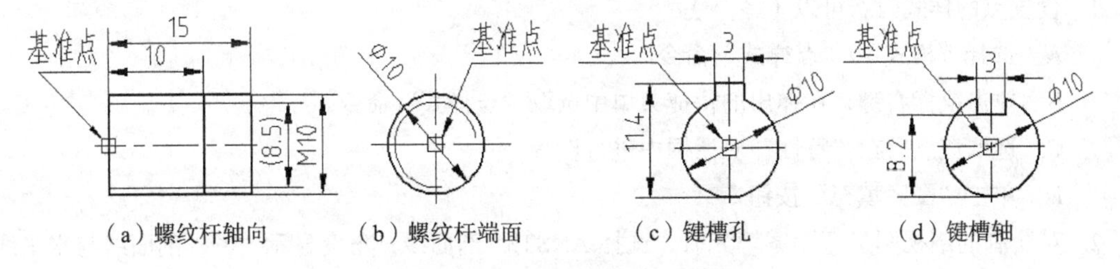

图 6-82　零件图中常见的结构图形

（2）用插入图块的方法绘制视图中的螺纹等常见结构，如图 6-83 所示。

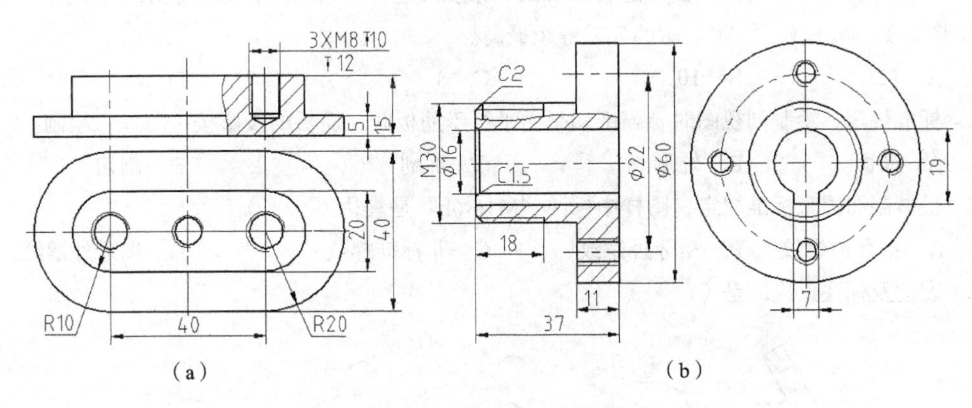

图 6-83　带有螺纹等常见结构的零件图

小 结

本项目以机械图样的基本知识及绘制方法为主线，通过例题方式，讲述使用 AutoCAD 2008 绘制机械图样（零件图）的方法，在掌握绘制零件图的同时，提高了零件图绘制及识读的能力。

1. 介绍了零件图绘制的基本知识、要求及方法；按照国家机械制图的各项标准，应用机件表达方法及标准件表达规定，进行零件图绘制及标注所需要的各项设置。

2. 讲述了使用 AutoCAD 2008 绘图的相关命令，绘制零件图的基本操作方法；列举了各种类型零件采用不同的表达方法绘制零件图的示例。

3. 通过零件图的工程标注，讲述了使用 AutoCAD 2008 绘图软件进行标注的操作方法；使用各种相关的命令完成零件图的工程标注。

4. 为确保有足够的操作练习，在每项内容讲述结束后，都留有一定数量的练习题。

自测题

一、选择题（请将正确的答案序号填写在题中的括号内）

1. 设置点的样式时，可以（　　）。

A. 选择“格式”/“点样式”命令

B. 单击鼠标右键，在弹出的快捷菜单中选取“点样式”命令

C. 选取该点后在“特性”对话框中进行设置

D. 单击“图案填充”按钮

2. 对绘制的剖视图进行图案填充时，选择 ANST31 剖面线，角度显示“0”，剖面线与水平线 X 轴的夹角为（　　）。

A. 0°　　B. 45°　　C. 90°　　D. 135°

3. 零件是按图样中给定的公差进行加工的，标准公差等级用阿拉伯数字表示，下列给出的数字表示公差等级，其中（　　）表示的公差等级最高。

A. 12　　B. 10　　C. 8　　D. 6

4. 标准规定，绘制剖视图时，当剖切平面平行于筋板时，筋板的投影按（　　）绘制。

A. 断面　　B. 外形　　C. 不剖　　D. 剖切

5. 机械制图国家标准规定，图样中标注“M16-6h”是表达（　　）。

A. 细牙内螺纹　　B. 粗牙外螺纹　　C. 非标准螺纹　　D. 细牙外螺纹

6. 表达及标注正确的是（　　）。

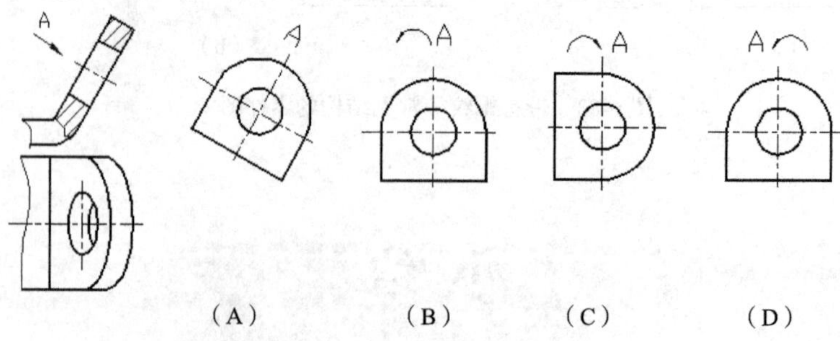

7. 带平键键槽的轴的断面图，投影关系及表达正确的是（　　）。

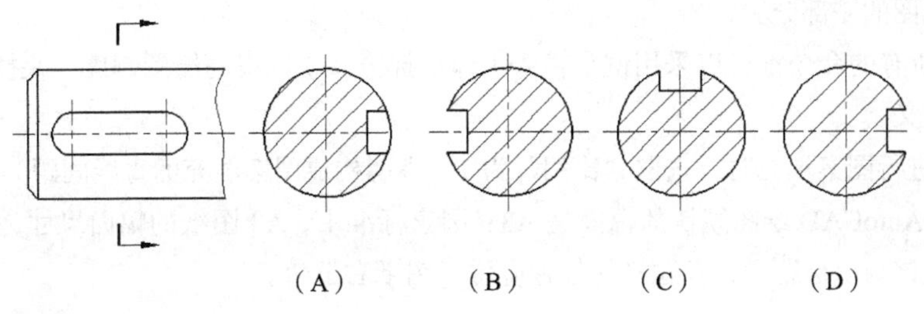

（A）　　（B）　　（C）　　（D）

8. 局部放大图表达正确的是（　　）。

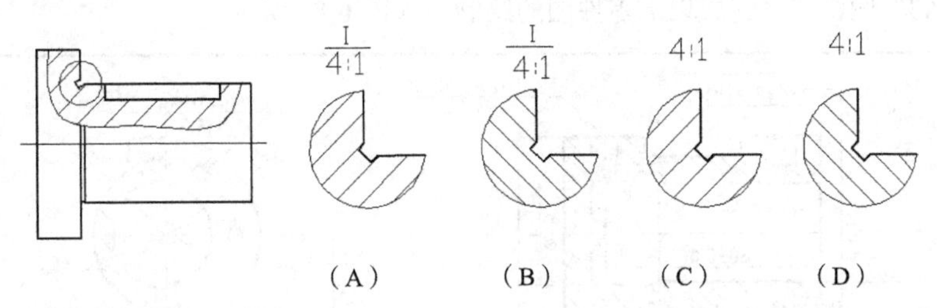

（A）　　（B）　　（C）　　（D）

9. 螺纹孔表达正确的是（　　）。

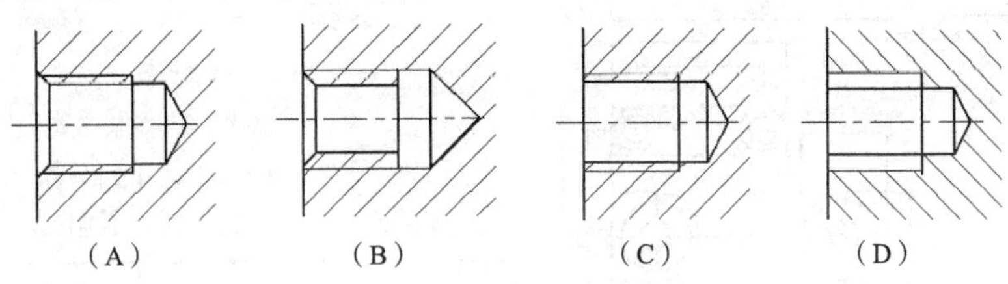

（A）　　（B）　　（C）　　（D）

10. 形状公差标注正确的是（　　）。

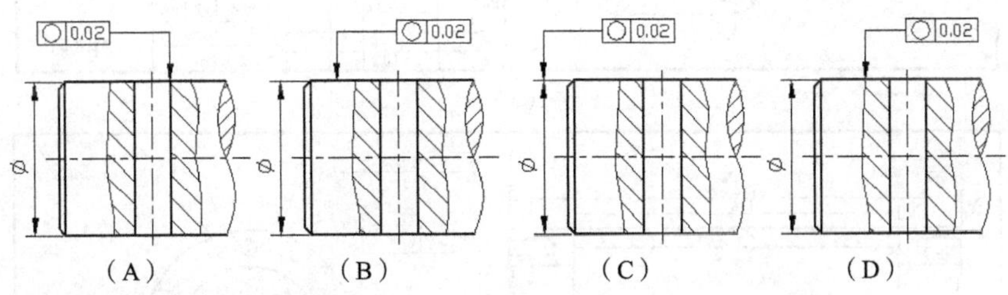

（A）　　（B）　　（C）　　（D）

二、判断题（将判断结果填写在括号内，正确的填“√”，错误的填“×”）

（　　）1. 要从图纸空间切换到模型空间，至少两个视口被激活并打开。

（　　）2. 将机件向不平行于任何基本投射面的平面投射所得到的视图称为斜视图。斜视图是基本视图的一部分。

（　　）3. 将机件的部分结构用大于原图形所采用的比例画出的图形称为局部放大图。局部放大图的画图比例有可能采用 1:1。

（　　）4. 较长的机件轴、型材、连杆等沿长度方向的形状一致或按一定规律变化时，可断开后缩短绘制。

（　　）5. 一个铅垂摆放的右旋弹簧，如果将它上下倒置摆放，会变成左旋弹簧。

（　　）6. 在制图中画出的粗实线、虚线是在实物上面真正存在的轮廓线；波浪线在制图中一般表示机件断裂处的边界线，视图和剖视的分解线。

（　　）7. 将机件的某一部分向基本投影面投射所得到的视图称为局部视图，所以局部视图一定会是某个基本视图的一部分。

（　　）8. 所有的命令都可以采用键盘输入（即快捷方式）以提高绘图制度，快捷方式的字母可由用户自己来定义。

（　　）9. 进行图案填充时，选取“比例”为 1，表明构成图案填充的直线间距为 1。

（　　）10. AutoCAD 绘图默认的幅面是 A3；国家标准中，A3 图纸的幅面尺寸为 297×420；在每张图纸中都应该画出标题栏，标题栏的位置应位于图纸右下角。

三、操作题

选择“Gb A3”图幅格式完成以下零件图的绘制，如图 6-84 所示。

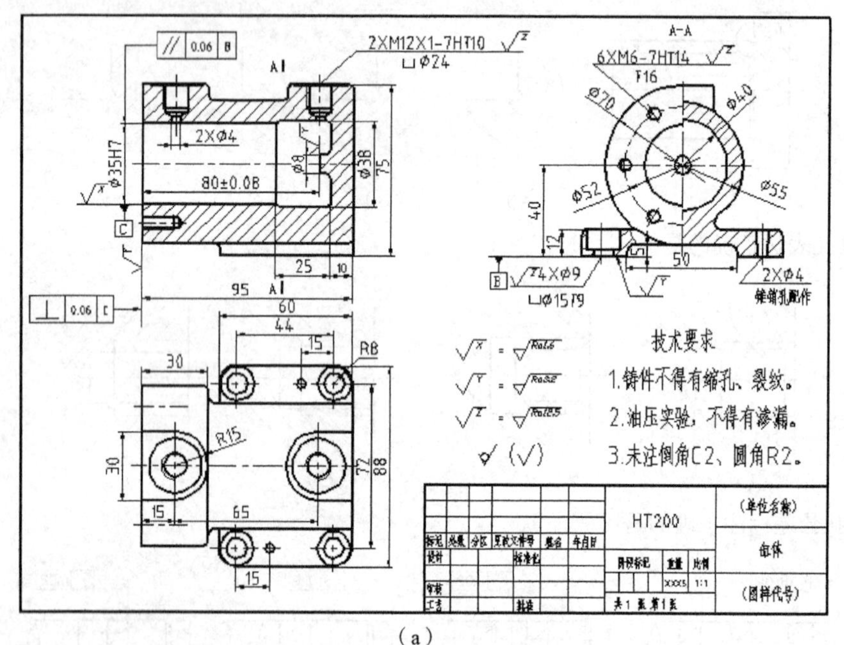

（a）

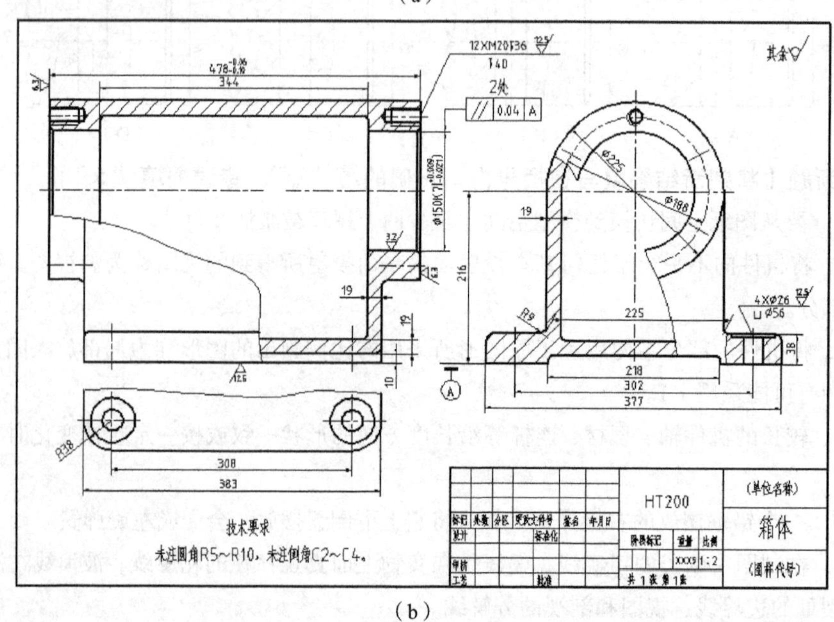

（b）

图 6-84　零件图

项目七

装配图的绘制

【能力目标】

具有较高的操作 AutoCAD 2008 绘图软件水平，具备绘制装配图及工程标注的能力；有一定的机械制图知识和解决问题的能力。在完成装配图绘制的同时，学习和掌握一定的机械装配结构，能应用相关知识熟练地进行装配结构及工艺分析，能读懂常用的机械类产品装配图。

【知识目标】

1. 能使用 AutoCAD 2008 绘图软件的相关命令完成装配图表达方法规定的绘制。
2. 掌握机械制图对装配图中各项工程标注的要求，完成装配图的各项标注。
3. 能较熟练地完成机械工程图样（即装配图）的绘制。

一、项目导入

根据目前生产中对装配图复杂程度掌握的需要，选择平口虎钳装配图的绘制作为该项目的任务，如图 7-1 所示。

要求在装配图绘制的过程中正确、准确地选择 AutoCAD 2008 的绘图命令，保证绘制的装配图内容完整并符合国家制图标准，同时提高装配图的理论知识及装配图的读图能力。

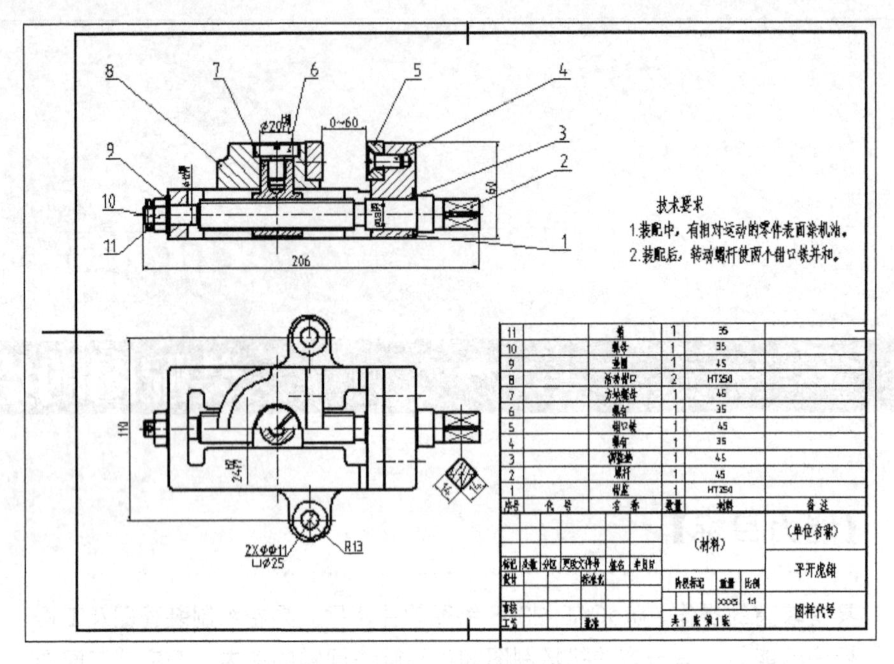

图 7-1　平口虎钳装配图

二、相关知识

（一）装配图的基本知识

使用 AutoCAD 2008 绘图软件绘制装配图前，必须清楚地了解装配图的基本知识及表达规定，才能绘制出符合制图标准的装配图。

1. 装配图内容及表达规定

学习使用 AutoCAD 2008 绘图软件绘制装配图之前，必须清楚地了解装配图的作用及各项表达规定，能看懂装配图，保证选择绘图命令所绘制的装配图符合制图标准的要求。

（1）装配图的作用及表达目的。表示机器或部件的图样称为装配图。装配图和零件图都是企业生产的技术文件。装配图表达机器或部件的结构形状、各零件之间的连接（装配）关系、产品工作原理和技术要求等，是产品安装调试、操作使用、检修维护的技术文件。

（2）装配图的内容。装配图中的内容是由 4 部分组成的，清楚地了解装配图中的内容，保证绘制的装配图的完整性。

① 表达装配关系的视图。表达装配体（机器或部件）的结构、工作原理和零件之间的连接（装配）关系，主视图一般采用剖视表达，表达零件之间的连接关系。

② 表达装配体的尺寸。装配图尺寸标注的内容由装配图的作用决定，装配图的尺寸有：装配体的规格和性能尺寸、装配尺寸、安装尺寸、外形尺寸及调试检验等相关的尺寸。

③ 装配体的技术要求。装配图中用文字等方法标出装配体（机器或部件）在装配、检验、调试时需要达到的技术条件和技术要求以及使用规范等。

④ 零件序号、明细表及标题栏。标题栏用来填写装配图的名称、绘图比例、产品代号等相关的技术信息。在标题栏的上方画出明细表，将装配图中的零件按序号填写在明细表中。

（3）装配示意图。装配示意图是用最简单的“线条”及“标注”表示零件之间的相对位置及连接关系，反映装配体的装配原理及工作原理。在接下来的学习中，要根据装配示意图和零件图绘制装配图。装配示意图的主要作用如下。

① 装配关系。一般用装配示意图讨论产品的设计方案。在绘制装配图前，先分析零件画出装配示意图，再依据装配示意图绘制装配图。装配示意图能清楚地表达零件的装配关系。

② 现场记录。现场对机器进行拆卸维修时，一般要画出装配示意图，记录零件的连接和位置关系，保证维修顺利完成。

③ 宣传交流。装配示意图表达简单易懂，能较清楚地反映装配体的工作原理，装配示意图被广泛地应用于交流设计、广告宣传等方面。

（4）装配图的一般表达规定。装配图一般采用剖视的方法表达零件之间的装配关系。

① 剖面符号的规定。装配图中相邻两个零件的剖面符号不同，即剖面线方向相反（或方向、间距不同），同一个零件在同一图样中所有的剖面符号相同。

② 画成一条线的规定。装配图中凡是两个表面相互接触或有配合的，无论间隙多大，都必须画成一条线；凡是非接触、没有配合的两个表面，无论间隙多小，都必须画出两条线。

③ 视图中按不剖绘制的零件。剖切面经过装配体中的标准件、实心件等的中心线时，按不剖绘制。例如：标准件的螺栓、螺母、垫圈、键、销等；实心件的轴、连杆、手柄、钢珠等零件；不需要表达的部件，如电机、油杯等。

（5）装配图表达的特殊规定。根据装配图的自身特点，对装配图的表达进行了若干项规定，非常实用，读者应注意学习掌握。

① 拆卸画法。拆卸掉装配图中的某些零件或沿两个零件的接触面剖切掉某些零件后，再进行投影。

② 假想画法。装配体中的某些零件是活动的，极限位置用细双点画线画出另一个位置的零件轮廓；为了进一步表达装配体，与本装配体有关但不属于该装配体的相邻零件或部件可以用细双点画线画出该相邻零件或部件的轮廓，说明与装配体的关系。

③ 展开画法。装配图表达传动结构时，为了表达传动关系及轴的装配关系，用剖切平面按传动顺序沿传动轴的轴线剖开（旋转剖），将剖面展开（摊平）在同一个平面上进行投影。

④ 夸大画法。用实际尺寸在装配图中无法画出，均可不按比例采用夸大方法画出，如薄片零件、细丝零件、微小间隙、小尺寸的锥度、斜度等。

⑤ 单独表达零件。在装配图表达中，根据需要可以单独画出某一个零件的视图，但该视图必须按向视图进行符号标注，并在该图上方字母前标出零件的编号。

⑥ 简化画法（零件图的简化表达方法在装配图的表达中基本适用）。根据装配图的作用，规定装配图不表达零件的工艺结构（省略不画），如倒角、退刀槽等；装配图中的部件可用符号或轮廓表示，如传动中的链、滚动轴承、油杯等部件。

2. 绘制装配图的过程及序号标注

装配体的结构不同，绘制装配图的方法也不同，这里主要讲述使用 AutoCAD 2008 绘图软件绘制装配图的基本方法及需要注意的事项，装配图序号标注的规定及标注的方法。

（1）绘制装配图的主要过程。装配图的绘制与零件图的绘制基本相同，都是从分析开始，以检查结束。

① 分析装配体，确定表达方案。绘制装配图前要对装配图认真分析和识读，了解装配体的工作原理、主要零件及装配体的结构形状，主视图要表达的内容等，明确装配图表达方案及绘图过程，确定装配图的比例、图幅（优先选择 A3 图幅）、图框及标题栏。

② 装配图中零件绘制的顺序。绘制装配图时，主要按装拆过程及剖切后零件的投影关系确定绘制零件的顺序：按装拆过程先画主体件，后画连接件；按剖切后机件的投影顺序先画前面的零件，后画被遮挡的零件。

③ 先绘制剖面图形后填充剖面符号。同一零件的剖面线一次填充，合理选择“图案填充”窗口中的“角度”和“比例”，剖面线优先选择 45° 方向，剖面线不易过密，一般在 3～5mm 之间；保证装配图中同一个零件的剖面符号一致，相邻的两个零件的剖面符号相反，不同的零件的剖面符号不同；剖面线不能与轮廓线平行或垂直；重点注意较小剖面的剖面线填充不少于两条。

④ 画完一个零件检查一个零件。保证装配体中各个零件的表达正确，特别要注意标准件和小尺寸零件的表达。保证各零件在装配图中的投影关系正确，以确保装配图整体表达的正确。

（2）装配图各种标注顺序及要求。

① 标注装配图的尺寸。按尺寸规定内容逐项标注，即装配图的规格（性能）尺寸、装配（配合）尺寸、安装尺寸、外形尺寸及与装配有关的其他重要尺寸；标注时尽可能少与图线相交，尽量标注在视图外，同时还要考虑与序号引线分开。

② 标注零件的序号。按装配图序号的要求标注零件序号，序号从靠近标题栏的位置开始排序；序号的引线从零件的明显处靠近边缘引出；引线尽可能少与图线相交，引线之间不许相交；序号排列做到整齐有序。

③ 明细表及填写。在标题栏的上方按明细表的规定格式绘制表格，零件按序号由下至上填写在明细表中，在标题栏上方的位置不够时，可以在标题栏的左侧绘制表格，同样由下至上进行填写。

④ 文字技术要求的标注。在图纸的右下角靠近标题栏位置的空白处，用比尺寸标注数字大一号的长仿宋体填写装配图文字的技术要求内容。

（3）序号的编排。装配图的主要特征就是序号和明细表，制图标准对装配图中零件序号的编排及明细表的格式和内容都作了具体的规定，如图 7-2（a）所示。

① 制图标准规定装配图中的每一个零件必须有一个对应的序号，多个相同的零件也只有一个序号，用数量表示相同零件的个数。

② 一般零件序号的排序从靠近标题栏处开始，按顺时针或逆时针方向有序排列，序号数字排列必须整齐，错误示例如图 7-2（b）所示。

③ 零件或部件的序号数字在水平线上或圆内标写，序号数字比尺寸标注的数字大一号，一般用 5（或 7）号字。

④ 引线从装配图中的零件轮廓内引出，引线末端画一圆点（选择小点），当零件尺寸较小时可用箭头代替，箭头指向零件轮廓；引线之间不许相交，均匀地散射在装配图周围；引线尽可能少与零件的轮廓线相交，引线不能与剖面线平行，错误示例如图 7-2（c）所示。

⑤ 一组零件的装配关系清楚时，可以采用公共引线的标注方法，如螺纹连接中的螺钉、垫圈、螺母。

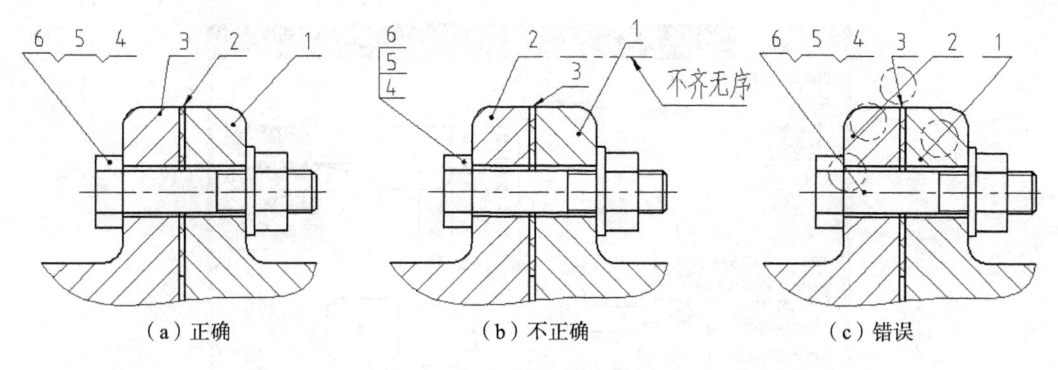

（a）正确　　（b）不正确　　（c）错误

图 7-2　装配图序号标注的比较

（4）装配图序号的标注方法。与零件图的倒角标注相同，只是将箭头符号设置成“小点”。

① “序号样式”的创建。选择“格式”/“多重引线样式”菜单命令或“格式”工具栏中的“多重引线样式”，弹出“多重引线样式管理器”窗口；选择“新建”，输入“序号样式”样式名称；在“引线格式”选项卡中，选择“小点”，其他的与“倒角标注”样式相同。

② 序号的标注。选择“标注”/“多重引线”命令，拾取需要标注的零件，拖动鼠标指针选择序号的位置。

③ 序号标注的修改。在“特性”窗口中修改序号的“内容”；使用“夹点”修改多重引线标注的位置；用鼠标左键双击序号文字，修改序号数字。

④ 组合序号连接线段。组合序号标注的连接线段用尺寸线单独画出。

3. 插入表格的方法绘制标题栏及明细表

前面学习了用画线的方法绘制标题栏，现在讲述使用插入表格的方法绘制装配图中的标题栏和明细表。明细表外框和标题栏的外框为粗实线，内格线用细实线，文字用长仿宋体或工程字填写；为方便增添零件序号，表格由下至上排列，明细表最后的格线仍为细实线。装配图中明细表的格式及尺寸如图 7-3 所示。

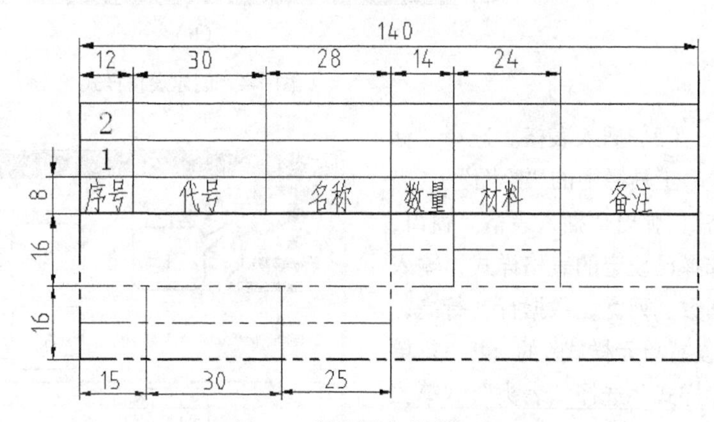

图 7-3　装配图中的明细表

（1）创建表格样式。可以直接插入空白表格，选择表格的列数、行数。创建表格样式的方法与其他样式的创建基本相同，创建“明细表”表格样式的步骤如下。

① 选择“标注”工具栏中的“格式”/“表格样式”，弹出“表格样式”窗口。

② 单击“新建”按钮，弹出“创建新的表格样式”窗口，输入创建表格样式的名称“明细表”，单击“继续”按钮，如图 7-4（a）所示。

③ 弹出“新建表格样式：明细表”窗口，在“单元样式”中分别设置“数据”和“表头”的内容，“文字样式”选择“5 号工程字”，单击“确定”按钮，如图 7-4（b）所示。

回到“表格样式”窗口，显示已设置的表格样式，单击“关闭”按钮，完成表格样式的创建。

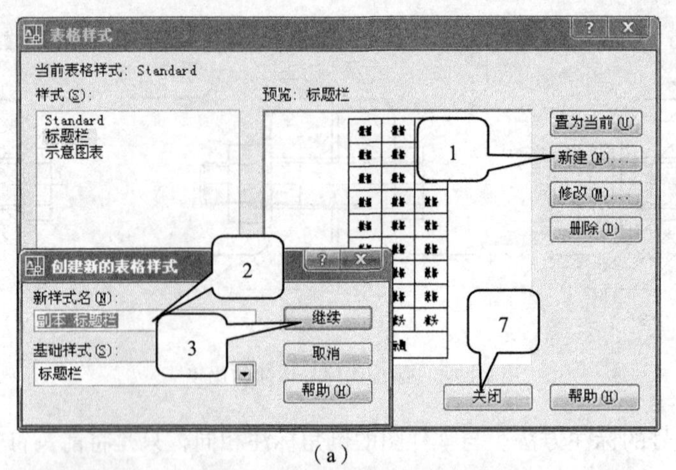

（a）

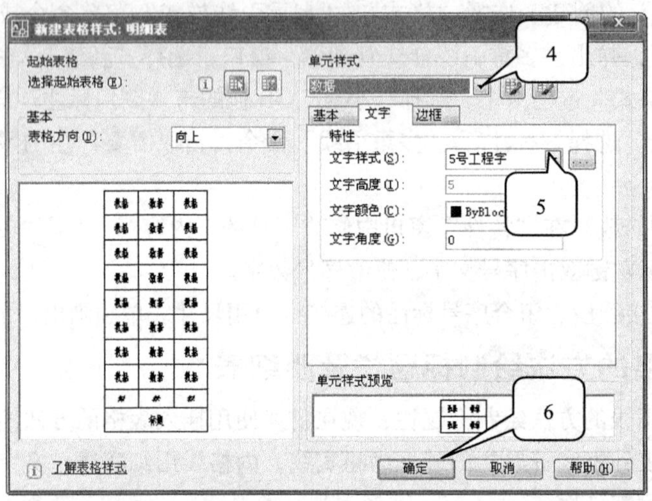

（b）

图 7-4　创建表格样式

（2）插入表格。选择“标注”工具栏中的“绘图”/“表格”，弹出“插入表格”窗口，选择已设定的表格样式，输入列数、列宽，数据行、行高；“设置单元样式”的“第一行单元样式”选择“表头”，“第二行单元样式”选择“数据”（不要标题）；单击“确定”按钮完成表格样式的插入。插入表格的行高以文字行数为单位，不能小于文字高度所必需的高度尺寸，表格的尺寸格式可通过修改实现，如图 7-5 所示。

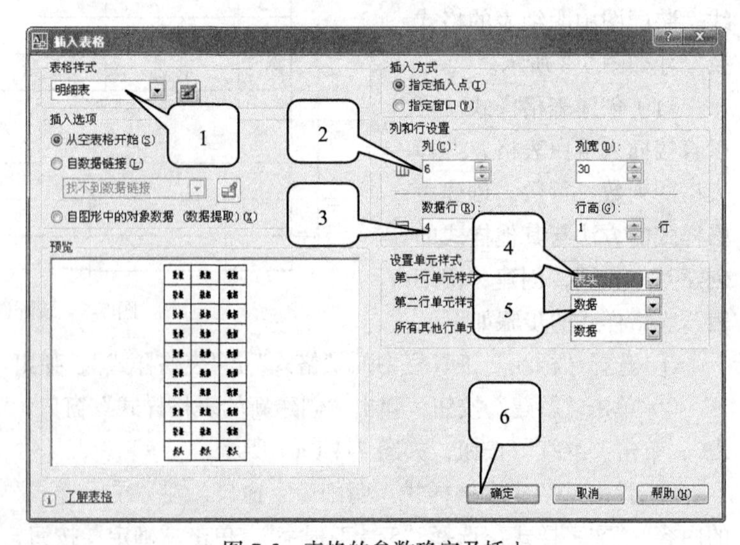

图 7-5　表格的参数确定及插入

（3）表格的修改。在"表格"窗口中使用"夹点"及"表格"工具栏对表格进行修改。

① 利用"夹点"修改表格的尺寸。与图线（图形）的修改相同，用鼠标左键单击表格的图线，表格"变虚"，同时在表格的尺寸位置有"夹点"（亮点）显示，用鼠标拖动"夹点"，表格的尺寸得到修改，如图 7-6（a）所示。

② 利用"表格"工具栏编辑表格。用鼠标拾取表格单元，该表格单元被选中有夹点显示，同时弹出"表格"工具栏，移动表格单元夹点修改单元格的尺寸，选择"表格"工具栏中的命令，可以进行表格的编辑，如图 7-6（b）所示。

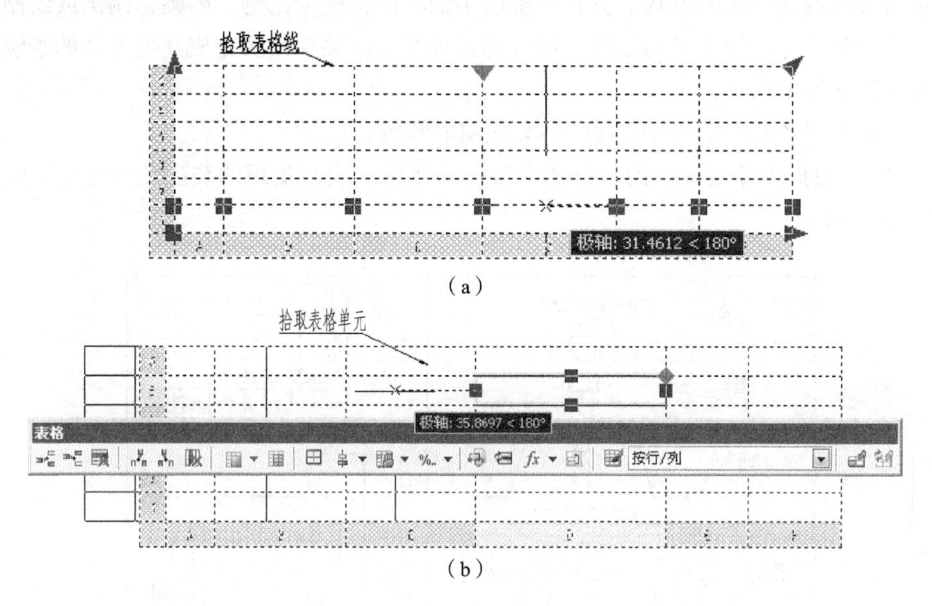

图 7-6　表格的修改

（4）表格文字的填写及修改。插入表格后即显示表格的表头填写，按"文字格式"窗口的操作，按键盘的"方向"键移动填写单元格的内容，如图 7-7 所示。在任何时候用鼠标左键双击单元格，即可以进行单元格内容的填写或修改。需要删除单元格的内容时，用鼠标选取单元格后，单击鼠标右键，在弹出的快捷菜单中选择"删除单元格内容"即可完成删除。

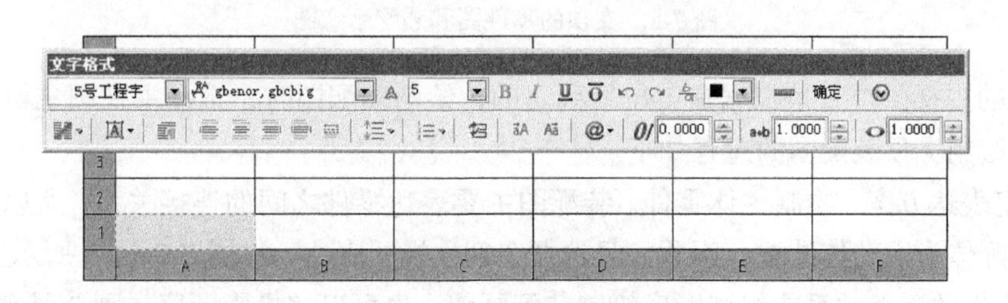

图 7-7　表格的填写

（二）绘制装配图的方法

由于装配图中没有零件的具体尺寸，因此无法抄画装配图。绘制装配图的方法主要有两种，一种是由装配体的零件测绘完成装配图的绘制，另一种是根据零件图及装配示意图绘制装配图。我们只能采用第二种绘制装配图的方法，但在实践中参考零件图抄画装配图和根据零件图绘制装配图的情况较多。在同一种情况下使用 AutoCAD 2008 绘图软件绘制装配图的方法有所不同，下面讲述几种绘制装配图的方法。

1. 直接绘制装配图

由零件图及装配示意图直接绘制装配图的方法与零件图的绘制方法基本相同。根据装配图表达的规定直接绘制装配图的方法，绘图速度较快，比较适合各种绘图的竞赛和仅需要装配图的场合。

（1）直接绘制装配图的过程。分析装配图中的零件，确定比例、图幅，调出或绘制图框及标题栏；按零件尺寸绘制主要的零件；按装拆过程及装配关系依次完成其他零件的绘制；检查并进行装配图的各项标注。

（2）由零件图及装配示意图直接绘制装配图的实例。

例题 7-1 根据支顶装配体的零件图和装配示意图，绘制支顶的装配图并完成装配图的标注，如图 7-8 所示。

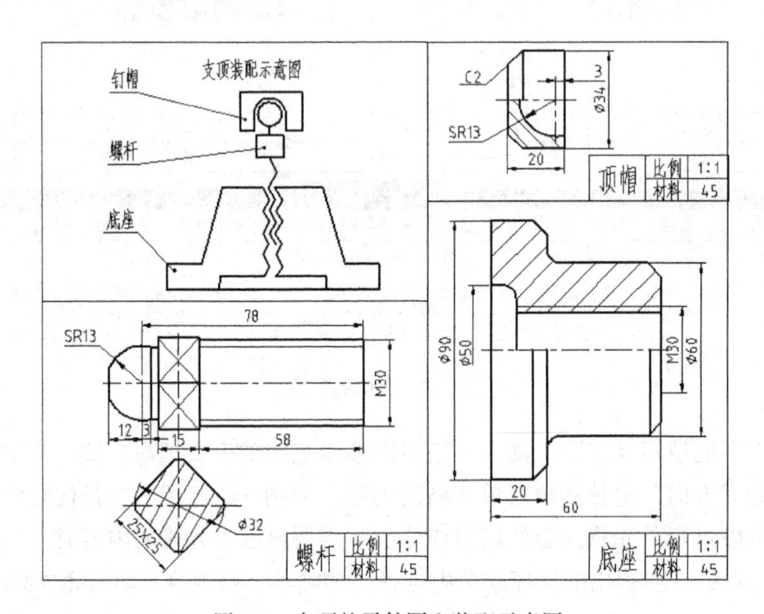

图 7-8 支顶的零件图和装配示意图

零件图的主视图位置是根据加工位置确定的，绘制装配图时，选择主视图主要考虑支顶的工作位置。绘制支顶装配图的过程如下。

① 确定表达方案，绘制主体零件。装配图主要表达零件之间的连接关系，所以采用全剖视图；支顶装配体为回转体结构，因此，只选择全剖主视图表达，如图 7-9（a）所示。

② 按零件的连接关系或组装顺序绘制装配画图。也可以按投影顺序先画 2 号零件螺杆。

- 螺杆零件与底座是 M30 的螺纹连接，螺杆在底座的螺纹孔内转动，一般装配图绘制活动产品的最小工作位置（产品的包装状态），用断面图表达扳手转动螺杆的工作位置，即螺杆上端的 25×25 的端面，如图 7-9（b）所示。
- 在螺杆上端绘制钉帽，可以采用全剖视图或半剖视图，绘制时必须保证 *SR*13 的球心与顶帽的球心重合，如图 7-9（c）所示。

③ 检查标注尺寸。检查装配图的表达是否正确，有无漏画的零件；按装配图的尺寸项目进

行标注，性能规格尺寸 100～140（也是高的外形尺寸），上下支撑面的工作尺寸 ϕ34、ϕ90（也是长和宽的外形尺寸），螺杆上端使用扳手的尺寸 25×25（属于装配图的其他重要尺寸）；用引出标注方法标注零件的序号，如图 7-9（d）所示。

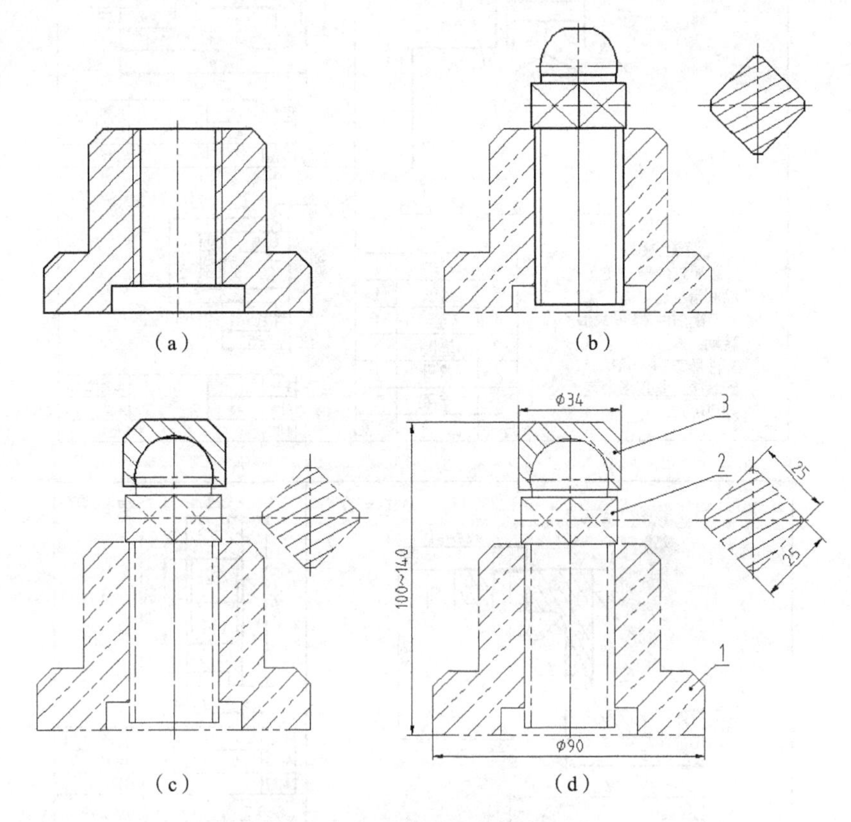

图 7-9　支顶装配图的绘制过程

2. 用复制、粘贴的方法绘制装配图

用复制和粘贴的方法，就是将零件图中装配图需要的视图复制到装配图中，并按装配图的需要加以修改，用对零件图的修改代替零件图的抄画。采用此方法绘制装配图操作简单容易，适合在有零件图的条件下绘制装配图。

（1）用复制和粘贴的方法绘制装配图的过程。

① 分析装配图，确定表达方案。选择比例、图幅，可以采用调出或绘制图框及标题栏的方法。

② 选用或绘制装配体所有零件的零件图，并分别保存在同一个文件夹中的不同文件内。

③ 关闭零件图中所有“标注”层，用“标准”工具栏中的“复制”，将装配图中需要的零件视图复制到装配图中的空白处。

④ 根据相邻零件之间的连接位置关系或装拆顺序，用“修改”工具栏中的“移动”进行装配，按装配图的表达规定分别对各个零件进行修改，达到装配图表达的要求。

⑤ 检查并进行装配图的各项标注。

（2）用复制和粘贴的方法绘制装配图的实例。

例题 7-2　根据架轮的装配示意图，用复制零件图的方法绘制架轮的装配图，选择 A3 图幅（420×297）和教学用格式标题栏绘制装配图，架轮的零件图及装配示意图如图 7-10 所示。

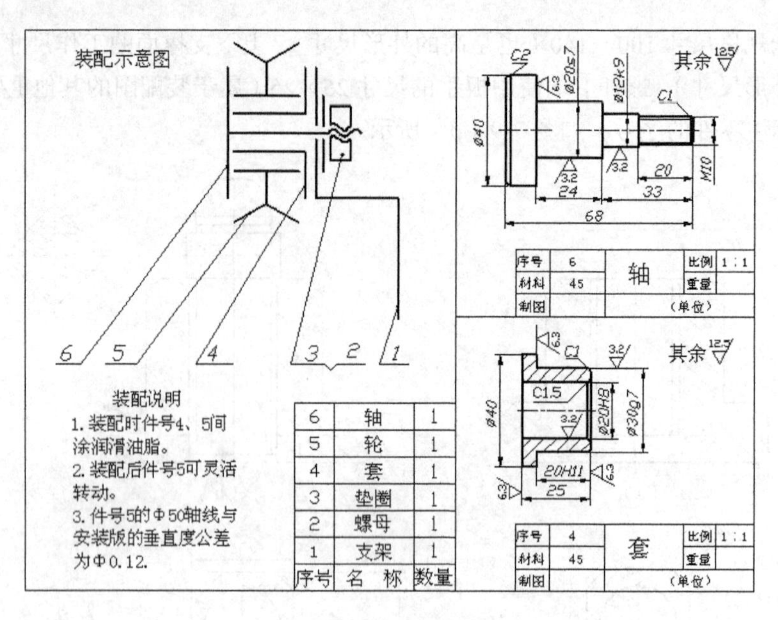

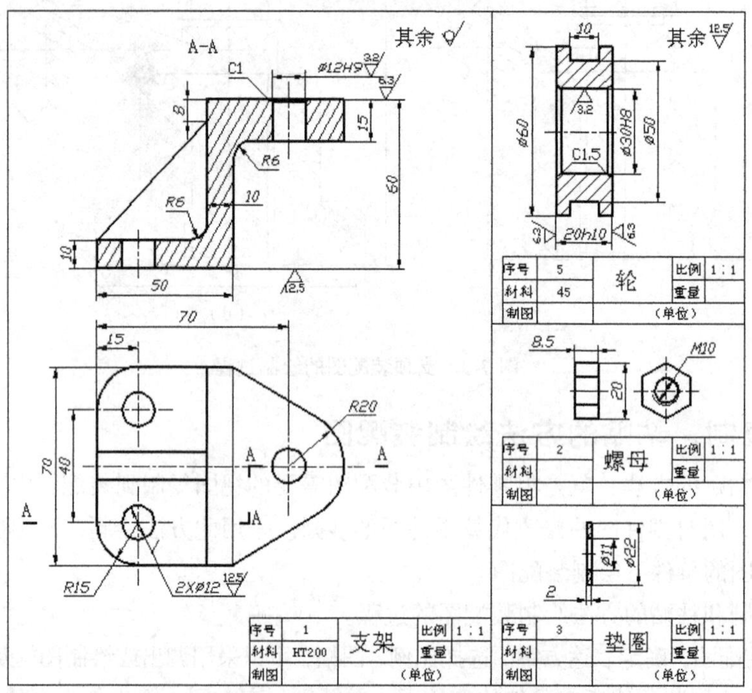

图 7-10　架轮的装配示意图及零件图

绘制架轮装配图的操作步骤如下。

① 确定表达方案。主视图按架轮装配示意图的工作位置采用全剖视图。

- 主视图选择剖视，表达轴、套和轮的工作原理及位置关系，左视图近一步表达架轮的安装结构形状和架轮的外形。
- 根据架轮的尺寸分析，选择 A3 图幅，用 2:1 放大 2 倍的比例绘制。
- 绘制图框和标题栏并填写标题栏内的相应信息（绘制过程省去图框和标题栏的插图）。

② 按装配过程绘制装配图。分别将架轮的零件图用复制和粘贴的方法放在装配图中，并按

装配图的投影进行修剪，完成装配图的绘制。

- 复制并粘贴件号 4“套”的全剖视图，放在装配图主视图的位置上，如图 7-11（a）所示。
- 复制并粘贴件号 5“轮”的全剖视图，放在件号 4“套”上，以轴线和轴肩为基准，删除多余的图线，如图 7-11（b）所示。
- 复制并粘贴件号 6“轴”主视图，轴按规定不剖绘制，以轴线和左端面为基准，删除被件号 6“轴”遮挡看不见的多余图线，如图 7-11（c）所示（图中省略件号 6“轴”的左视图）。
- 复制并粘贴件号 1“支架”的主视图和俯视图转动 90°，如图 7-11（d）所示。
- 分别复制并粘贴件号 3“垫圈”和件号 2“螺母”，标准件按不剖绘制，如图 7-11（e）所示。
- 检查。按装配图的投影关系及表达规定进行检查，完成装配图视图的绘制。

③ 装配图的标注。先标注装配图的尺寸，再标注装配图的序号等。

- 分别标出架轮的规格尺寸（轮槽尺寸）ϕ50、10，配合尺寸 $\phi 30\dfrac{H7}{f6}$、$\phi 20\dfrac{H8}{s7}$、$\phi 12\dfrac{H9}{k9}$、$20\dfrac{H11}{h10}$。安装尺寸 2×ϕ12、R15、40、70，外形尺寸 96、100、70，如图 7-11（g）所示。
- 按产品的装配说明标出“垂直度”形位公差。
- 根据装配示意图，按装配图序号的标注要求标出零件的序号。
- 按零件的序号绘制及填写明细表，明细表可以在靠近标题栏左侧连续绘制。

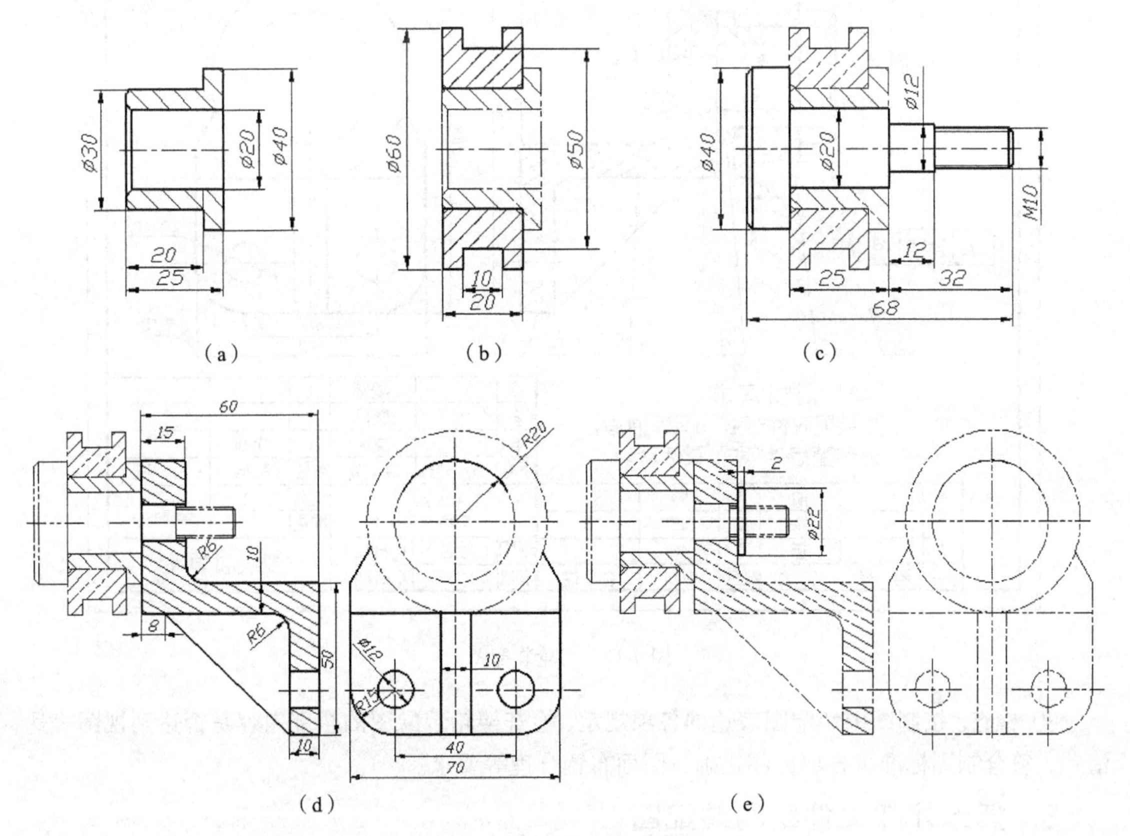

图 7-11　架轮装配图的绘制过程

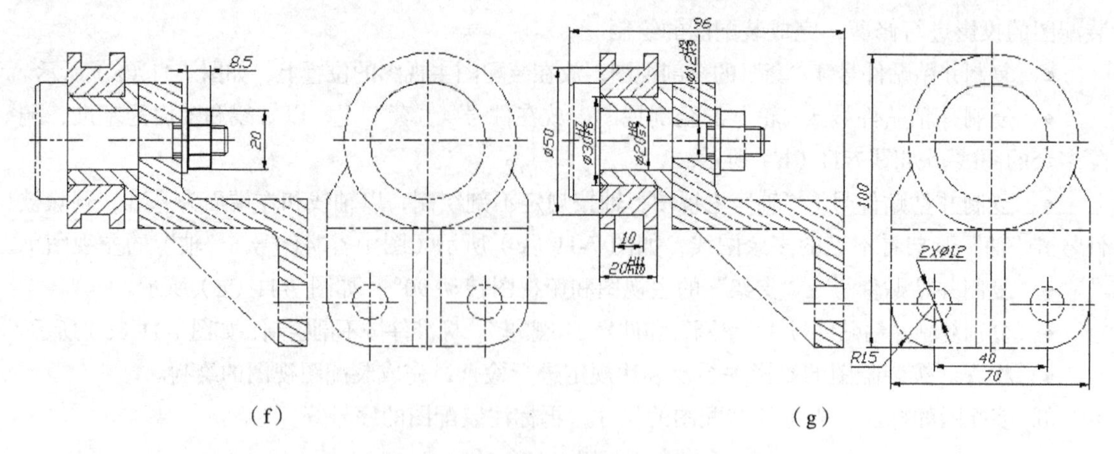

图 7-11　架轮装配图的绘制过程（续）

● 根据装配示意图中的装配说明，在靠近标题栏附近填写技术要求，完成架轮装配图的全部内容的绘制，如图 7-12 所示。

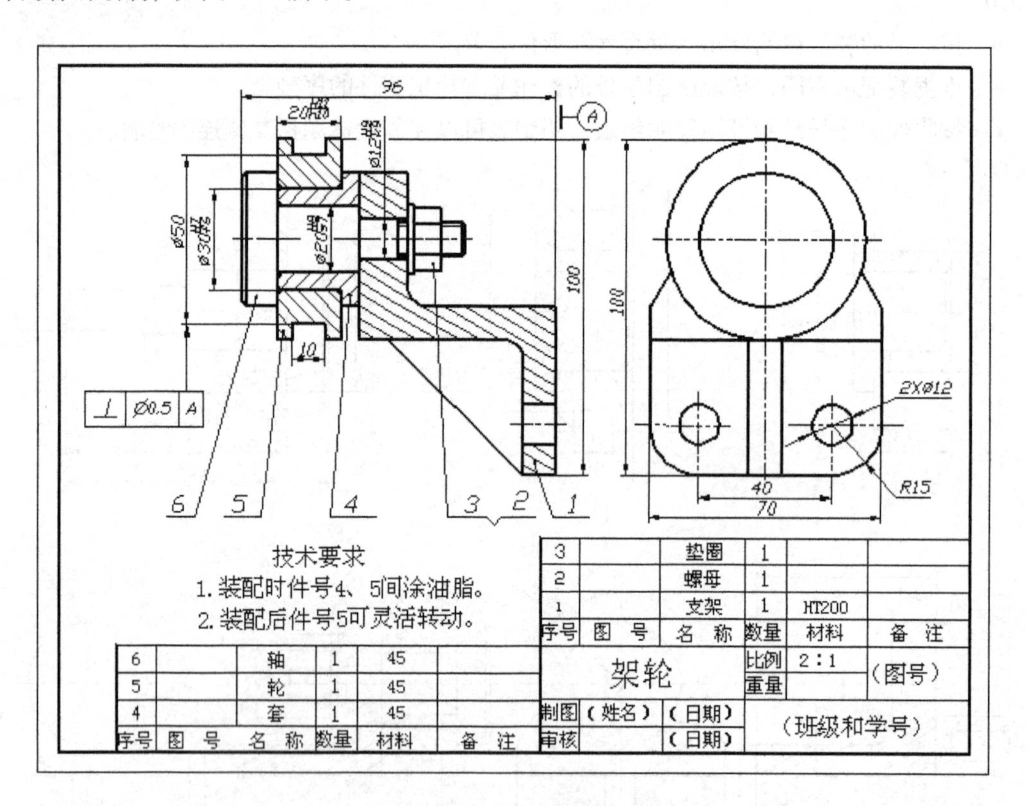

图 7-12　架轮装配图

④ 检查。按制图中装配图表达的各项规定，检查架轮装配图的全部内容是否达到视图表达清楚、符合制图标准、各项标注正确、图面布置合理等要求。

3. 插入外部文件绘制装配图

（1）插入外部文件绘制装配图的过程。确定表达方案后，采用关闭零件图中装配图不需要的图层的方法，如尺寸层等。

① “写块”定义零件。使用 AutoCAD 2008 写块的操作方法与创建图块基本相同，用键盘输入“wblock”，↙（回车），调出“写块”窗口；按窗口的提示操作，分别选择零件的“基点”、“对象”；确定“文件名和路径”；单击“确定”按钮，↙（回车），完成插入零件的写块，如图 7-13 所示。

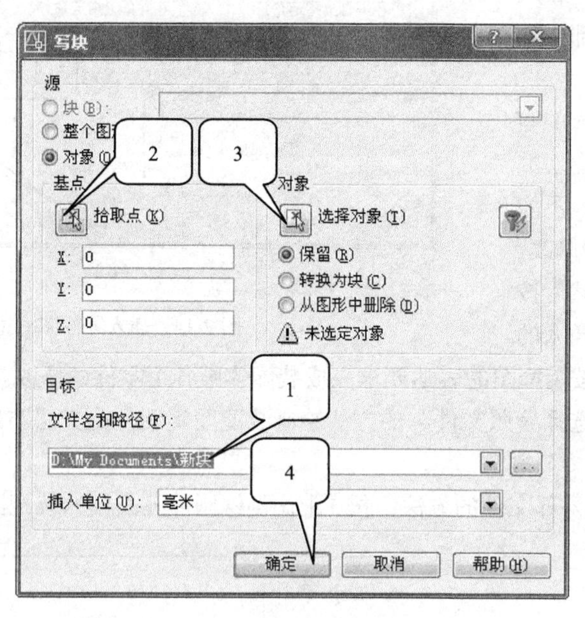

图 7-13　插入零件的写块

② 将零件图插入到装配图中。在装配图绘制界面中，将写块的零件图插入到装配图中。

- 选择“标准”工具栏中的“插入”/“外部参照”，弹出“选择参照文件”窗口，如图 7-14（a）所示。
- 选择插入零件的路径及名称，单击“打开”按钮，弹出“插入”窗口，按窗口的提示选择需要的“比例”及“角度”，操作后单击“确定”按钮，如图 7-14（b）所示。

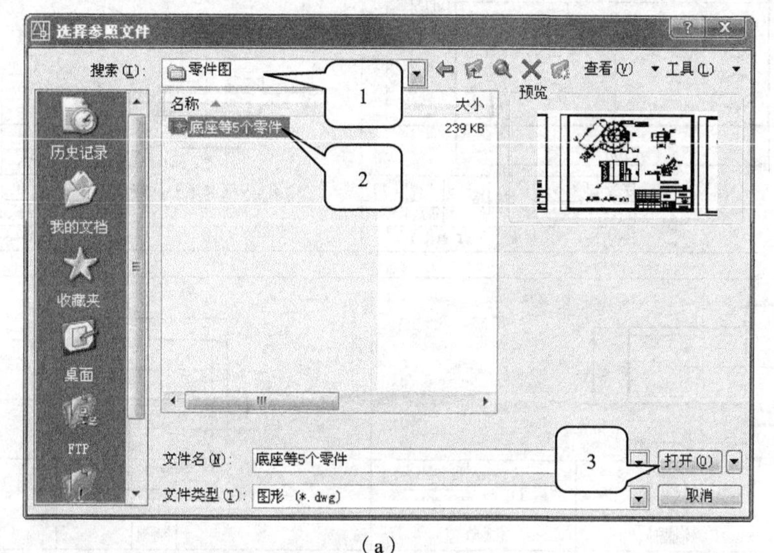

（a）

图 7-14　插入零件图的过程

● 回到装配图绘制界面，同时被插入零件的图形在鼠标的控制下显示，选取装配图中零件图形的插入点，即完成了插入外部文件绘制装配图的操作。

③ 分解、修改插入的零件图形。零件图形以图块的形式插入到装配体中，不能直接修改，需要选择“修改”工具栏中的“分解”，然后按装配图的投影要求对插入的零件图形进行修改，按装配图的表达要求完成装配体中各个零件的修改。

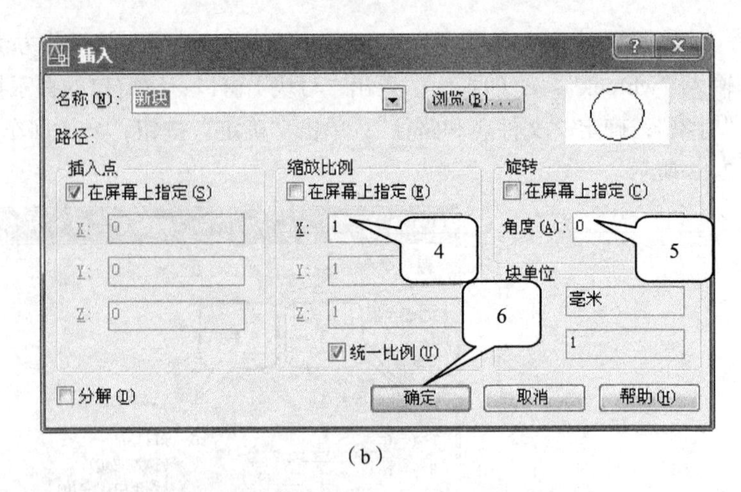

（b）

图 7-14 插入零件图的过程

（2）使用插入“选择参照文件”的方法绘制装配图实例。此方法与通过复制绘制装配图的方法基本相同。

例题 7-3 用插入外部文件的方法，按 1:1 比例绘制冲孔凸模的装配图，如图 7-15 所示。

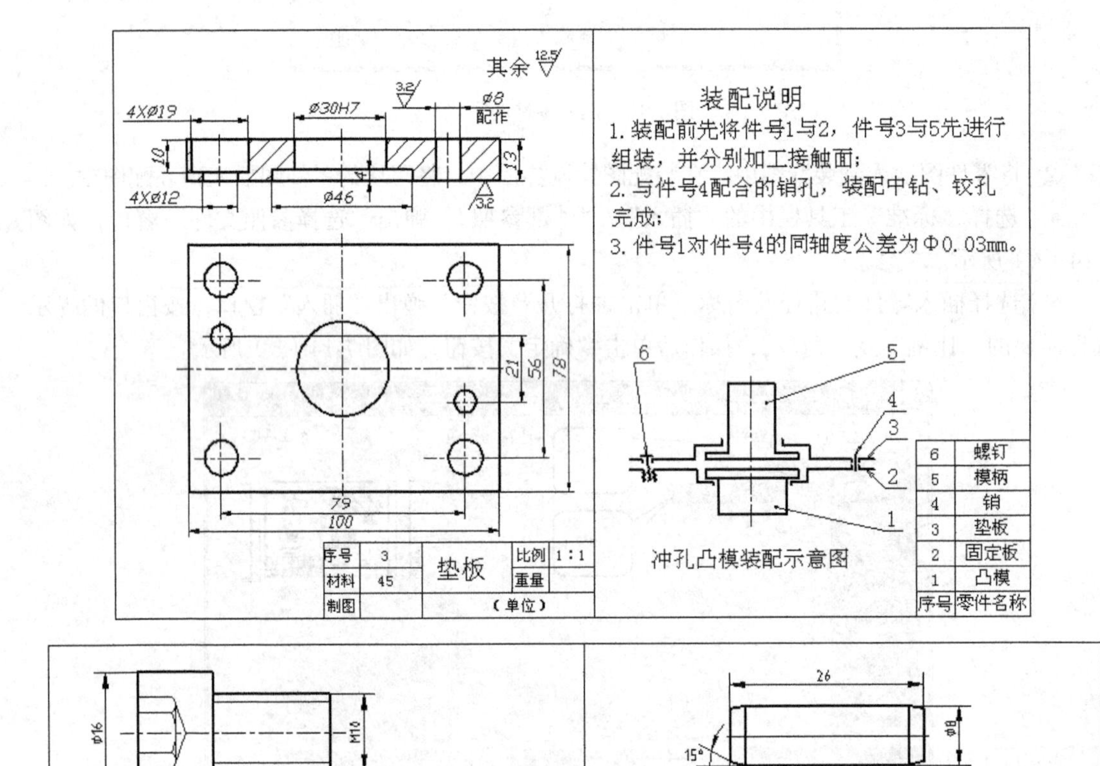

图 7-15 冲孔凸模的零件图及装配示意图

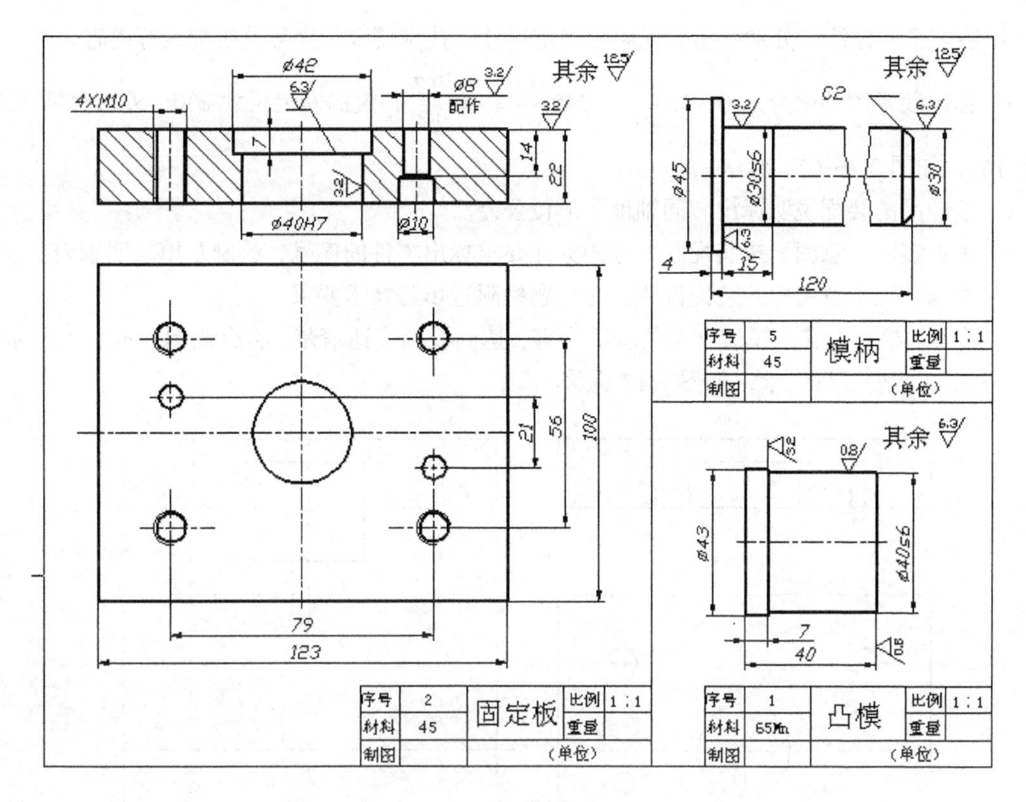

图 7-15　冲孔凸模的零件图及装配示意图（续）

采用“Gb A3”图框和标题栏，使用插入外部文件的方法绘制装配图的过程如下。

① 确定表达方案。通过分析给出的零件图及装配示意图，“固定板”的表达位置为冲孔凸模的工作位置，选择该位置作为装配体主视图的表达位置；主视图采用全剖，表达装配体中各零件之间的装配关系，俯视图表示冲孔凸模的外轮廓形状及螺钉位置。

② 调出“Gb A3”图框和标题栏。选择“新建”调出“Gb A3”图框和标题栏建立装配图文件，并填写标题栏内的相应信息。

③ 绘制零件图并按写块的方法定义零件。根据装配图的需要，按写块的方法完成冲孔凸模中零件图的写块操作，注意插入点的选择。

④ 由装配关系按插入外部文件的方法绘制装配图。在“Gb A3 标题栏”的图框内绘图或在“模型”布局绘图（下面的视图为表达图形清晰，省去了图框和标题栏图形），分别插入零件，分解后进行修改。

- 插入件号 2“固定板”的零件图（不包括尺寸标注），分解后调整主视图与俯视图中间的位置，为插入下一个零件作好准备，如图 7-16（a）所示。
- 插入件号 1“凸模”的主视图，插入旋转的“角度”输入“−90°”，件号 1“凸模”的主视图以件号 2“固定板”的主视图轴肩中心为基点，如图 7-16（b）所示。
- 插入件号 5“模柄”的零件图，插入旋转的“角度”输入“90°”，如图 7-16（c）所示。
- 插入件号 3“垫板”的主视图和俯视图，分解后按装配图的投影关系修改，完成装配图视图的绘制，如图 7-16（d）所示。
- 分别插入件号 6、4，“统一缩放比例”输入“0.5”，如图 7-16（e）所示。

⑤ 装配图的标注。分别标出装配图的规定尺寸、技术要求、序号及明细表等内容。

- 标出装配图的配合尺寸 $\phi30\frac{H7}{s6}$、$\phi40\frac{H7}{s6}$、$\phi8\frac{T7}{h6}$，模柄安装尺寸 $\phi30$，外形尺寸 123、100、160，如图 7-16（f）所示。
- 按产品的装配说明标出“同轴度”形位公差。
- 根据装配示意图，按装配图序号的标注要求标出零件的序号，绘制及填写明细表。
- 根据装配示意图中的装配说明，在标题栏附近填写技术要求。

⑥ 检查。检查冲孔凸模装配图的全部内容，达到视图表达清楚、符合制图标准、各项标注正确、图面布置合理等要求，如图 7-17 所示。

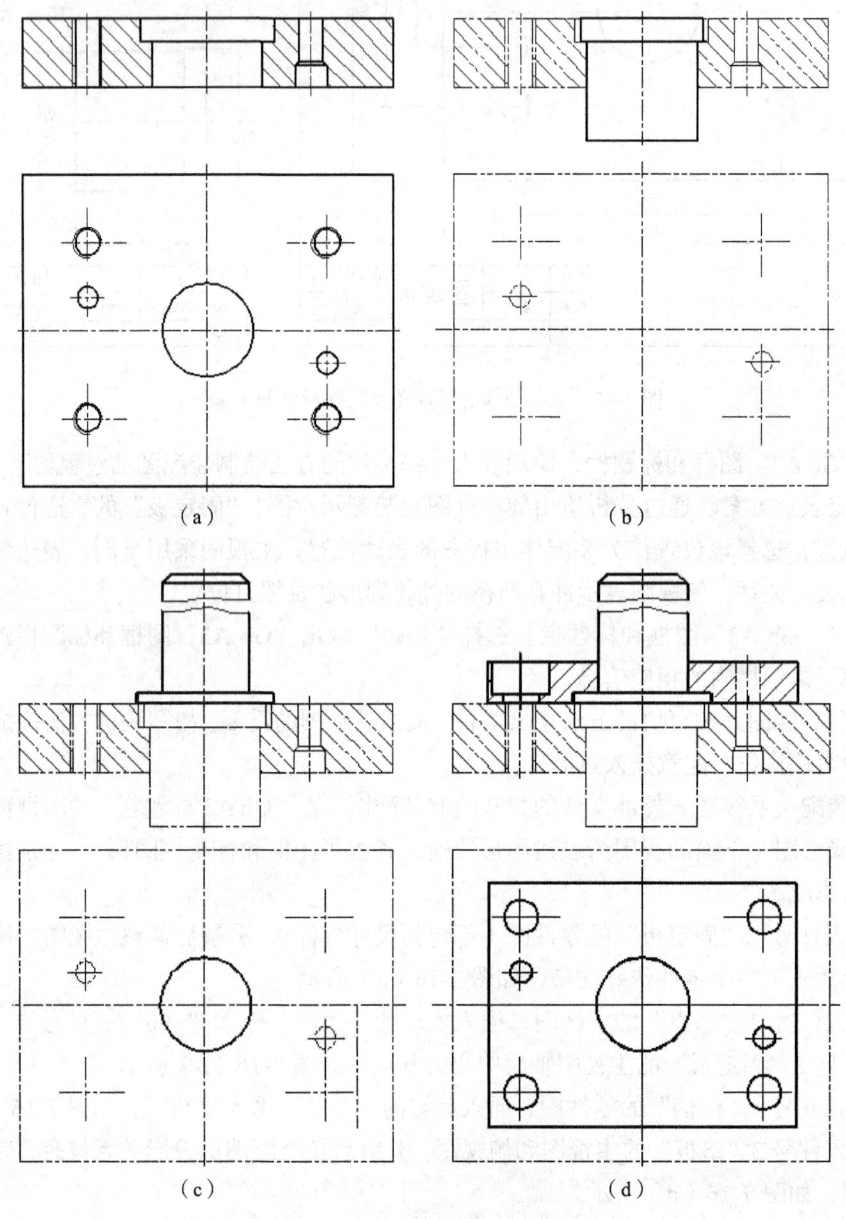

图 7-16 冲孔凸模装配图的绘制过程

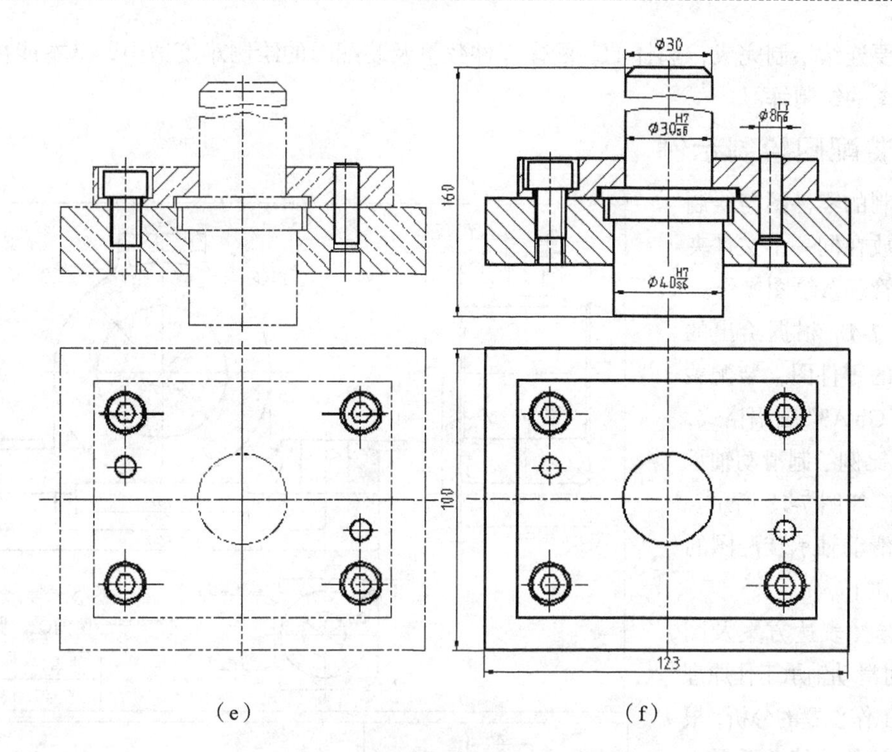

图 7-16　冲孔凸模装配图的绘制过程（续）

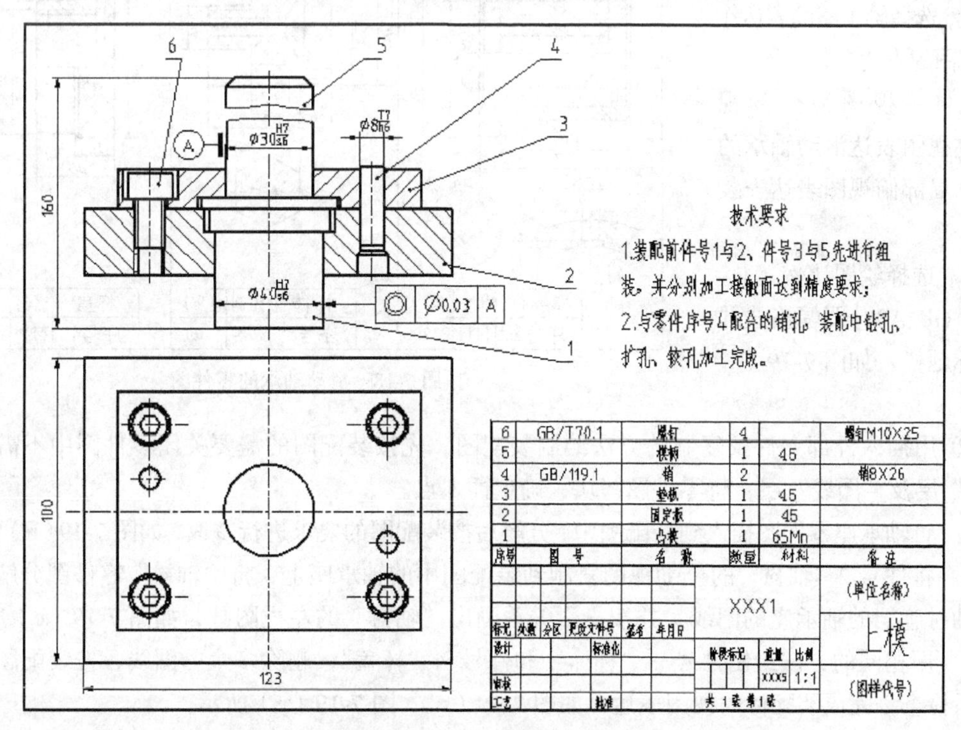

序号	图号	名称	数量	材料	备注
6	GB/T70.1	螺钉	4		螺钉M10X25
5		模柄	1	45	
4	GB/119.1	销	2		销8X26
3		垫板	1	45	
2		固定板	1	45	
1		凸模	1	65Mn	

图 7-17　冲孔上模的装配图

（三）装配图综合练习

通过绘制装配图的综合练习，熟练掌握 AutoCAD 2008 绘图命令的使用，提高操作技能。

考虑到需要连续绘制完成，选择的装配体零件数量及装配图的绘制难度适中，基本能在 2 学时完成装配图的绘制练习。

1. 装配图绘制示例

将绘制的零件图与绘制的装配图放在同一个文件夹内，便于管理及绘图操作。

例题 7-4 根据给出的滑动轴承的零件图，装配关系，选择“Gb A3”图幅格式，按 1:1 的比例绘制滑动轴承的装配图，如图 7-18 所示。

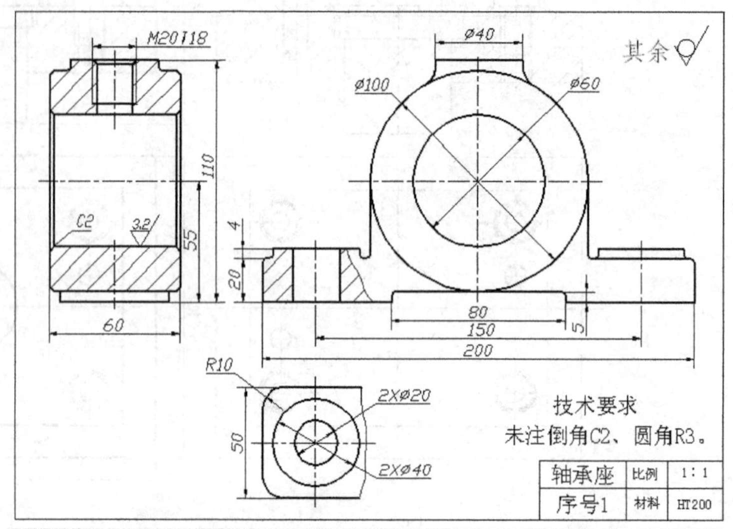

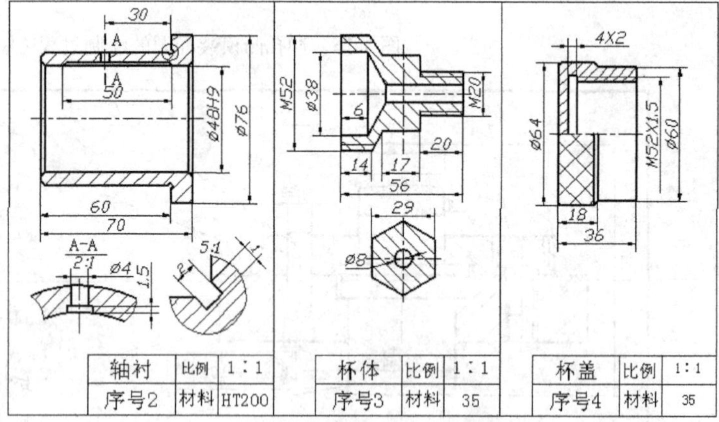

图 7-18 滑动轴承的零件图

绘制滑动轴承装配图的主要步骤如下。

① 选择表达方案及图幅。通过对滑动轴承工作原理及各零件工作位置的分析，根据零件之间的连接关系及工作位置，选择轴承座的表达作为装配图的表达方案。

- 主视图为全剖视图，左视图表达滑动轴承的形状，局部俯视图表达安装结构。
- 选择绘图比例 1:1，选择“Gb A3”图幅格式并填写标题栏，如图 7-19（a）所示。

② 用插入外部文件及复制的方法绘制装配图，先按装配图的需要关闭零件图中不需要的“标注”层及“图线”层，将零件图写块，确定插入点。

- 将轴承座零件图插入到装配图中，分解后按装配图的要求进行修改，如图 7-19（b）所示。
- 将件号 2“轴衬”的全剖视图复制到装配图中的轴承座上，将“轴衬”零件图分解，删除被轴衬遮挡的轴承座的图线，并按投影关系画出“轴衬”的左视图画，如图 7-19（c）所示。
- 用相同的方法绘制件号 3“杯体”和件号 4“杯盖”，删除多余的图线，按装配图的投影关系检查，完成装配体的视图表达，如图 7-19（d）、图 7-19（e）所示。

③ 按装配图标注的要求完成标注，并检查完成滑动轴承装配图的绘制。

- 标注装配图的尺寸、形位公差，如图 7-19（f）所示。
- 标注装配图的序号，绘制明细表并填写，检查完成滑动轴承装配图的绘制，如图 7-20 所示。

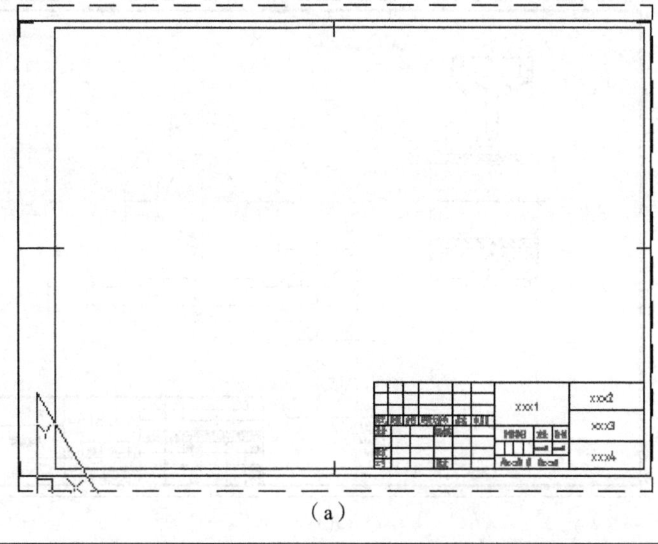

（a）

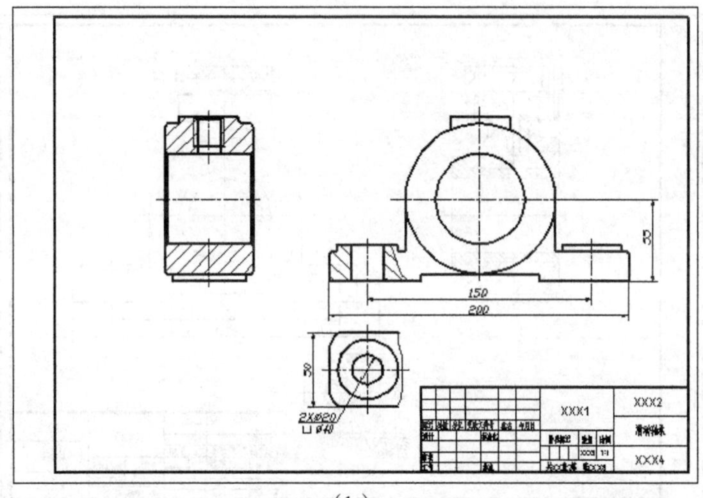

（b）

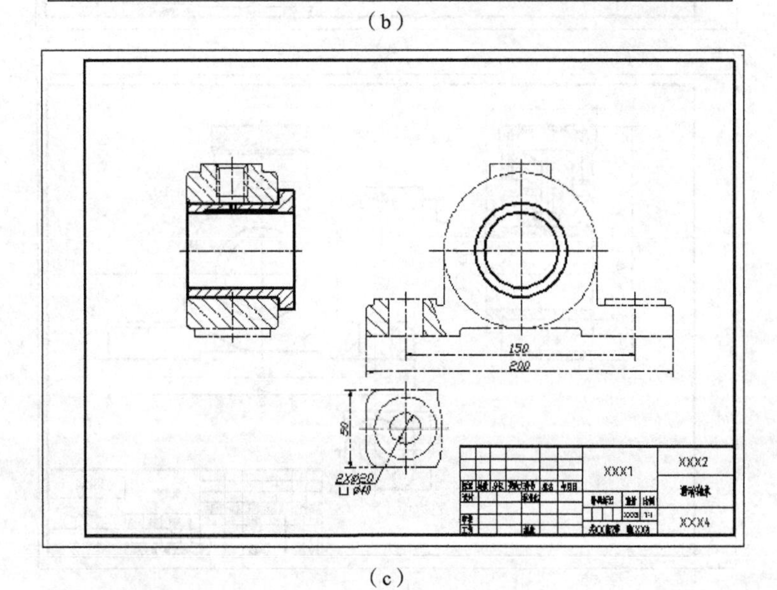

（c）

图 7-19　滑动轴承装配图的绘制过程

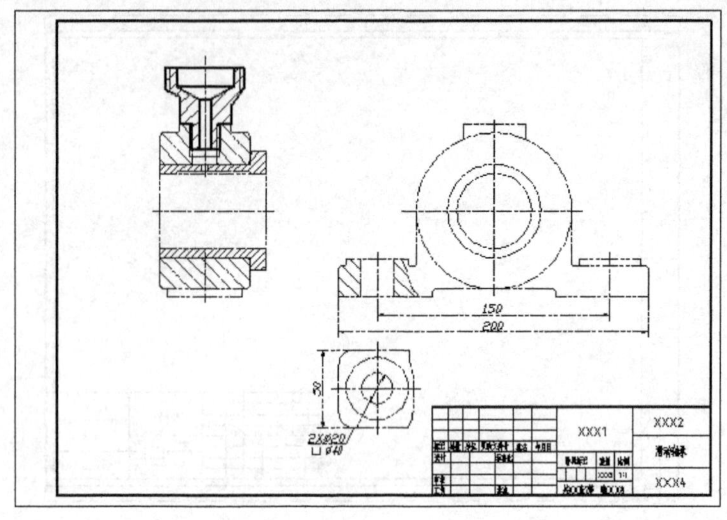

（d）

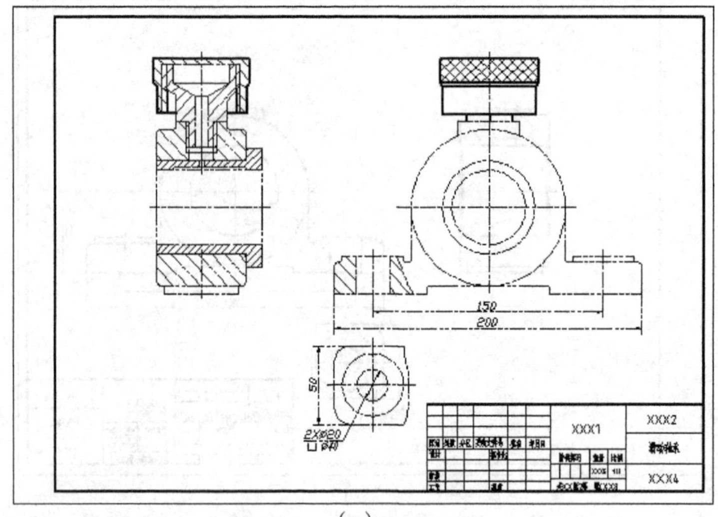

（e）

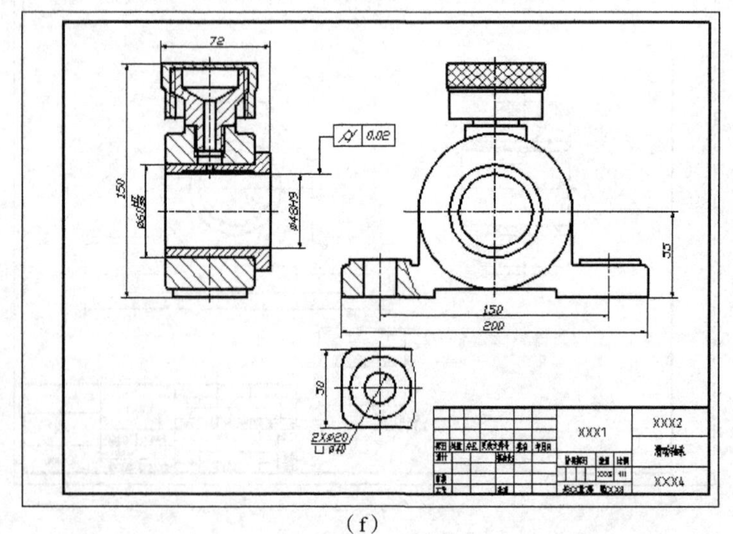

（f）

图 7-19　滑动轴承装配图的绘制过程（续）

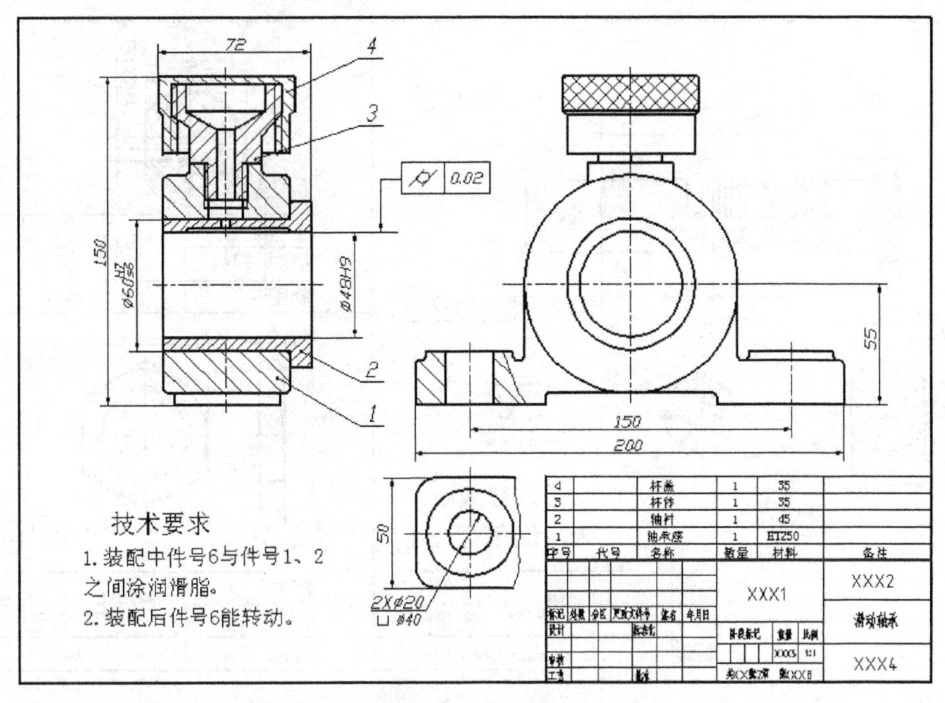

图 7-20　滑动轴承的装配图

2. 绘制装配图习题

（1）根据零件图的尺寸绘制（抄画）装配图。按零件图给出的尺寸抄画压力阀装配图，选择合适的比例（推荐 2:1），用 A3 图幅（图纸边界为 420mm×297mm，图框边距为 10mm）绘制图框线和标题栏（按图 7-3 尺寸绘制），如图 7-21、图 7-22 所示。

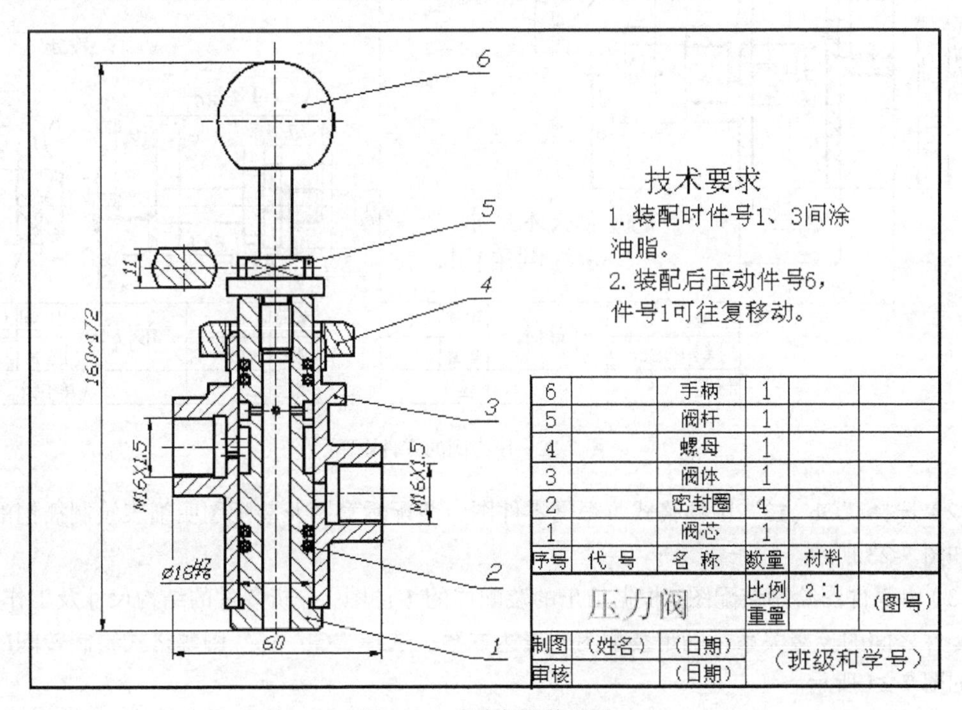

图 7-21　压力阀的装配图

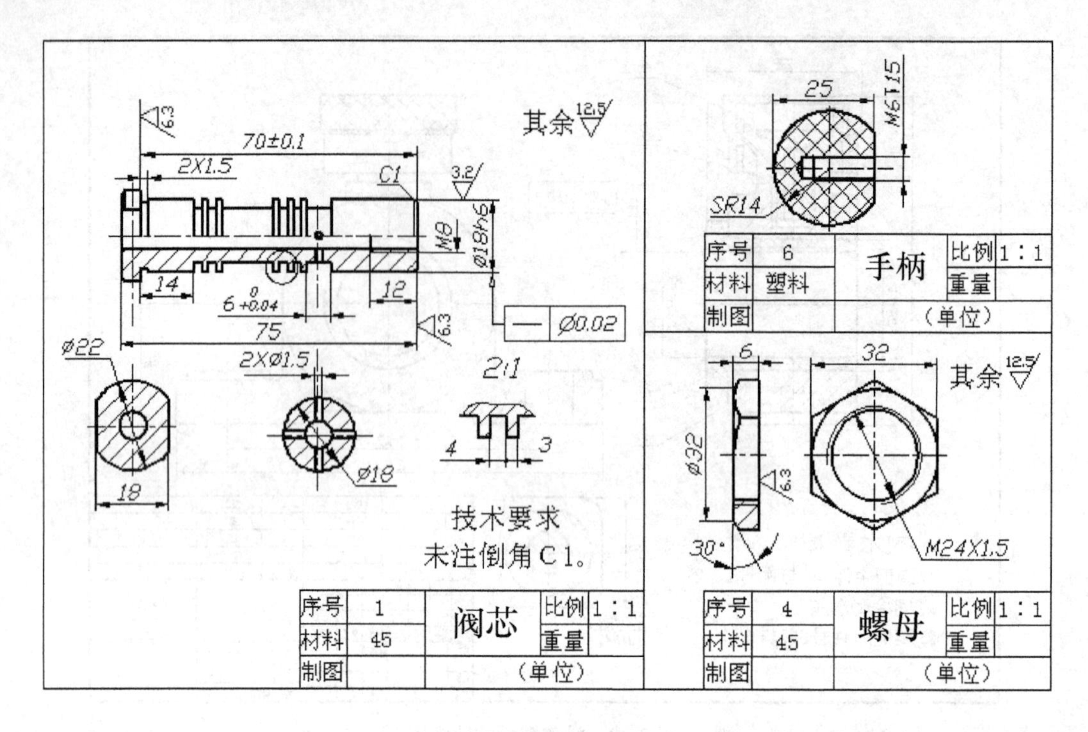

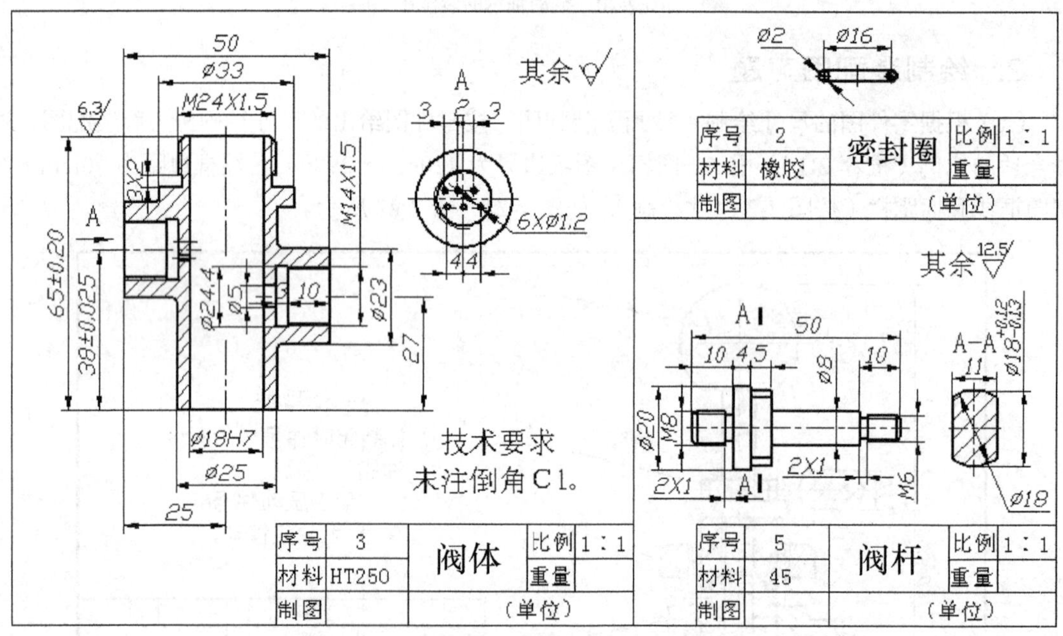

图 7-22　压力阀的零件图

（2）选择“Gb A3”图幅格式，根据零件图、装配示意图及装配图明细表绘制插销的装配图，如图 7-23 所示。

（3）由零件图绘制装配图。根据给出的装配体的零件图，分析零件的结构尺寸及工作原理，了解零件之间的连接关系，确定装配图的表达方案；选择“Gb A3”图幅格式绘制转阀的装配图，如图 7-24 所示。

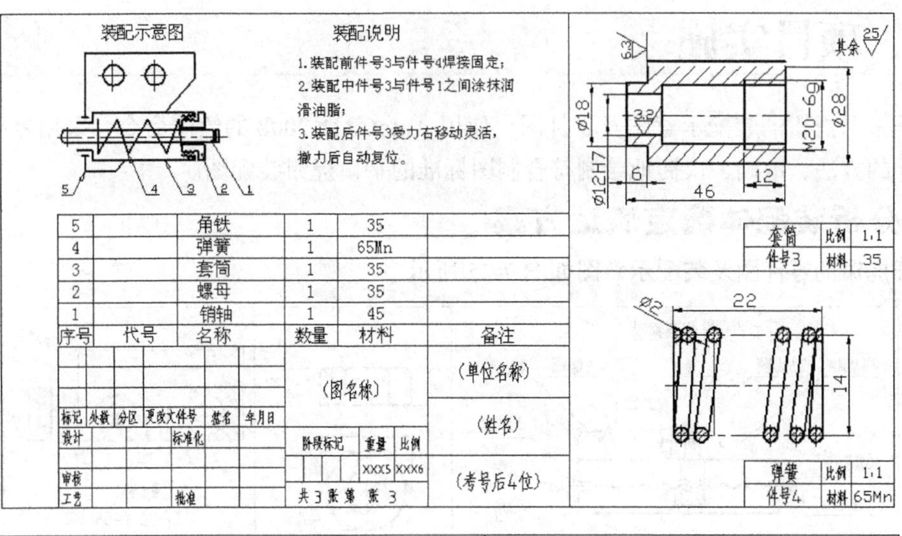

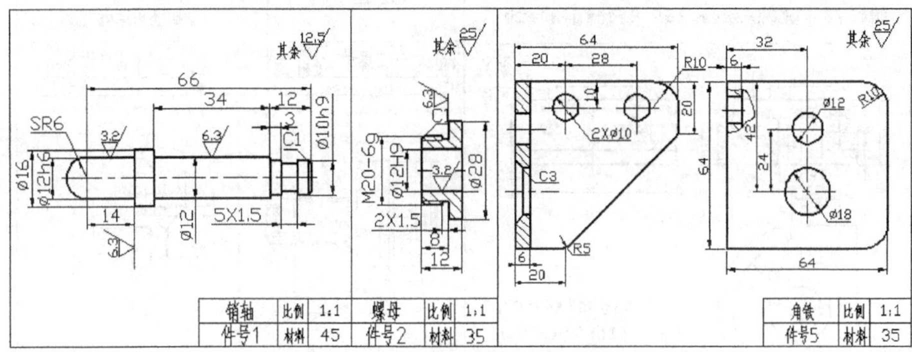

图 7-23　插销的装配示意图和零件图

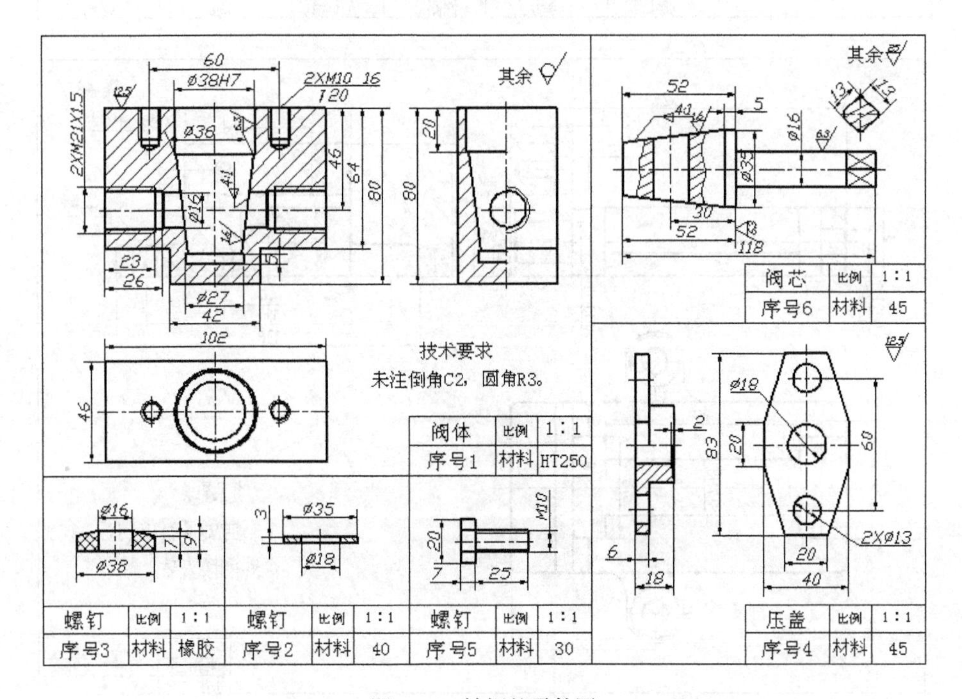

图 7-24　转阀的零件图

三、项目实施

根据平口虎钳的装配示意图及零件图，使用 AutoCAD 2008 的绘图命令，采用复制或插入外部文件的方法，准确、快捷地绘制符合制图标准的平口虎钳装配图。

（一）分析装配体确定表达方案

平开虎钳的零件图及装配示意图如图 7-25 所示。

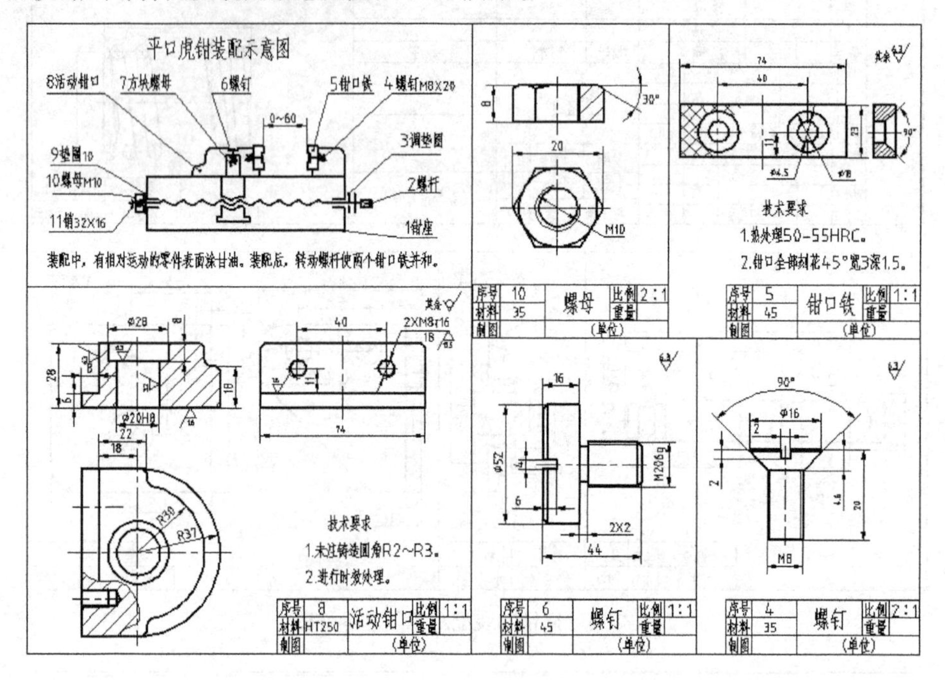

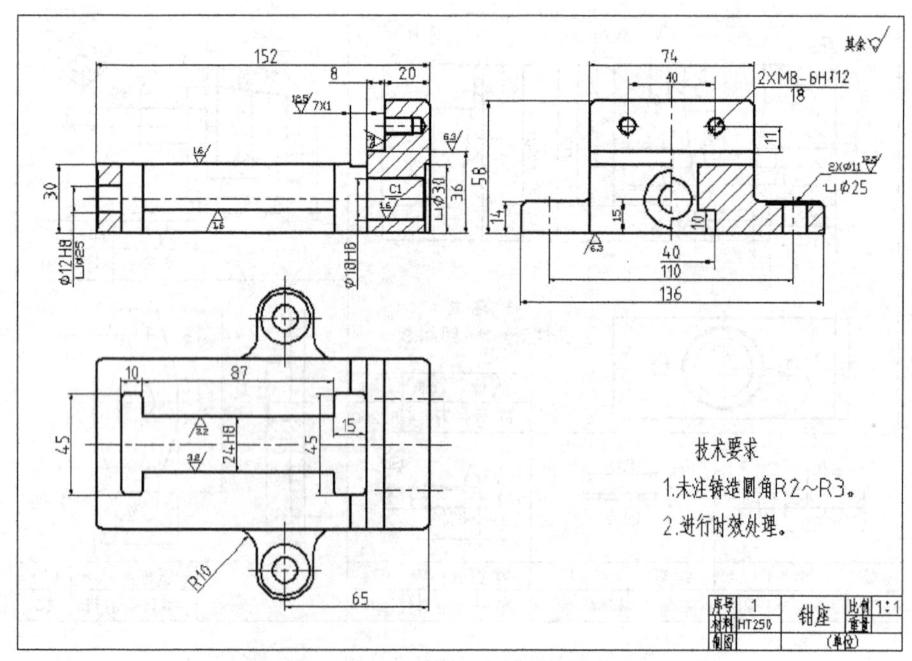

图 7-25　平开虎钳的装配示意图及零件图

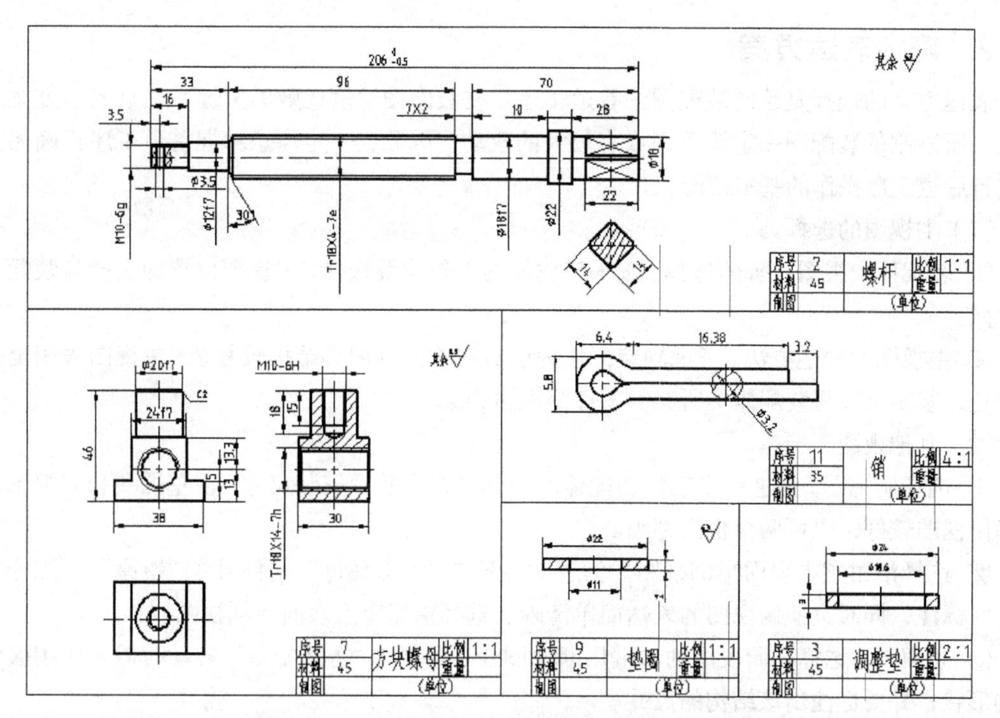

图 7-25　平开虎钳的装配示意图及零件图（续）

1. 装配体分析

（1）装配图中零件图的分析。按零件图的读图过程对装配体中的所有零件进行分析，通过分析了解零件的形状、作用等。

① 件号 1“钳座”是主体，与件号 8“活动钳口”是锻造件，非加工表面为圆弧过渡；“钳座”零件起支撑和连接其他零件的作用。

② 两个“钳口铁”件号 5 是平口虎钳的工作零件。

③ 件号 4、9、10、11 为标准件，剖切时标准件按不剖表达。

（2）装配体分析。通过分析装配体各零件的形状及作用，了解装配体的工作原理、装配结构，建立装配体的空间立体形状，如图 7-26 所示。

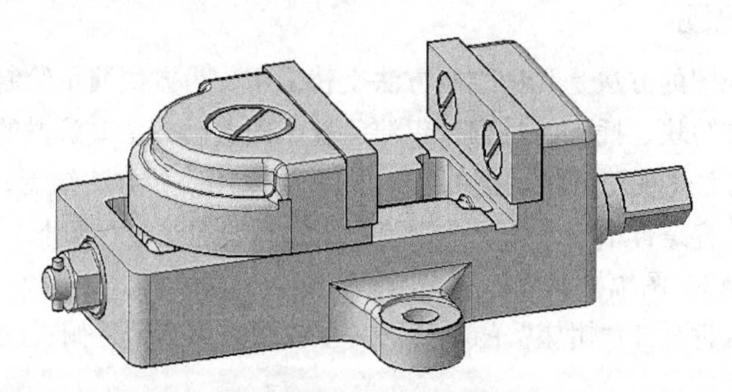

图 7-26　平开虎钳装配体的直观图

根据对装配示意图的分析，件号 2“螺杆”与件号 7“方形螺母”是螺纹连接，件号 2“螺杆”的轴向靠件号 9、10 固定，件号 11“销”起防松作用；转动件号 2“螺杆”使件号 7“方形螺母”带动件号 8“活动钳口”移动，是螺纹传动结构，使两块“钳口铁”件号 5 夹紧工件。

2. 确定表达方案

表达方案的选择是绘制装配图的首道工序，是装配图绘制成败的关键，一旦表达方案选择错误，所绘制的装配图一定要重画或有较大的改动。因此，一定注意掌握首道工序正确无误后再进行后道工序操作的基本技能。

（1）主视图的选择。

① 装配体主视图位置的选择。按平口虎钳的工作位置选择，主视图位置的选择与装配示意图相同。

② 主视图的表达方法。考虑到装配体为前后对称并且内部结构较复杂，主视图采用全剖视图表达，基本可以将装配体中所有的零件都表达到。

（2）其他视图的选择。

① 选择俯视图。为进一步表达装配体的整体结构形状及安装尺寸，在左视图和俯视图之间选择俯视图较好，也可两个视图都画。

② 选择沿钳座上表面半剖视图。为表达件号 7“方形螺母”与件号 1“钳座”的配合关系及尺寸标注，同时也使俯视图的表达简单清晰，选择沿钳座上表面半剖视图。

③ 断面图。选择在俯视图的右端用断面图表达件号 7“方形螺母”转动时需要使用扳手的结构形状，并要标注出该结构的尺寸。

（二）绘制装配图

根据零件图及装配示意图绘制装配图，可以认为零件图已经绘制完成，只需要绘制装配图，因此，对零件图的绘制在项目中不进行操作。一般绘制装配图时，标准件可以直接在装配图上画出。根据绘制装配图的方法及要求不同，对零件图的处理方法大致有以下 3 种。

- 不绘制零件图。根据零件尺寸直接绘制装配图（只需要装配图）。
- 绘制零件图。在同一个文件夹内完成所有零件图的绘制，再用复制或插入外部文件的方法绘制成装配图。
- 绘制零件图的部分视图。在同一个文件夹内或在同一个文件内，按装配图中零件视图表达的需要，只绘制零件的部分视图，再用移动和修改的方法完成装配图的绘制。

1. 绘制装配图

更好的绘制装配图的方法是几种绘制方法交替采用。为方便演示绘制装配图的过程，省去零件图绘制，零件图写块、插入的过程，仅演示装配图绘制各主要阶段的图例，采取文字说明与视图演示并用的方法（视图省略图框的表达）。无论采用哪种方法绘制，都要随时检查完成的装配图绘制阶段的内容是否正确。平口虎钳装配图绘制的主要过程如下。

（1）调用“Gb A3”图幅格式。按选择图幅格式的方法操作。

（2）绘制或插入件号 1“钳座”的零件图。主视图采用全剖，俯视图反映外形，如图 7-27（a）所示。

（3）在件号 1“钳座”的孔中绘制件号 3“调整垫”和件号 2“螺杆”。

① 在主视图件号 1“钳座”的孔的安装位置，画出件号 3“调整垫”，注意俯视图的“长对正”。

② 靠件号 3“调整垫”的右端面画出件号 2“螺杆”，件号 2“螺杆”的轴向定位尺寸是靠

件号 3“调整垫”的厚度 3 确定的。

③ 按剖视图的投影关系删除被件号 2“螺杆”遮挡而看不见的线，完成件号 3“调整垫”和件号 2“螺杆”装配图的绘制，如图 7-27（b）所示。

（4）绘制件号 9 垫圈、10 螺母、11 销及件员 7“方形螺母”。件号 9、10、11 为标准件按不剖绘制，件号 7 在件号 2“螺杆”上采用全剖绘制，为了表达清晰可以不画在极限位置上，删除被遮挡的线。俯视图采用半剖视图，如图 7-27（c）所示。

（5）绘制件号 8“活动钳口”。件号 8“活动钳口”套在件号 7“方形螺母”上，采用全剖视图，上下方向与件号 1“钳座”上表面接触，如图 7-27（d）所示。

（6）分别绘制件号 5“钳口铁”和件号 6“螺钉”。

① 件号 5“钳口铁”分为左右两块，“钳口铁”的螺钉沉孔只剖切一处即可，根据表达的具体情况剖切右侧的螺钉沉孔。

② 件号 6“螺钉”头的下面与件号 8“活动钳口”大孔的底面接触，按实心轴的表达，采用不剖视图表达，如图 7-27（e）所示。

（7）绘制件号 4“螺钉”。件号 4 是沉头螺钉，螺钉头的斜面与沉孔的斜面相接触，螺钉为标准件，按不剖绘制。

（8）绘制件号 2“螺杆”的断面图。在俯视图的右端用剖面图表达使用扳手的尺寸，如图 7-27（f）所示。

2. 装配图的标注

（1）标注装配图的尺寸。按装配图规定标注尺寸的种类标注尺寸，零件图中带有公差的尺寸要按配合的形式标注在装配图中，如图 7-28（a）所示。

（2）标注装配图的序号。按装配图序号标注的操作方法进行，将零件按要求编号，集中标注在反映零件之间关系的视图中，序号排列整齐有序，如图 7-28（b）所示。

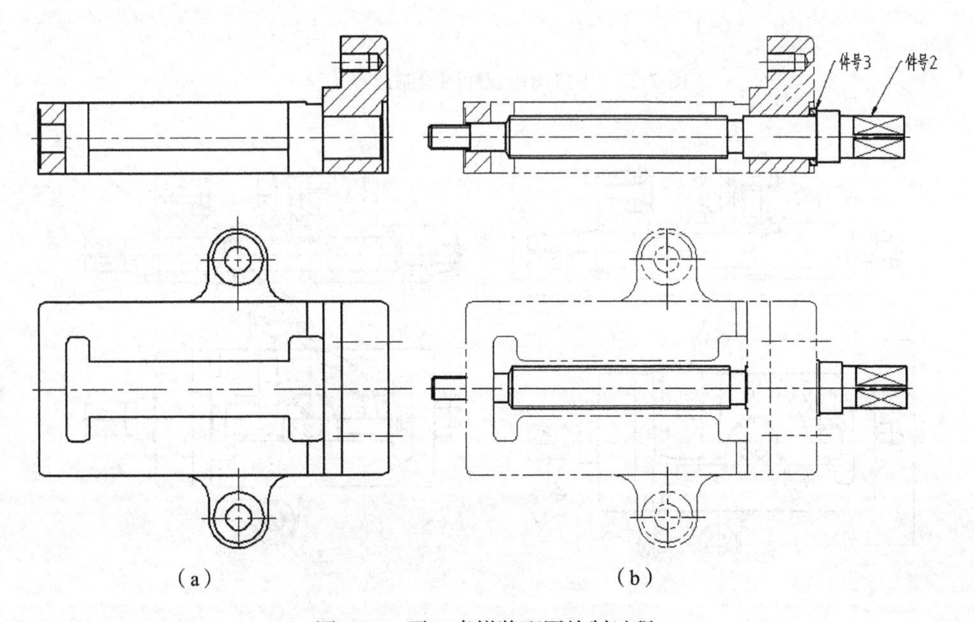

图 7-27　平口虎钳装配图绘制过程

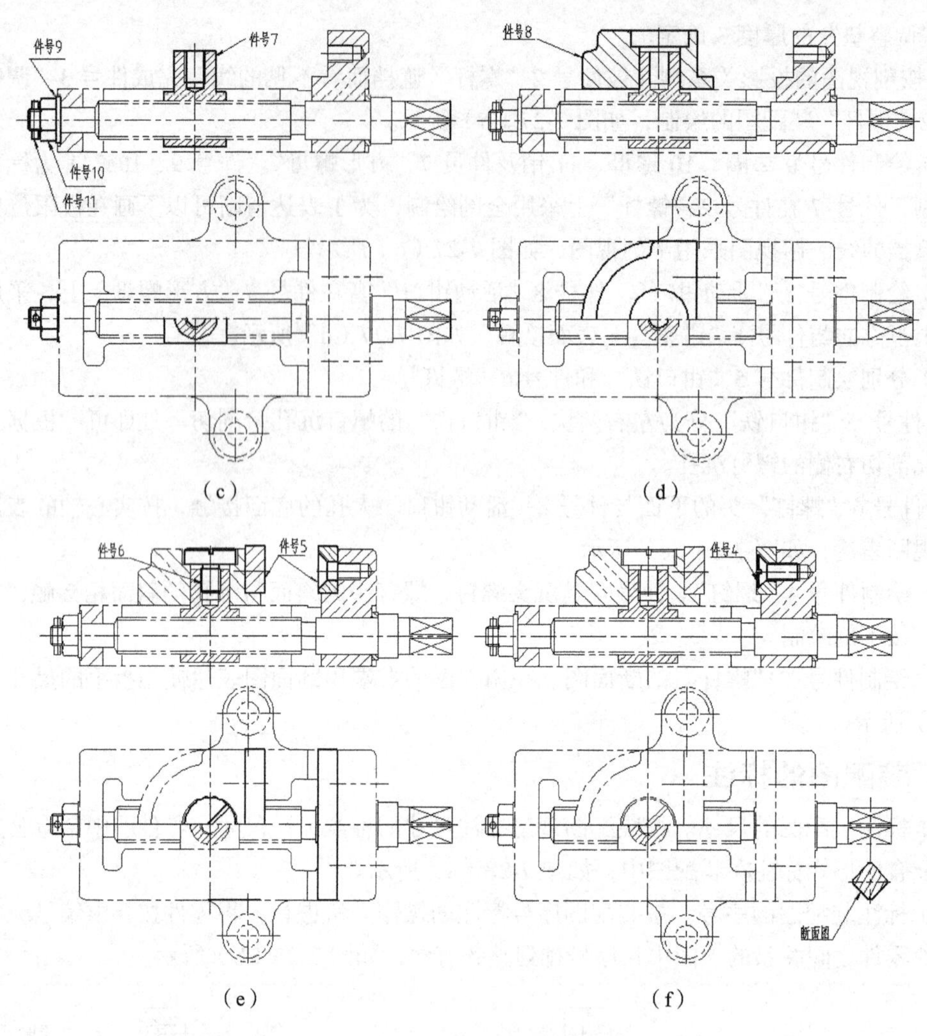

图 7-27　平口虎钳装配图绘制过程（续）

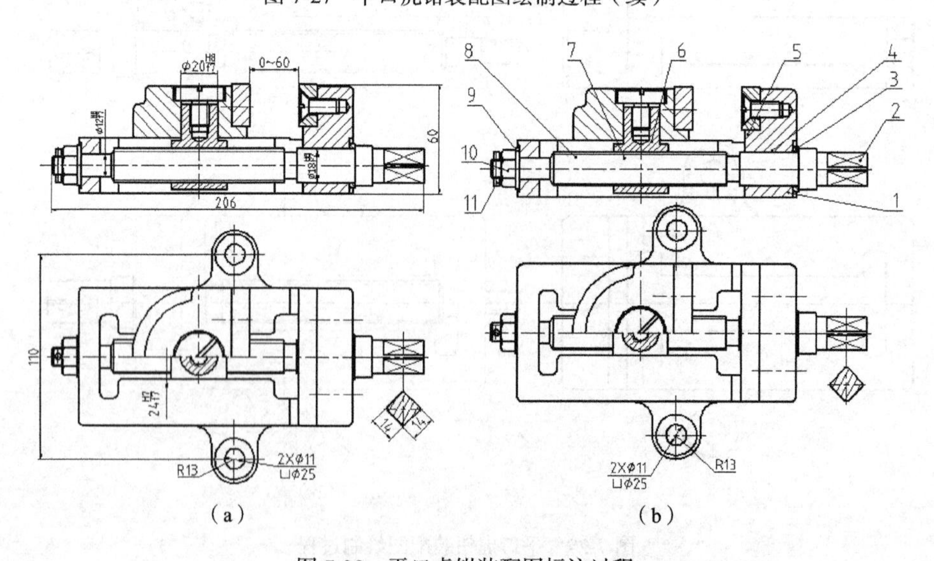

图 7-28　平口虎钳装配图标注过程

（3）插入表格完成明细表的填写。

① 用鼠标左键选取绘图界面选项“Gb A3 标题栏”，界面切换到带有图框和标题栏的绘图窗口，此时，可能图形的布置不合理，用鼠标左键双击绘图区进入绘图界面，可以对视图显示位置进行调整，或双击鼠标滚轮键全屏显示图形后再进行调整，在绘图界面内对视图进行操作，如图 7-29（a）所示。

② 在图框界面插入明细表及表格填写。图形位置调整合理后，用鼠标左键双击图框回到图框界面，按表格填写的方法填写标题栏的内容，如图 7-29（b）所示。

③ 在图框界面按插入表格的方法进行表格插入或表格的绘制，按装配图明细表的格式内容完成明细表的填写，如图 7-29（c）所示。

（4）填写文字的技术要求。调整装配图在带有明细表的图框中的位置（视图比例有一定的变化）；在图纸的右下角空白处，根据示意图的内容编写文字的技术要求，如图 7-1 所示。

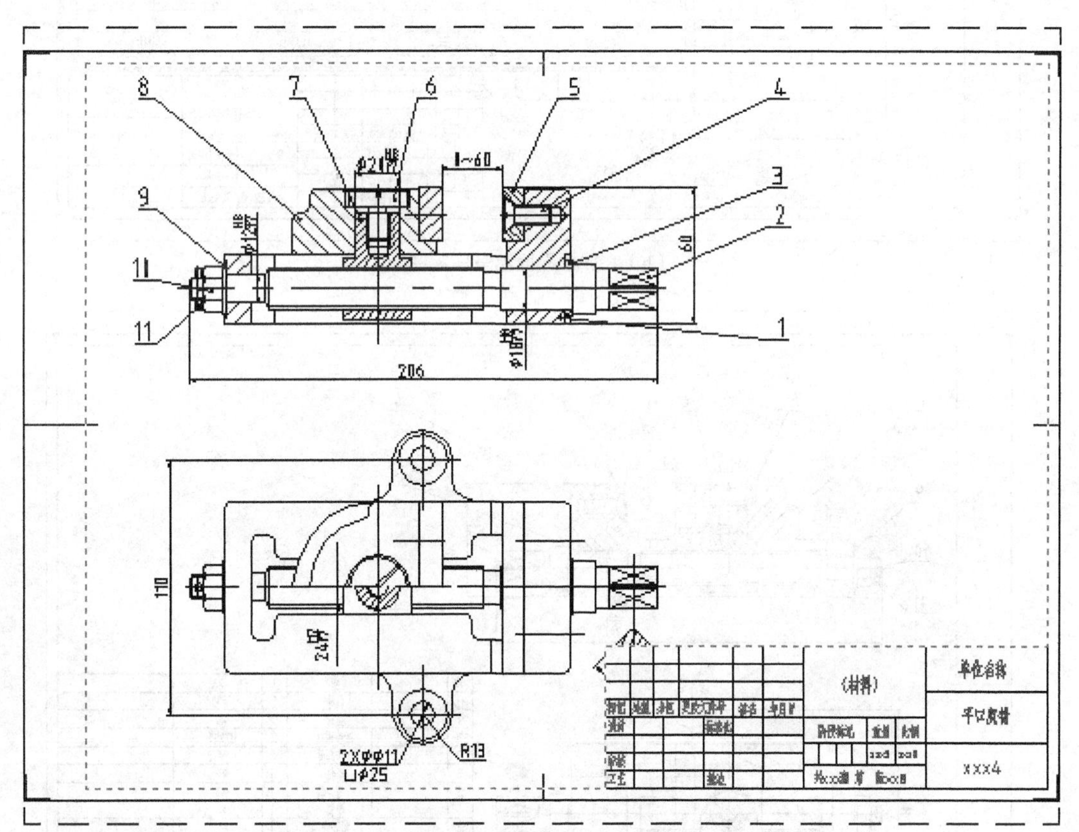

（a）在绘图界面绘制及移动图形

图 7-29　平口虎钳装配图标题栏及明细表的绘制及填写

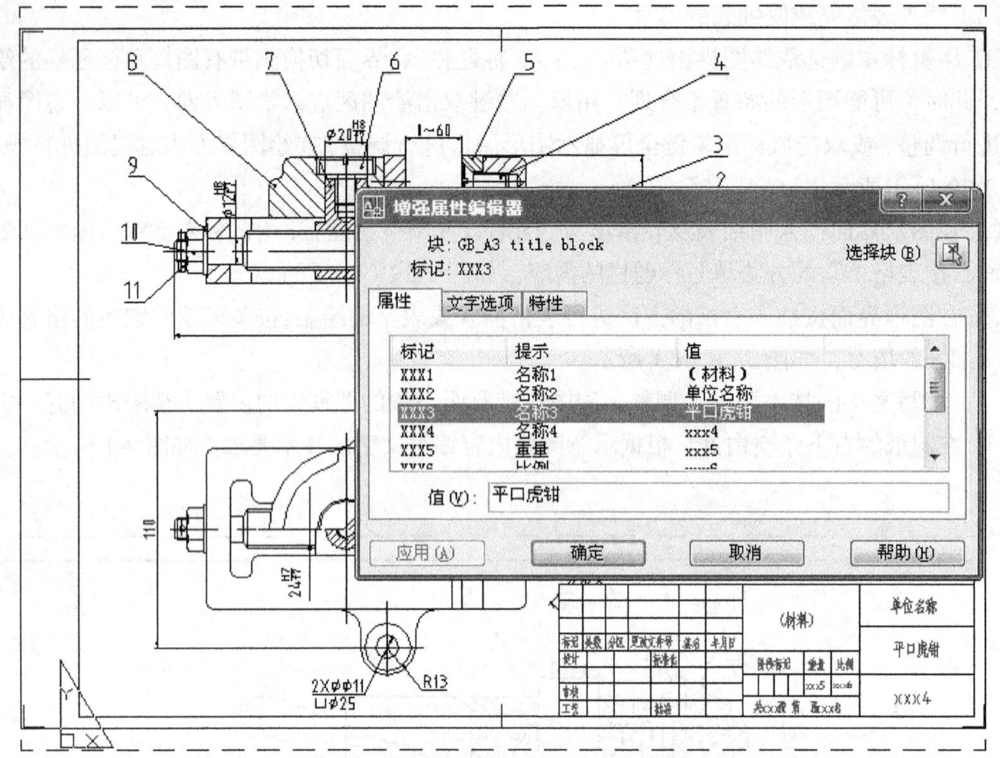

（b）在图框界面填写标题栏

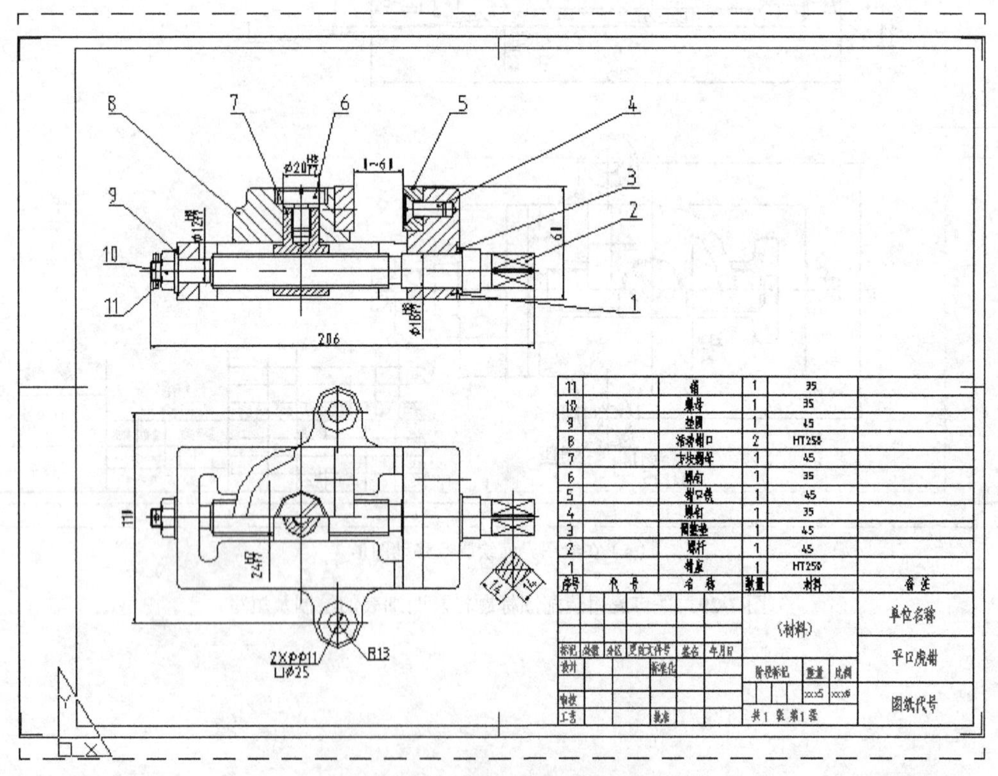

（c）在图框界面绘制及填写明细表

图 7-29 平口虎钳装配图标题栏及明细表的绘制及填写（续）

四、拓展知识——由装配图拆画零件图

由装配图拆画零件图的操作有两种，一种是手工绘图，另一种是 CAD 绘图。识读装配图的全部内容，看懂装配图并建立装配体的立体形状，分析装配体中的零件结构及连接关系，想象出零件的形状及工艺结构，将零件从装配体中分离出来，画出表达工艺结构的零件图。

1. 用两个窗口拆画零件图

使用 CAD 绘图由装配图拆画零件图，采用复制的方法，将装配图中需要拆画的零件视图复制出来，或删除装配图中其他的零件视图，通过编辑完成零件图的绘制。

可以采用两个窗口拆画零件图的操作方法：仅打开装配图和零件图文件，选择“标准”工具栏中的“窗口”/“垂直平铺”，显示装配图和零件图，分别用鼠标左键双击不同的窗口，“复制”装配图中的视图并粘贴到零件图中，如图 7-30 所示。

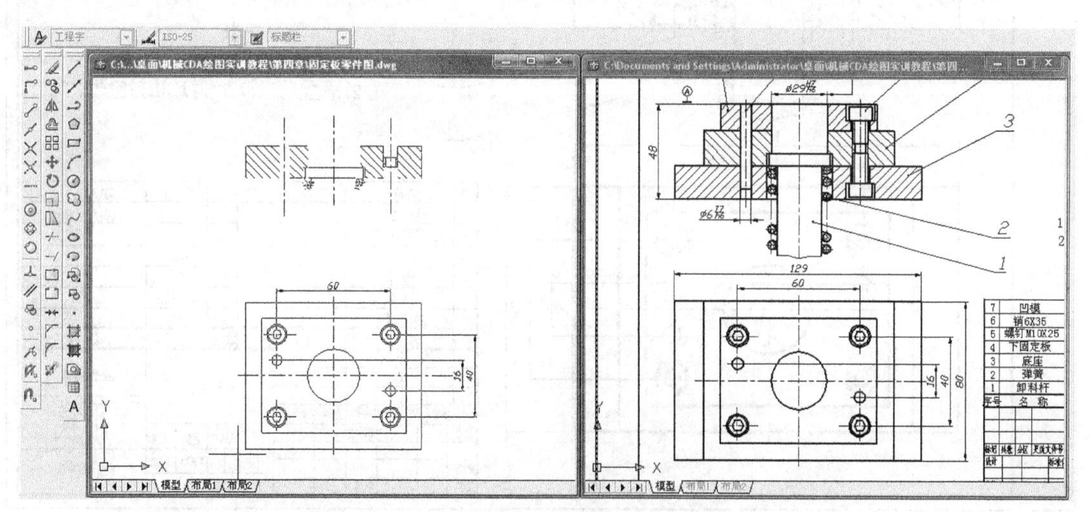

图 7-30 在两个窗口拆画零件图

2. 由装配图拆画零件图的过程

无论采用哪一种方法，拆画零件的过程都是零件的设计过程，需要解决零件的技术问题较多，这里主要根据零件形状完成零件图绘制。对于零件的形状一般按平面或圆弧面考虑，尺寸一律取整数；尽可能给出尺寸公差、倒角、圆角、退刀槽等工艺结构，拆画零件图的主要过程如下。

（1）分离零件，确定表达方案。在装配图中将零件分离出来，在看懂装配图的基础上，了解要拆画的零件在装配图中的所有视图以及与相邻件之间的连接关系等。将零件在装配图中分离出来，找出在装配图中表达该零件的所有视图，建立零件的大致形状，确定表达该零件的方案。

在画零件图时，一定分析零件的加工工艺，选择主视图确定表达方案，零件在装配图中的视图表达仅供参考，按零件的表达要求及方法画图。

（2）绘制零件视图。按零件图的绘图要求和画图的步骤绘制零件图，画出零件的工艺结构，如倒角、倒圆、退刀槽等。

（3）各项工程标注。按零件图尺寸标注的要求选择尺寸基准，标注尺寸；分析零件的各面，标注表面粗糙度；标出技术要求，零件在装配图中的技术要求必须标出，并根据装配图的分析，标注出零件的形位公差等必需的技术要求。

（4）检查并填写标题栏。检查零件图绘制得是否正确，内容是否齐全，完成零件图标题栏的填写，即完成零件图的全部绘制。

3. 由装配图拆画零件图的示例

例题 7-5 由装配图拆画件号 4 “下固定板” 的零件图，如图 7-31 所示。

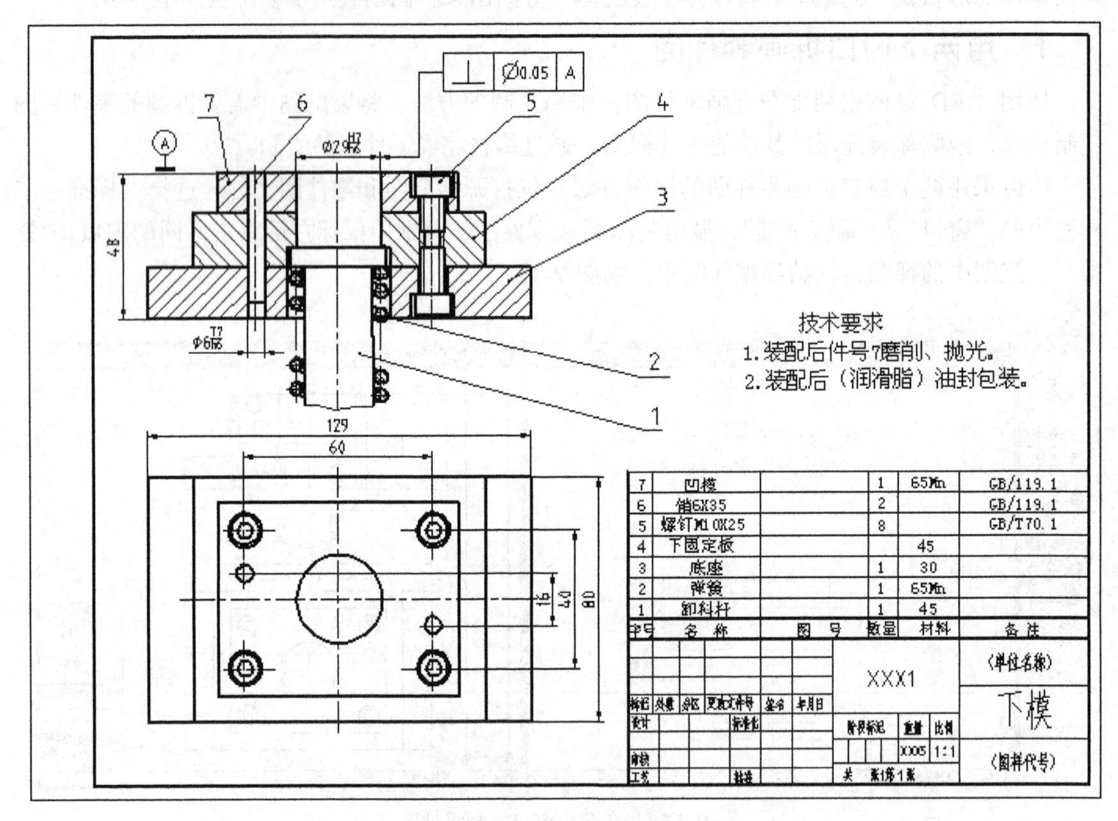

图 7-31　下模装配图

拆画下固定板零件图的主要步骤如下。

① 读图分析零件图，确定表达方案。读图分析装配体的工作原理，了解件号 4 “下固定板” 零件图在装配体中起固定增加强度的作用，零件的上、下表面和中间的孔是主要的工作部位，相对精度要求高；零件主要在铣床和钻床上加工，因此，选择水平放置为主视图。

② 按装配图中的零件图形状尺寸 80、ϕ29H7 等绘制零件的主视图和俯视图，如图 7-32（a）所示。

③ 根据装配图中的 60、40、16 及明细表的内容绘制螺纹孔和销孔，如图 7-32（b）所示。

④ 分析零件的使用及加工等的需要，确定零件的工艺结构，零件的工艺尺寸参数按经验给出或查表，完成零件的绘制，如图 7-32（c）所示。

⑤ 检查零件标注，标注尺寸前检查零件的表达是否正确。先标注零件尺寸，如图 7-32（d）所示，然后标注技术要求、表面结构（粗糙度）及必要的形位公差，完成“下固定板”零件图的绘制，如图 7-33 所示。

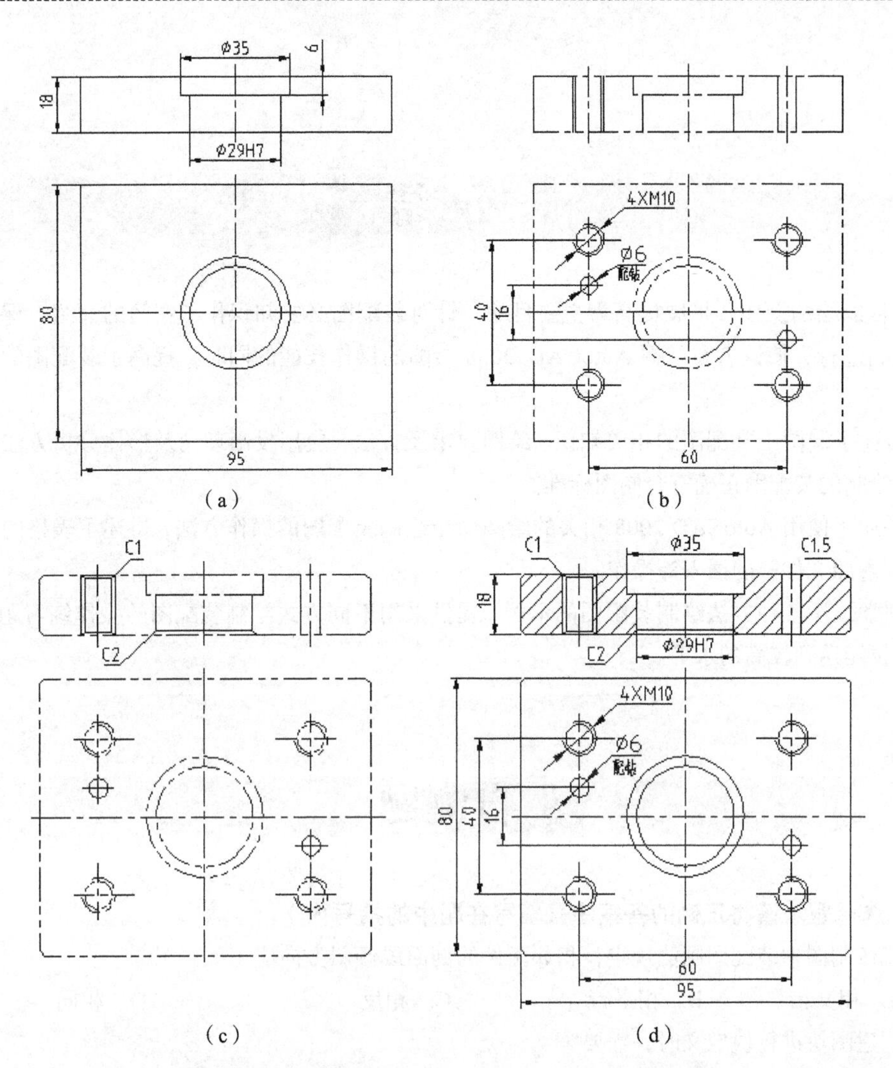

图 7-32　从装配图中拆画“下固定板”零件图的过程

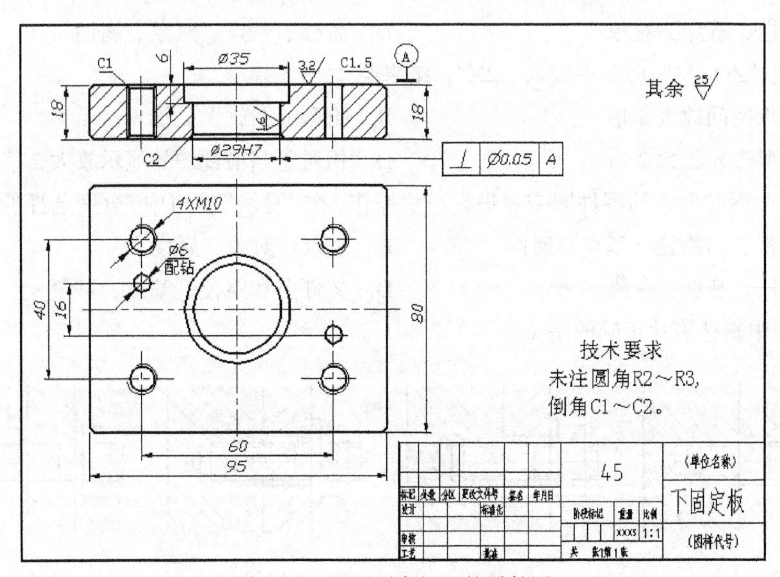

图 7-33　“下固定板”的零件图

小 结

本项目以绘图操作及扩展提高为主要目的，针对装配图必要知识作了精简的介绍，保证绘制装配图的顺利进行，使读者在掌握 AutoCAD 2008 绘图的操作技能的同时，提高了装配图的识读、表达能力。

1. 讲述了制图中装配图的相关知识、绘图要求及方法，应用投影理论及形体分析方法绘制装配图，确保绘制的装配图正确符合制图标准。

2. 讲述了使用 AutoCAD 2008 相关的绘图命令绘制装配图的操作方法，讲述了表格的插入及编辑、“外部参照文件” 的插入等操作。

3. 列举了用各种方法绘制装配图的示例，提供采用不同方式绘制装配图的操作练习题，确保装配图绘制技能达到较高的水平。

自测题

一、选择题（请将正确的答案序号填写在题中的括号内）

1. 机械制图中装配图画法规定，相邻两件的剖面线倾斜方向应（　　）。

   A. 相交错　　B. 相平行　　C. 相反　　D. 相同

2. 创建图块进行块定义时，需要（　　）。

   A. 名称、基点、属性　　B. 基点、对象、名称

   C. 属性、基点、对象　　D. 名称、基点、对象、属性

3. 在选用“ZOOM” 命令后输入“2X”，结果会（　　）。

   A. 图纸空间放大 2 倍　　B. 图形范围放大 2 倍

   C. 图形边界放大 2 倍　　D. 相对于当前视图的显示放大 2 倍

4. 绘制装配图时插入的零件图需要进行写块操作，在“写块” 窗口中，分别选择的内容是（　　）。

   A. 文件名和路径、基点、属性　　B. 基点、对象、属性

   C. 属性、基点、参照　　D. 文件名和路径、基点、对象

5. 装配图中螺柱表达正确的是（　　）。

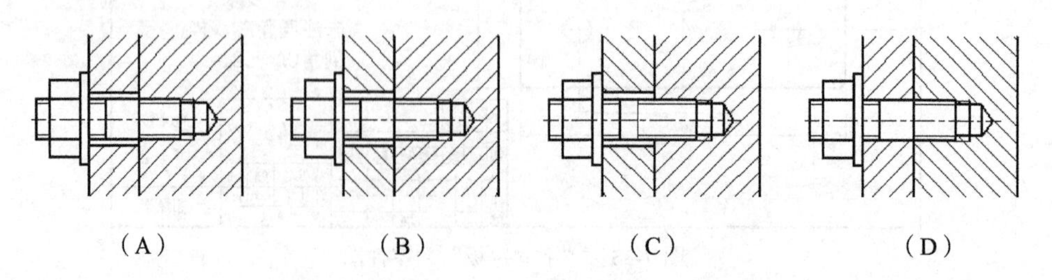

6. 装配图的序号标注不正确的是（　　）。

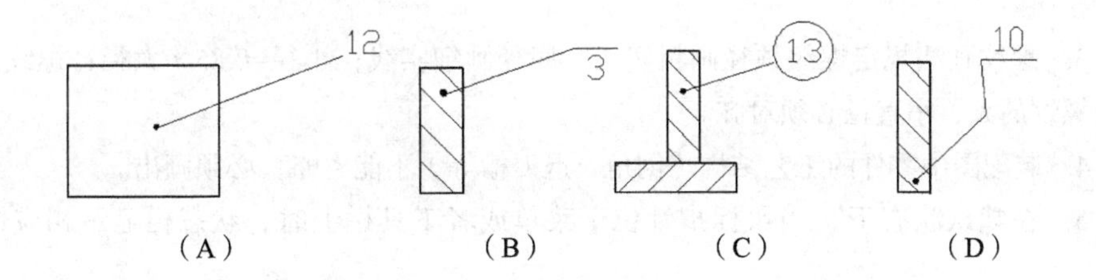

7. 装配图中结构表达不正确的是（　　）。

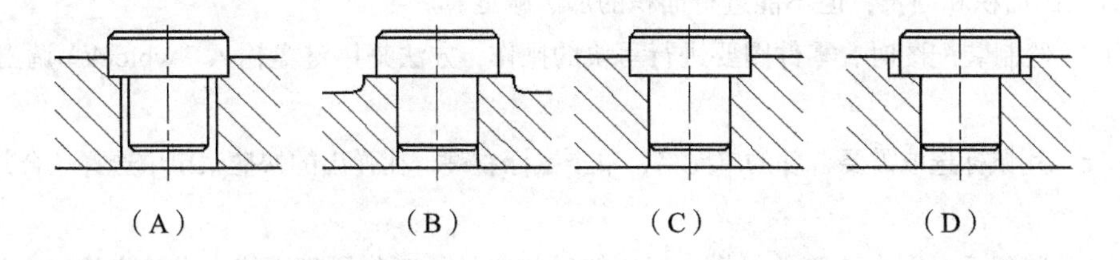

8. 装配图中结构表达不正确的是（　　）。

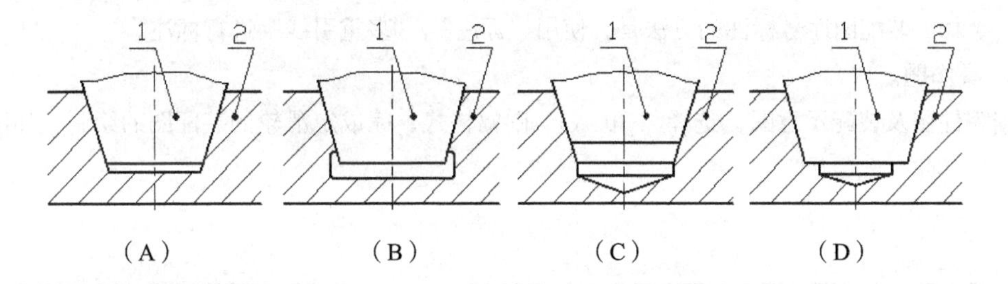

9. 尺寸配合标注不正确的是（　　）。

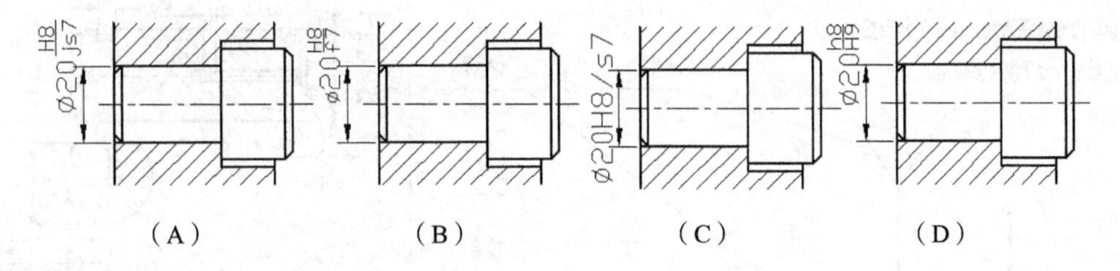

10. 装配结构正确的是（　　）。

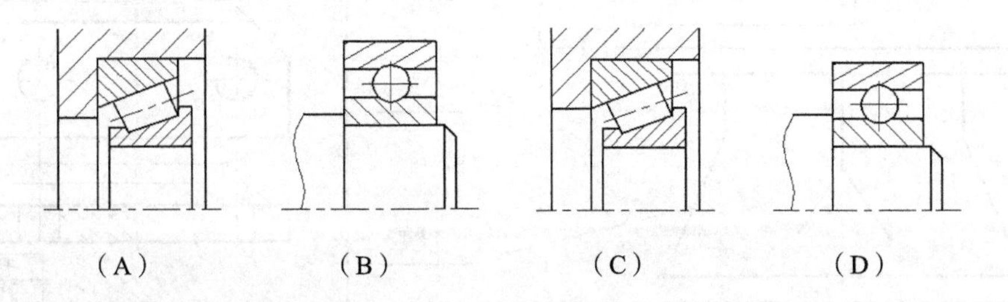

二、判断题（将判断结果填写在括号内，正确的填“√”，错误的填“×”）

（　　）1. 装配图中相邻的两个零件是大间隙的配合，剖切后相邻两个零件的表面存在较大的配合间隙，应画两条线。

（　　）2. 两个互相配合的齿轮，一定会保持齿形相同，模数相等的关系，在装配图中两个齿轮的节圆保持相切。

（　　）3. 螺纹画法规定螺纹顶径画粗实线，底径画细实线；小径=0.85×大径；螺纹连接画法规定内、外螺纹的大、小直径必须对齐。

（　　）4. 装配图中零件的工艺结构（倒角、退刀槽等）不能省略，必须画出。

（　　）5. 在默认状态下，当鼠标指针位于菜单或者工具栏上时，状态栏显示相应命令提示信息。

（　　）6. 使用“查询”/“面积”命令，可以用来求以指定点为顶点的多边形区域或由指定对象所围成区域的面积和周长，但不能进行面积的加、减运算。

（　　）7. 绘制装配图时，零件图要进行写块的操作，方法是用键盘输入“wblock”调出“写块”窗口。

（　　）8. 用鼠标选取需要合并的单元格，单击鼠标右键，在弹出的快捷菜单中选择“合并单元”/“全部”。

（　　）9. 装配示意图表达简单易懂，但不能反映产品的工作原理，能在设计交流、广告宣传等方面应用。

（　　）10. 装配图序号标注的方法是，使用“标注”/“多重引线”进行标注。

三、操作题。

根据零件图及装配示意图，选择“Gb A3”图幅格式，完成定滑轮的装配图的绘制，如图 7-34 所示。

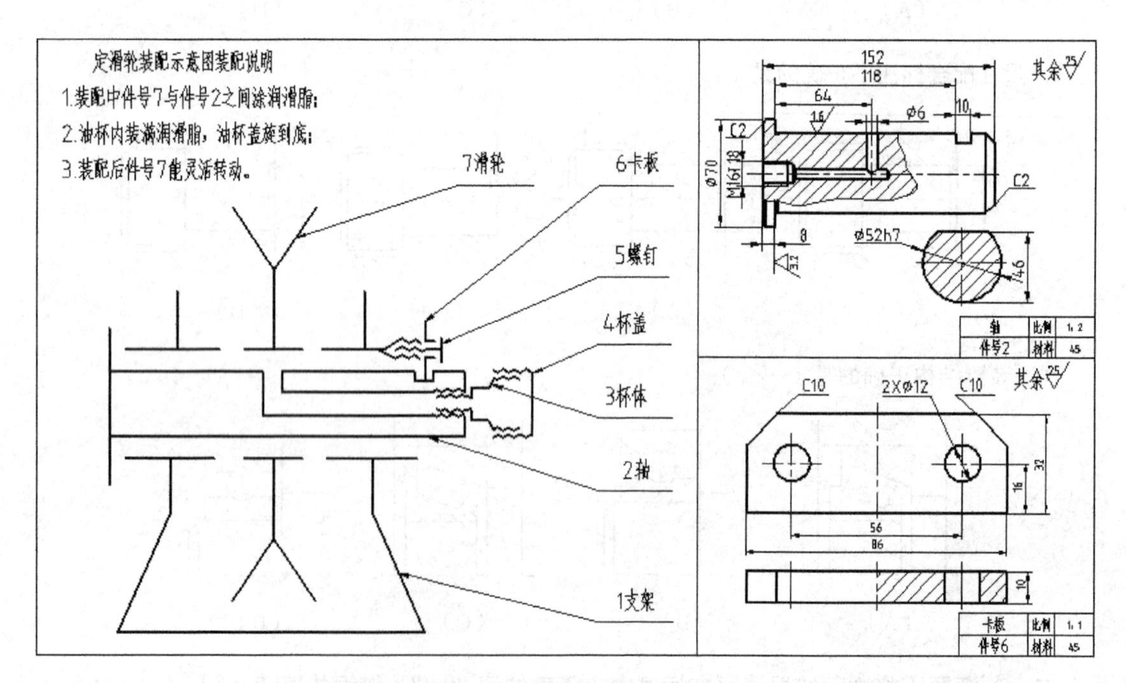

图 7-34　定滑轮的装配图

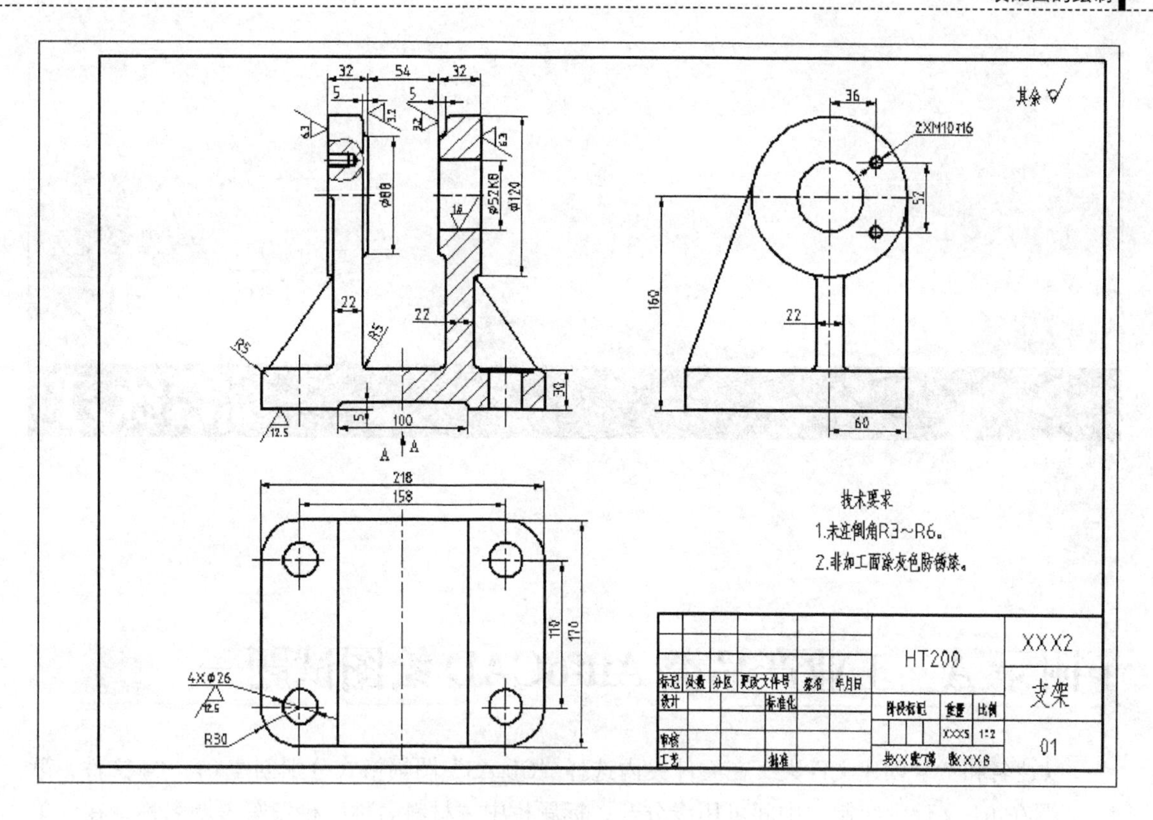

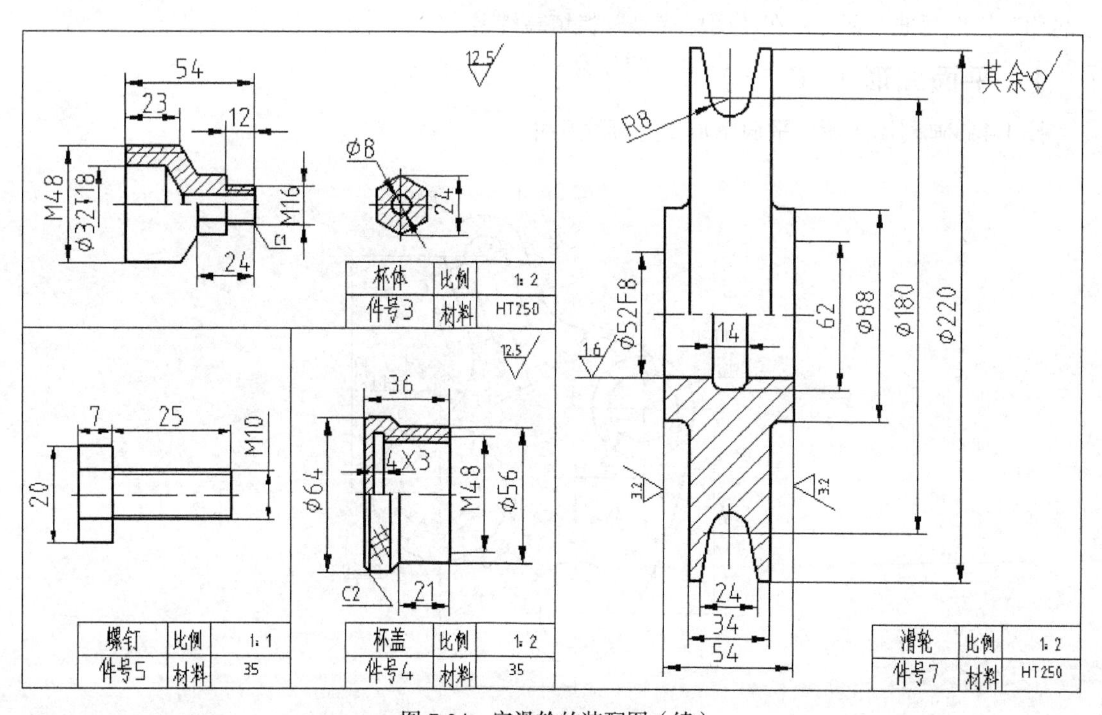

图 7-34　定滑轮的装配图（续）

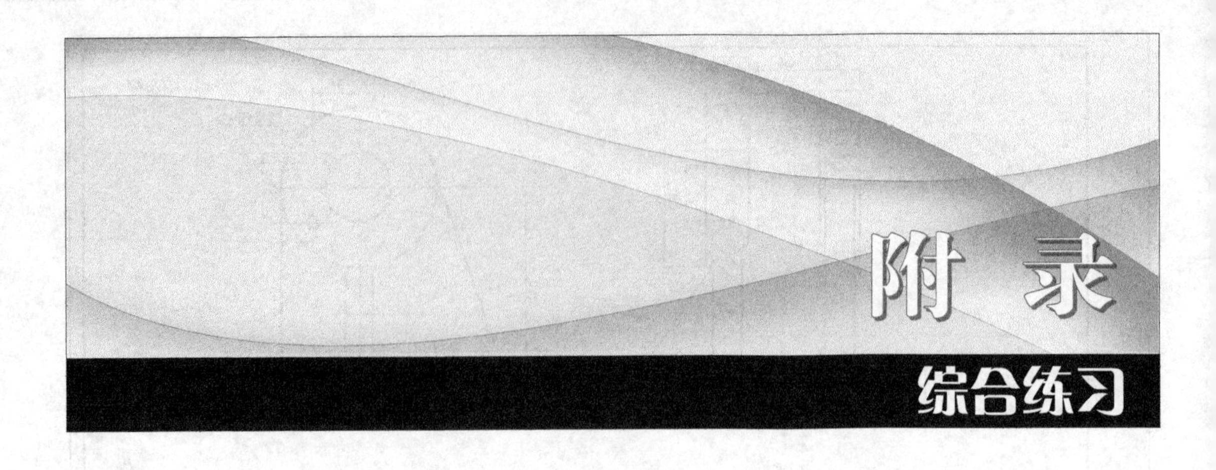

附录 A 工业产品类 AutoCAD 绘图试题一

以姓名和考号创建文件夹，在文件夹内选择“Gb-A3”图幅格式分别创建 01～04 文件，第 1、2 题在 01 文件内绘制，中间可用线分开；标题栏中“材料名称”栏填写考题名称，在“单位名称”栏填写准考证号，在“图样代号”栏填写姓名。

1. 平面图形（10 分）

按 1:4 抄画附图 1 所示平面图形，并标注尺寸。

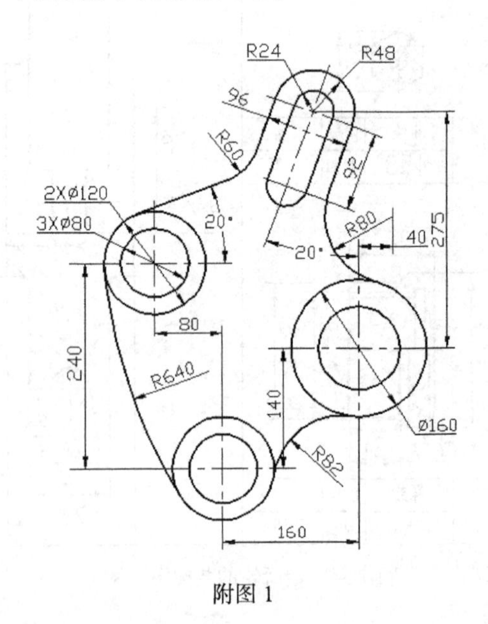

附图 1

2. 机件的表达（15 分）

根据给出的三视图（见附图 2），按机件表达的方法画图，不标注尺寸。

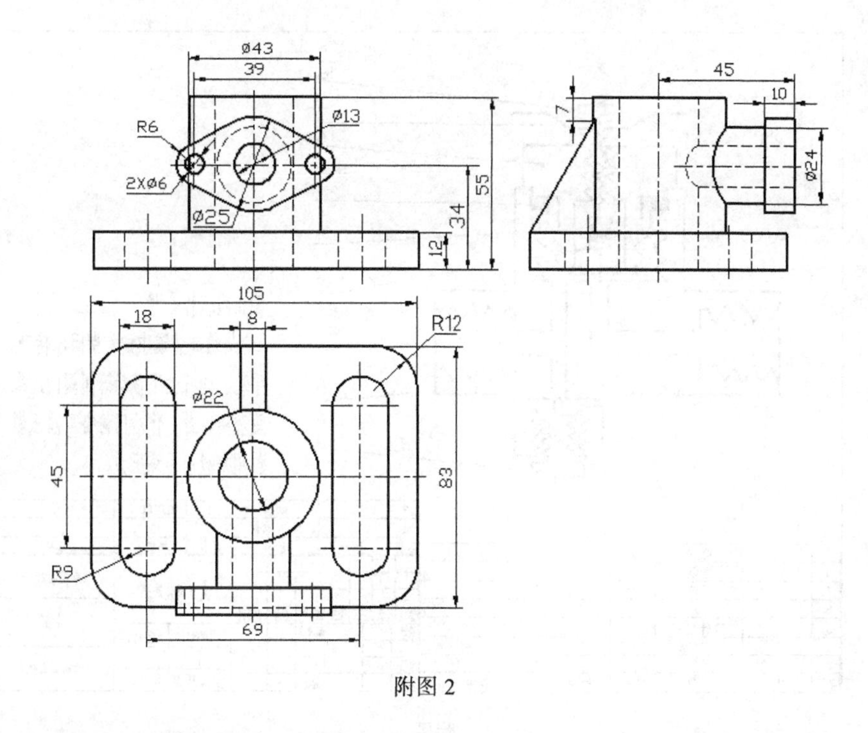

附图 2

3. 绘制阀体的零件图（30 分）

按 1:1 抄画阀体（件号 2）的零件图（见附图 3）。

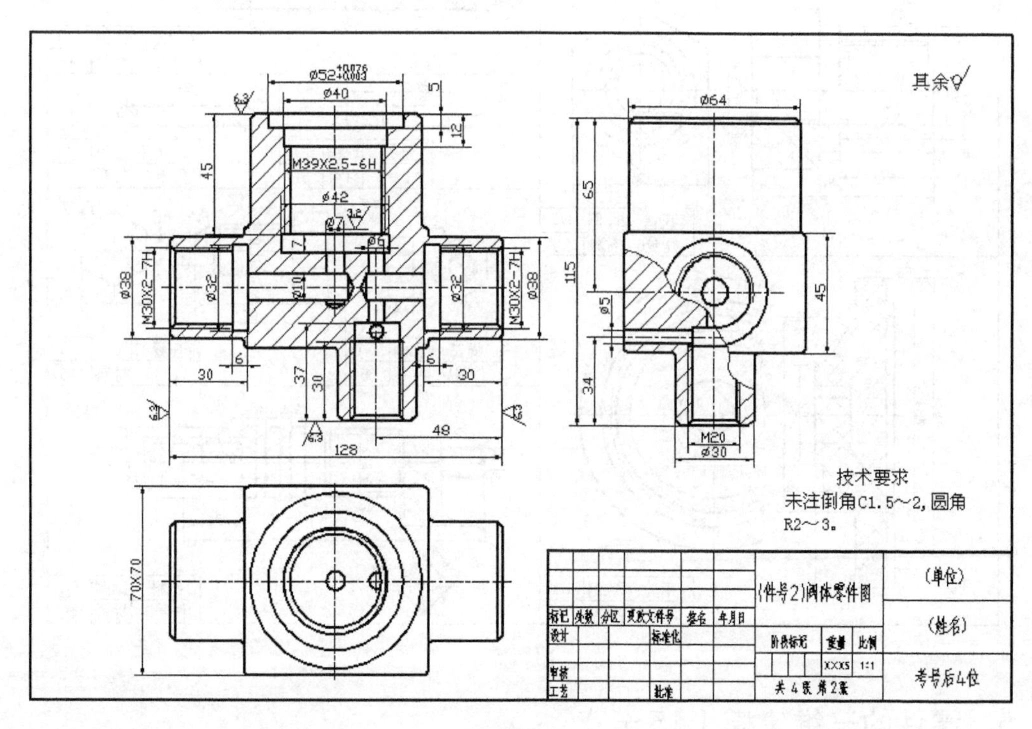

附图 3

4. 绘制截止阀装配图（30 分）

根据装配示意图（见附图 4）和零件图（见附图 5），绘制截止阀的装配图。

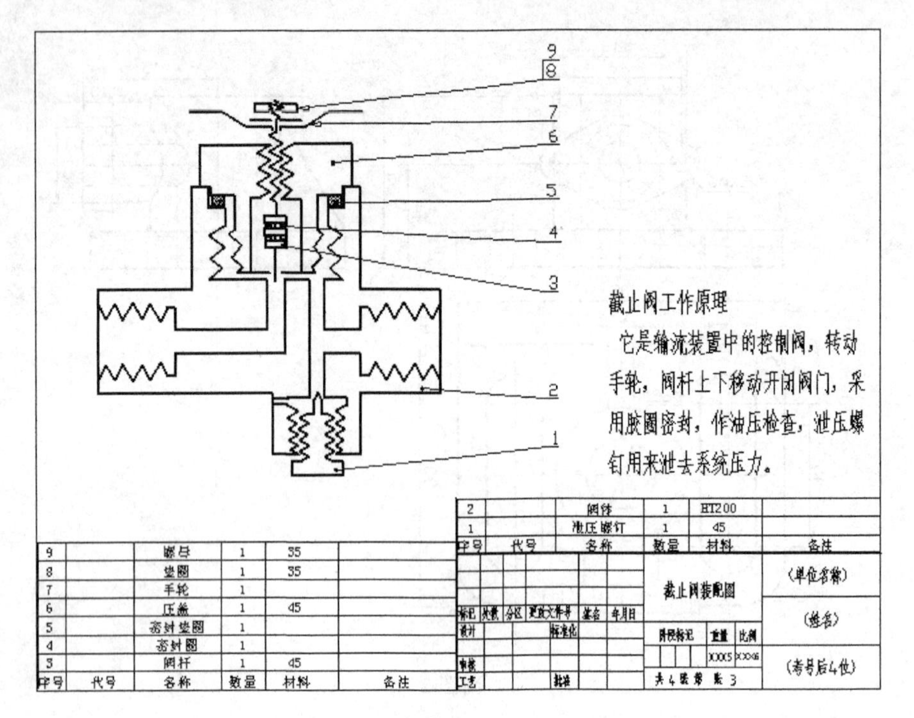

附图 4

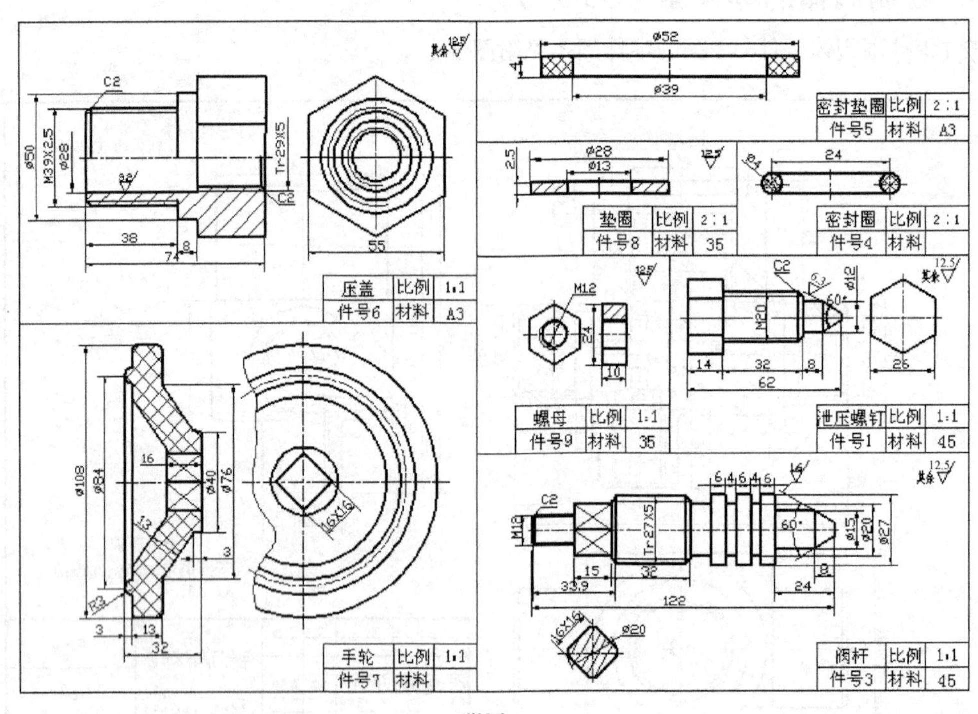

附图 5

5. 零件的三维建模（15 分）

根据阀体零件图，选择 9 号色，完成件号 2 阀体零件的三维建模；采用全剖切（保留两侧）表达阀体零件的内部结构；标注立体阀体零件的外形尺寸；"视觉样式"选择"概念视觉样式"、设置为"西南等轴测"；在"Gb-A3"图框内，将三维阀体零件充满图框保存。

附录 B 工业产品类 Auto CAD 绘图试题二

以姓名和考号创建文件夹，在文件夹内分别选择 A3 图幅（420×297）创键 01～04 文件；按给出的标题栏尺寸绘制图框及标题栏，并填写标题栏指定内容；在 01 文件内绘制第 1、2 题，中间可用线分开。

1. 平面图形绘制（10 分）

按 1:4 抄画附图 6 所示平面图形，并标注尺寸。

2. 机件表达方法（15 分）

根据给出的三视图（见附图 7），按机件表达的方法画图，不标注尺寸。

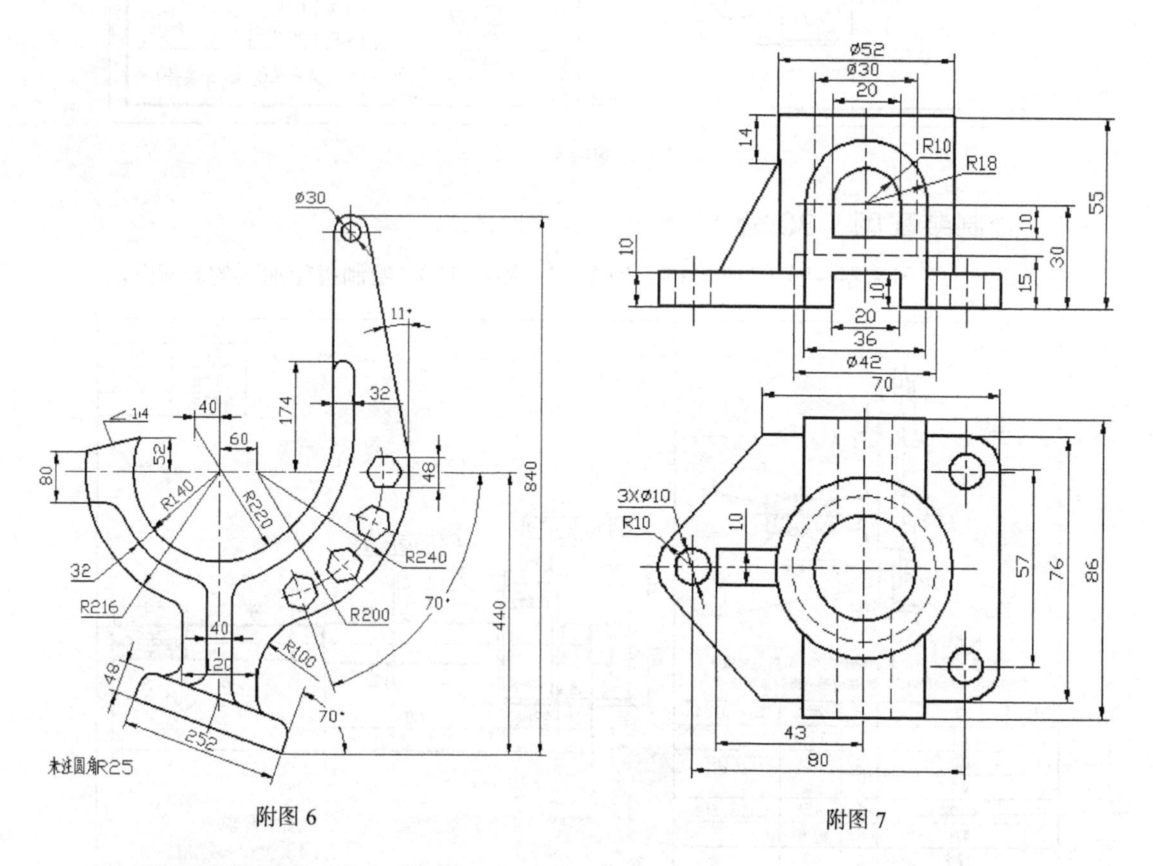

附图 6　　附图 7

3. 抄画零件图（30 分）

如附图 8 所示，在 A3 图纸上绘制泵体（件号 1）的零件图

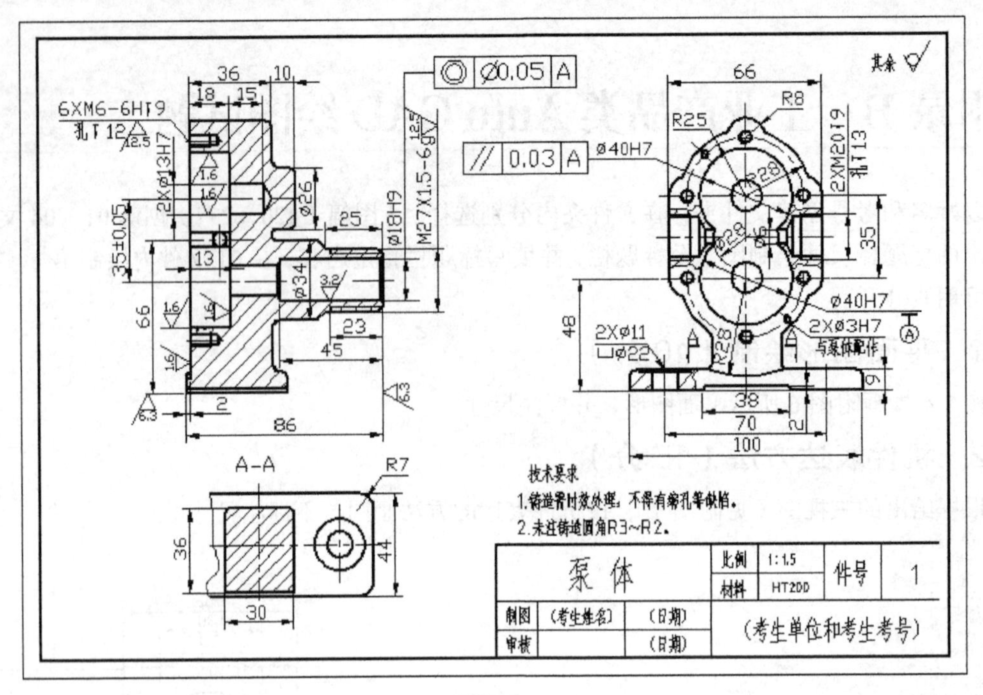

附图 8

4. 绘制装配图（30 分）

根据装配示意图和零件图（见附图 9、附图 10、附图 11），绘制齿轮油泵的装配图。

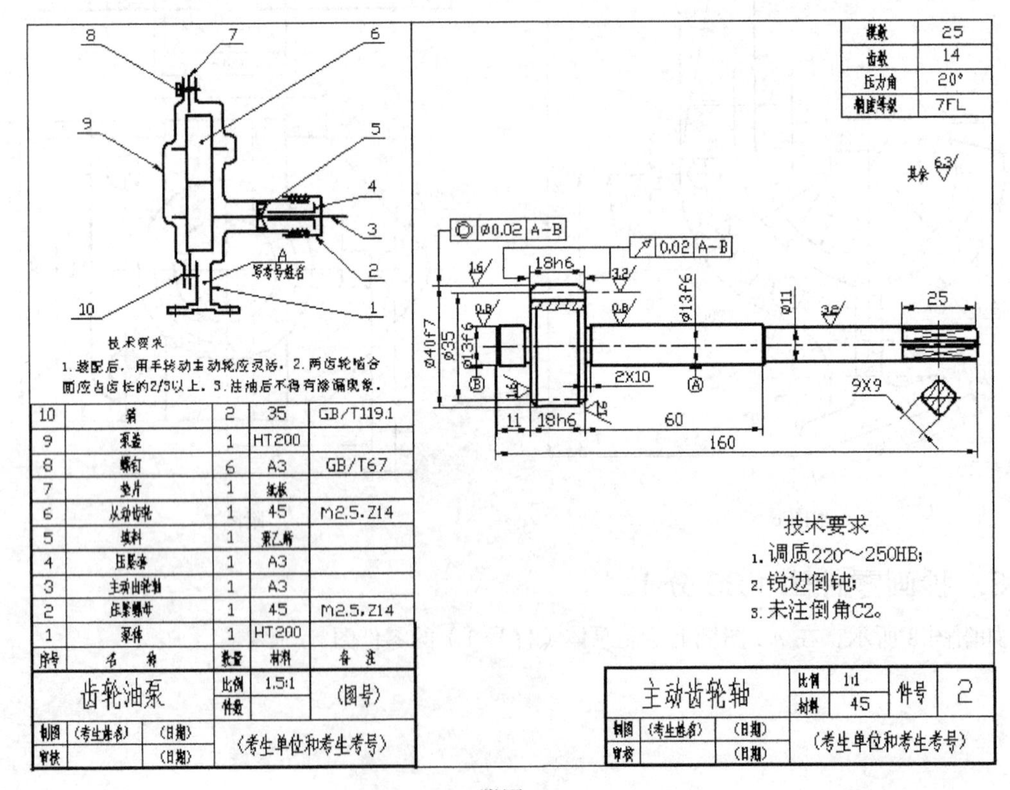

附图 9

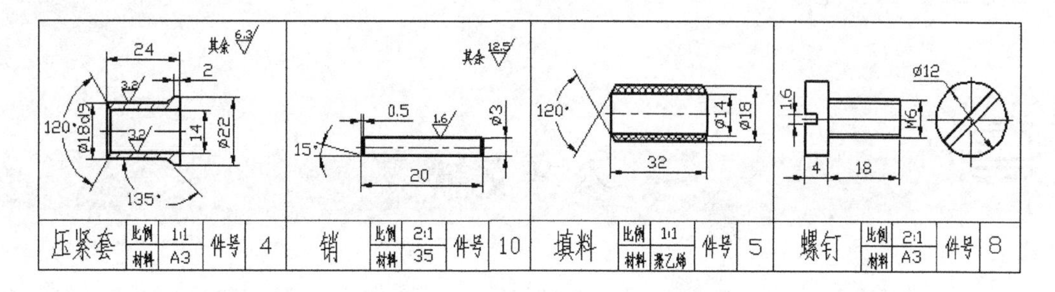

附图 10

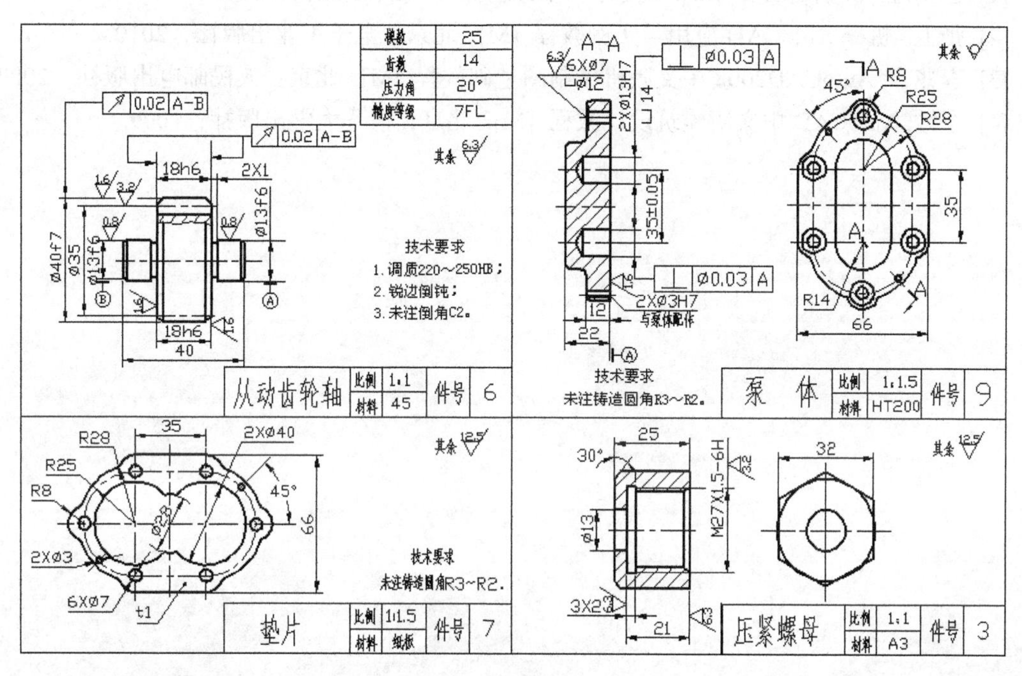

附图 11

5. 装配体的三维建模（15 分）

根据绘制的齿轮油泵的装配图，选择 9 号色，完成齿轮油泵装配体（外形）的三维建模，标注齿轮油泵外形的总体尺寸；“视觉样式”选择“概念视觉样式”，设置为“西南等轴测”保存。

参考文献

[1] 鲁鹏煜. 机械制图员 [M]. 北京：中国劳动社会保障出版社. 2007.

[2] 张卫. 机械 AutoCAD 应用与实例教程 [M]. 北京：电子工业出版社，2010.

[3] 李兆宏. AutoCAD2008 中文版机械制图基础教程 [M]. 北京：人民邮电出版社，2009.

[4] 李敏. AutoCAD 中文版建筑设计教程 [M]. 北京：清华大学出版社，2009.